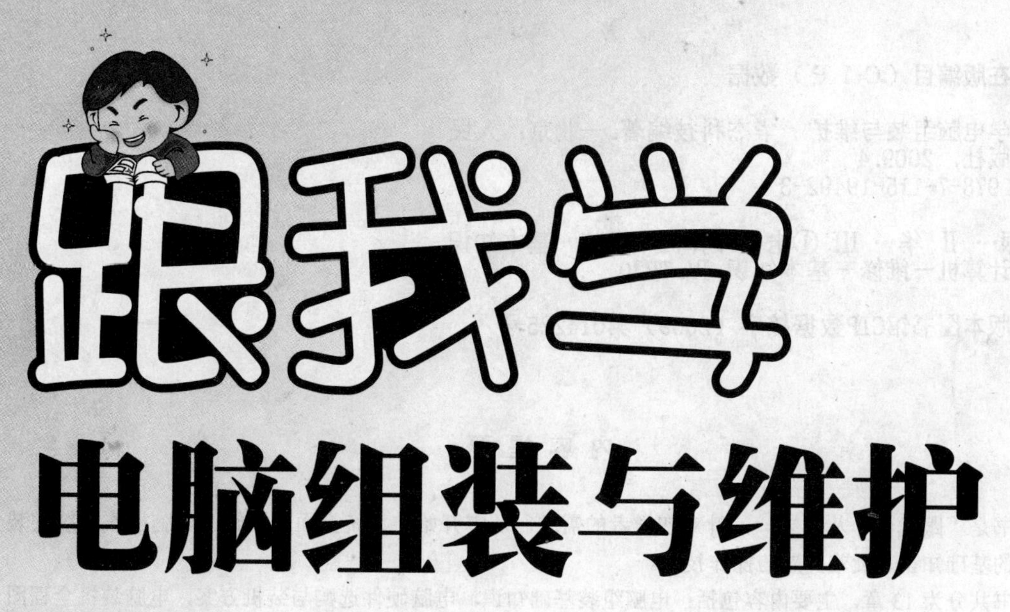

电脑组装与维护

华杰科技 编著

人民邮电出版社
北京

图书在版编目（CIP）数据

跟我学电脑组装与维护 / 华杰科技编著. —北京：人民邮电出版社，2009.4
ISBN 978-7-115-19492-3

Ⅰ. 跟… Ⅱ. 华… Ⅲ. ①电子计算机－组装－基本知识 ②电子计算机－维修－基本知识 Ⅳ. TP30

中国版本图书馆CIP数据核字（2009）第014225号

内容提要

本书是“跟我学”丛书之一，针对初学者的需求，从零开始，系统全面地讲解了电脑操作系统安装与重装的基础知识、疑难问题与操作技巧。

全书共分为13章，主要内容包括：电脑组装基础知识，电脑硬件选购与装机方案，电脑装机全程图解，设置BIOS（基本输入输出系统），硬盘分区与格式化，Windows Vista/XP安装全程图解，安装驱动程序和系统补丁，安装与卸载常用工具软件，电脑外设的安装与使用，系统测试优化与升级，系统的备份与还原，电脑日常维护与故障判断以及硬件常见故障诊断与处理等。

本书内容翔实、通俗易懂，实例丰富、步骤详细，图文并茂、以图析文，版式精美、适合阅读。

本书非常适合初学电脑组装与维修的人员选用，也可作为高职高专相关专业和电脑短训班的培训教材。

跟我学电脑组装与维护

◆ 编　著　华杰科技
　责任编辑　刘建章
◆ 人民邮电出版社出版发行　北京市崇文区夕照寺街14号
　邮编　100061　电子函件　315@ptpress.com.cn
　网址　http://www.ptpress.com.cn
　北京昌平百善印刷厂印刷
◆ 开本：787×1092　1/16
　印张：16.75
　字数：404千字　2009年4月第1版
　印数：1－5 000册　2009年4月北京第1次印刷

ISBN 978-7-115-19492-3/TP

定价：22.00元

读者服务热线：(010)67132692　印装质量热线：(010)67129223
反盗版热线：(010)67171154

前言

当今时代是一个信息化的时代，电脑作为获取信息的首选工具已被更多的朋友所认同。人们可以通过电脑进行写作、编程、上网、游戏、设计、辅助教学、多媒体制作和电子商务等工作，因此，学习与掌握电脑相关知识和应用技能已迫在眉睫。

全新推出的“跟我学”丛书在保留原版特点的同时又新增了许多特色，以满足广大读者的实际需求。

丛书主要内容

“跟我学”丛书涵盖了电脑应用的常见领域，从计算机知识的大众化普及到入门读者的必备技能，从生活娱乐到工作学习，从软件操作到行业应用；无论是一般性了解与掌握，还是进一步深入学习，读者都能在“跟我学”丛书中找到适合自己学习的图书。

“跟我学”丛书第一批书目如下表所示。

跟我学电脑　　　　（配多媒体光盘）	跟我学上网
跟我学五笔打字　　（配多媒体光盘）	跟我学 Excel 2003
跟我学电脑操作	跟我学电脑故障排除
跟我学电脑组装与维护	跟我学电脑应用技巧
跟我学电脑办公	跟我学 Photoshop CS3 中文版（配多媒体光盘）
跟我学系统安装与重装	跟我学 AutoCAD 2008 中文版（配多媒体光盘）

丛书特点

层次合理、注重应用： 本套丛书以循序渐进、由浅入深的合理方式向读者进行电脑软硬件知识的讲述。根据丛书以“应用”为重点的编写原则，将全书分为基础内容讲解与实战应用两部分。

图解编排、以图析文： 在介绍具体操作的过程中，每一个操作步骤后均附上对应的插图，在插图上还以“1”、“2”、“3”等序号标明了操作顺序，便于读者在学习过程中能直观、清晰地看到操作的效果，易于读者理解和掌握。

书盘结合、互动学习： 本套丛书根据读者需求，为部分图书制作了多媒体教学光盘，该光盘中的内容与图书内容基本一致，用户可以跟随光盘教学内容互动学习。

本书学习方法

我们在编写本书时，非常注重初学者的认知规律和学习心态，从语言、内容和实例等方面进行了整体考虑和精心安排，确保读者理解和掌握书中全部知识，快速提高自己的电脑应用水平。

- 语言易懂 ——在编写上使用了平实、通俗的语言帮助读者快速理解所学知识。
- 内容翔实 ——在内容上由浅入深、由易到难，采用循序渐进的方法帮助读者迅速入门，达到最佳的学习状态。
- 精彩实例 ——为了帮助初学者提高实际应用能力，本书还精心挑选了大量实例，读者只需按照书中所示实例进行操作，即可轻松掌握相应的操作步骤和应用技巧。
- 精确引导 ——在实例讲解过程中，本书使用了精确的流程线和引导图示，引导读者轻松阅读。

本书在编排体例上，注重初学者在学习过程中那种想抓住重点、举一反三的学习心态，每章的正文中还安排了“经验交流”与“一点就透”，让读者可以轻松学习。

- 经验交流 ——对初学者在学习中遇到的问题进行专家级指导和经验传授。
- 一点就透 ——对相关内容的知识进行补充、解释或说明。

本书由华杰科技集体创作，参与编写的人员有刘贵洪、李林、金卫臣、叶俊、贾敏、王莹芳、程明、李勇、冯梅、邓建功、金宁臣、潘荣、王怀德、吴立娟、苏颜等。

由于时间仓促和水平有限，书中难免有疏漏和不妥之处，敬请广大读者和专家批评指正，来函请发电子邮件：liujianzhang@ptpress.com.cn（责任编辑）或 xuedao007@163.com（编者）。

编者

2008 年 12 月

目 录

第 1 章　电脑组装基础知识

1.1　电脑的组成

电脑由硬件和软件两大部分组成，下面用图例的方式向大家介绍各部分之间的关系。

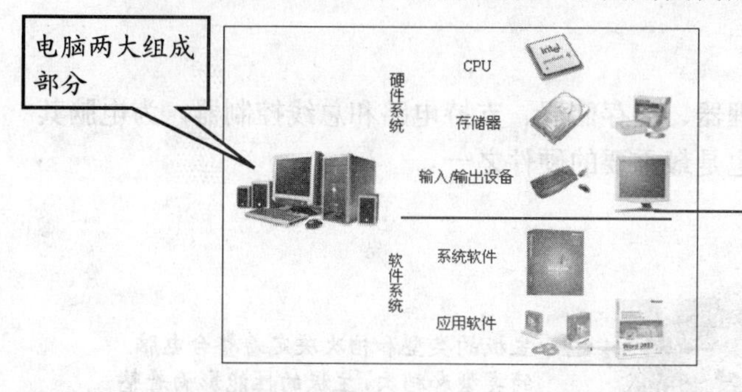

1.1.1　电脑的硬件体系

电脑基本硬件由主机、显示器、键盘和鼠标 4 部分组成。各个部分的位置及用途如下图所示。

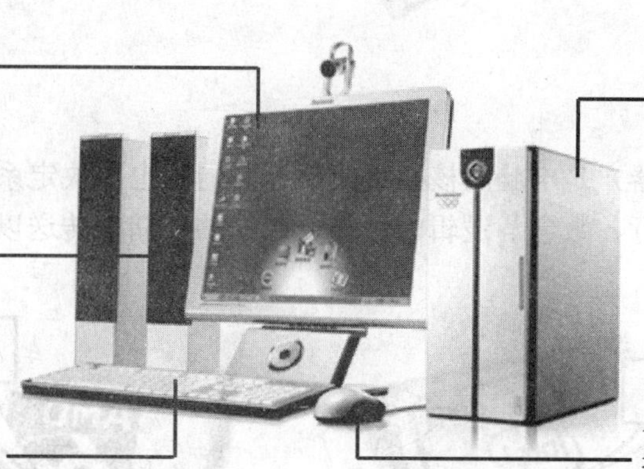

1.1.2　电脑的软件体系

软件是指电脑运行所需要的各种程序和数据及其有关资料，软件是电脑的重要组成部分。没有配置任何软件的电脑称为“裸机”，“裸机”不能进行任何应用操作。软件可划分为两大类：系统软件和应用软件。

◆ 应用程序与应用软件是两个不同的概念：软件指程序与其相关文档或其他从属物的集合，程序只是软件的一个组成部分。

经验交流

1.2 电脑硬件组成

电脑硬件系统主要由以下硬件设备组成。

1.2.1 主机内硬件

电脑主机中安装了主板、CPU、电源等电脑运行所必需的硬件。

1. 主板

主板（Main Board）连接着中央处理器、主存储器、支持电路和总线控制器，为电脑其他部件提供插槽与接口，是电脑最基本也是最重要的硬件之一。

2. CPU

CPU（即中央处理器）是电脑的核心组成部分，同时也是决定系统性能的核心部件。它负责整个系统指令的执行、数学与逻辑的运算、数据的存储与传送以及对内对外输入与输出的控制。

3. 内存

内存可以直接被 CPU 访问，它负责暂时存放电脑当前正在执行的数据和程序，但一旦关闭电源或发生断电，其中的程序和数据就会丢失。

4. 硬盘

硬盘是最为常见的存储设备。它存储和读取数据的速度比内存慢，但存储容量要大得多。硬盘如下图所示。

5. 显卡

显卡是专门用于处理电脑显示信号的硬件，其基本作用是负责传递 CPU 和显示器之间的显示信号，控制电脑的图形输出。

6. 声卡

声卡是多媒体电脑的必要硬件，是电脑进行声音处理的适配器。

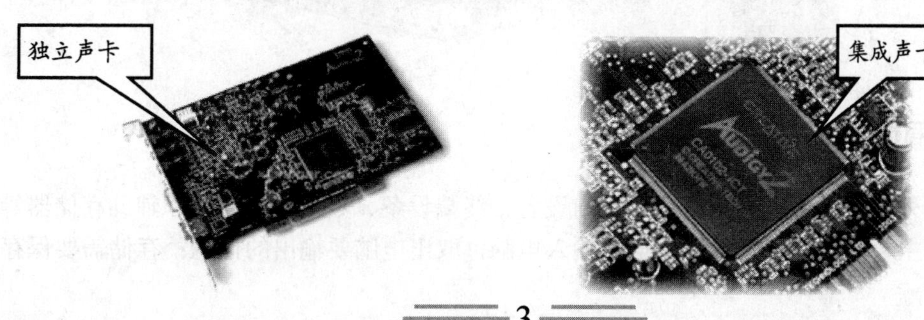

7. 网卡

网卡是连接电脑与网络的硬件设备，是最基本的网络硬件之一。目前常见的网卡有集成网卡、无线网卡和 10/100Mbit/s 自适应网卡。

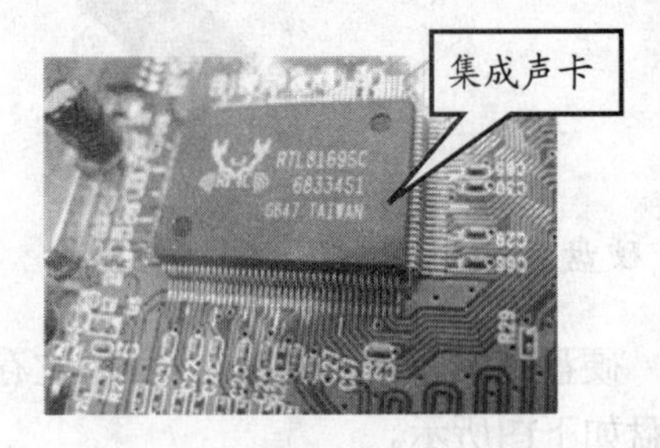

8. 电源

电源是为主机提供动力的设备，它负责将普通市电转换为电脑主机可以直接使用的电源，其好坏直接关系到电脑是否能正常工作，如下图所示。

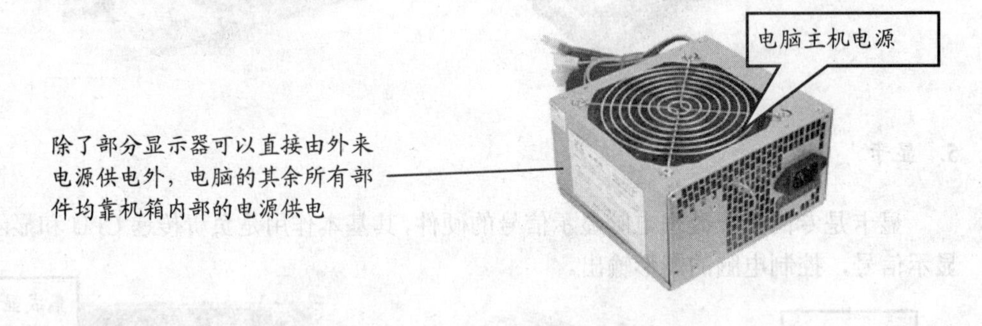

9. 机箱

机箱对主板、各种板卡等硬件设备起到固定和保护的作用，为电脑正常运行提供了安全稳定的工作环境。

1.2.2 外围设备

电脑的外围设备包括输入设备、输出设备、终端设备、数据准备装置和辅助存储器等。外围设备的主要作用是：将外界的信息输入电脑，取出电脑要输出的信息；存储需要保存的

信息和编辑整理外界信息以便输入电脑。

1. 光驱和刻录机

光驱是用来读取光盘的驱动设备，刻录机是一种可将要存储数据写入到刻录光盘中的硬件设备。

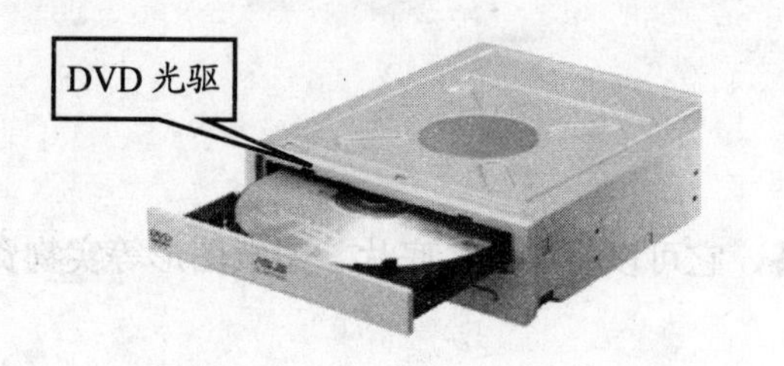

2. 键盘与鼠标

键盘和鼠标都是电脑最基本的输入设备，键盘将用户想下达的各种指令输入到电脑中；鼠标用于确定和移动光标在屏幕上的位置，通过单击操作快捷地对电脑下达输入命令，如下图所示。

3. 显示器

显示器是电脑的主要输出设备，电脑操作的各种状态、结果等都是在显示器上显示出来的。显示器一般包括 CRT 平面显示器和液晶显示器（LCD）两大类。

4. 打印机

打印机是被广泛应用的输出设备，它可以将在电脑中编辑制作的文档或图片内容呈现在纸张上。

5. 扫描仪

扫描仪是高精度的光电一体化的输入设备，它可以将照片、底片、图纸图形等实物资料扫描后输入到电脑中，以便进行编辑管理。

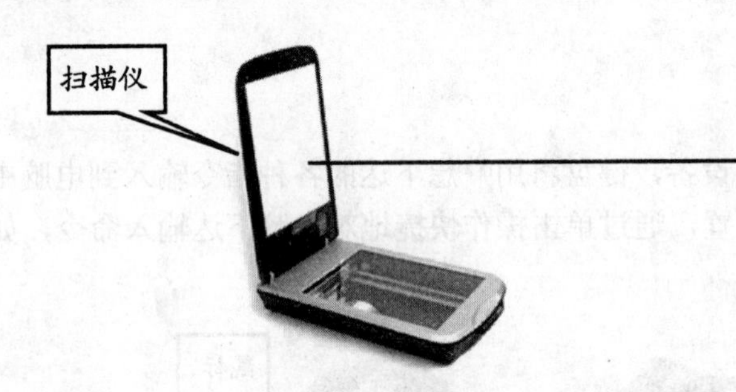

扫描仪属于计算机辅助设计（CAD）中的输入系统，适用于办公自动化（OA），广泛应用在标牌面板、印制板、印刷行业等

6. 传真机

传真机是把记录在纸上的内容通过扫描后从发送端传输出去，再在接收端的记录纸上重现的办公通信设备。

目前市场上常见的传真机可以分为4类：热敏纸传真机，热转印式普通纸传真机，激光式普通纸传真机，喷墨式普通纸传真机

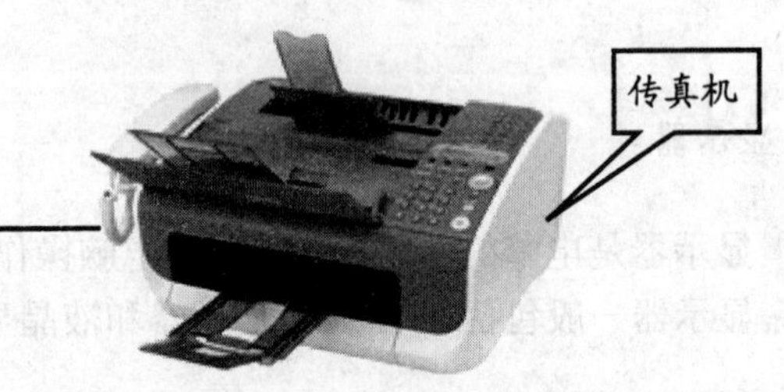

7. 多功能一体机

多功能一体机是集多种办公功能于一体的设备，通常的多功能一体机都具有打印、复印、扫描、传真等几大功能。

目前较为常见的产品在类型上一般有两种：一种涵盖了3种功能，即打印、扫描、复印；另一种则涵盖了4种功能，即打印、复印、扫描、传真

8. 手写输入设备

手写输入设备是一种通过硬件直接向电脑输入汉字，并通过汉字识别软件将其转变成为文本文件的电脑外设产品。

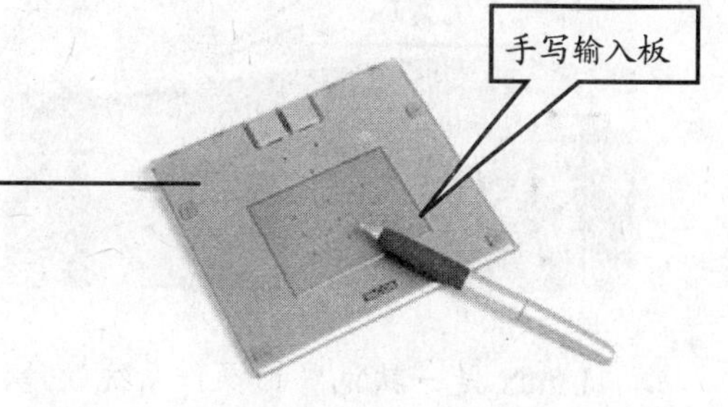

除了输入汉字外，有些手写输入设备还能够实现绘画、网上交流、即时翻译等功能

9. 摄像头

摄像头是一种将接收到的光信号转换为电信号的设备，通过它可以实现拍摄照片、录制短片以及网络视频等功能，如下图所示。

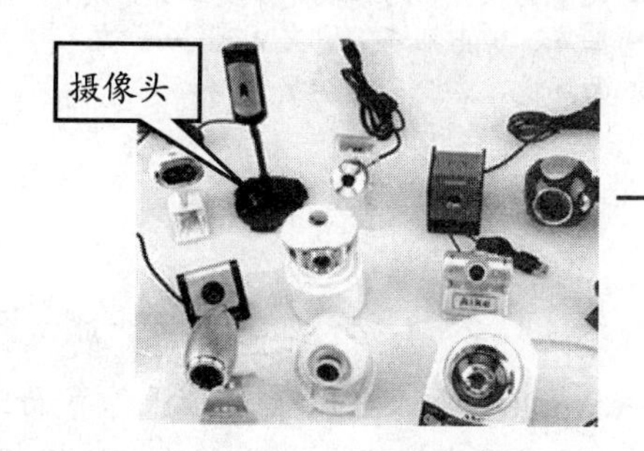

摄像头分为数字摄像头和模拟摄像头两大类，目前主流的产品基本以数字摄像头为主

1.3 电脑软件组成

从电脑系统的角度来划分，软件可分为两大类：系统软件和应用软件。

1.3.1 主流操作系统

系统软件主要指操作系统（Operating System，OS），它是一组直接控制和管理电脑硬件和软件资源，使电脑高效、协调、自动地工作，以方便用户充分而有效地利用资源的程序。

目前个人电脑常用的操作系统主要有 Windows、Linux、Mac OS 等，应用最广的还是由美国 Microsoft（微软）公司开发的 Windows 系列操作系统。

- Windows 操作系统是一款具有多任务图形用户界面的系统软件，由于其具有易用性和良好的界面风格，所以在个人电脑领域得到了广泛应用。目前主流的 Windows 操作系统是 Windows XP 和 Windows Vista。

❖ Linux 是一款免费的操作系统软件，它虽然具有比 Windows 更高的安全性，但易用性却不如 Windows。由于 Linux 的程序源代码是公开的，所以不断有世界各地的编程爱好者对其进行改进和完善，如今在界面和操作性上已基本与 Windows 无异。

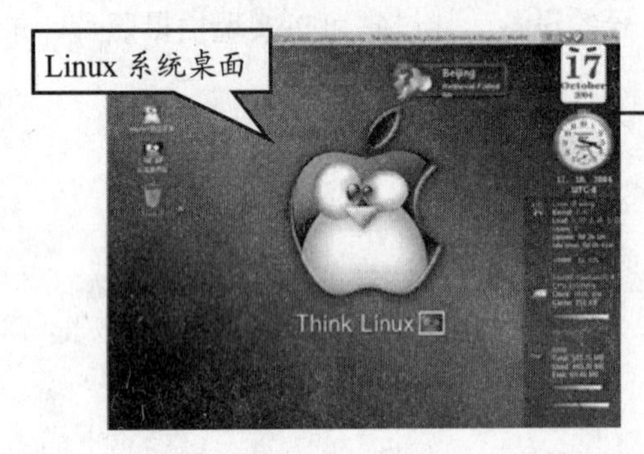

一般来讲，一款 Linux 发行套件包含大量的软件，比如软件开发工具、数据库、Web 服务器、X Window、桌面环境、办公套件等

❖ Mac（Macintosh）操作系统基本只用于苹果（Apple）个人电脑上。其操作界面比 Windows 系统要简单直观，系统稳定性很高，在图形图像领域占有较大的市场份额。

Mac 系统是苹果电脑专用系统，一般无法在普通 PC 上安装。由于 Mac 的系统架构与 Windows 有所不同，所以很少受到病毒的侵袭

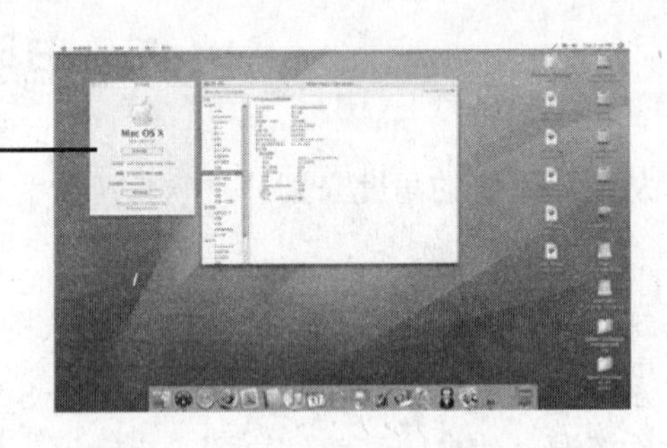

1.3.2 热门应用软件

应用软件是为了某种特定的用途而被开发的软件，一般以光盘作为载体。它可以分为以下几种类型。

❖ 某个特定的程序，如 Windows 自带的图像浏览器。
❖ 一组功能联系紧密、可以互相协作的程序的集合，如微软的 Office 软件。
❖ 由众多独立程序组成的庞大的软件系统，如数据库管理系统软件 SQL Server。

比较常见的应用软件有文字处理软件（如 Word、WPS 等），信息管理软件（如用友管理软件、管家婆财务软件等），辅助设计软件（如 AutoCAD、Photoshop 等）

1.4 电脑选购准备工作

随着电脑技术的日新月异，CPU、显卡、主板等主要配件在不到一年的时间就会更新换代。所以不能一味地追高求新，选购电脑前还应做好以下准备工作。

1.4.1 明确电脑的用途

电脑公司的销售人员一般会在装机过程中推荐对其而言利润较大的配件，所以在决定买电脑之前，要认真考虑好自己买电脑的主要用途，才能在装机时坚持自己的主张，以免花冤枉钱买来一些用不上的功能。

❖ 对于家庭用户：参照市场主流配置进行取舍即可，足以满足日常的工作、学习及一般娱乐需求。

❖ 对于游戏用户以及美工、编程等专业人员：根据经济情况选购性能较高的机器。

❖ 对于商业用户：一般都会安排专业采购人员批量采购同一型号产品，易于管理。

1.4.2 品牌机还是兼容机

品牌机和兼容机两者各有优劣，如何选择还是要看个人的实际情况而定。

1. 品牌机

品牌机是由专业厂商批量生产的电脑，品牌机具备许多厂家特别为其量身定做的特殊功能，机箱、显示器等的外观都非常美观和统一，而且规格规范、售后服务完善，同时附带有各种实用软件，让用户直接可以使用。

如果用户没有时间逐个挑电脑硬件，又担心日后电脑出问题得不到及时的解决，购买品牌机是比较适合的选择

2. 兼容机

兼容机最大的好处就是选择自由度大，易于日后升级。而且只要选购得当，整机的价格通常比同级别的品牌机要低一些。

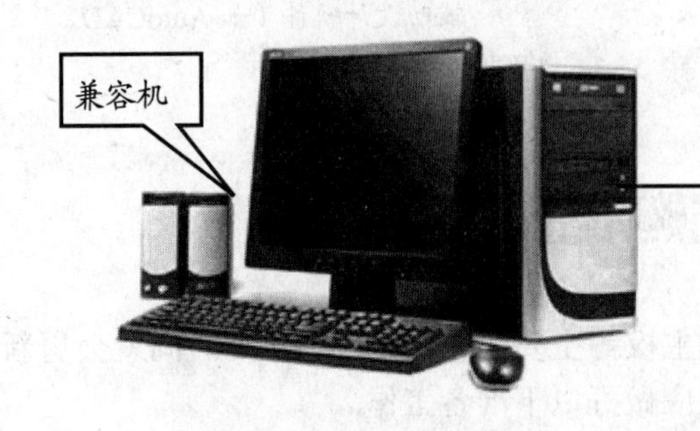

兼容机的选购过程较为复杂，对用户的硬件知识也有一定要求，如果过了保修期，维修、更换配件也比较麻烦

1.4.3 树立正确的选购心态

用户装机时要树立一个正确的心态，保持清醒的头脑，才能避免被经销商蒙蔽。

1. 预留合适的升级空间

很多消费者的普遍观念是：为了以后升级方便，装机时一定要预留足够的升级空间，这样的考虑本没有错，但不可因此过分花销。

目前的 PC 技术只能用日新月异来形容，与其为了今后的升级而在选购产品时束手束脚，不如彻底将其抛之脑后。

2. 并非“便宜没好货，好货不便宜”

知名品牌的产品虽然质量和售后有保证，但实际使用性能未必就是最好的，性价比较低。而一些二线产品知名度虽然不高，但性能与同档次名牌产品相差无几，有较高的性价比。

3. 整合主板不一定省钱

整合主板由于集成了声卡、显卡和网卡，可以在一定程度上节省用户的开销，但这也并不是绝对的。有些超低价的整合主板采用了过时的芯片组，或者偷工减料，只配置了两三个扩展插槽，完全不能满足用户的应用需要。

而一些整合主板又一味求全，提供了诸如 IEEE1394、光纤输出、千兆网卡等接口，价格则高达上千元，这也是让人难以接受的。

4. 性能分清主次

初学者往往对 CPU、内存、硬盘、声卡、显卡等经常升级换代的配件比较重视，而且追求所有的配件都一步到位，这种方法其实是不可取的。

虽然现在电脑的价格越来越便宜，但一台四五千元的电脑还是无法做到面面俱到，同时满足所有方面的需要。唯有分清配件主次关系、有的放矢，才能保证进行有效的投资，并获得最高的回报。

5. 注意硬件的兼容性

硬件的兼容性主要分为理论值和实践经验两部分。

❖ 理论值是指各部件工作频率要相符合，即数字上的符合，这样数据传输时不会产生“瓶颈”现象，能最大效率地发挥各配件的性能。
❖ 实践经验就是指某种配件兼容性要好，易于与其他牌子的配件组合。有的大厂家的配件对其他的配件很挑剔，主要表现在主板和内存之间。不一定名牌的板子和名牌的内存条就能搭配得好。所以组装兼容机的时候要了解各配件的具体参数，尽量选用质量过硬的配件。

第 2 章　电脑硬件选购与装机方案

2.1　核心设备的选购

了解了电脑基础知识后，就可以着手选购硬件设备了。一般选购电脑都从主板、CPU、和内存这 3 大件开始。

2.1.1　选购主板

主板担负着系统中各种信息交流的重任，电脑运行的速度和稳定性在相当程度上取决于主板的性能。所以选购一块好的主板也就为电脑的稳定运行打下了坚实的基础。

1. 主板的基本部件

❖ 芯片组：主板芯片组由南桥芯片和北桥芯片组成。北桥芯片是 CPU 与外部设备之间联系的枢纽，控制主板支持的 CPU 类型、内存类型和容量等；南桥芯片负责支持键盘控制器、USB 接口、实时时钟控制器、数据传递方式和高级电源管理等。

一点就透

◆ 由于北桥芯片集成度高，且工作量大，所以多数厂商都在北桥芯片上加装了散热片或风扇，避免电脑运行时温度过高而损坏芯片。

❖ CPU 插座：CPU 插座是用来连接主板和 CPU 的，不同类型的 CPU 对应的主板插座也不同。

❖ 内存插槽：内存插槽用来安装内存，由于不同类型的内存在接口、额定电压和性能方面有较大区别，所以不同类型的内存对应的主板内存插槽也不同。

❖ 显卡插槽：显卡插槽用来安装独立显卡，不同类型的显卡对应的显卡插槽也不同。

❖ PCI 插槽：PCI 插槽可以插接显卡、声卡、网卡等种类繁多的扩展卡，从而拓展电脑的功能。

❖ BIOS：BIOS 是“基本输入/输出系统”的英文缩写，BIOS 中保存着电脑中最重要的基本输入/输出程序、系统设置信息、开机上电自检程序和系统启动自检程序等。BIOS 中设置好的参数要依靠 COMS 电池的供电才能进行保存。

❖ 数据线接口：主板的数据线接口用来连接外部存储设备（如硬盘、光驱等），现在的主板一般都具备 IDE 和 SATA 两种接口。

一点就透

◆ IDE 接口以并行方式传输数据，一条 IDE 线缆最多可以连接两台 IDE 设备。SATA 接口比 IDE 更为先进，它将硬盘直接连接到主板，拥有比 IDE 更高的传输速率。

2. 主板的芯片

主板芯片组决定了主板的具体规格与参数，反映了主板的实际性能。目前常见的芯片组厂商有 Intel、VIA（威盛）、AMD、ALi（扬智）、SiS（矽统）、nVIDIA、ATI，其中 Intel、VIA（威盛）和 nVIDIA 的芯片组被应用在大部分主板上。

3. CPU 供电电路

如果主板采用相同的芯片组，就要看其供电电路设计，最关键的就是 CPU 供电电路。CPU 功耗越高，对主板 CPU 供电部分的要求就越严格。一般就性能而言，四相供电>三相供电>二相供电>单相供电，现在主板基本采用的是三相供电设计。其辨别方法如下。

根据元器件的数量来分辨：首先找到主板 CPU 插座附近的供电电路。一般来说，1 个线圈、3 个场效应管和 1 个电容构成一相电路。

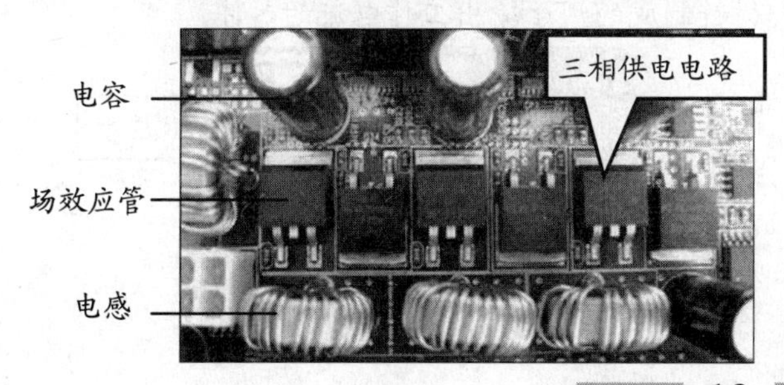

一点就透

◆ 遇到并联多个电感或者多个场效应管的情况时，就要综合考虑，挑数目少的那种元器件来判断。因为很多情况第一级电感线圈也在供电电路附近，所以一般也有线圈数目 - 1 = 相数的说法。

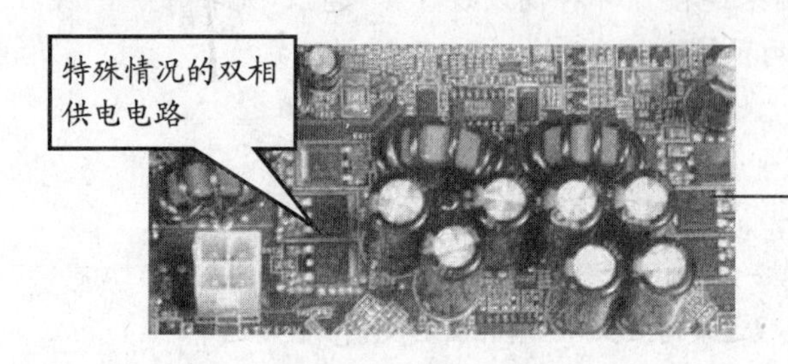

4. 元器件

优质主板必定搭配了高品质的元器件，主要应关注电容、场效应管、电感这几大元器件。

❖ 电容：电容的作用是保证电源对主板及其他硬件的供电稳定性，电容的好坏直接决定主板性能、稳定性和使用寿命。

❖ 电感：电感线圈主要有滤高频、缓冲和储能的作用。

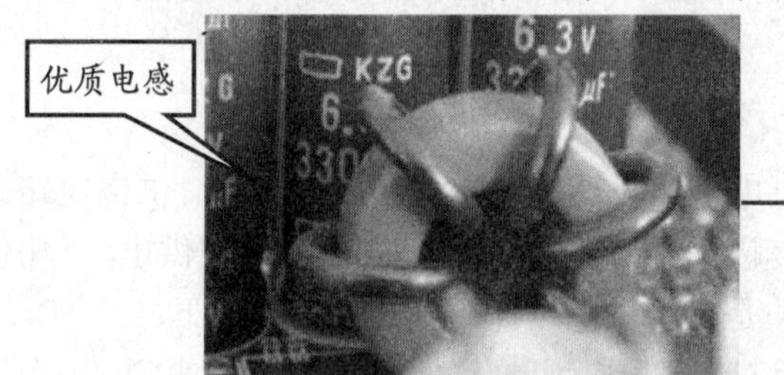

❖ 场效应管：场效应管的全称为金属氧化物半导体场效应晶体管，英文为“MOSFET”。它是由金属、氧化物及半导体 3 种材料制成的用于输出工作电流的器件。

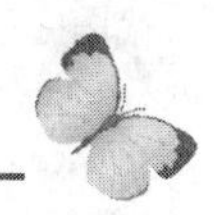

5. PCB板

PCB板（印刷电路板）主要功能是提供主板上各零件的相互电气连接，优秀的PCB板是主板稳定可靠的基石，很多杂牌主板就是由于PCB品质不稳定，导致经常不确定地出现死机、接触不良、主板变形等问题。PCB板的外观如下图所示。

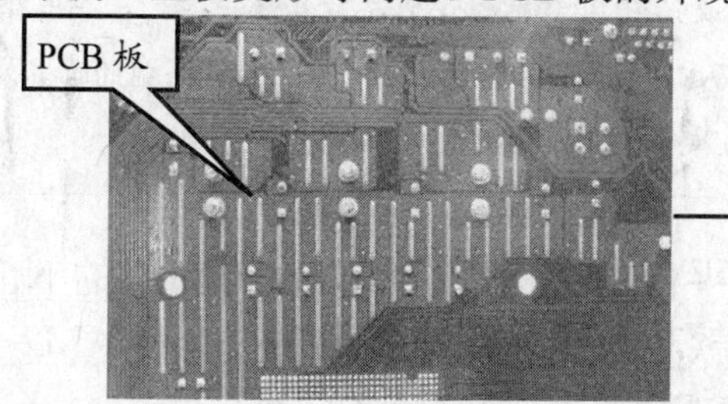

黑色主板由于含有碳元素较多，导致绝缘性能较差，在潮湿的环境中容易氧化，所以应该选择PCB比较光亮的主板。

6. 集成主板的优缺点

集成主板集成了显卡、声卡和网卡，不仅省去了选购时与周边设备搭配的麻烦，而且经济实惠。

集成主板的缺点在于集成显卡会占用部分内存作为显存，不但降低了系统性能，3D的显示效果也不太理想，所以不推荐游戏玩家选用。

7. 主板与其他配件的搭配

由于主机中的其他配件都要固定在主板上，所以主板与其他配件是否兼容也至关重要。

（1）CPU与主板搭配

如果没有与一款合适的主板搭配，再强的CPU也不能完全发挥它的性能，从而造成浪费。下面就来介绍一下CPU与主板的搭配要点。

☞ 选择Intel处理器应该配合Intel芯片组的主板使用，这样才能得到最好的兼容性。

- 目前，Intel主流的芯片组主要有945和P965系列芯片组。945系列是面向低端用户推出的芯片组。
- P965芯片组是Intel专门为Core2处理器推出的产品，提供对目前所有桌面级Intel CPU的支持，包括酷睿、赛扬、奔腾等。

❖ G35是Intel的高端芯片组，目前出厂的G35能够提供对所有桌面级Intel CPU的支持。

◆ 如果选择赛扬D处理器，建议采用945PL/945GZ芯片组的产品；如果选择奔腾4及双核奔腾D处理器，建议搭配945P芯片组的主板；如果选择高端的酷睿处理器，那么P965主板与G35主板才是最好的选择。

☞ 目前多数消费者在选购AMD平台的主板时，都以nVIDIA的NF5系列芯片组为主。nVIDIA NF5共推出了4款芯片组，用来实现对AMD AM2处理器低、中与高端产品的支持，其划分大致如下。

❖ 低端：NF520/NF550。
❖ 中端：NF570U和NF570SLI。
❖ 高端：NF590SLI。

◆ 如果选择速龙单/双核处理器，建议采用NF550/NF570U芯片组的主板；如果选择高端X2速龙，则应该搭配NF570SLI芯片组主板。

（2）内存与主板搭配

目前的主板几乎全是搭配DDR内存插槽，不过有些主板同时具有DDR和DDR2插槽，这时只能选择一种使用，而不能同时混插。

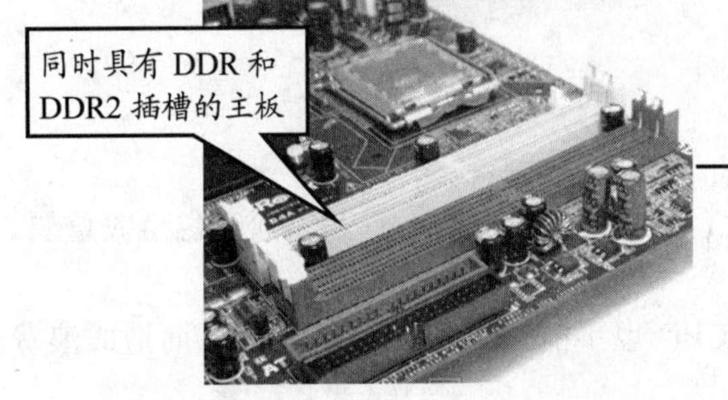

（3）电源与主板搭配

不断提高的电脑配件性能也对电源提出了更高的要求，所以装机时也要考虑主板与电源的搭配问题。

☞ 主板与电源的具体搭配如下。

❖ 250W电源：Intel 赛扬4 CPU或AMD Sempron CPU + 集成主板。
❖ 350W电源：Intel 奔腾4 CPU或AMD AM2 Sempron、AM2 Athlon64 CPU + 主板 +

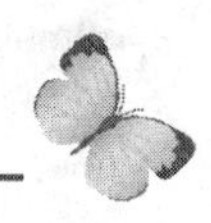

独立显卡。

❖ 400W 电源：Intel 奔腾 D CPU 或 AMD AM2 Athlon64 X2 + 主板 + 独立显卡。

（4）显卡与主板搭配

目前大部分主板都采用了 PCI-E 插槽，如下图所示。还使用 AGP 接口显卡的用户，在购买主板时也要注意主板插槽是否与显卡规格相匹配。

目前 AGP 接口的显卡基本都是采用 PCI-E ×16 技术，只有搭配相应插槽的主板才能发挥其最大的性能

同时具有 PCI-E 和 AGP 插槽的主板

（5）硬盘与主板搭配

选购主板时一定要注意与硬盘接口相搭配。一般来说主板至少会具备 IDE 的接口，但是如果硬盘是 SATA 或 SATA2 接口，就必须留意主板是否支持。

2.1.2 选购 CPU

由于 CPU 更新换代的速度非常快，所以市场上的 CPU 产品型号纷繁复杂，常常让消费者无所适从。要识别一块 CPU，首先要对 CPU 的基本参数有所了解。

1. CPU 基本参数

☞ **参数是对一块 CPU 性能的数字化标注，选购时要注意的有以下几点。**

❖ 主频：主频代表 CPU 时钟频率，单位是 MHz，主频越高表明 CPU 运行速度越快。

❖ 外频：外频是 CPU 与主板之间同步运行的速度，CPU 的外频直接与内存相连通，实现两者间的同步运行。

❖ 倍频：倍频是指 CPU 外频与主频之间的比值，在相同的外频下，倍频越高则 CPU 的频率也越高。

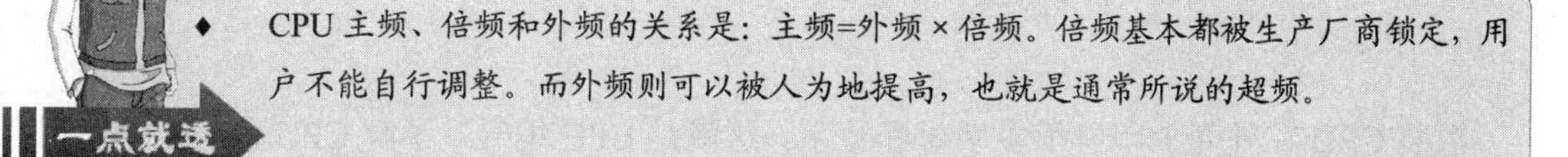

◆ CPU 主频、倍频和外频的关系是：主频=外频×倍频。倍频基本都被生产厂商锁定，用户不能自行调整。而外频则可以被人为地提高，也就是通常所说的超频。

❖ 前端总线：前端总线（英文缩写为 FSB）是 CPU 跟外界沟通的唯一通道，CPU 通过它来将运算结果传送到其他对应设备。前端总线的速度越快，CPU 的数据传输就越迅速。

❖ 二级缓存：二级缓存简称“L2”。缓存是 CPU 中可进行高速数据交换的存储器，它先于内存与 CPU 交换数据，其容量大小对 CPU 的性能影响很大，也是 CPU 性能

高低的区别之一。

❖ 制造工艺：制造工艺关系着CPU的电气性能，通常以μm（微米）为单位。制造工艺越先进，CPU线路和元件越小，在相同尺寸芯片上就可以增加更多的元器件，CPU的性能自然越强大。主流CPU目前基本都采用0.13μm的制造工艺。
❖ 超线程技术：超线程技术的英文缩写为“HT”，它是Intel为解决Pentium4 CPU指令效能比较低的问题而开发的。超线程技术是一种同步多线程执行技术，简单的说就是将单个CPU虚拟成两个CPU使用，从而达到了加快运算速度的目的。
❖ 双核CPU：双核即一个CPU集合了两个内核。双核CPU技术的引入是提高CPU性能的有效方法。因为CPU实际性能是其在每个时钟周期内所能处理指令数的总量，因此增加一个内核，CPU每个时钟周期内可执行的单元数将增加一倍。
❖ 酷睿（Core）：酷睿处理器是目前Intel最新的CPU产品，它的性能比以前的双核Pentium D CPU有40%以上的提升，其功耗却大幅度下降。

2. 选择Intel CPU还是AMD CPU

Intel（英特尔）和AMD（超微）是两大半导体芯片制造厂商，装机时应根据实际需求来选择CPU的品牌。

一般来说，AMD的CPU在三维制作、游戏应用、视频处理等方面相比同档次的Intel的CPU有优势，而Intel的CPU则在商业应用、多媒体应用、平面设计方面有优势。

3. 盒装CPU还是散装CPU

散装和盒装CPU从技术上而言并没有本质的区别，至少在质量上不存在优劣的问题。对于CPU厂商而言，其产品一类供应给品牌机厂商，另一类供应给零售市场。面向零售市场的产品大部分为盒装产品，而散装产品则部分来源于品牌机厂商外泄以及代理商的销售策略。从理论上说，盒装和散装产品在性能、稳定性以及可超频潜力方面不存在任何差距，但是质保存在一定差异。

一般而言，盒装CPU的保修期较长（通常为3年），而且附带有一只质量较好的散热风扇。而散装CPU一般也有为期1年的常规保修期，因此不必担心散装的质量有任何问题。但由于盒装CPU和散装CPU存在一定价差，一些不法经销商为了牟取暴利，就常将散装CPU加上包装当做盒装产品出售。

4. 识别散装CPU

散装CPU在外壳上印着很多字母和数字，这就是CPU编号。了解CPU的编号，对用户弄清CPU的基本性能是相当有用的。

（1）识别Intel CPU编号

Intel的CPU都采用了实际频率标称，称为“简单编号”。识别起来较为直观，其各部分含义如下图所示。

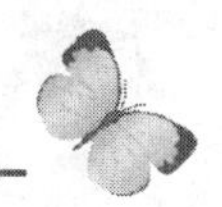

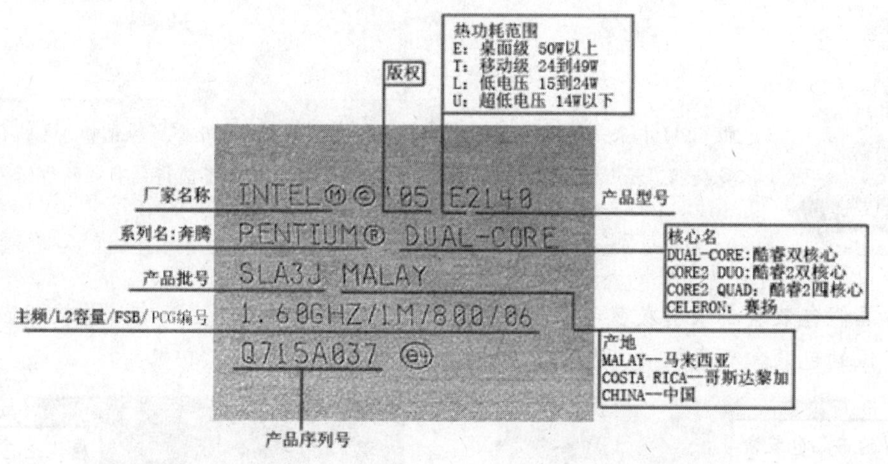

❖ 产品批号是 Intel 为了方便用户查询其 CPU 产品所制定的一组编码，此编码通常包含了 CPU 的主频、二级缓存、前端总线、制造工艺、核心步进、工作电压、CPU ID 等重要的参数，且 CPU 和 S-Spec 编码是一一对应的关系。通过登录 http://processorfinder.intel.com/网站并输入 S-Spec 编码即可查询出该 CPU 的相关信息。

❖ 产品序列号：这个号码相当于人们的身份证号码，具有唯一性，因此是鉴别盒装 CPU 的重要信息，拨打免费电话 800-820-1100 即可进行查询。

（2）识别 AMD CPU 编号

AMD CPU OPN 代码是 CPU 所有特性的表达，但不如 Intel CPU 编码那样直观，大致可以将其分为 7 个部分，每部分代码的含义如下图所示。

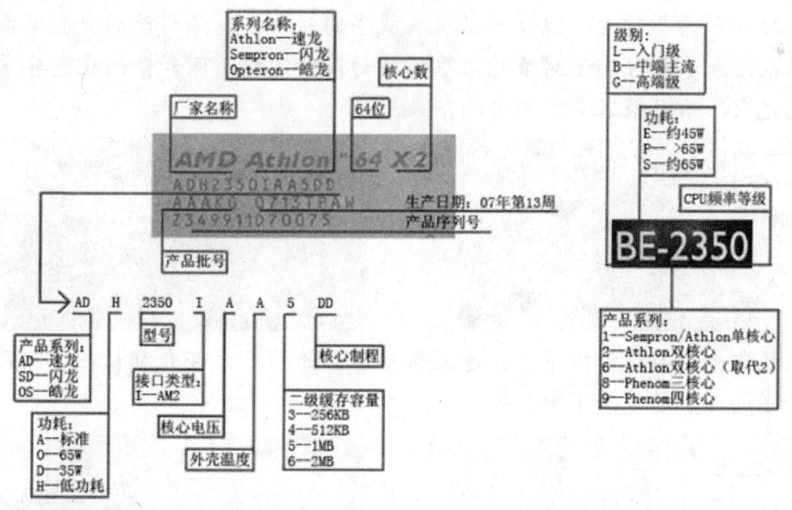

5. 识别真假盒装 CPU

☞ **识别真假原包装酷睿 2 CPU。**

目前市场上存在不少工包版（ES）的 Core 2 Duo 产品，由于其售价仅仅只有正品的一半，所以造假者常用它来冒充盒装正品。消费者要从如下几个方面来识别。

◆ 工包版 CPU 本来是提供给主板制造商测试专用的，不对外公布和销售。这种 CPU 简化了很多功能，虽然有很高的超频潜力，但极不稳定，也不能得到有效的质保。

❖ 真假包装盒都采用灰蓝色，原装真品的包装盒颜色较深，上面有一些较明显的暗纹；假的包装盒颜色较浅，甚至有点发白，暗纹也较浅。

❖ 原装真品的标签右上角的钥匙图案在不同视线角度下可呈现深蓝色和紫色 2 种颜色，假冒的标签钥匙只有紫色 1 种颜色。

❖ 原装酷睿 2 的拆封处一边有一张灰底蓝字的封条，真品封条的灰底中带有散乱分布的银色光点，而且撕下封条时很难保持封条的完整；假封条的底色非常均匀，没有银色光点，而且很容易就整片撕下来。

❖ 将包装盒上的拆封带撕下后，原装拆封带上的圆点大部分都粘在了包装盒上，假的则会连圆点一起被撕下来。

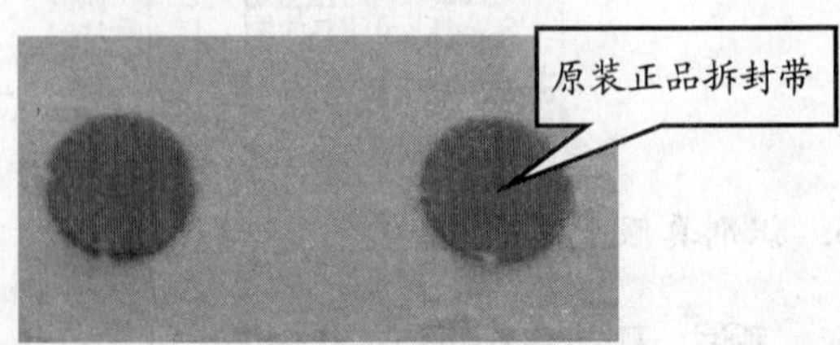

❖ 真品说明书上的 Core 2 Duo Logo 印刷精美，中间部分的 Core 2 Duo 字样是银色的，有立体感；而假的说明书上则没有银色部分。

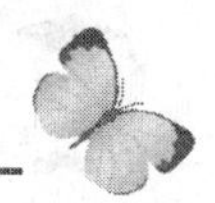

❖ 正品背面的黑色横线用放大镜可看到它是用微缩的“intel”字样连续排列组成的，如下图所示；假包装则就是一条黑色的线。

原装正品黑色横线放大图

☞ 识别真假原包装 AMD CPU。

❖ 由于假冒 AM2 双核原装 CPU 多是采用以前出售盒装产品后留下来的包装，所以质保标签和 CPU 表面的 SN 校验码不相同，购买时要注意对比。

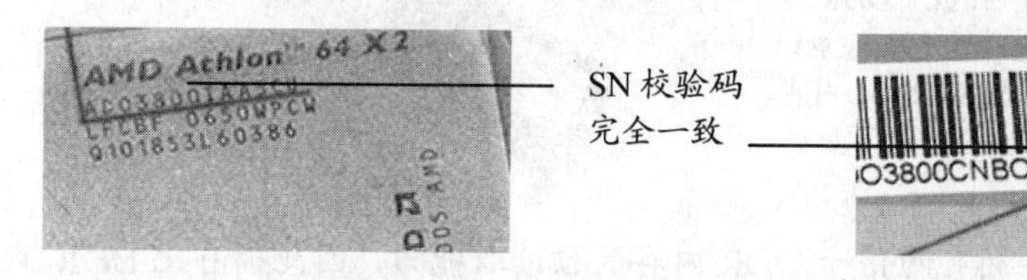

❖ AMD 盒装正品 CPU 使用全息标签，其先进的设计尚无人能仿冒。AMD 防伪标签可从 4 个角度分别看出 1、2、3、4 个方框图案。

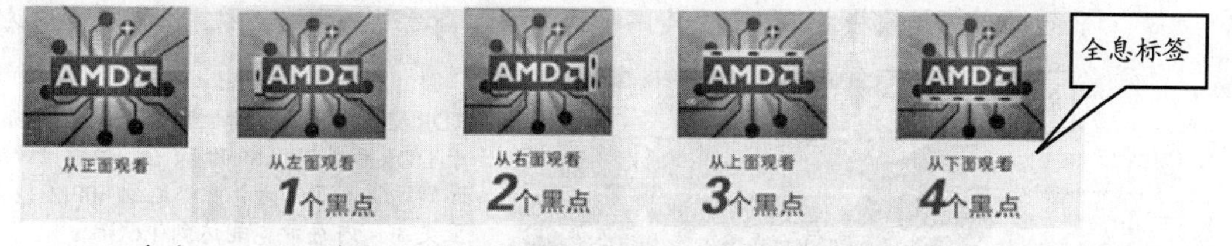

❖ AMD 在中国主要是靠以下代理商销售：伟仕、威健、安富利、神州数码。这些代理商都有自己的标志，牢记这些标志有助于选购正品 AMD CPU。

2.1.3 选购内存

内存是关系到电脑总体性能高低的重要配件，品质优良的内存能让系统性能更上一层楼。

1. 内存的分类

内存根据制作工艺、性能参数等各方面的差异，大致可分为 SDRAM、DDR 和 RDRAM 3 类。

❖ SDRAM 内存：SDRAM 内存曾被广泛用于早期电脑，现已被淘汰。

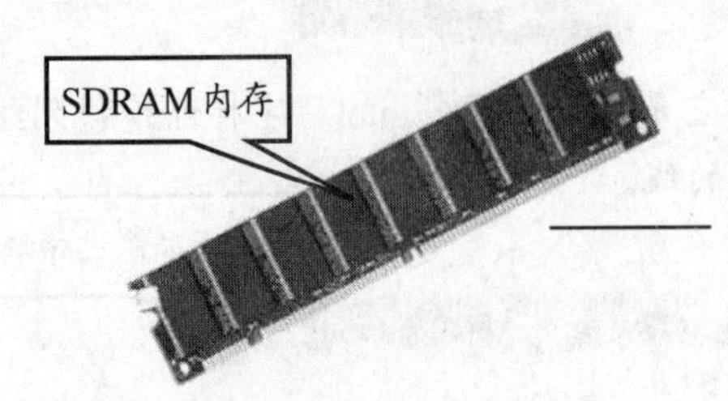

大容量的内存可以在某种程度上弥补 SDRAM 在速度上的不足，所以仍是老主板的用户升级的最佳选择

❖ DDR 内存：DDR 内存的传输速率是 SDRAM 内存的 2 倍。

由于 DDR 内存的 DIMM 插槽是 184pins，而 SDRAM 则是 168pins。因此，DDR 内存插槽不支持 SDRAM。通过底部缺口，可以很容易地区别 DDR 与 SDRAM 内存

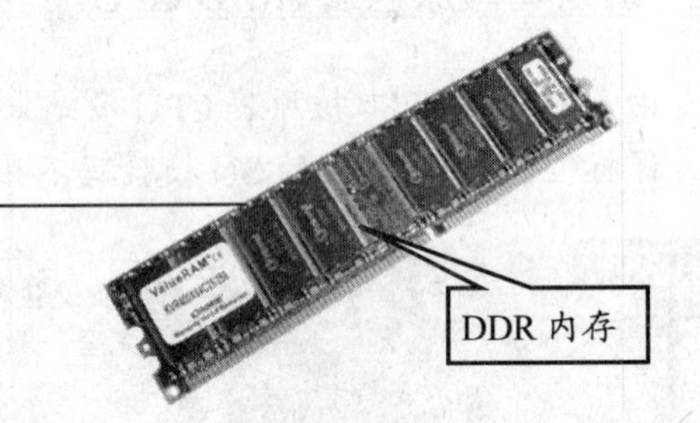

❖ DDR2 内存：DDR2 拥有两倍于 DDR 内存的预读取能力，因此拥有比 DDR 内存更高的数据传输速率，它也是现在使用率最高的内存。目前的主流产品为 DDR2 667。

❖ RDRAM（Rambus DRAM）内存：RDRAM 与 DDR 和 SDRAM 不同，它采用了串行的数据传输模式。但由于其高昂的价格让普通用户无法接收，始终没有成为主流。

RDRAM 的数据存储位宽是 16 位，远低于 DDR 和 SDRAM 的 64 位。但在频率方面则远远高于二者，可以达到 400MHz 乃至更高。内存带宽能达到 1.6GB/s

2. 内存基本性能指标

有关内存性能的基本指标有以下几种。

❖ 速度：内存一般用存取一次数据的时间（单位一般用 ns）作为衡量速度的指标，时间越短，速度就越快。目前，DDR 内存的存取时间一般为 5ns。

❖ 容量：目前常见的内存条容量有 256MB、512MB、1GB 和 2GB 等几种。单条 DDR2 的最小容量是 512MB。目前主流的电脑基本都配置了单条 1GB 的内存。

❖ 数据宽度和带宽：内存的数据宽度是指内存同时传输数据的位数，以 bit 为单位；内存的带宽是指内存的数据传输速率。

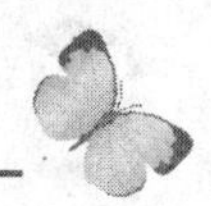

一点就透

◆ 内存的数据带宽 =（总线频率 × 带宽位数）÷ 8，其中，总线频率是指 DDR333、DDR400 中的数字。在选购时要注意内存的总线频率要与 CPU 的前端总线频率相匹配。

☞ 注意 DDR2 的 3 种规格。

目前内存厂商共推出了 DDR2-400、DDR-533、DDR2-667 3 种规格的 DDR2 内存。

❖ DDR2-400 由于频率低、性能差等缺点，目前已经退出了主流市场。

❖ DDR2-533 又分为旧版与新版 2 种：旧版 DDR2-533 只能工作在 4-4-4 timings 模式下，延迟较高，性能要差于 DDR400；新版 DDR2-533 则可以在 3-3-3 timings 模式工作，虽然延迟仍稍微比 DDR400 高，但凭借高带宽的优势，性能已经等于或超过了目前的 DDR400 内存，而且新版 DDR2-533 的超频性能很强，有些甚至可以超过 DDR2-800 的水准。

❖ 至于 DDR2-667，则是超频玩家的必备利器，也是目前 DDR2 市场的主流产品。

3. 内存颗粒

内存是由 PCB 板、SPD 芯片和内存颗粒构成的，其中以内存颗粒最为重要，内存颗粒决定了内存的容量、频率等，所以选购内存应该首先从内存颗粒看起。

目前市面上的内存就制造方式主要分为 2 类。

❖ 像“金士顿”、“威刚”等内存生产厂商一般都是采用“现代”、“三星”、“英飞凌”等国际半导体芯片制造商生产的内存芯片，然后打造自己品牌的产品。

❖ 原厂内存。原厂内存更多的是被整机厂商使用，而直接在国内零售市场和最终用户见面的机会并不多，目前国内的消费者一般只能够买到“三星”与“英飞凌”的原厂内存。

通过查看内存颗粒编号可以了解内存的参数性能，从而判断内存是否为正品。以下以目前比较知名的几种内存颗粒为例来介绍内存编号的命名规则。

☞ 现代（Hynix）。

“现代”内存颗粒有良好的超频性，很多品牌的 DDR2 内存都采用“现代” DDR2 内存颗粒，如“创见”、“威刚”、“超胜”等

❖ “现代” DDR2 内存颗粒的第一排编号通常由“HY”开头。

❖ 第 3、4 位“5P”代表 DDR2。

❖ 第 5 位“S”代表 VDD 电压为 1.8V、VDDQ 电压为 1.8V。

- 第6、7位代表容量，本例中“12”代表512MB，其他如“28”为128MB、“56”为256MB、“1G”为1GB、“2G”为2GB。该值除以8即为单颗容量，再乘以颗粒数便是整条内存的容量。
- 第8、9位代表颗粒位宽，如果为“4”和“8”，则只占编号中的第8位，如本例所示；如果为“16”和“32”，则占第8、9位。
- 第10位代表逻辑Bank数。其中“1”为2 Banks，“2”为4 Banks，而“3”为8 Banks；
- 第11位代表接口类型。比如“1”为SSTL_18，另外，“2”为SSTL_2。
- 第12、13位代表产品的规格，比如C4：速度为DDR2 5333 4-4-4，如果是S6则为DDR2 800 6-6-6、S5则为DDR2 800 5-5-5、Y6为DDR2 677 6-6-6、Y5为DDR2 677 5-5-5、Y4为DDR2 677 4-4-4、C5为DDR2 533 5-5-5、C3为DDR2 533 3-3-3，字母越靠后越好。

☞ 三星（SAMSUNG）。

“三星”内存颗粒的超频性能不错，采用“三星”内存颗粒的内存厂商有“三星”、“金士顿”、“创见”、“超胜”、“Apacer”等

- “三星”DDR2内存颗粒的第一排编号通常由“K4”开头，代表Memory DRAM之意。
- 第3位“T”代表内存采用DDR2内存颗粒。
- 第4、第5位代表容量，其中“51”代表512MB容量，如果为“56”则是256MB容量，“1G”为1GB容量，“2G”为2GB容量。
- 第6、第7位代表位宽，“08”代表×8位宽，如果是“04”则位宽为×4、“06”为×4 Stack、“07”为×8 Stack、“16”为×16。
- 第8位代表逻辑Bank，其中“3”的逻辑Bank数量为4 Banks，如果是“4”则为8 Banks。
- 第9位代表接口类型，一般为“Q”，表示接口类型工作电压为SSTL 1.8V。
- 第10位代表颗粒版本，其中“B”代表的产品版本为3rd Generation，“C”为4th Generation，DEFGH依此类推、越新越好。
- 第11位代表封装类型，其中“G”代表封装类型为FBGA，如果是“S”则为FBGA（Small）、“Z”为FBGA-LF、“Y”则为FGBA-LF（Small）。
- 第12位代表功耗类型，其中“C”表示普通能耗，若是“L”则为低能耗。
- 第13、14位代表内存速度，其中“D5”速度为DDR2 533 4-4-4，如果是“D6”则为DDR2 677 4-4-4，如果是“E6”则为DDR2 677 5-5-5，如果是“F7”则为DDR2 800 6-6-6。

☞ 英飞凌 （Infineon）。

“英飞凌”DDR2 颗粒有着优良的品质，目前采用英飞凌颗粒的厂商有“Infineon”、“金士顿”、“宇瞻”等

- HYB: “英飞凌”内存颗粒的编号的前缀。
- 18: 工作电压为 1.8V。
- T: DDR2。
- 256: 容量为 256MB，如果是“512”则为 512MB，“1G”则为 1GB。
- 80: 位宽为 × 8，如果是“40”位宽则为 × 4，如果是“16”位宽则为 × 16。
- 0: Standard product（标准产品）。
- A: 封装版本。
- F: 封装形式为 FBGA。
- 25: 表示这是一款 DDR2 800 颗粒，如果是“37”则为 DDR2 533（4-4-4），如果是“3”则为 DDR2 677（4-4-4）。在速度标准中，英飞凌的芯片还有一种“3S”的参数，代表 DDR2-667（5-5-5）。

☞ 美光（Micron）。

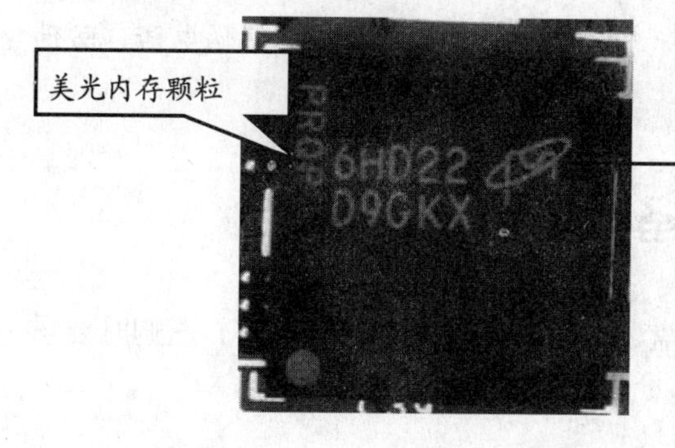

“美光”的 DDR2 内存颗粒编号比较特别，从封装上的编号上一般只能识别出该颗粒的生产日期和产地编号。用户需将颗粒表面的第二行编号(又称为 FBGA 码)输入到相关页面上(http://www.micron.com/support/part_info/index)查询相关规格

4. 识别打磨内存

打磨，又叫 Remark，是一种比较常见的造假方式，通常的手段是把低频率的颗粒打磨为高频率的，或是杂牌颗粒打磨成品牌颗粒等。这种假冒的内存在容量上一般没有问题，但在运行的稳定性和性能等方面则大打折扣，质量和寿命也都经不起考验，而且被打磨过的内存无法享受正品内存应有的质保服务。

☞ 为了防止买到被打磨过的内存，在选购时可以通过以下几点来判断。

- 看内存颗粒上的编码是否清晰锐利，各颗粒上的编号是否一致。再用力搓一下编码看是否掉色脱落。

❖ 看内存颗粒四周的管脚是否有浸锡、补焊的痕迹，电路板和金手指是否干净无划痕，内存金手指上方的排阻与电容用料是否充足，排列是否整齐。

另外对于品牌内存，其PCB板一般采用6层设计，对于那些4层PCB板的内存则需要多加小心

❖ 同时留意是否有SPD芯片，以及SPD芯片的质量。

SPD的作用是记录内存的速度、容量、电压等参数信息，当开机时主板BIOS将自动读取SPD中记录的信息，如果没有 SPD或者其中的信息错误，则会出现死机、不兼容等现象

❖ 根据不同的内存品牌，看内存上的防伪标志。例如防伪镭射标签、防伪电话、防伪序列号等。

2.2 存储设备的选购

电脑上常用的存储设备除内存外，还包括硬盘、光盘、优盘、移动硬盘等。选购时要重点注意容量、传输速率等方面的性能。

2.2.1 选购硬盘

硬盘作为电脑的主要存储设备，其质量和性能直接影响到用户数据的安全，所以选购时千万不可掉以轻心。

1. 硬盘接口类型

☞ 目前的主流硬盘接口大致可分为以下3种。

❖ IDE接口：IDE接口的全称是Parallel ATA，就是并行ATA硬盘接口规范，是早期常见的一种硬盘接口规范。

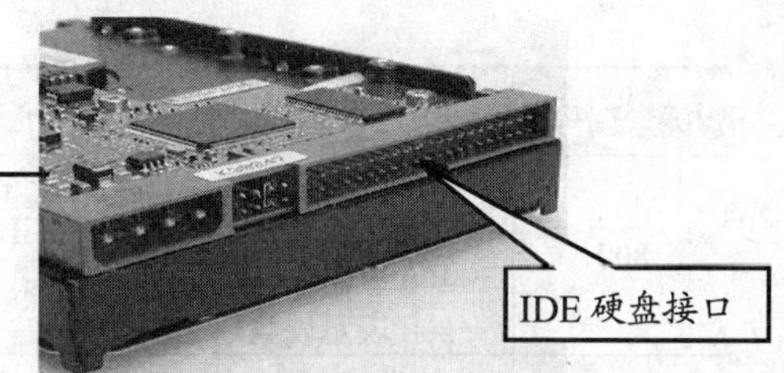

PATA 硬盘接口 ATA33/66 一直发展到 ATA100/133，现在最高的规格是 ATA150

❖ SATA 接口：SATA 是 Serial ATA 的缩写，即串行 ATA。这是一种完全不同于并行 ATA 的新型硬盘接口类型，由于采用串行方式传输数据而得名。SATA 总线具备了更强的纠错能力，这在很大程度上提高了数据传输的可靠性，还具有结构简单、支持热插拔的优点。

值得注意的是，无论是 SATA 还是 SATA II，其实对硬盘性能的影响都不大。之所以采用更先进的接口技术，是因为可以获得更高的突发传输速率、支持更多的特性、更加方便易用以及更具有发展潜力罢了

❖ SCSI 接口：SCSI 接口又名小型计算机系统接口，具有应用范围广、多任务、带宽大、CPU 占用率低以及热插拔等优点，一般用于服务器硬盘。

SCSI 规范发展到今天，已经是第 6 代技术了，速度也从 1.2MB/s 飞跃到现在的 320MB/s。目前的主流 SCSI 硬盘都采用了 Ultra 320 SCSI 接口，能提供 320MB/s 的接口传输速率

2. 识别硬盘编号

识别硬盘主要是依靠硬盘标签所印制的编号，通过查看硬盘的编号可以认清各硬盘厂家的不同产品规格。下面就来介绍几大主流厂商的硬盘编号规则及含义。

表 2-1 希捷（Seagate）硬盘编号“ST380023AS”的含义

硬盘编号	编号含义
ST	代表硬盘厂商：Seagate（希捷）
3	代表其硬盘外形和尺寸： • 1 表示 3.5 英寸，厚度为 41mm 的全高硬盘； • 3 表示 3.5 英寸，厚度为 25mm 的半高硬盘； • 4 表示 5.25 英寸，厚度为 82mm 的硬盘； • 5 表示尺寸为 3.5 英寸，厚度为 19mm 的硬盘； • 9 表示尺寸为 2.5 英寸的硬盘

续表

硬盘编号	编号含义
800	代表硬盘的容量，通常由3～4位数字组成，单位是GB： ·1600表示硬盘容量为160GB； ·400表示硬盘容量为40GB； ·800表示硬盘容量为80GB
23	代表硬盘标志，由主标志和副标志组成。前一个数字是主标志，在希捷（Seagate）的IDE硬盘中都是硬盘的盘片数，如数字“2”表示该硬盘采用了2张盘片
AS	代表硬盘接VI类型，主要由1～3个字母组成： ·A表示为ATA UDMA 33或UDMA 66 IDE的接口； ·AS表示为Serial ATA l50的接口； ·AG表示为笔记本电脑专用的ATA的接口； ·N表示为50针Ultra SCSI的接口，其数据传输率为20MB/s； ·W表示为68针Ultra SCSI接口，其数据传输率为40MB/s； ·WC表示为80针Ultra SCSI的接口； ·FC 表示为光纤，可提供100MB/s的数据传输率，支持热插拔； ·WD表示为68针Ultra Wide SCSI的接口； ·LW表示为68针Ultra-2 SCSI（LVD）的接口； ·LC表示为80针Ultra-2 SCSI（LVD）的接口

表2-2　迈拓（Maxtor）编号为“6Y080M006500A”的含义

硬盘编号	编号含义
6Y	代表产品系列和型号： ·3为40GB或以下； ·9为40GB以上，此系列为星钻一代； ·2R表示为Fireball 531 DX美钻一代； ·2B表示为Fireball 541 DX美钻二代； ·2F表示为Fireball 3； ·4W表示为Diamondmax 536DX星钻二代； ·4D、4K、4G都表示为Diamondmax 540X星钻三代； ·4R表示为Diamondmax 16星钻四代； ·5T表示为Diamondmax Plus60金钻六代； ·6L表示为Diamondmax Plus D740X金钻七代； ·6E表示为Diamondmax Plus8； ·6Y表示为Diamondmax P1us9
080	代表硬盘容量，单位是GB： ·080表示容量为80GB； ·200表示容量为200GB
M	代表缓存容量、接口及主轴电机类型： ·D表示为Ultra ATA/33； ·U表示为Ultra ATA/66； ·H表示为Ultra ATA l00接口，2MB缓存； ·J表示为Ultra ATA 133接口，2MB缓存并使用滚珠轴承电机； ·L表示为Ultra ATA 133接口，2MB缓存并使用液态轴承电机； ·P表示为Ultra ATA 133接口，8MB缓存并使用液态轴承电机； ·M表示为Serial ATA 150接口，8MB缓存并使用液态轴承电机
0	代表使用的磁头数，也就是记录面数量
06500A	从此系列开始，迈拓在原有的硬盘编号后面又添加了6位字符，但是真正有用的仍然是前面的7位编号

表 2-3　　西部数据（WD）的编号为“WD2500JB-00EVA0”的含义表

硬盘编号	编号含义
2500	代表硬盘容量，通常由3～4位数字组成，单位为GB： • 2500 表示 250GB； • 800 表示 80GB
J	代表硬盘转速及缓存容量： • A 表示转速为 5 400 r/min 的 Caviar 系列硬盘； • B 表示转速为 7 200 r/min 的 Caviar 硬盘； • E 表示转速为 5 400 r/min 的 Protege 系列硬盘； • J 表示转速为 7 200 r/min，数据缓存为 8MB 的高端 Caviar 硬盘； •G 表示转速为 10 000 r/min，数据缓存为 8MB 的最高端桌面硬盘 Raptor 系列
B	代表接口的类型： • A 表示为 Ultra ATA 66 或者更早期的接口类型； • B 表示为 Ultra ATA 100； • W 表示应用于 A/V（数码影音）领域的硬盘； • D 表示为 Serial ATA 150 接口
00	代表 OEM 客户标志。如今西数面向零售市场的产品，其两个编号都为数字“00”。如果是其他字符的话，则为 OEM 客户的代码，不同的编号对应不同 OEM 客户，而这种编号的硬盘通常是不面向零售市场的
E	代表硬盘单碟容量，单位是 GB： • C 表示硬盘单碟容量为 40GB； • D 表示 66GB； • E 表示 83GB
V	代表同系列硬盘的版本代码，该代码随着不同系列而变： • A 表示 7 200 r/min，Ultra ATA 100 接口的 BB 系列； • B 表示 5 400 r/min，Ultra ATA 66 接口的 AB 系列； • P 表示 5 400 r/min，Ultra ATA 100 接口的 EB 系列； • R 表示 7 200 r/min，Ultra ATA 100 接口，具有 8MB 缓存的 JB 系列。 而在单碟 66GB 和 83GB 的产品中，还出现了“U”、“V”等其他字母，分别对应 JB 系列和 BB 系列产品
A0	代表硬盘的 Firmware 版本。目前常见的一般都是“A0”

3. 硬盘选购要点

☞ 硬盘的选购技巧主要包括以下几点。

❖ 合适的硬盘接口：IDE 或 SATA 接口的硬盘对于一般的家庭用户来说完全够用了；而对于追求性能稳定和数据安全的商业用户来说，SCSI 硬盘则是最佳选择。

❖ 适用的硬盘容量：硬盘容量越高，每单位容量的费用就越低。单碟容量越大，硬盘读取数据的速率也就越快，因此选购时应尽量选择较大单碟容量的产品。

❖ 良好的硬盘转速：硬盘的转速越快，其数据传输速率也就越快，整体性能也随之提高。目前主流硬盘的转速分为 5 400 r/min 和 7 200r/min 两种，7 200r/min 的硬盘的内部传输速率可以超过普通的 5 400r/min 的硬盘 33％以上。

❖ 高速的传输速率：硬盘的数据传输速率是指硬盘读写数据的速率，单位为兆字节每秒（MB/s）。目前 PATA 只能提供 133MB/s 的传输速率， SATA 则提供了 150MB/s 的传输速率，而 SATA2 更是提供了 300 MB/s 的传输速率。

❖ 足够的缓存容量：缓存的容量与速度直接关系到硬盘的传输速率。缓存为静态存储

器，与内存（动态存储器）不同，无需定期刷新，硬盘上的高速缓存可大幅度提高硬盘存取速度。在游戏和进行大规模数据读取时，大容量缓存所带来的硬盘性能的提升是显而易见的。

◆ 目前大部分 SATA 硬盘都提供 8M 的缓存，很多 PATA 硬盘的缓存也增加到 8M。像 250GB 等海量硬盘缓存容量更是提升至了 16M，并且也比普通 2M 硬盘贵不了多少，因此选购时应尽量考虑大容量缓存产品。

❖ 完善的售后服务：一般的硬盘都会提供 3 年质保（1 年包换，2 年保修）。所以在买硬盘的时候一定要到正规的商家购买，并询问详细的售后服务条款。目前市面上主流的硬盘基本是“希捷”、“西部数据”、“迈拓”、“日立”、“三星”5 家大厂的产品。

2.2.2 选购光驱

作为电脑中的易耗配件，光驱的使用寿命较短，在选购时应注意以下几个方面。

1. 光驱的分类

光驱按照不同的光盘介质可分为只读光盘驱动器、可写光盘驱动器、DVD 只读光盘驱动器等。它们外观上看起来都差不多，但功能却各有不同。如下图所示。

❖ CD-ROM：CD-ROM 是一种可以读取 CD-ROM、CD-R 和 CD-RW 盘片的外部存储设备。

❖ DVD-ROM：DVD-ROM 用来读取 DVD 光盘上的内容。比起 CD 光盘来，DVD 的存储容量更大，图像清晰度更高，高保真音效也更好。

❖ CD-RW：CD-RW 是一种应用了重复写入技术的 CD-ROM，它除了能够刻录 CD-RW 光盘之外，也拥有 CD-ROM 的全部功能。

❖ COMBO：COMBO（康宝）英文意即“结合物”，它是集 CD-ROM、DVD-ROM、CD-RW 三大功能于一身的光存储设备。

❖ DVD 刻录机：DVD 刻录机能将数据存储到 DVD 刻录光盘，比 CD-RW 和 COMBO

有更大的存储量。

- 随着技术的不断成熟、价格的不断下降及市场需求的不断增大，DVD 刻录机已经代替 CD-ROM、DVD-ROM 和康宝，成为市场的主流产品。因此目前选择光驱，应该着重考虑的是 DVD 刻录机或 DVD-ROM。

经验交流

2. DVD 刻录机的选购要点

☞ 购买 DVD-ROM 刻录机时，应该考虑如下几个要点。

- DVD 读取速度：DVD 读取速度是指光存储产品在读取 DVD-ROM 光盘时，所能达到的最大光驱倍速。目前 DVD-ROM 和 DVD 刻录机主流的读取速度是 16 倍速。
- CD 刻录复写速度：CD 刻录复写速度是指 DVD 刻录机刻录或复写 CD 光盘，在光盘上存储有数据时，对其进行数据擦除并刻录新数据的最大刻录速度。目前 DVD 刻录机在刻录 CD 时最高速度达到了 48X，在复写时最高速度也达到了 32X，刻录一张 CD 盘片的时间约为 2~5 min。
- DVD 刻录复写速度：DVD 刻录复写速度需要考虑 DVD 刻录机刻录双层的 D9 盘、单层的 D5 盘片，及 DVD + / − RW 盘片、DVD-RAM 盘片等的速度。
- 支持刻录盘种类：DVD 刻录机所能读取与刻录的盘片种类当然是越多越好，另外还应优先考虑带有 DVD-RAM 刻录功能的产品。
- 纠错能力：目前刻录盘的质量参差不齐，所以 DVD 刻录机的读盘能力自然是越高越好。
- 防震技术：光驱的高速转动必然带来震动，震动不仅会带来噪声，还会影响激光头所发出激光的准确聚集，从而影响光驱的读盘效果。实力比较强的厂商都有自己的防震技术，常用防震技术有自动平衡防震、双动态抗震悬吊系统、惰性吸震等。
- 全钢机芯：目前光驱机芯主要有全钢机芯与塑料机芯两种。塑料的机芯由于其耐热性和硬度问题，在工作一段时间后机芯容易出现老化变形的机械故障，因此一定要选择一线大厂的全钢机芯产品。

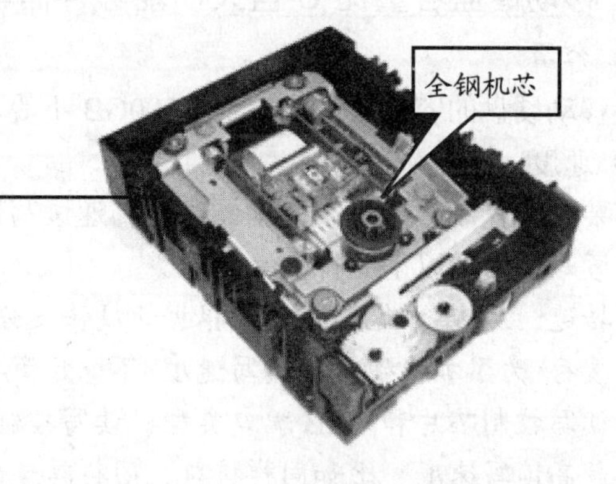

2.2.3 选购移动存储设备

移动存储设备便于携带，可以实现数据的移动存储，满足用户移动办公的需要。

1. 选购U盘

U盘采用闪存存储介质（Flash Memory）和通用串行总线（USB）接口，具有轻巧精致、使用方便、便于携带、容量较大、安全可靠和可扩展功能等优点。

U 盘凭借着小巧玲珑、方便携带、传输速度快、即插即用而容量又足够大等优点，发展至今，已完全可以取代软盘

☞ 选购U盘时应重点注意如下几个方面。

- 品牌：目前市场上的U盘品牌多如牛毛，其中不乏一些质量低劣的杂牌产品，选择认知度较高品牌的产品（如朗科、爱国者、明基等）无论是在品质还是售后服务上都比较有保证。
- 存储容量：U盘的存储容量从128MB到16GB不等，消费者可根据实际需求来选购。
- 数据安全：作为数据移动存储的载体，U盘的抗震安全性显得尤为重要，若产品抗震性能不佳，存储其中的重要数据就将遭受“灭顶之灾”。
- 外观：U盘由于先天的技术优势，可以被制作得很小。有实力的厂商往往在产品外观上花费很大的精力，让其不仅拥有存储的功能，也可以作为一件精美的装饰品来佩戴。

2. 选购移动硬盘

☞ 移动硬盘容量比U盘大，能够存储较大的文件，其选购要点如下。

（1）容量

目前移动硬盘的容量从20GB到1 000GB不等，购买时应根据自身实际需要来选择。

（2）速度

在需要紧急复制数据时，移动硬盘的高速读写数据性能是至关重要的。通常2.5英寸移动硬盘的读写速度由以下3种因素决定。

- 转速：2.5英寸笔记本硬盘根据速度快慢分为4 200 r/min和5 400 r/min两种类型。
- 缓存：为了加快硬盘的读写速度，不少厂商将硬盘的读写缓存从2MB扩大到了8MB。
- 读写控制芯片和USB端口类型：读写控制芯片和USB端口类型决定了移动硬盘的最高读写速度，比如同样接口、同样转速的同型号移动硬盘，读取速度却不一样，就是由二者所采用的主控芯片等部件上的差异所造成的。

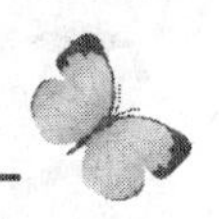

（3）供电

供电不足会造成移动硬盘无法被 Windows 系统正常识别的故障。因此大部分移动硬盘都设计了 DC-IN 直流电插口以解决移动硬盘供电不足的问题。如下图所示。

如果移动硬盘长期在低于额定电流下工作，就很容易出错甚至损坏。其表现为硬盘经常丢失数据、格式化时无法完成显示出错、以及在某些电脑（尤其是笔记本电脑）上无法使用

（4）抗震性

现在的移动硬盘为追求时尚美观、外形上也逐渐向轻薄化发展。但一些杂牌移动硬盘为了降低成本，常常就用一个笔记本硬盘套上一个薄薄的塑料或者金属盒子。这样的移动硬盘根本不具备任何防震措施，其对数据的保护程度也就可想而知了。

2.3 显示设备的选购

显示设备主要包括显卡和显示器 2 部分，它们都是电脑主要的信息输出设备，能给我们绚丽的视觉享受，也占据了近三分之一的装机成本。

2.3.1 选购显卡

显卡作为更新速度最快的电脑配件，初学者常常被其纷繁复杂的型号与种类搞得晕头转向。要学会选购显卡，首先还是要从了解显卡的基本知识开始。

1. 显卡的基本部件

显卡主要由显示芯片、显存、接口等部分组成。

❖ 显卡芯片：显卡芯片英文缩写为 GPU，它负责了显卡绝大部分的计算工作，相当于 CPU 在电脑中的作用，并将最终产生的结果显示在显示器上。

一块显卡采用何种显示芯片决定了该显卡的档次和基本性能，现在市场上的显卡大多采用 nVIDIA 和 AMD 两家公司的图形处理芯片

❖ 显存：显存负责存储显示芯片需要处理的各种数据，其容量的大小、性能的高低，直接影响着电脑的显示效果。

虽然显示芯片决定了显卡的功能和基本性能，但显卡性能的发挥很大程度上还要取决于显存

❖ 接口：显卡接口大体可分为 PCI-E 和 AGP 两种，主流显卡接口基本都以 PCI-E 的接口为主，而 AGP 接口的显卡已濒临淘汰。

2. 明确显卡用途

显卡可以分为高、中、低 3 个级别，选购显卡首先要确定显卡的用途。

❖ 低端用户：低端用户主要是进行办公应用及上网和简单娱乐，最好选择性能稳定的集成显卡主板。不仅可以节约装机成本，而且也不易出现兼容性问题。

❖ 中端用户：中端用户需要进行一些影音制作、平面设计等应用，显卡的色彩还原是最主要的需求之一，而不应该过分追求显卡的 3D 速度。

❖ 高端用户：高端用户大都需要显卡达到流畅运行大型 3D 游戏的目的，所以选择显卡时应该全方位地考虑。

3. 评估显存

显存好坏是衡量显卡的关键指标，要评估一块显存的性能，主要从显存类型、工作频率、封装和显存位宽等方面来分析。

（1）显存品牌

目前比较知名的显存品牌有 SAMSUNG（三星）、Hynix（现代）、EtronTech（钰创）、Infineon（英飞凌）、Micron（美光）、EliteMT/ESMT（晶豪）等品牌。

（2）显存类型

显存有 SDRAM 和 DDR SDRAM 两种类型，SDRAM 已被淘汰，主流的显卡采用的显存现在已发展到 GDDR2 和 GDDR3，一般中端以上的显卡都配备了 GDDR2 甚至是 GDDR3 的显存。

（3）显存封装方式

显存封装方式主要有 TSOP（薄型小尺寸封装）、QFP（小型方块平面封装）和 MicroBGA（微型球闸阵列封装）三种。目前的主流显卡基本上是用 TSOP 和 MicroBGA 封装，其中又以 TSOP 封装居多。

（4）显存容量

显存容量以MB为单位，其计算方法为：单颗显存颗粒的容量×显存颗粒数量。

显存越大，可以储存的图像数据就越多，游戏运行起来就越流畅。不过显存也并非越多越好，对于不同架构、不同能力的图形核心来说，显存容量的需求也不一样。

当用到图形核心的抗锯齿和其他改善画质等功能时，需较多的显示内存；但有些低端的显卡由于架构的限制，即使增加显存容量也不能使性能大幅度增加，更多的容量只是无谓地增加成本而已。现在主流显卡基本上具备了128MB或者256MB的显存容量，少数高端显卡具备了512MB的容量。

（5）显存的存储时间

显存的存储时间以ns（纳秒）为计算单位，多在6~2ns，数字越小说明显存的速度越快，其对应的理论工作频率的计算公式如下：

☞ 工作频率（MHz）＝1 000/显存速度（如果是DDR显存，工作频率＝1 000/显存速度×2）。

例如5ns的显存，工作频率为1 000/5=200MHz，如果是DDR规格的话，那它的频率为200×2=400MHz。

一般而言，DDR只能提供4ns，而DDR 2能达到2ns，DDR3目前已经达到了1.0ns。

（6）显存带宽

显存带宽代表显存与显示芯片之间交换数据的速率，带宽越大，显存与显示芯片之间的“通路”就越宽，数据“跑”得就越顺畅，不会造成堵塞。

☞ 显存带宽可以由下面这个公式计算：显存频率×显存位宽/8。

这里的显存位宽是指显存颗粒与外部进行数据交换的接口位宽，指的是在一个时钟周期之内能传送的bit数。如某个显卡是128MB/128bit的规格：其中128MB是指显存容量，而128bit就是该显卡的显存位宽了。

显存位宽比较简单的计算方法是根据显存的封装来分辨：常见的TSOP封装一般来说是16bit/颗，而MicroBGA封装一般是32bit/颗。所以只要知道显卡有多少颗显存，再看看显存是什么封装，之后用显存数量×bit数（TSOP×16bit，MicroBGA×32bit）就得出总bit数了。比如一张显卡总共只有4颗TSOP封装的显存，那它的显存位宽就是4×16=64bit；如果是4颗MicroBGA封装的显存，那么它就是4×32=128bit。

4. 识别显卡做工

☞ “做工”是辨别显卡质量好坏的一个笼统的概念，主要包括如下几大方面。

❖ 电容：考查显卡的用料时不仅要查看显卡使用电容数量的多少，同样要看采用的电容质量的优劣。另外，需要查看在显卡的背部所采用的贴片电容是否缩水（品质好的显卡通常会采用贴片式钽电容和贴片式铝电容，很少采用插件式电容）。

❖ PCB 板：一般显卡 PCB 板分为 4 层板和 6 层板，6 层 PCB 板在布线合理性、电气性能和排除信号干扰等方面的表现更优秀。

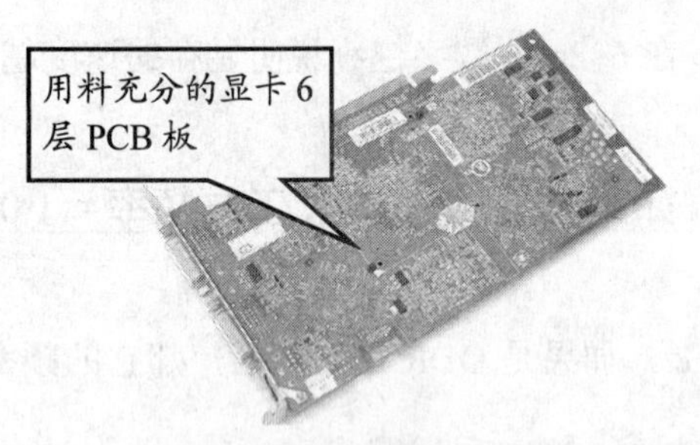

❖ 金手指：做工好的显卡金手指镀得厚，从侧面看有明显的凸起；而太薄的金手指经长时间氧化后，容易脱落，从而造成接触不良等故障。

2.3.2 选购 CRT 显示器

CRT 显示器具有可视角度大、无坏点、色彩还原度高、色度均匀、可调节的多分辨率模式、响应时间短等优点，且在价格上有相当的优势。选购时应该注意以下要点。

1. 显示器尺寸

显示器的尺寸是指显示屏的对角线长度，以英寸（in）为单位。

2. 分辨率与刷新率

CRT 显示器是通过电子枪发射电子束打到荧光屏上的一个个亮点而形成图像的。

❖ 分辨率就是水平线上的点数 × 水平线的条数。

❖ 刷新率（也叫场频）是指显示屏幕在单位时间内更新的次数，以 Hz 为单位。如果刷新率过低，电脑屏幕就会闪得厉害。一般显示器只要达到 85Hz 以上，人眼就感觉不到画面的抖动了。

刷新率和分辨率是紧密相关的，分辨率越大，最高刷新率就越低。

3. 带宽

显示器的视频带宽定义为每秒钟电子枪扫描点数的总和，一般选购原则就是“带宽越大越好”。带宽与刷新率之间有如下关系，带宽=水平分辨率×垂直分辨率×最大刷新率×损耗系数（一般损耗系数的值为 1.5）。

4. 点距与栅距

点距与栅距是 CRT 显像管的重要参数之一，单位为 mm（毫米）。

❖ 点距：对 CRT 显像管而言，点距是指荧光屏上两个相同颜色荧光点之间的直线距离。点距越小，影像看起来越精细，显示边和线越平顺。

CRT 显示器的点距应低于 0.28mm，否则显示图像会比较粗糙

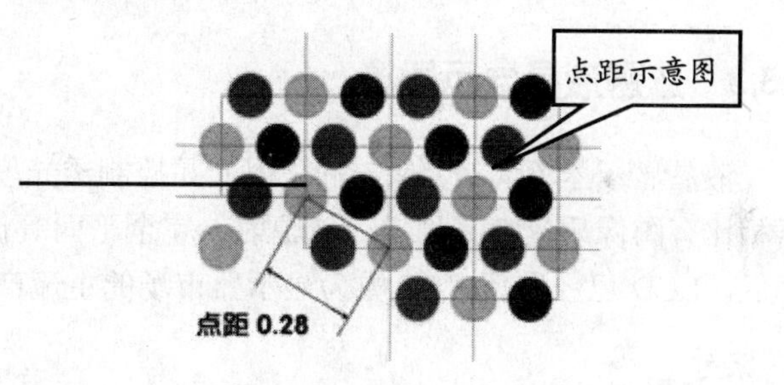

❖ 栅距：栅距就是指两条相同色带之间的水平距离。但是对 CRT 而言，没有光点只有光带，因此也就只有栅距的概念了。

5. 对比度与亮度

对比度与亮度都是测试显示器的重要指标。

❖ 对比度：对比度是指图像最亮和最暗之间区域的比率，对比度越高，色彩会越饱和，反之画面会显得模糊，色彩也不鲜明。

❖ 亮度：亮度是指画面的明亮程度。只有在显示器的亮度和对比度都达到最佳状态时，文字才显示得清晰锐利，图像细节才表现得层次丰富、色彩绚丽。

6. 热稳定性

CRT 显示器是一种大电流、大功率、高发热量的设备，因此工作的热稳定性相当重要。

品质较佳的产品在开机数小时后，整个屏幕和刚开机时没有任何区别，这说明其热稳定性优良，不存在温漂问题。

◆ 温漂是指显示器在刚开机时水平和垂直画面大小会和平时使用时不同，稍后又能恢复正常的现象。温漂和显示器内部电路元件的热稳定性密切相关，一般来讲，温漂幅度在 0.5cm 之内都是可以接受的。

7. 健康环保性

由于显示器与使用者的身心健康密切相关，购买时应选择那些通过认证标准的健康、环保的显示器产品。

TCO 系列认证标准对显示器可能危害人体健康以及在环境保护、可用性、电磁场、能源消耗等方面都做出了严格的规定和保护，选购时应注意是否通过了 TCO 环保认证

2.3.3 选购液晶显示器

液晶显示器（LCD）是一种采用液晶控制透光度技术来实现色彩的显示器，与 CRT 显示器相比有图像质量细腻稳定、低辐射、完全平面等优点。随着制造工艺的不断成熟及成本的降低，LCD 已经取代 CRT 成为显示器市场的主流产品。

1. 尺寸

随着大尺寸液晶面板价格的不断降低，主流 LCD 产品尺寸也在逐渐加大，目前选购 LCD 应首先考虑 22 英寸以上的宽屏 LCD。

相对于普通 LCD 4∶3 的显示比例，宽屏 LCD 采用 16∶10 或 16∶9 的画面比例更接近人眼的最佳比例，在观看时会感觉画面更加开阔、舒适

2. 坏点

“坏点”是指液晶显示器中坏掉的像素点。液晶屏幕上的“坏点”不仅影响显示，也影响用户的使用心情，在购买时要仔细检测。

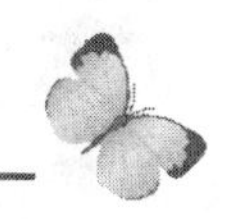

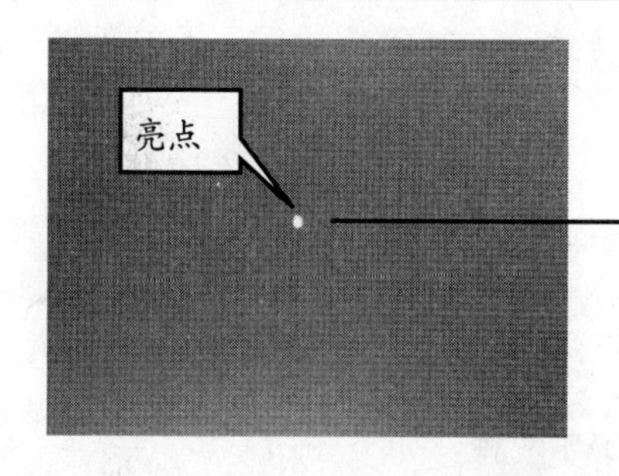

严格意义上的“坏点”包括“亮点”、“暗点”和“彩点”。其中“亮点”指的是一直发白光的点，“暗点”是指本身不发光的点，“彩点”指的是一直显示红、绿或蓝色的点

3. 可视角度

可视角度是指用户可以从不同的方向清晰地观察屏幕上所有内容的角度。

目前市场上出售的液晶显示器的可视角度都是左右对称的，但上下就不一定对称了，常常是上下角度小于左右角度。当我们说可视角是左右 160° 时，表示站在始于屏幕法线（就是显示器正中间的假想线）160° 的位置时仍可清晰看见屏幕图像。视角越大，观看的角度越好，LCD 显示器也就更具有适用性。

4. 亮度与对比度

由于液晶显示器都是通过安装在显示器背部的灯管来辅助液晶发光的。因此，灯管的亮度决定了液晶显示器画面的亮度和色彩饱和。

LCD 的亮度是以 cd/m^2 或 nits 为单位的，目前主流的液晶产品亮度普遍为 $300cd/m^2$，再高的则可达 $400cd/m^2$。

经验交流

- 选购时要注意亮度并不是越高越好。过高的亮度，不仅会影响显示器的色彩饱和度，而且显示器的功耗及发热量也会随着提升，影响液晶显示器的使用寿命。
- 若是显示普通文本，只要 $110cd/m^2$ 左右的亮度就足够了。不过在选购 $400cd/m^2$ 以上高亮度的产品时，应注意在最高亮度下的屏幕色彩饱和度是否如意。

5. 响应时间

响应时间，是指 LCD 各像素点对输入信号的反应速度，即像素由亮转暗或由暗转亮所需的时间。

☞ 目前响应时间又有黑白响应时间和灰阶响应时间之分。

厂商通过特殊的技术（比如使用响应时间加速芯片），使灰阶响应时间大大提高。普通用户选择灰阶响应时间在 8ms 的显示器就能满足视频观看、游戏等的需求

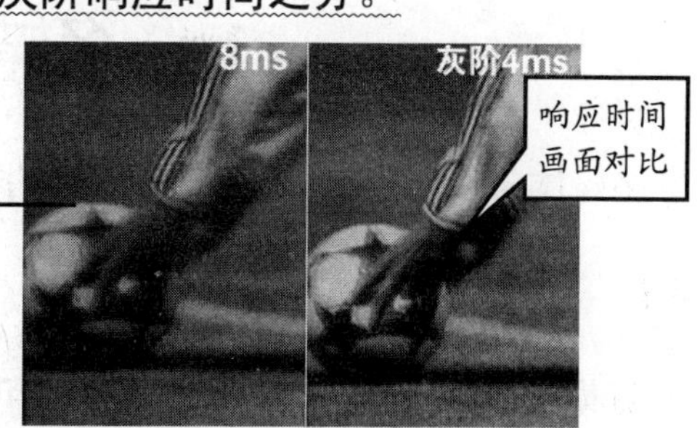

❖ 黑白响应时间：黑白响应时间是一种传统响应时间的计算方式，所描述的是液晶分子“黑→白→黑”的过程。

❖ 灰阶响应时间：LCD 屏幕上每个像素，均是由不同亮度层次的红、绿、蓝子像素点组合起来的，而灰阶就代表了它们由最暗到最亮之间不同亮度的层次级别。

6. 接口

一般液晶显示器的接口都分为 D-SUB 和 DVI 两种，如下图所示。

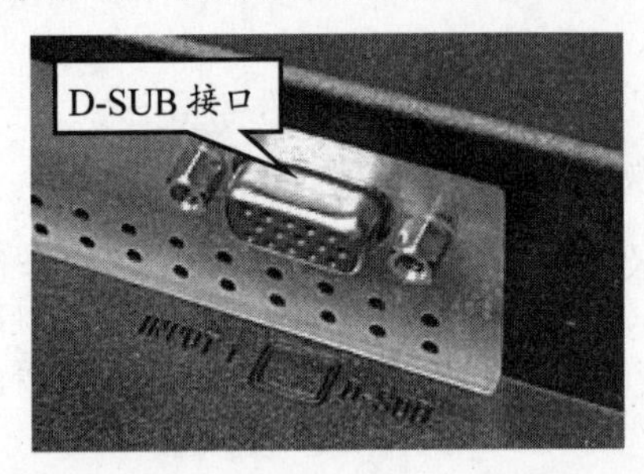

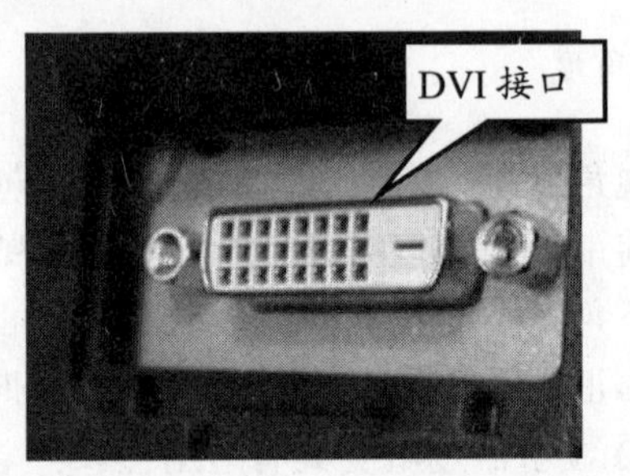

❖ D-SUB 接口：俗称 VGA 接口，D-SUB 是一般显示器最常用的接口，由于传输的是模拟信号，所以也称模拟接口。

❖ DVI 接口：DVI（数字显示接口）是将信号直接用数字方式传输到显示器，也称数字接口。使用 DVI 接口能使图像信号损失更小，也能带来更好的画质，不过成本也相对较高。

7. 测试液晶显示器

通过“Nokia Monitor Test”测试软件，可以很容易地检测出液晶屏幕上有没有坏点。

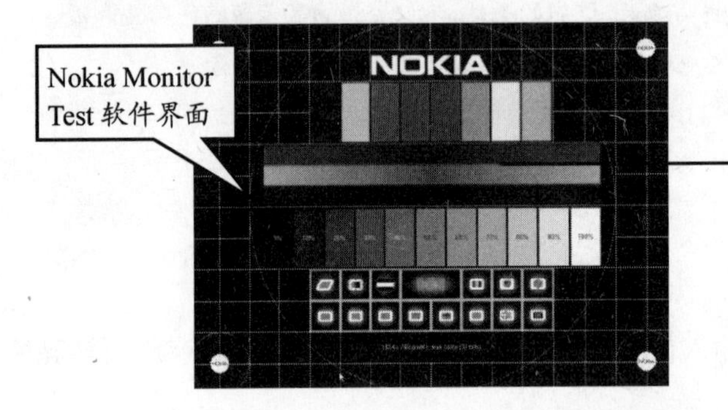

Nokia Monitor Test 是测试显示器的首选软件，它体积小巧且无需安装，双击可执行文件即可直接运行。同样可以用来检测 CRT 显示器

2.4 多媒体设备的选购

多媒体设备是电脑的喉舌，其品质与搭配的协调性直接关系到多媒体声音的输出效果。

2.4.1 选购声卡

随着数字化家庭的普及，主板集成的声卡已经不能满足对影音娱乐要求较高的用户的要

求了。独立声卡能还原更真实的声音效果和提供更震撼的环绕音效，选购时应掌握如下要点。

1. 选择低端声卡还是板载声卡

目前几乎所有的主板上都有板载声卡，在选购独立的声卡之前应了解一下主板上采用的是何种板载声卡。并且如果只是选购几十元的低端声卡的话，还不如就用原来的板载声卡，因为目前许多的板载声卡的性能远比这些低端声卡出色。

2. 越贵的声卡音质不一定越好

一些高端声卡的高价有时是因为它们功能较多的原因，如对各种 MIDI 键盘及其他电子音乐设备的支持；有些声卡往往对游戏音效的支持和表现较为出色，而真正对于音乐的表现，音质上却是较为普通的。

因此如果用户的电脑对于游戏的要求不是非常高，而却希望能够听到较为优质的音乐的话，那些近千元的高端声卡、专业声卡未必适用。相反已属“古董”级别的声卡（如帝盟 MX200），绝对是用来欣赏音乐的首选。

3. 搭配好多声道声卡与音箱

选择 PCI 声卡要与打算使用的音响系统（如音箱）相匹配。如购买了支持 S/PDIF（民用数字音频格式标准） 输入的音箱，但声卡是普通 4 声道输出，就只能使用模拟音频连接。

至于是否需要声卡提供光纤 I/O 端口，要看用户是否具备需要使用光纤的设备，如 MD 等。现在 4 声道的声卡应该是电脑视听系统最基本的配置。

一点就透

- 多声道输出的声卡通常支持多种输出模式，如果用户配备一块 4 声道的声卡，而目前只有一对 2 声道的立体声扬声器，那么也可以接在 4 声道声卡上，并在软件中设定 2 声道模式。

2.4.2 选购音箱

电脑音箱的品质直接关系到多媒体声音的输出效果，其选购要点如下。

1. 音箱组成部分

☞ 常见的音箱箱体材料基本以木质或塑料为主。

（1）箱体

❖ 木质音箱：木质音箱所采用的材料又分为高密度纤维板、刨花板以及胶合板；中密度刨花板；中密度纤维板和实木材料 4 种。

实木材料是制作箱体的顶级材料，但价格过高。目前市场上音箱产品中所宣称木质箱体的产品基本上都是采用高密度纤维板，它强度高，易加工，对于声音的表现也比较良好

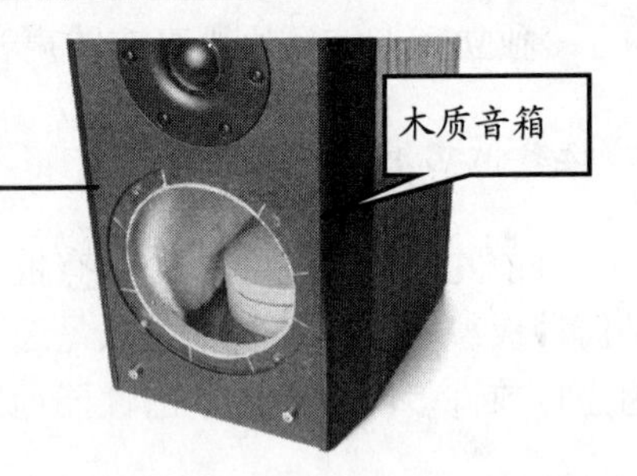

❖ 塑料音箱：塑料箱体有重量轻、可塑性强和造价低等特点，一般情况下使用在体积较为小巧的迷你音箱或者多媒体有源音箱中。

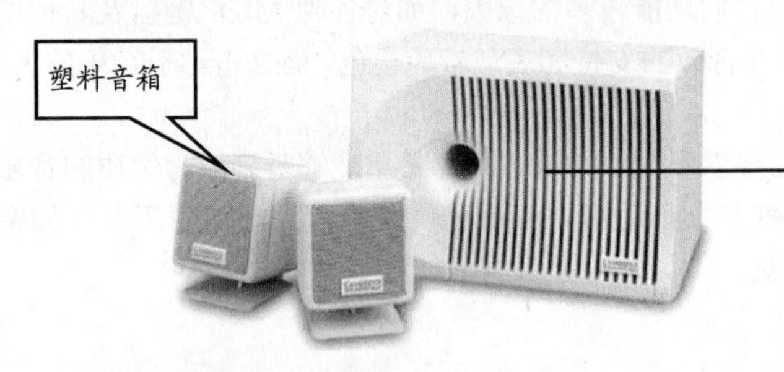

在高档音箱中也有使用塑料材质的，但普通厂商的塑料材质密度和加工工艺等指标还不够理想，一般都是把塑料箱体用在中低档产品上

（2）扬声器单元

扬声器就是通常所说的喇叭，不同品质的扬声器对音箱的表现有至关重要的作用。

扬声器单元的效果主要取决于单元振膜材料。目前市场上常见的中/低音单元振膜包括了纸质材料、PVC、凯夫拉尔防弹纤维等；高音单元材料则包括了丝绢膜、蚕丝膜、金属振膜

纸质的中/低音单元声音较为真实，对生产工艺要求不高，同时制造成本也比较低廉，所以被广泛应用于音箱的制造中；而高音单元由于声音受材料的影响比较大，所以被应用在一些高端的发烧级音箱中。

（3）分频器

分频器用来将功放送来的全频带音乐信号按需要划分为高音、低音输出或者高音、中音、低音输出，再送入到相应的扬声器单元中。

如果把全频带信号不加分配地直接送入高、中、低音单元中去，在单元频响范围之外的那部分“多余信号”会对正常频带内的信号还原产生不利影响，甚至可能使高音、中音单元损坏

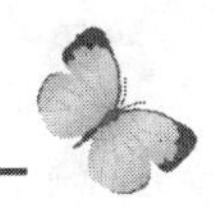

2. 音箱性能指标

☞ 选购音箱应注意以下几个性能指标。

（1）箱体结构

箱体的结构通常分为封闭式音箱、倒相式音箱、迷宫式音箱 3 种。

❖ 封闭式音箱是指除扬声器口外，其余部分全部封闭的音箱。

封闭式音箱是密闭不透气的，扬声器振动时振膜受到箱内空气的阻尼，所以低频失真小但效率也低

封闭式音箱

❖ 倒相式音箱在箱体上开有倒相孔，内外相通，如下图所示。

倒相式音箱

由于倒相孔的作用，扬声器前后的声波相位叠加，所以效率较封闭式高，低频下限也稍低

❖ 迷宫式音箱在箱体内做成较长的低音通道增加了低频效果。

迷宫式音箱在倒相音箱的基础上，在音箱内部安装几块障声板，这些障声板形成了一个较长的声学导管，使扬声器背面的声波，经过曲折的路径，再传播到空间

迷宫式音箱

（2）功率

音箱的输出功率用 W（瓦特）来标志，输出功率越大瓦数也越大。有源音箱的平均功率大多在 10~30W，标称功率达到 60W 以上的产品多指的是瞬时功率。

（3）频率响应

☞ 频率响应主要包括两方面内容。

❖ 频带宽度：音箱的频带宽度越宽，其低音和高音的性能就越好。

❖ 灵敏度：是指音箱的效率，在输入功率相同的情况下，灵敏度越高的音箱音量越大，所以在条件基本相同的情况下，要尽量选灵敏度高的产品。

（4）信噪比

信噪比是指音箱回放的正常声音信号与无信号时噪声信号（功率）的比值。信噪比越大，

声音回放的质量越高；信噪比低时，整个音域的声音会感觉混浊不清。所以对于信噪比低于80dB的音箱不建议购买，而低于70dB的低音炮也不建议购买。

3. 测试音箱音质

☞ 音箱的效果可以通过下面几条切实可行的方法来进行简单的评估。

- 中音部分应开阔：若是不同风格的歌手的声音听起来都多少带点鼻音，有点发闷或是干硬，可以肯定音箱对中频的响应有些问题。
- 中低音应无失真：如果听到的低音吉他声不怎么清晰，有些过响或有隆隆声，甚至某一音阶或某组音阶过响，便说明音箱对60~150Hz这段频率的响应不大好。
- 高音段：爵士乐和摇滚乐中常会出现明显的高音，在这类CD唱片中，总会有些一再出现的清晰瞬间过渡段。试听时，要认真地听有无沉闷感或含混不清。
- 重低音的重放音质要好：为了能对音箱重放出重低音音质进行试听，应准备一张低音丰富并可低于40Hz的CD唱片。试听时要特别留意古典音乐中的击鼓声或流行音乐中的电子合成乐。
- 音量调整：音量调整是将所有音箱的音量调整至听者在座位上感到每一个音箱的音量均相等。对于带有环绕音箱、有精确3D定位要求的PC影院系统，这是决定其是否能够得到震撼音效的关键因素之一。调音时可按照聆听空间的大小、听者与音箱的远近，结合音箱说明书来耐心进行。
- “煲机”：“煲机”的性质与新车的“磨合”相似。音箱买来后，先让其以较大的功率持续工作，以达到使音箱扬声器的振膜完全舒展、电路迅速老化、箱体接缝稳定等的目的，最终使音箱的音质达到它所能达到的最好水平。“煲机”时间一般在70~100h左右即可。

2.5 机箱和电源的选购

机箱是电脑配件的容器，而电源是电脑配件的动力源泉，它们都是保证电脑能稳定运行的重要硬件，选购时千万不能掉以轻心。

2.5.1 选购机箱

☞ 机箱与硬件运行的稳定性和用户的健康密切相关，选购时要注意如下几个方面的内容。

1. 机箱的用料与做工

质量好的机箱前面板采用硬度较高的ABS或HIPS工程塑料制成，即使使用很长时间也不会泛黄或开裂，而且易于清洁。

好机箱外壳部分的钢材应该达到1mm以上，这样具有电磁屏蔽性好、抗辐射、硬度大、弹性强、耐冲击腐蚀等优点。而劣质机箱采用的钢材质地比较软，安装插卡时定位不准，易

造成安装困难。

◆ 机箱的优劣可通过敲击声音来判断，用手指敲击机箱的外壳，如能听到清脆的敲击声证明该机箱的钢板比较薄而脆，如听到的是比较沉闷厚重的声音则该机箱的选料比较考究。还可以使劲用手摇一摇机箱框架。好机箱应该比较稳定，而劣质机箱轻则晃动，重则变形。

2. 识别机箱设计

☞ 识别机箱设计应主要从以下几个方面考虑。

❖ 配件在装卸时是否方便：一些廉价机箱为节省材料，机箱纵深度设计得不够，以至于在安装一些板型稍大的主板时，十分不方便。严重时在主板边缘部分甚至会与硬盘托架相接触，这将会对机箱的散热造成很大的影响。
❖ 扩展性：扩展性主要是针对小型机箱而言，此类机箱本身在体积上就先天不足，对光驱、硬盘和各类功能卡所提供的扩展性也差，只适合一些整机性能要求不高而追求机箱外观时尚小巧的用户使用。
❖ 易安装性：采用螺丝钉固定设计的机箱在安装拆卸部件时异常麻烦，现在的大部分机箱不仅采用搭扣式或手拧螺丝钉设计，而且内部也采用抽插式设计，用塑料卡件来固定机箱内部部件，方便拆装，大大提高了装机速度。

3. 机箱散热性

随着电脑配件的性能越来越强，其消耗的功率也越来越大，它们运行时发出的热量也越来越高，如果机箱没有好的散热性，就会缩短配件的使用寿命，甚至会对配件产生永久性的损害。如下图所示。

2.5.2 选购电源

随着显卡、CPU等配件的功耗越来越大，对电源的要求也越来越高，所以在装机时一定要重视对电源的选择。

1. 重量

依照电源的制作方式，功率越大，电源重量应该越重。尤其是一些通过安全标准的电源，会额外增加一些电路板零组件，以增进安全稳定度，重量当然会有所增加。

2. 外壳

电源外壳的标准厚度有2种——0.88 mm和0.6 mm，使用的材质也不相同，用指甲在外壳上刮几下，如果出现刮痕，则说明钢材品质较差。

3. 电源风扇

电源风扇可以加速电源内部的散热，保证电源内部自身产生的热空气和机箱内的热量及时排出。

4. 线材和散热孔

电源线材的粗细与其耐用度有很大关系。较细的线材经过长时间使用，常常会因过热而烧毁。

除了通过电源风扇散热外，散热孔也是加大电源内部空气对流的设计。

原则上电源的散热孔面积越大越好，但是要注意散热孔的位置，位置放对才能使电源内部的热气及时排出

5. 电源认证

3C认证是最常见的电源认证，如下图所示。

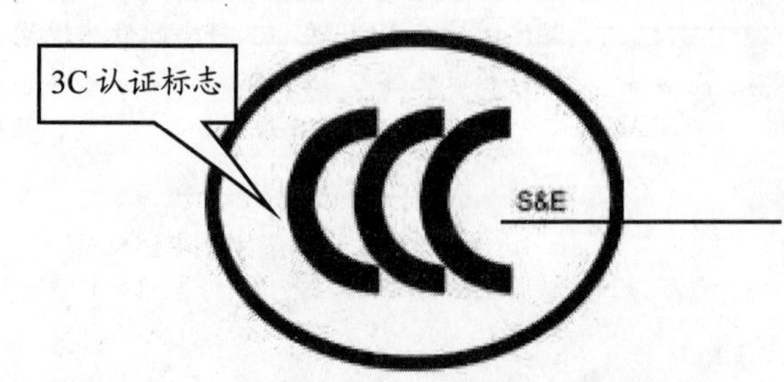

除了3C认证以外，还有FCC电磁干扰认证、CE欧盟统一认证等，其中FCC又分为FCC-A工业标准和FCC-B民用标准两种，只有符合FCC-B标准的电源才是安全无害的

☞ 3C电源认证又可以分为以下几种。

- CCC（S）安全认证。
- CCC（S&E）安全与电池兼容认证。

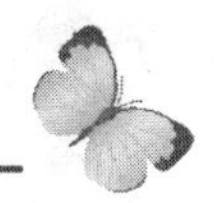

❖ CCC（EMC）电磁兼容认证。

❖ CCC（F）消防认证。

其中，CCC（S&E）是真正对电源起到规范作用的认证。电源产品的安全认证越多，表示电源的质量和安全越可靠。

2.6 键盘和鼠标的选购

键盘和鼠标是电脑必不可少的输入设备，在电脑整个使用过程中占有相当重要的地位，其选购方法如下。

2.6.1 选购键盘

随着键盘制造技术的不断发展与用户需求的多样化，键盘的种类也越来越丰富，选购时必须考虑到如下要点。

1. 键盘的类型

☞ 按照键盘的功能与用途，大致可做如下分类。

❖ 多媒体键盘：多媒体键盘在键盘上方增设了播放、快进、后退等多媒体键位，还有重新启动和关机等控制按键，这种设计大大方便了喜欢看电影和听音乐的用户进行操作。

❖ 人体工程学键盘：人体工程学键盘严格参照人体结构学中手部水平放置时的最佳角度来设计，这样不必收肩、夹臂，手腕就可以自然放于键盘上，敲击键盘时可以随势而动，有效的消除了长时间使用键盘产生的疲劳感。

❖ 超薄键盘：超薄键盘采用了与高帽键盘完全不同的键基设计原理，Latex 弹力圈和

剪刀式的支撑架结构不仅大大降低了键盘的厚度，实现了超薄；而且相对于普通键盘敲打起来手感更加舒适自如，富有韵律和弹性。

用于长时间打字的键盘不仅手感要好，同时还要符合人体工程学

2. 键盘的设计方式

☞ 键盘的设计方式通常为机械式和电容式两类。

❖ 机械式键盘：机械式键盘敲击响声大，手感较差，长时间使用容易使手指感到疲劳，键盘损坏较快，故障率较高。

机械式键盘早就已经淘汰了。可以根据按键的位差来判断，位差特别大、手感非常生硬、键帽比较高的就是机械式键盘

❖ 电容式键盘：电容式键盘击键声小，手感较好，寿命较长，基本克服了机械式键盘的缺点。

电容式键盘广泛应用于超薄键盘中。可以根据外观来判断，按键键帽比较低、按下去再弹回来的位差非常小、键盘厚度比较薄的都是电容式键盘

3. 键盘的品质

键盘品质的优劣主要看键盘外观是否美观，各部件加工是否精细，而且最好亲自试用一下，看看手感是否良好。

2.6.2 选购鼠标

鼠标与其他配件相比，价格相对便宜，但与电脑的操作便捷性紧密相关，选购时应注意如下几点。

1. 鼠标的分类

☞ 按照鼠标的工作原理，可将鼠标分为如下几类。

❖ 机械鼠标：机械鼠标的结构最为简单，但由于其定位系统直接接触桌面，容易藏污纳垢，且精度有限，所以已经基本被价格接近的光电鼠标所取代。
❖ 光电鼠标：光电鼠标通过发光二极管（LED）和光敏管协作来测量鼠标的位移，由于与桌面的接触部件较少，所以其抗污垢能力已经大幅度增强。
❖ 无线鼠标：无线鼠标内装微型遥控器，以干电池为能源，可以远距离（通常情况下在 1m 左右）控制光标的移动，并且还不受角度限制。

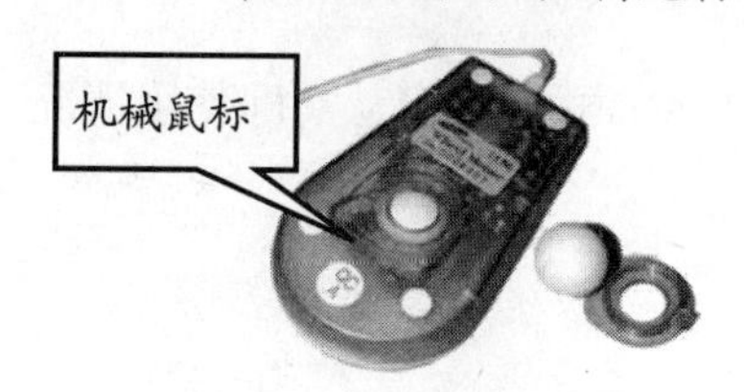

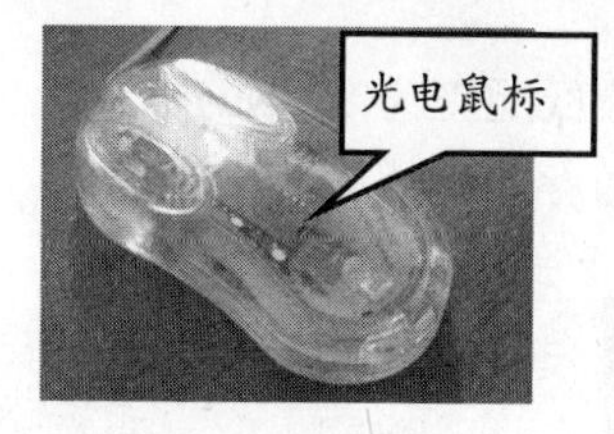

2. 鼠标的用途

☞ 选购鼠标要根据实际用途出发。

❖ 如果只是用于日常简单操作，选择一款价低实用的光电鼠标就已足够。
❖ 如果是用鼠标制图或者玩竞技游戏的话，则应该选用定位精准、手感舒适的鼠标。

3. 鼠标的性能参数

光电鼠标是目前的主流产品，下面就来介绍选购光电鼠标要注意的一些性能参数。

❖ 分辨率：鼠标分辨率用于衡量鼠标移动定位的精确度，一般分为硬件分辨率和软件分辨率两类，硬件分辨率反映鼠标的实际能力；软件分辨率通过软件模拟出一定的效果，来显示鼠标的控制能力。
❖ 扫描次数：扫描次数是光电鼠标特有的技术参数，是指每秒钟鼠标的光眼（光学接收器）将接收到的光反射信号转换为电信号的次数。扫描次数越多，鼠标在高速移动的时候屏幕指针就不会由于无法辨别光反射信号而乱漂。
❖ 功能：不同使用者对于鼠标的功能有着不同的要求。标准的两键或三键鼠标完全能够满足普通用户的常规操作要求。对于从事设计行业的专业人士，可选购一款高精度的鼠标，甚至带有专业轨迹球的鼠标，这样在绘制图形过程中能让鼠标更加精确地定位。经常使用 Office 办公软件或浏览网页的用户，可以选择带有滚轮的鼠标。
❖ 手感：好鼠标应当具有人体工程设计的外形，把握时应感觉整个手掌和鼠标紧密地接合，手感舒适，按键轻松有弹性，移动时定位精确。
❖ 外观：外观虽然对鼠标的性能没有直接影响，但造型漂亮、美观的鼠标却能给使用者带来愉悦的感觉。选择时应着重从以下几个方面来考虑，形状最好采用流线型设计，符合人体工程学，使用时把握舒适；色彩最好与电脑整机和显示器的颜色相协调；材质可根据个人喜好而定，一般分为硬质塑料和软质的橡胶表层两类。

2.7 电脑装机方案

按需选购是装机的一条基本法则，所以在选购电脑配件前，应先确定电脑的大致用途，再根据用途确定具体的装机方案。

2.7.1 Windows Vista 用户

Windows Vista 操作系统的最低配置为 800MHz CPU 加 512MB 内存，但从实际使用情况来看，至少应配备 1GB 容量的内存才能比较流畅地运行。

表 2-4　　Windows Vista 用户装机配置表

配 件	型 号
CPU	Pentium E2200/盒
主板	技嘉 GA-EP43-S3L
内存	黑金刚 金刚版 DDRII800 1G x2
硬盘	Caviar SE16 WD3200AAKS　单碟 320GB
显卡	铭瑄 狂镭 HD3850 高清版
光驱	三星 TS-H652H
显示器	明基 G900WA
鼠标+键盘	微软 光学极动套装
音箱	奋达 SPS-830G 08 版
机箱电源	富士康 骄子 156（ATX 机箱+300W 电源）

2.7.2 家庭用户

家用电脑主要用于满足娱乐、游戏、学习、上网等需要，要求 CPU 有一定的负载能力，

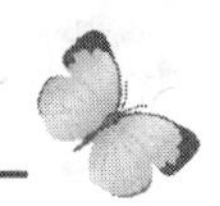

能流畅的完成各种工作。

表 2-5　　家庭用户装机配置表

配　件	型　号
CPU	AMD 速龙 64x2 5000+处理器
主板	梅捷 SY-A780G-GR 主板
内存	金士顿 2G DDR2-800 内存
硬盘	希捷 320GB 硬盘
显卡	盈通 R3850-HM512GD3 显卡
光驱	先锋 DVD-228
显示器	LG W2242T
鼠标+键盘	罗技 G1 游戏键鼠套装
音箱	漫步者 R103T
机箱电源	大水牛机箱 +航嘉冷静王电源

2.7.3　办公室用户

商务办公常用的都是办公一类的软件，对 CPU 性能和娱乐功能要求不高，比较注重整机的稳定性。对于办公用户而言，办公配置最重要的就是够用、好用而且要节能，整机配置除了性价比高之外，性能方面也要满足时下主流办公应用的需要。

表 2-6 办公用户装机配置表

配 件	型 号
CPU	Intel 奔腾双核 E2180 处理器
主板	铭瑄 MS-945GC 主板
内存	金士顿 1G DDR2-800 内存
硬盘	日立 160G/SATA/8M 硬盘
光驱	明基 DVD 光驱
显示器	瀚视奇 HW173A 液晶显示器
鼠标+键盘	多彩 DLK8050P+M366BP 办公高手
机箱电源	富士康 909 机箱+冷静王钻石版

2.7.4 多媒体用户

多媒体用户比较注重电脑的影音表现能力，要用有限的资金组建一套小型家庭音响组合，并具有一定的视频采集与处理能力。

表 2-7 多媒体用户装机配置表

配 件	型 号
CPU	奔腾 E2180
主板	双敏 UG31MX
内存	金士顿 2G DDR2-800 内存
硬盘	西部数据 640KS
显卡	蓝宝石 HD3650 白金版 III 代
光驱	先锋 116CH
显示器	三星 T260
鼠标+键盘	雷柏 8200 无线多媒体键鼠套装
音箱	麦博梵高 FC230
机箱电源	XQBOX HTPC400+P4 小电源

2.7.5　游戏玩家

显卡是游戏配置中的重点，应该能够轻松应付目前主流的大型 3D 游戏。另外需要配备大容量内存才能保证流畅进行大型的游戏，考虑到游戏玩家都是长时间作业，所以还要一套品质优良的输入/输出设备才能保证健康不受影响。

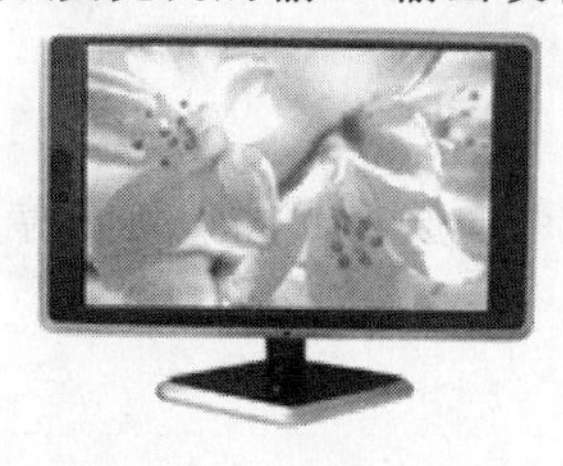

表 2-8　游戏玩家装机配置表

配 件	型 号
CPU	Intel Core 2 Quad Q6600+超频三 金蚂蚁三
主板	升技 IP35-E
内存	金士顿 1GB DDR2-800X2
硬盘	WD 鱼子酱 JS 640G
显卡	耕升 9600GT 红旗 H 版
光驱	先锋 116CH
显示器	GreatWall L228
鼠标+键盘	罗技 光电高手 飞猎套装
音箱	漫步者 R103T
机箱电源	酷冷至尊 特警 330+长城四核王 BTX-500S

第 3 章　电脑装机全程图解

3.1　装机的准备工作

在开始组装电脑硬件之前，先要做好相应的准备工作，才能在组装电脑的过程中做到游刃有余。

3.1.1　装机必备工具

装机时要用到的工具有如下几种。

1. 螺丝刀

螺丝刀是装机最重要的工具，经常用来固定配件的螺丝。螺丝刀一般又分为一字口和十字口。

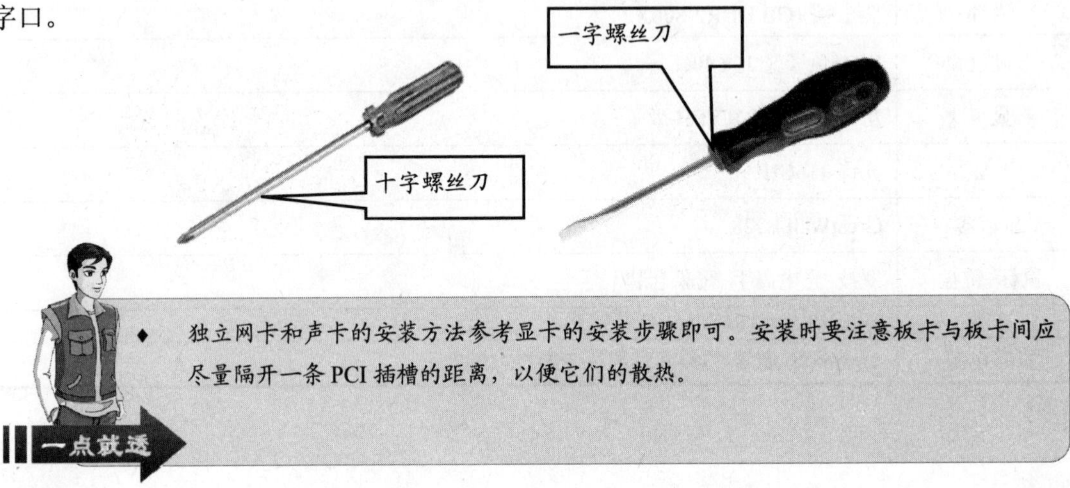

◆ 独立网卡和声卡的安装方法参考显卡的安装步骤即可。安装时要注意板卡与板卡间应尽量隔开一条 PCI 插槽的距离，以便它们的散热。

2. 钳子

装机用钳子可分为尖嘴钳和鸭嘴钳两种。鸭嘴钳用来取下机箱背部的挡片和安装铜柱的螺丝，另外对于滑丝的螺丝钉和一些用手使不上劲的地方都能派上用场；尖嘴钳在维修时经常用来拆装、调整变形的元器件。

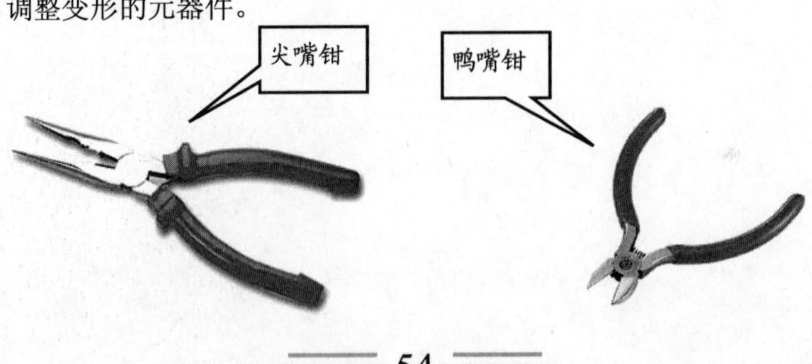

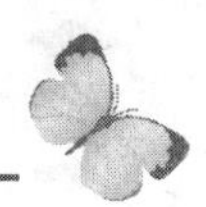

3. 硅脂（散热膏）

硅脂（散热膏）用来增强硬件的散热效率，一般将其涂抹在硬件芯片与散热片之间的缝隙中。

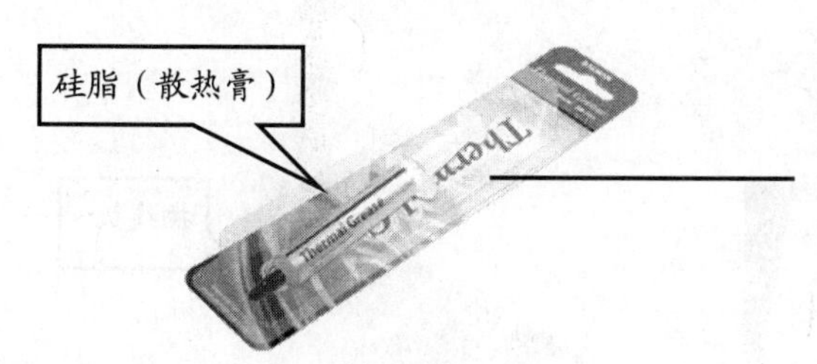

硅脂涂抹于功率器件和散热器装配面，帮助消除接触面的空气间隙以增大热流通，从而减小热阻，降低功率器件的工作温度，提高可靠性并延长使用寿命

4. 束线带

束线带用于绑扎机箱内的凌乱的各种连线，如下图所示。

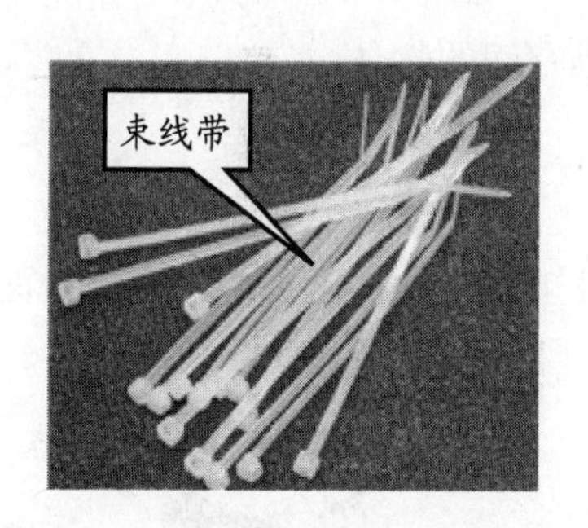

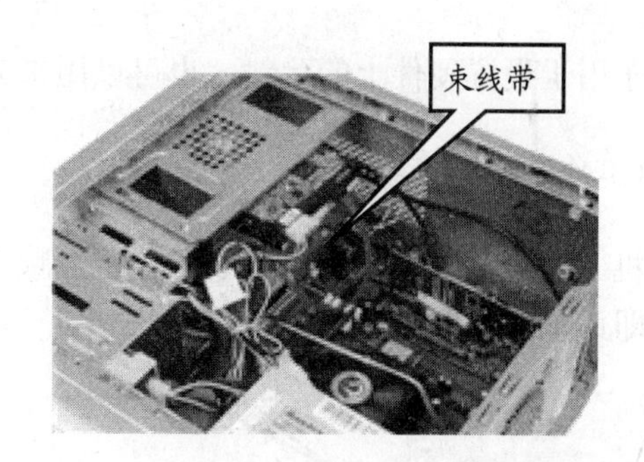

5. 工具软件光盘

常用的工具光盘主要包括：系统启动光盘、操作系统安装光盘、驱动程序光盘和应用程序光盘。

- ❖ 系统启动盘主要用于在电脑系统无法从硬盘启动的情况下，启动电脑恢复系统。
- ❖ 操作系统安装盘主要用于操作系统的重新安装。
- ❖ 驱动程序和应用程序光盘主要用于重装系统后，安装硬件设备的驱动程序及常用的应用程序等。

3.1.2 装机辅助工具

辅助工具用于应付装机过程中的一些不时之需，以便让装机过程能够有条不紊地进行。

1. 杂物盒

在装机过程中会用到许多螺丝钉及一些小零件，随意摆放的话很容易遗失，所以就需要

用一个装杂物的小盒子来盛装这些小东西。

2. 插线板

由于电脑有多个设备需要独立供电，所以一定要准备万用多孔型插线板一个，在测试机器时使用。

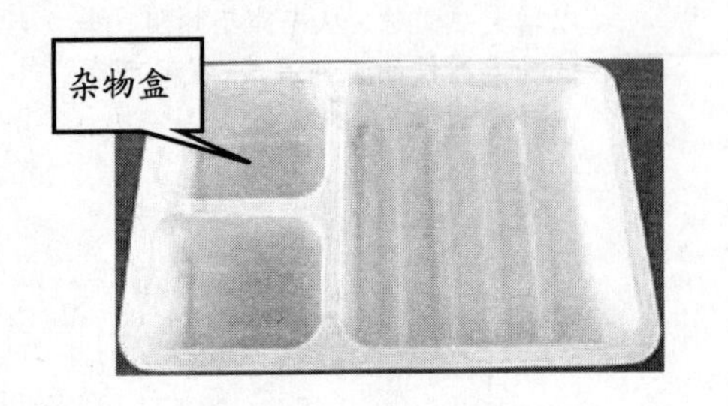

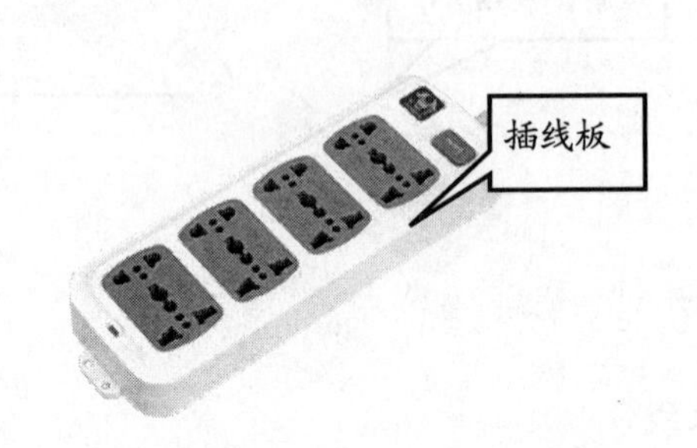

3. 镊子

镊子用于设置硬件上的跳线，也可以用来夹取狭小空间的物体。

4. 装机工作台

装机工作台主要是为了让组装工作更加顺手，要求工作台的高度适中，保证台面的宽敞和整洁即可。

3.1.3 装机注意事项

☞ 装机工具准备好以后，还要注意以下几方面的事项。

1. 防止静电

人体带有大量静电，这些静电会瞬间击穿集成电路，所以安装前要先消除身上的静电。如用手触摸一下接地的导电体或洗手以释放掉身上携带的静电。

2. 防止液体

任何电子产品都是严禁液体进入的，所以在装机时不要在机器附近摆放饮料。爱出汗的

朋友也要避免在装机时让头上的汗水滴落进机箱，还要注意不要让手心的汗沾湿板卡。

3. 轻拿轻放

对以硬盘为主的精密配件要轻拿轻放，避免剧烈碰撞。

4. 注意接口方向

在安装硬件时，一定要注意插头、插座的方向，如缺口、倒角等。

5. 正确的安装方法

在安装的过程中一定要注意正确的安装方法。

- ❖ 不要用蛮力，否则可能使引脚折断或变形。
- ❖ 对于安装后位置不到位的设备不要强行使用螺丝钉固定，因为这样容易使板卡变形，日后易发生断裂或接触不良的情况。
- ❖ 拔插时不要抓住线缆拔插头，以免损伤线缆。

3.2 主机内设备安装图解

作为电脑主要硬件的安放场所，机箱是装机流程的第一站。

3.2.1 安装机箱电源

如果机箱内有配套的电源，这个安装步骤可以省略。如果是分别购买的机箱和电源，可按以下步骤操作进行安装。

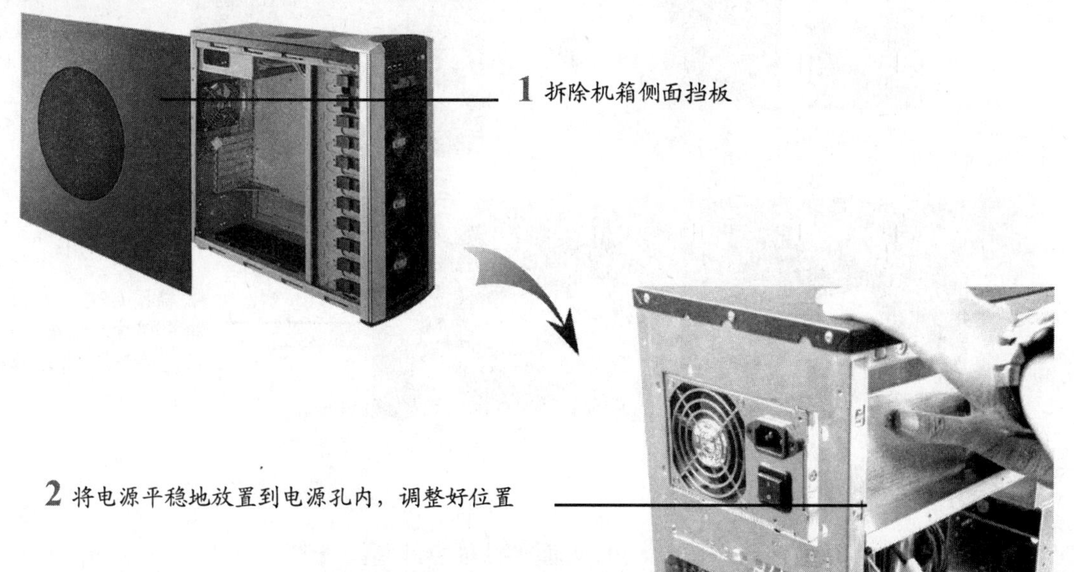

3.2.2 安装 CPU 与内存

CPU 和内存应该先安装在主板上，再将主板放入机箱，这样就可以避免机箱内狭窄的空间影响操作。具体操作方法如下。

1. 安装 CPU

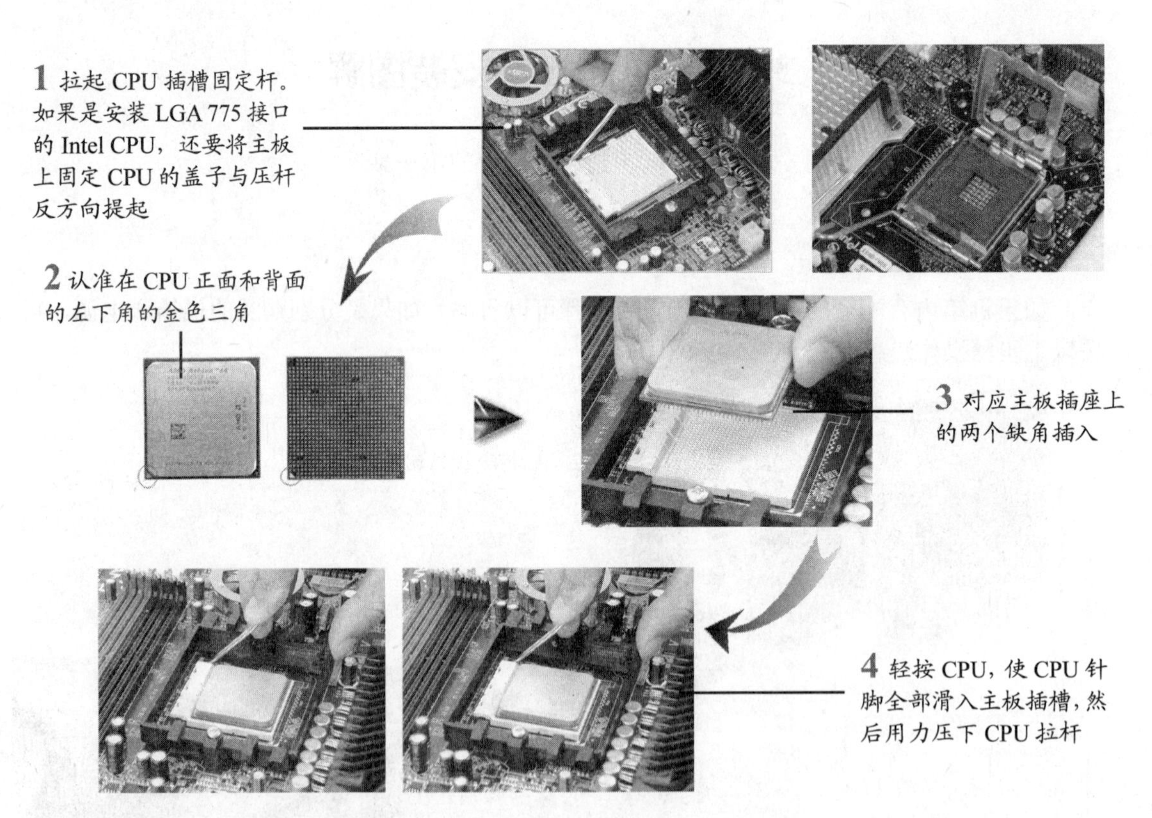

2. 涂抹导热硅脂

在安装 CPU 散热器前应该为 CPU 表面涂抹导热硅脂。

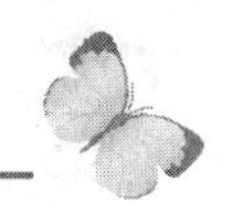

1 涂抹时应注意不要在CPU上放置太多的导热硅脂，只需在CPU中央部分挤少量硅脂

2 然后用刮片向四周涂抹直到均匀涂满整个CPU即可

◆ 散热硅脂不宜过多涂抹，一般来说挤出硅脂的厚度在3mm左右最好。当涂抹的散热硅脂过多时，要用软纸将多余部分擦净。特别是在不知道所涂硅脂是否导电的情况下更勿过多涂抹。

3. 安装CPU风扇及电源

接下来是安装CPU散热器。如今的CPU散热器较之前的产品已有了很大改进，安装起来简便了许多。

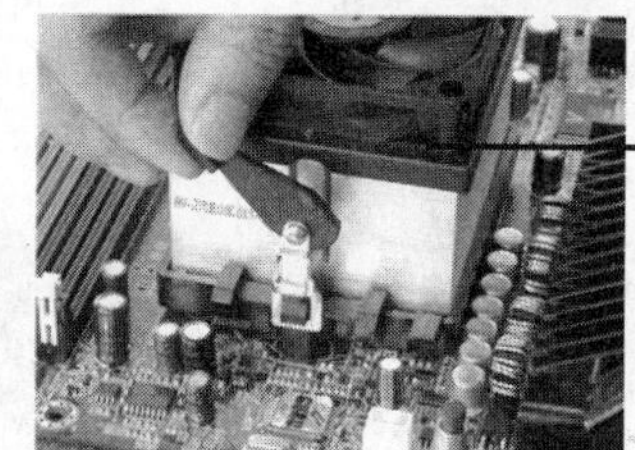

1 将散热器按照正确的方向放到CPU上面，将扣具两端的搭扣套入CPU插槽两边相应的卡位上。最后，拨动散热器一侧的拉动杆，扣具就会自动紧缩，将散热器固定在主板上

2 将CPU风扇的电源线插座两头凸起的一端，对准主板上的3针电源插针的有挡片的一端，下插到位即可

一点就透

- 通常主板上会有至少 3 个以上适用于风扇使用的 3 针电源插针，建议用户最好将 CPU 风扇安装在指定的电源插针，不然可能出现不能开机或开机报警现象。更不能插反风扇，不然可能烧毁主板或其他配件。（详细操作可通过查阅主板说明书得知。）

4. 安装内存

内存是比较脆弱的硬件，所以在安装时要注意不要用力过猛。另外内存条有正反之分，安装前应该先确定好方向再下手。

1 首先将内存插槽两侧的塑胶夹脚往外侧扳动

2 然后将内存条的引脚上的缺口对准内存插槽内的凸起位置

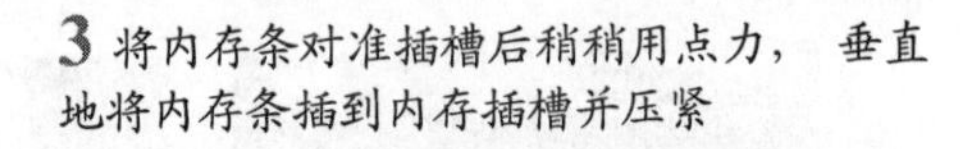

3 将内存条对准插槽后稍稍用点力，垂直地将内存条插到内存插槽并压紧

4 直到内存插槽两头的保险栓自动卡住内存条两侧的缺口，检查内存金手指是否全部插入

3.2.3 安装主板

安装完 CPU 和内存后，接下来要将装上 CPU 和内存的主板安装到机箱内。

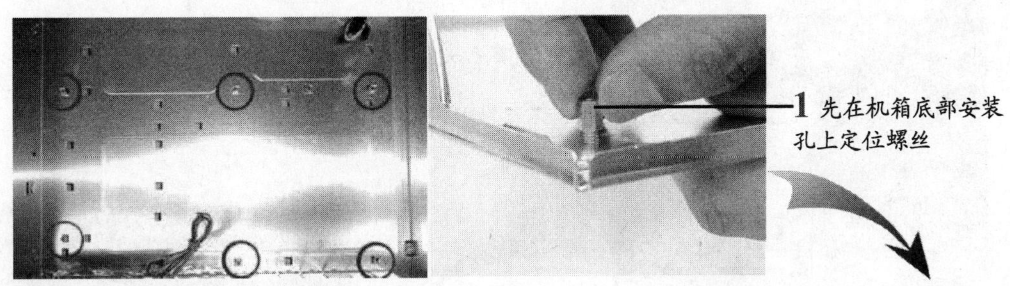

1 先在机箱底部安装孔上定位螺丝

◆ 定位螺丝安装的数量应视主板具体情况而定，千万不能多装。多装可能在主板工作时引起短路，烧毁主板。

经验交流

2 不同品牌的主板接口设计的也不完全一样。一般主板包装盒内都附赠有机箱挡板。安装时用四个手指同时压住挡板的四角一起向机箱上按，挡板就会固定住

3 安装好挡板之后，让主板键盘口、鼠标口、串并口、USB 接口和机箱背面挡板的孔对齐，将主板平行于机箱底部放入

4 然后用螺丝钉将主板固定到机箱当中，主板的安装就基本完成了

3.2.4 安装显卡、声卡和网卡

显卡、声卡和网卡的安装方法都大同小异，这里以显卡的安装步骤为例进行讲解。

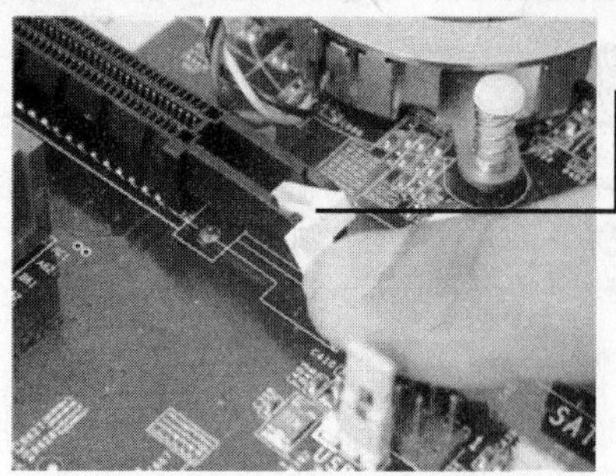

1 首先按下主板显卡插槽上的卡扣

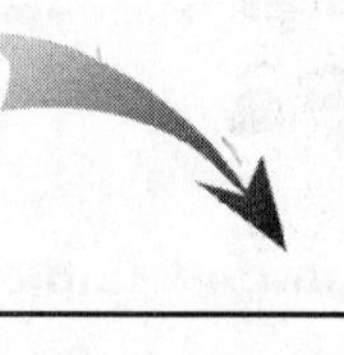

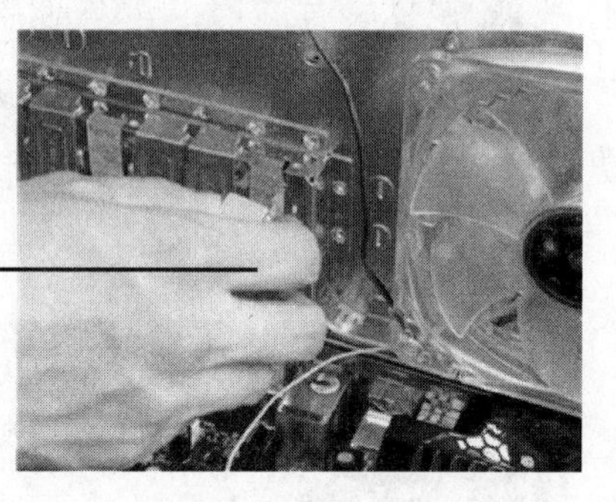

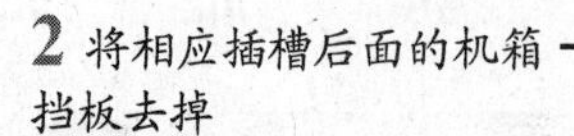

2 将相应插槽后面的机箱挡板去掉

3 将显卡接口对准主板上的插槽轻轻按下，听到“咔哒声”后检查金手指是否全部进入 PCI-E 插槽

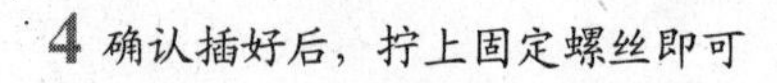

4 确认插好后，拧上固定螺丝即可

经验交流

◆ 如果主板使用的是独立网卡和声卡，那么还需要对它们进行安装，安装方法参考安装显卡的步骤即可。安装时要注意板卡与板卡间应尽量隔开一条 PCI 插槽的距离，以便它们的散热。

☞ 安装和设置 SLI 显示设备。

SLI 是通过一种特殊的接口连接方式，在一块支持双 PCI Express X 16 的主板上，同时使用两块同型号的 PCI-E 显卡，更大程度的满足了用户对高品质画质的需求。

要想组建 SLI 系统，先要做好以下准备工作。

❖ 支持 SLI 的主板。

❖ 需要两张通过 nVIDIA SLI 认证的显卡。

❖ Windows XP 操作系统。

1 在将 PCI-E 显卡安装到主板之前，首先要确认主板的 EZ selector 子卡的安装方向是 Dual Video Card 模式（支持双显卡），不然的话将无法开启 SLI 模式

2 将第一张支持 SLI 的 PCI-E 显卡安装到第一组 PCI-Ex16 显卡插槽上

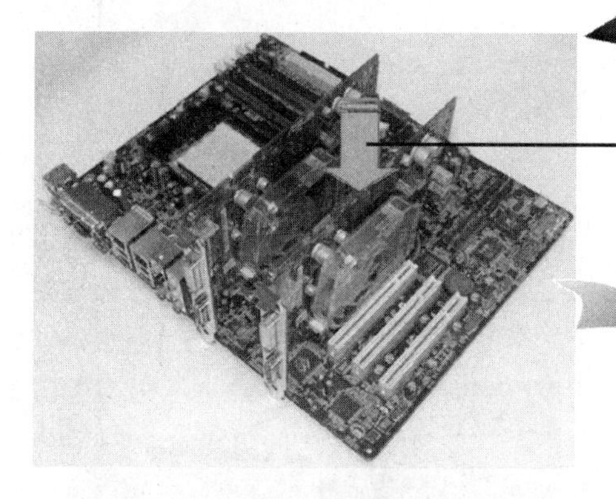

3 将第二张相同的显卡插在第二组 PCI-Ex16 显卡插槽上

4 小心地将 SLI 桥接子卡安装到两张显卡 SLI 接头上

5 将一组 4-Pin 的 ATX 电源接头安装到主板上的插座上，不然会导致系统不稳定的状况

6 将固定拖架对准两张显卡中间的金属挡板位置，将其固定好

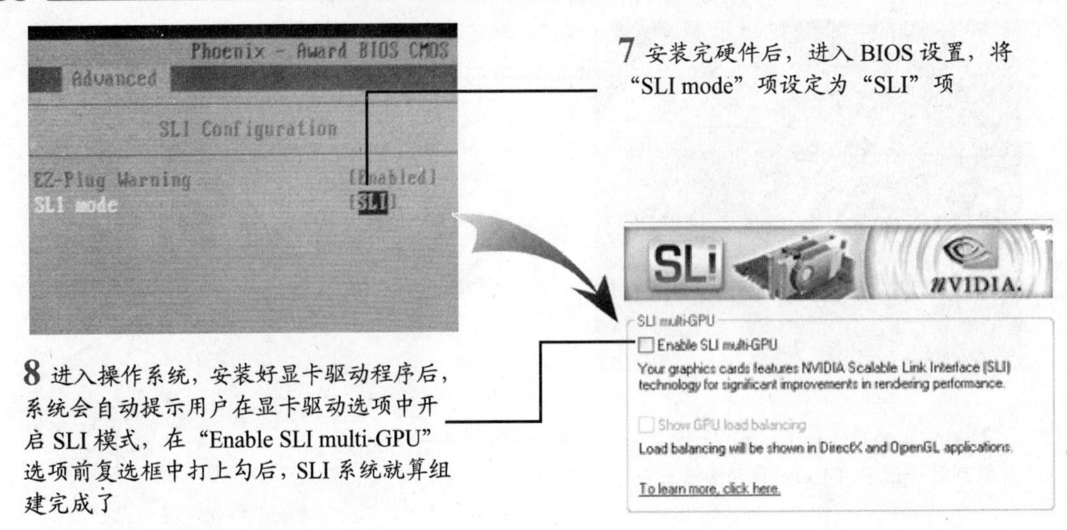

7 安装完硬件后，进入 BIOS 设置，将“SLI mode”项设定为“SLI”项

8 进入操作系统，安装好显卡驱动程序后，系统会自动提示用户在显卡驱动选项中开启 SLI 模式，在“Enable SLI multi-GPU”选项前复选框中打上勾后，SLI 系统就算组建完成了

3.2.5 安装硬盘和光驱

硬盘和光驱的安装方法也大致相同，其安装步骤如下。

1. 安装硬盘

1 将硬盘推入机箱 3.5in 托架内，硬盘的接口朝外，并使硬盘侧面的螺丝孔与硬盘架上的螺丝孔对齐

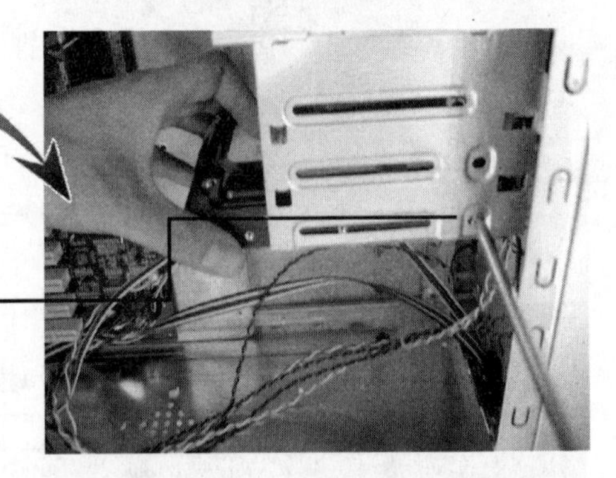

2 接着将它的两侧都拧上螺丝钉固定，硬盘就安装完毕了

☞ 设置与安装 SATA 硬盘。

SATA 硬盘接好后，需要在 BIOS 中打开 SATA 选项，步骤如下。

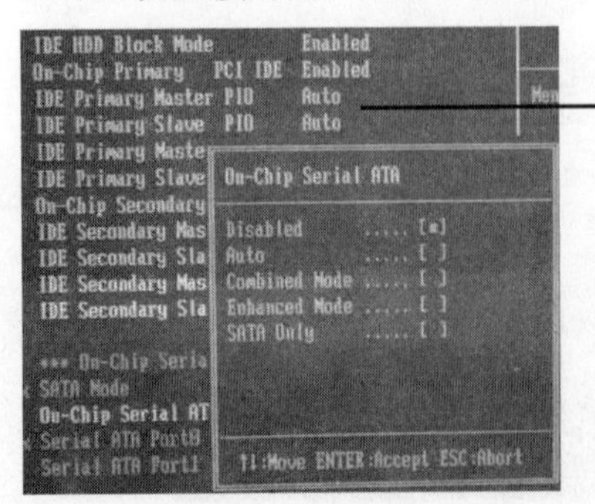

1 选择“Integrated Peripherals OnChip IDE Device OnChip Serial ATA Setting”，在“SATA Mode”中选择“SATA Only”，再把启动顺序设为“SCSI/SATA”即可

2 将主板驱动光盘放入光驱中，BIOS 设为光驱启动，启动电脑，然后将一张空白软盘插入软驱，光驱引导系统后会出现类似“Do you want to generate Serial ATA driver Diskette (Y/N)”的提示，按“Y”键将出现格式化软盘的警告，再按“Y”键，系统将格式化软盘并将 SATA 驱动复制到软盘上。

3 将 SATA 驱动软盘插入光驱，开始安装 Windows 2000/XP，当系统提示“Press F6 if you need to install a third party SCSI or RAID driver”时，按下“F6”键。当 Windows XP 的安装窗口出现时，根据系统提示按“S”键，以自动搜索软盘中的驱动，最后按“Enter”键后就可以正常安装 Windows XP 了。

4 系统安装好后如果“设备管理器”中还有黄色“!”号的 SATA 设置，可再为其升级安装一遍驱动程序。

2. 安装光驱

光驱的安装步骤与硬盘大体相似，具体步骤如下。

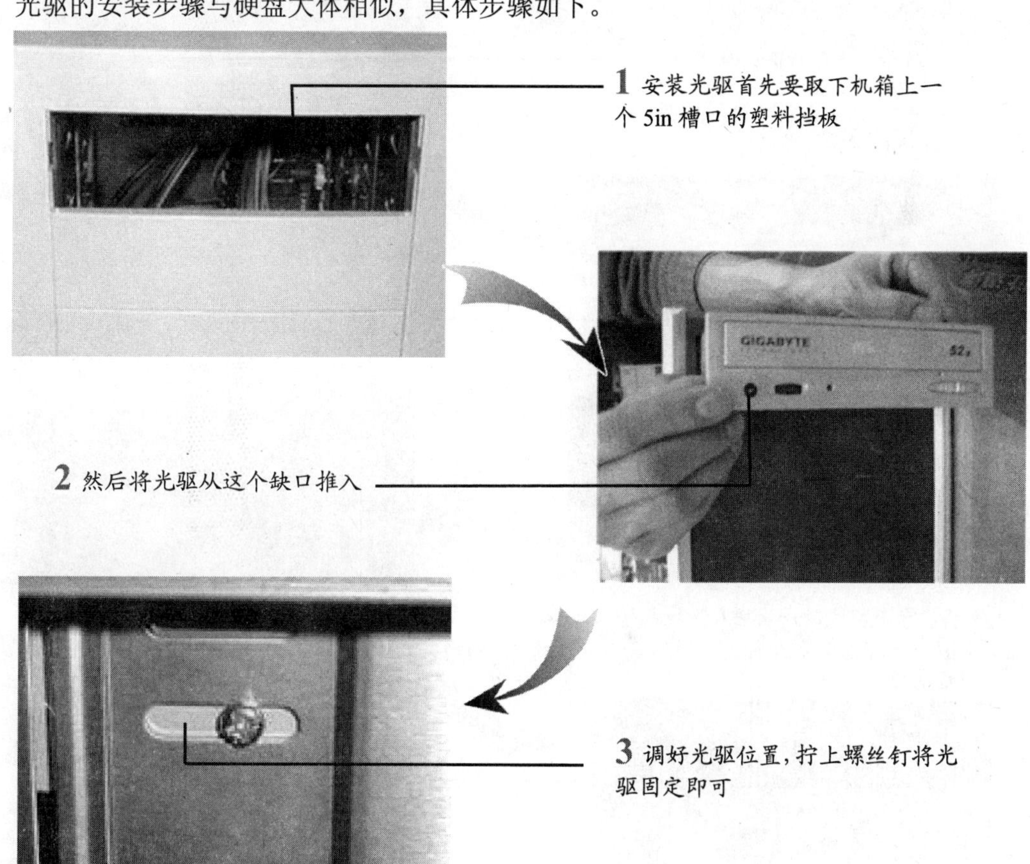

◆ 为了确保光驱的稳定，光驱的左右两边都需要安装上用于固定的螺丝钉。安装时最好选择对角线上的两个螺孔位置，并要注意光驱两侧螺丝钉的固定位置要相同。

3.2.6 连接机箱内线缆

将机箱内硬件全部安装到位后，接下来就要把这些配件的数据线和电源线接好。

1 将 IDE 数据线的一端插入主板插口

2 另一端插入光驱后面的数据接口

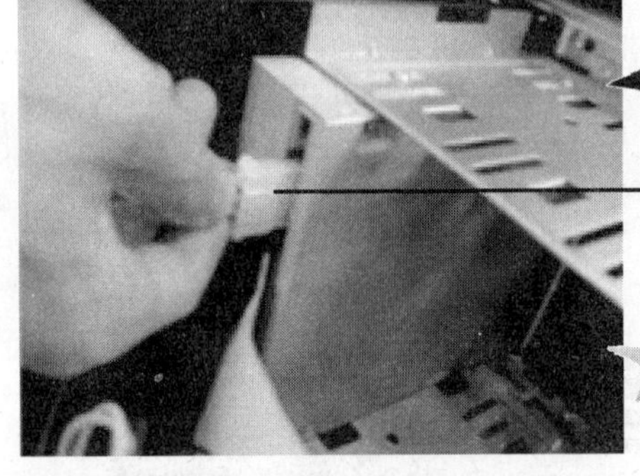
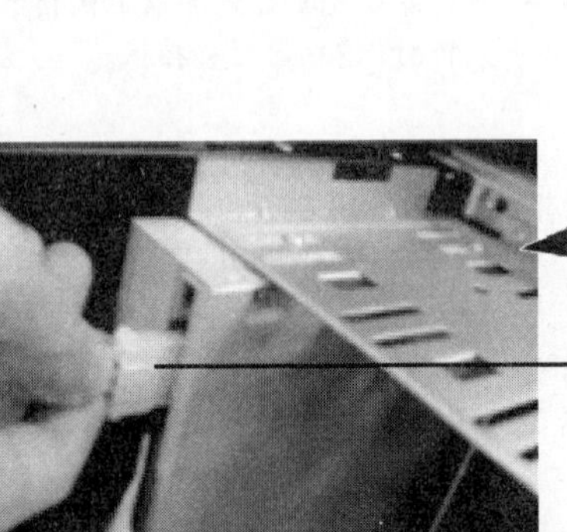

3 插上电源线后，光驱就算连接完毕了

4 将硬盘数据线的一端插入主板插槽

5 再将数据线的另一端插入硬盘接口

6 最后为硬盘插上电源，完成硬盘的连接

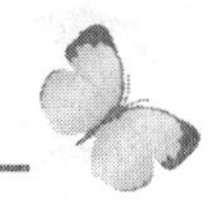

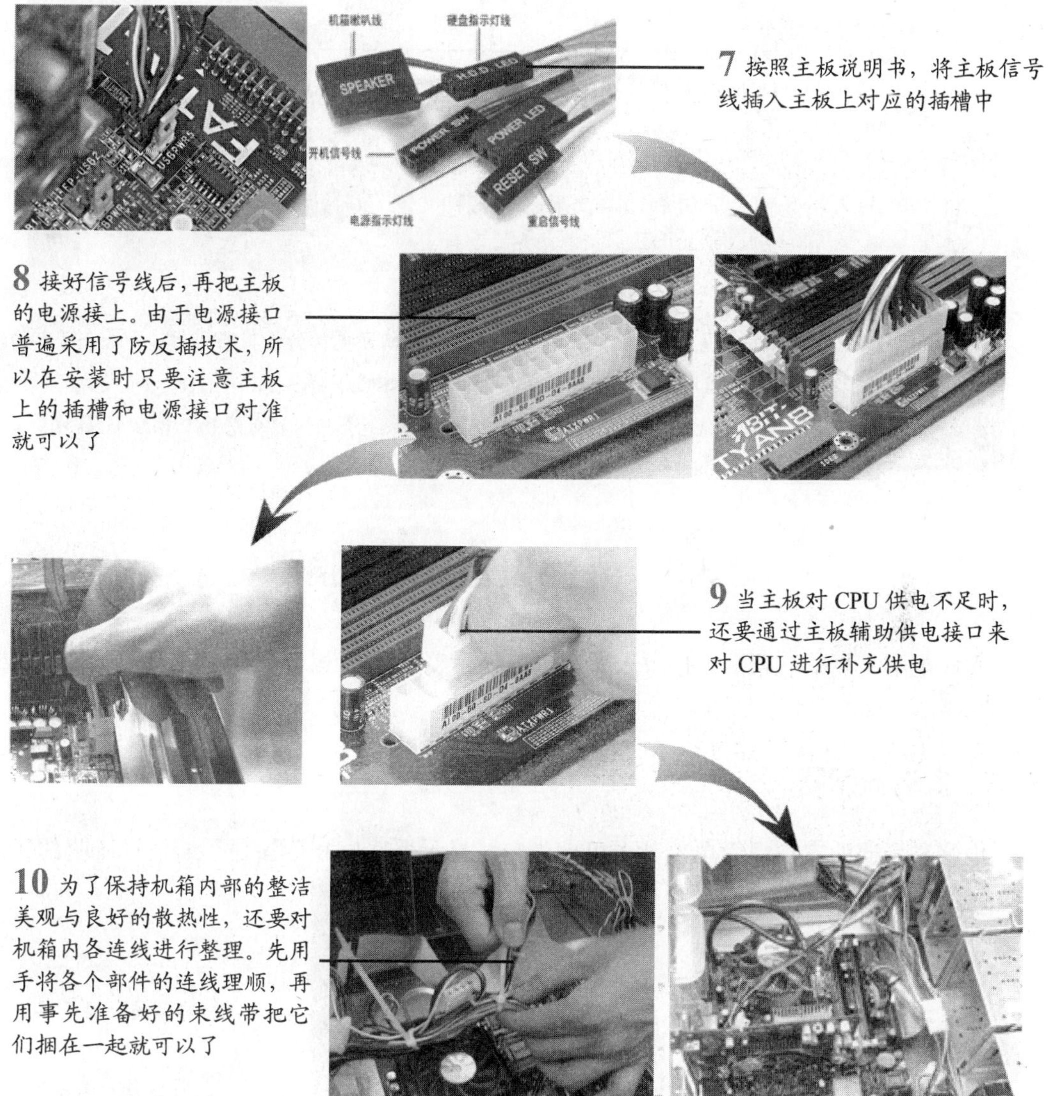

7 按照主板说明书，将主板信号线插入主板上对应的插槽中

8 接好信号线后，再把主板的电源接上。由于电源接口普遍采用了防反插技术，所以在安装时只要注意主板上的插槽和电源接口对准就可以了

9 当主板对 CPU 供电不足时，还要通过主板辅助供电接口来对 CPU 进行补充供电

10 为了保持机箱内部的整洁美观与良好的散热性，还要对机箱内各连线进行整理。先用手将各个部件的连线理顺，再用事先准备好的束线带把它们捆在一起就可以了

☞ 连接机箱前置 USB 接口连线。

现在电脑的机箱大多数都有前置 USB 接口，但是需要通过机箱前置 USB 接口连线与主板连接后才能使用，具体步骤如下。

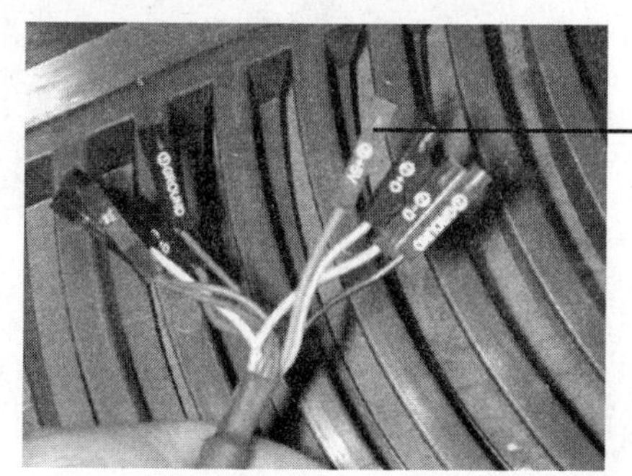

1 参考主板说明书，看好主板上前置 USB 接口的布局，将前置 USB 接口连线理清顺序

2 把数据线排列好顺序（如：VCC+ DA+ DA-，Ground），稳稳地将数据线接口插入主板接口

- 连接机箱前置USB接口连线的操作必须在断开电源的情况下进行，如果在通电的情况下插上前置USB接口连线，是不能正常工作的。

注意千万不能把+5V那条线插到DATA针里，不然很容易烧坏主板或USB设备。

3.3 外部设备安装图解

完成电脑主机的装配后，接下来要将电脑显示器、键盘/鼠标、音箱等外部设备与主机连接起来。

3.3.1 安装显示器

电脑显示器的安装很简单，基本可分为安装显示器底座和连接显示器信号线两部分。

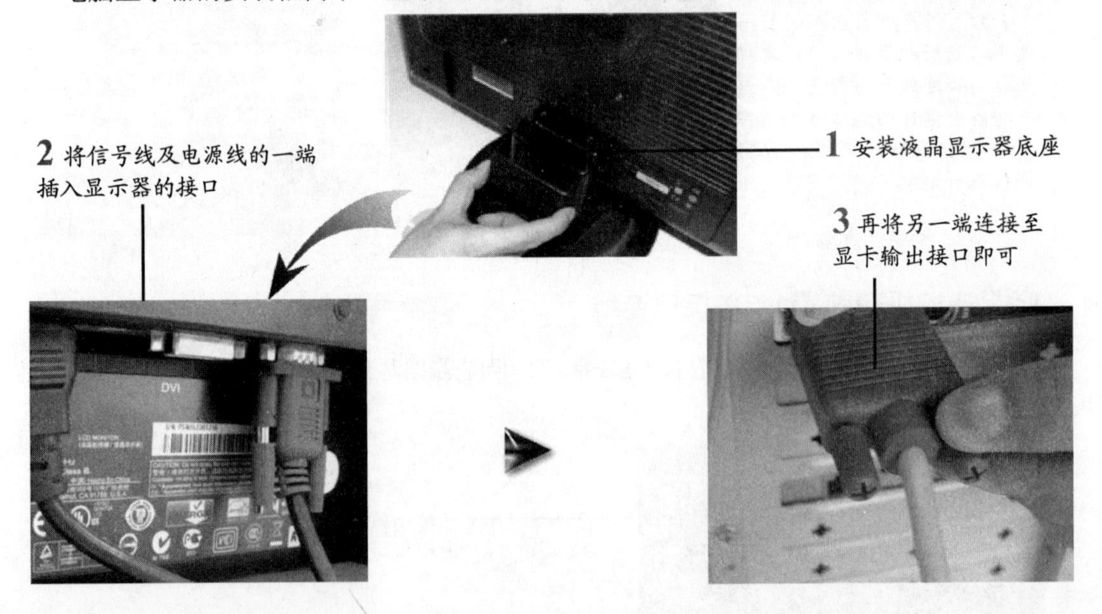

3.3.2 安装键盘与鼠标

电脑的键盘和鼠标的安装过程也非常简单，只需两步即可完成。

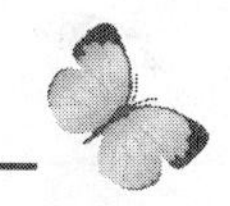

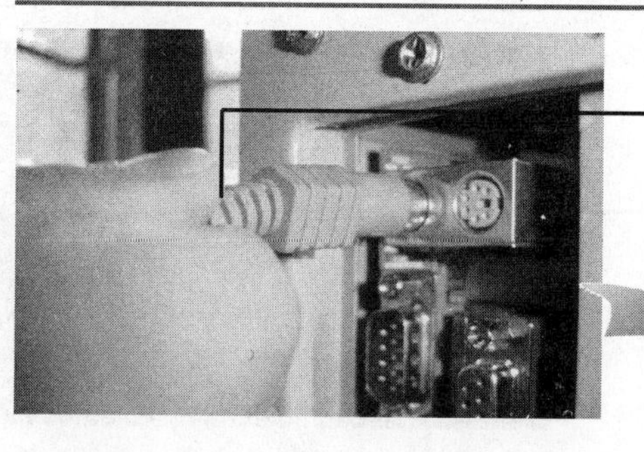

1 先将键盘插头插入主板的 PS/2 插孔

2 再将鼠标插头插入主板的另一 PS/2 插孔

一点就透

- 安装 PS/2 接口鼠标和键盘一般都遵从“左键右鼠”的规范。
- 当使用 USB 接口的键盘或鼠标时，只需要将键盘或鼠标的 USB 口与主机面板上的 USB 口按正确的方向接入即可使用。

3.3.3 连接电脑音箱

电脑音箱种类有很多，这里就以最常见的 2.1 多媒体音箱来介绍电脑音箱的安装步骤。

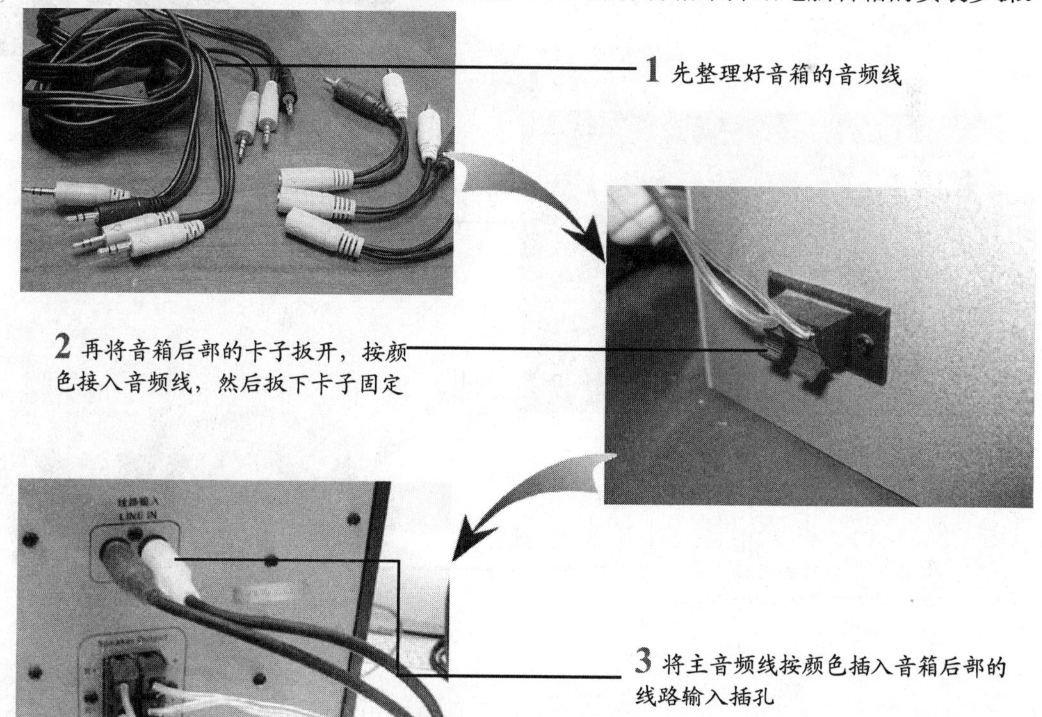

1 先整理好音箱的音频线

2 再将音箱后部的卡子扳开，按颜色接入音频线，然后扳下卡子固定

3 将主音频线按颜色插入音箱后部的线路输入插孔

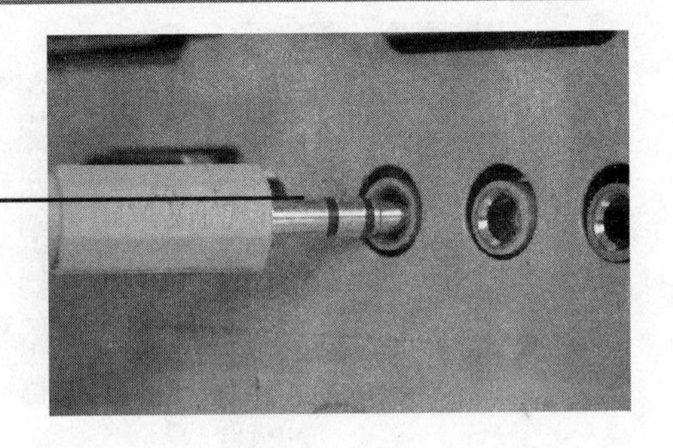

4 最后将音频线的另一端插入声卡（或主板）的音频输出孔中，完成电脑音箱的连接

3.3.4 连接机箱电源线

所有设备安装好以后，最后就是用主机电源线连接主机和电源。

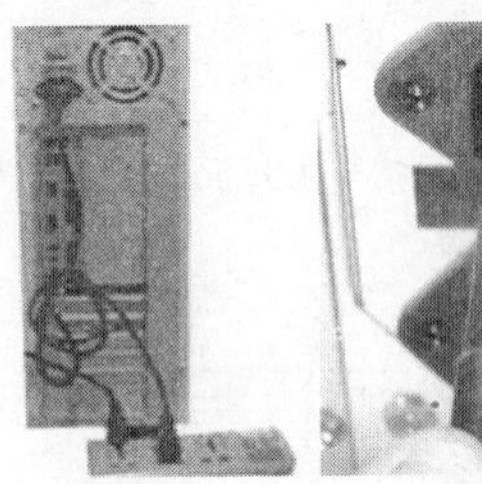

1 将电源线的一头插入主机电源插孔，另一头插入电源插座即可

2 连接好机箱电源后，首先按下显示器电源按钮，然后按下机箱上的电源按钮

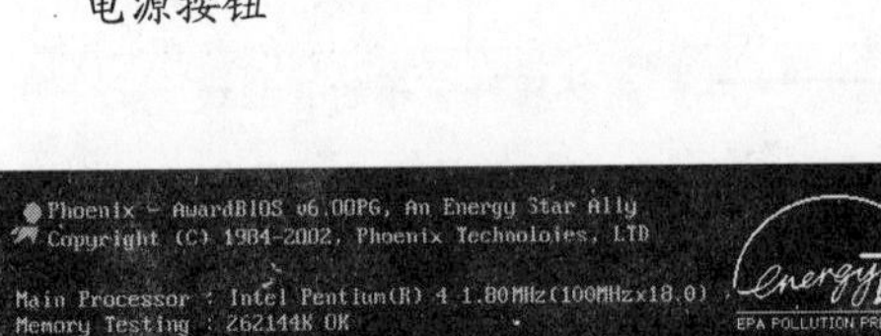

3 当听到“嘀”的一声响后，显示器上开始出现电脑的自检画面，证明组装好的电脑已能正常运行

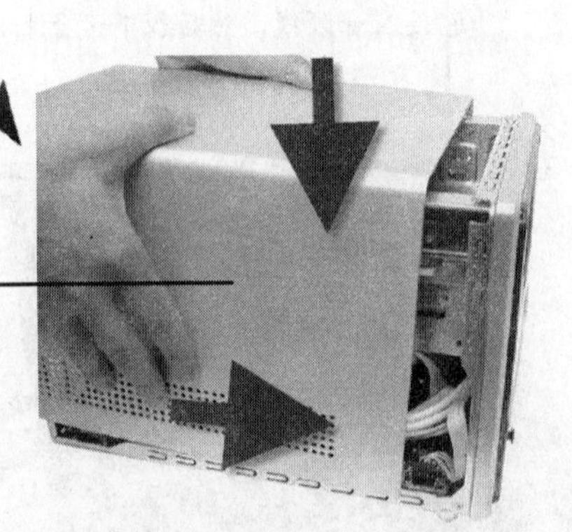

4 当确定组装的电脑没有任何问题后，就可以装上机箱侧面板，结束整个安装过程

第 4 章　设置 BIOS

4.1　BIOS 基础知识

BIOS 是基本输入/输出系统（Basic Input/Output System）的英文缩写，是电脑中最基础而又最重要的程序。BIOS 存放在一个不需要电源的记忆体（COMS）中，这就是平时所说的 BIOS 芯片，如下图所示。

常用的 BIOS 芯片基本是由 AMI、Award、Phoenix 这 3 个厂家推出的，且 Award 和 Phoenix 已经合并

4.1.1　BIOS 基本功能

BIOS 在电脑启动时主要完成以下几个功能。

1. 自检及初始化

启动电脑后，BIOS 会对电脑的硬件进行完全彻底的检验和测试。如果发现问题，分两种情况处理。

❖　严重故障停机，不给出任何提示或信号。

❖　非严重故障则给出屏幕提示或声音报警信号，等待用户处理。

如果未发现问题，BIOS 会将硬件设置为备用状态，然后启动操作系统，把对电脑的控制权交给用户。

2. 程序服务

BIOS 直接与电脑的 I/O（输入/输出）设备打交道，通过特定的数据端口发出命令，传送或接收各种外部设备的数据，实现软件程序对硬件的直接操作。

3. 设定中断

开机时，BIOS 会发送各硬件设备的中断号到 CPU，当用户发出使用某个设备的指令后，CPU 就根据中断号使用相应的硬件完成工作，再根据中断号跳回原来的工作。

4.1.2　BIOS 与 CMOS 的区别

BIOS 和 CMOS 的具体区别如下。

BIOS是一组程序，其功能是设置硬件参数；而COMS是电脑主板上的一块可读写的RAM芯片，主要接收并保存BIOS设置的参数。

- CMOS RAM芯片通过CMOS电池供电，无论是在关机状态中，还是遇到突然断电情况，CMOS信息都不会丢失。COMS设置程序集成在BIOS芯片中，在开机时只要按下某个特定键（如“Del”键）就可以进入CMOS设置程序。

4.2 设置BIOS

BIOS 设置不仅关系到系统的整体性能，还关系到操作系统能否顺利安装。因此，在安装操作系统以前，需要了解BIOS的各种设置。

4.2.1 Award BIOS 的设置

目前绝大多数主板都采用了Award或AMI的BIOS，虽然在界面上有一定的差异，但功能和设置方法基本相同。这里先以Award BIOS为例进行介绍。

1. 标准BIOS设置

要设置BIOS，首先要明白BIOS各项菜单的具体含义。Award BIOS 菜单各选项功能中文解释如下。

- STANDARD CMOS SETUP：标准CMOS设置。
- BIOS FEATURES SETUP：BIOS细节设置。
- CHIPSET FEATURES SETUP：芯片组细节设置。
- POWER MANAGEMENT SETUP：电源管理设置。
- PCI&ON BOARD I/O SETUP：PCI总线及内置I/O设置。
- LOAD BIOS DEFAULTS：装入BIOS默认值。
- LOAD SETUP DEFAULT：加载BIOS优化设置。
- INTERATED PERIPHERALS：集成外设端口设置。
- PASSWORD SETTING：用户口令设置。
- IDE HARD DISK DETECTION：IDE硬盘检测。
- SAVE&EXIT SETUP：保存修改并退出BIOS。
- EXIT WITHOUT SAVING：退出BIOS但不保存修改。

使用键盘上的方向键，可以选中需要修改的BIOS选项。当高亮部分移动到某个选项时，在屏幕底部会出现该选项的详细说明信息，以便用户能够更好地理解该选项的功能。按“Enter”键即可打开该设置项的菜单，并进行相应的参数设置。

☞ 设置系统日期与时间。

系统日期的顺序是“星期、月、日、年”，时间顺序是“时、分、秒”。用方向键将光标移动到 Date 或 Time 的相应选项上，选择要修改的部分后，再使用“Page Up/Page Down”或“+/-”键修改该选项。

☞ 设置硬盘。

主板一般不止有一个硬盘数据插槽，因此主板可以连接多个硬盘。在 BIOS 中，也有相应的设置项。电脑安装了多个硬盘，就需要对安装了硬盘的 BIOS 选项进行设置。当两个硬盘同时连接到一个插槽时，需要将其中一个硬盘设为主盘，另外一个盘设为从盘。

在 BIOS 中硬盘的设定方式有以下 3 种，一般情况下采用方式二，省去每次换硬盘都要重新设定的麻烦。

❖ 方式一：设置为 User TYPE，自行输入下列相关参数，即 CYLS、HEADS、SECTORS、MODE，以便顺利使用硬盘。
❖ 方式二：设置为 AUTO，将 TYPE 及 MODE 都设置为 AUTO，让 BIOS 在 POST 过程中，自动测试硬盘的各项参数。
❖ 方式三：如果在该硬盘接口中没有安装硬盘设备，可将其设置为“NONE”。

☞ 设置暂停选项。

“Halt on”选项用于设置电脑开机自检过程中检测到错误时所采取的处理方式。其设置的值有以下几个。

❖ No Errors：不论检测到任何错误，都不停止 BIOS 的工作，继续检测下去。
❖ All Errors：检测到任何错误都立即停止工作。
❖ All,But Keyboard：除了检测到键盘错误以外，检测到其他任何错误都停止工作。
❖ All,But Diskette：除了软驱错误外，检测到其他任何错误都停止工作。
❖ All,But Disk/Key：除了硬盘和键盘错误外，检测到任何错误都立即停止工作。

◆ 为了保证系统能正常运行，一般情况下都会选择“All Errors”选项，不过在没有键盘的电脑上（如服务器）可以选择“All,But Keyboard”选项。

☞ 内存容量显示。

BIOS 在自检过程中，会自动检测内存容量，并分类显示。

❖ Base Memory：传统内存容量，电脑一般会保留 640KB 容量作为 MS-DOS 操作系统的内存使用空间。
❖ Extended Memory：扩展内存容量，一般为内存总容量减去 Base Memory 后的容量。
❖ Total Memory：内存总容量。

2. 高级 BIOS 设置

在主菜单中，选择“Advanced BIOS Features”选项，即可进入高级 BIOS 设置菜单，如

下图所示。在该菜单中，主要对系统启动顺序、系统密码等进行了设置。

在高级 BIOS 设置菜单中，包含了许多对 BIOS 进行优化的选项，合理设置这些选项会对整机性能有所提升

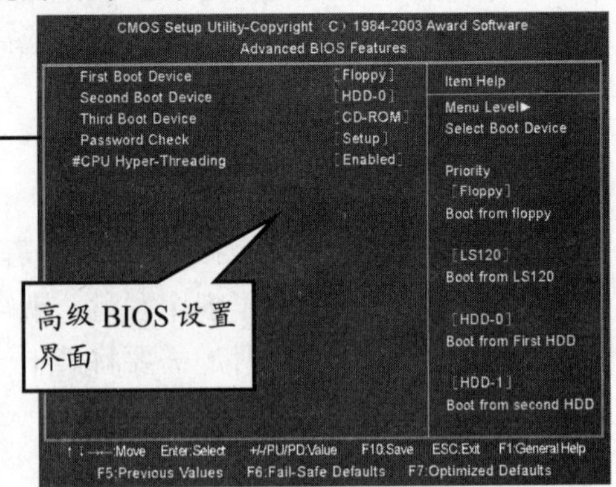

☞ 设置病毒警告（Virus Warning）。

开启病毒警告功能可对硬盘的引导扇区进行保护，防止引导型病毒的破坏。但因为安装操作系统时不可避免地要改写引导扇区，因此要暂时将此功能关闭，以免安装出错。

☞ 设置 CPU 缓存（CPU L1 & L2 Cache）。

“CPU L1 Cache”和“CPU L2 Cache”分别指 CPU 的一、二级缓存，启用它们将会大大提高 CPU 性能。

☞ 设置 CPU 超线程（CPU Hyper-Threading）。

“CPU Hyper-Threading”是为了使计算机系统运行超线程功能而设置的选项，设置为“Enabled”将提高系统性能。但首先硬件需要具备以下条件。

- ❖ CPU：有 HT 技术的 Intel Pentium 4 处理器。
- ❖ 芯片组：支持 HT 技术的 Intel 芯片组。
- ❖ BIOS：支持 HT 技术的 BIOS 并且设为 Enabled。
- ❖ 操作系统：支持 HT 技术的操作系统。

☞ 设置系统快速启动（Fast Boot）。

“Fast Boot”项是针对启动时的检测而设置的，可以用常速或快速来检测系统。如果将此项设置为“Enabled”，则系统在启动时会跳过一些检测项目，从而提高系统的启动速度；但如果系统处于不稳定状态，建议将此项设置为“Disabled”。

☞ 设置启动盘顺序（First/Second/Third Boot Device）。

启动盘的顺序设置项用来设置启动盘的顺序，它包含“First/Second/Third Boot Device”3 个设置项，分别用于设置第一优先启动盘及第二、第三优先启动盘。BIOS 将根据这 3 项的设置顺序启动硬盘或软盘，将相应驱动器中的操作系统读出。

这 3 个设置项中可选择的值如下。

- ❖ Floppy：软盘优先启动。

- ❖ LS120：LS120 优先启动。
- ❖ HDD：硬盘优先启动。其中 HDD-0 为硬盘 C 优先启动，HDD-1 为硬盘 D 优先启动，HDD-2 为硬盘 E 优先启动，HDD-3 为硬盘 F 优先启动（依此类推）。
- ❖ SCSI：SCSI 设备优先启动。
- ❖ CDROM：CD-ROM 优先启动。
- ❖ ZIP：ZIP 设备优先启动。
- ❖ Disabled：取消启动功能。

其他还包括 USB-FDD、USB-ZIP、USB-CDROM、USB-HDD、LAN 等。

☞ 使用其他设备引导（Boot Other Device）。

将此项设置为“Enabled”时，允许系统在从 First/Second/Third 设备引导失败后，尝试从其他设备引导。

☞ 设置启动时不寻找软驱（Seek Floppy）。

如今软驱基本已被淘汰，关掉 BIOS 中的寻找软驱选项可缩短开机时间，况且关闭该选项也不会对软驱的正常使用产生任何影响。

3．BIOS 密码设置

设置 BIOS 密码有 2 个选项，其中“User Password”项用于设置用户密码，“Supervisor Password”项用于设置超级用户密码。

- ◆ 超级用户密码是为防止他人修改 BIOS 内容而设置的。当设置了超级用户密码后，每次进入 BIOS 设置时都必须输入正确的密码，否则不能对 BIOS 的参数进行修改。而用户输入正确的用户密码后可以获得使用电脑的权限，但不能修改 BIOS 设置。

☞ 设置 BIOS 密码的具体方法如下。

1 在 BIOS 设置程序主界面中选择“Supervisor Password”选项。

2 按下“Enter”键，将弹出一个输入密码的提示框，输入完毕后按“Enter”键，系统要求再次输入密码以便确认

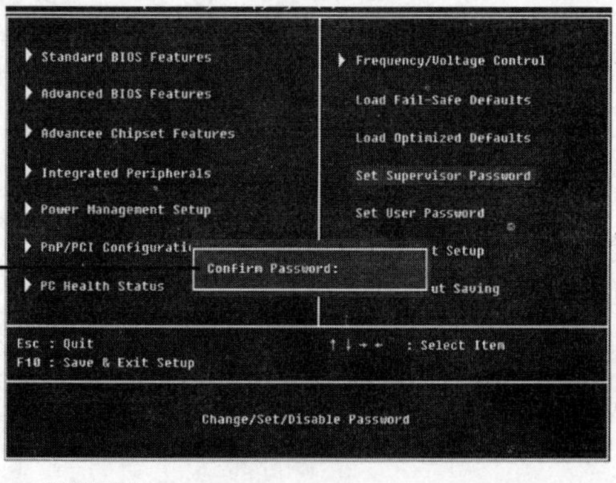

3 再次输入相同密码后按“Enter”键，超级用户密码便设置成功。

☞ 如果忘记 BIOS 口令，可用如下方法进行破解。

❖ CMOS 放电法：打开机箱，找到主板上的电池，将其取出或短路。CMOS 将因断电而失去内部储存的一切信息。

❖ 跳线短接法：几乎所有的主板都有清除 CMOS 的跳线和相关设置，有的是跳线，有的是焊接锡点，只要将其短路，就可成功清除 CMOS 密码。

❖ 万用密码法：Award BIOS 可试试密码 AWARD_SW、j262、HLT、SER、SKY_FOX、BIOSTAR、ALFARO ME、lkwpeter、j256、LKW PETER、Syxz、ally、589589、589721、CONCAT；AMI BIOS 可试试密码 AMI、BIOS、PASS WORD、HEWITT RAND、AMI_SW、LKWPETER、A.M.I。

❖ 改变硬件配置法：关闭电脑，打开机箱，将硬盘数据线从主板上拔下，重启电脑。BIOS 自检时出错，系统会要求重新设置 BIOS，此时 CMOS 中的密码已被清除。但这个方法不是在所有电脑上都适用。

4. BIOS 保存设置

“Save & Exit Setup”选项的作用是在 BIOS 设置完毕后，保存所作的设置，并退出 BIOS 设置程序，其具体步骤如下。

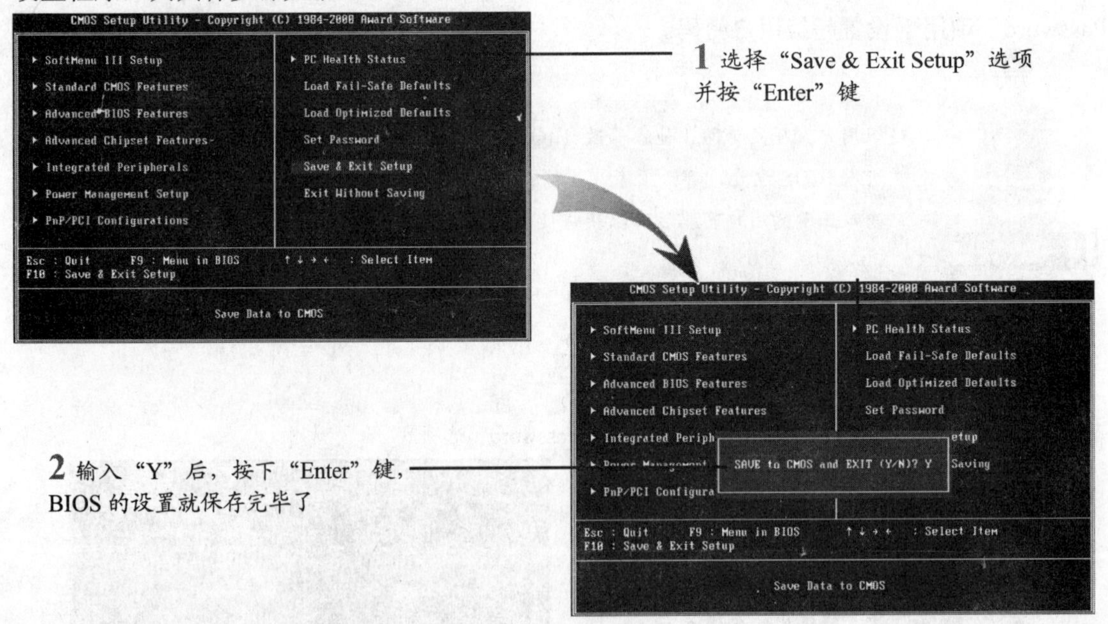

4.2.2 AMI BIOS 的设置

AMI BIOS 的设置和 Award BIOS 很相似，AMI BIOS 设置的主菜单共提供了 12 种设定功能和 2 种退出选择，用户可通过方向键选择功能项目，按“Enter”键可进入子菜单，对选定项目的提示信息会显示在屏幕的底部。

1. 标准 CMOS 设定

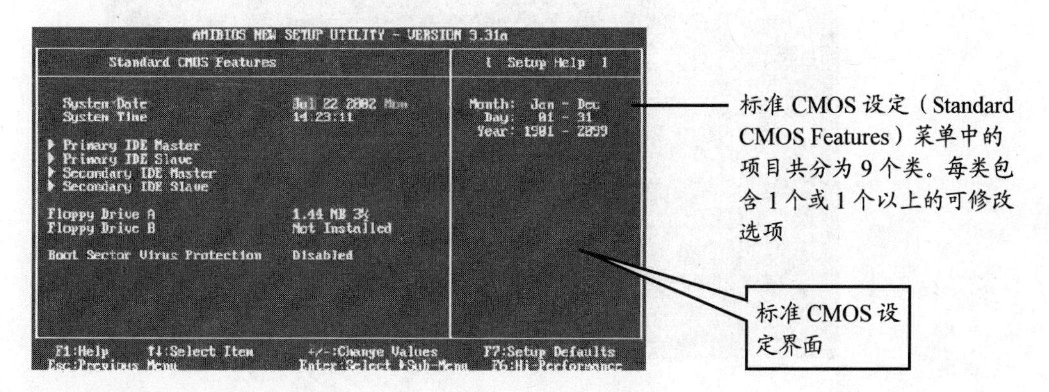

☞ 各选项的具体含义如下。

- System Date：设置系统日期。
- System Time：设置系统时间。
- Primary/Secondary IDE Master/Slave：按“PgUp/<+>”键或“PgDn/<->”键选择硬盘类型，所选择硬盘类型将出现在界面右手边位置。
- Type：按下“PgUp/<+> ”键或“PgDn/<-> ”键选择装置类型。
- Cylinders：选择柱面数。
- Heads：选择磁头数。
- Write Precompensation：选择写预补偿。
- Sectors：选择扇区数。
- Maximum Capacity：选择最大的容量。
- LBA Mode：LBA 模式打开或关闭。
- Block Mode：块模式（也叫块传输、多命令或多扇区读/写）。选择驱动器支持的每扇区块写/读优化数目的自动检测。
- Fast Programmed I/O Modes：为每个 IDE 设备选择 PIO 模式（0~5）。模式 0~5 不同程度地提供了增强的效能。
- 32Bit Transfer Mode：当 32 位 I/O 传输打开时，效能提升。
- Floppy Drive A/B：设置软驱的类型。
- Boot Sector Virus Protection：该项用来设定 IDE 硬盘引导扇区病毒入侵警告功能。启用后，如果有程序企图在此区中写入信息，BIOS 会在屏幕上显示警告信息，并发出蜂鸣警报声。安装操作系统时需关闭该项功能。

2. 高级 BIOS 特性设定

在 BIOS 设置主界面中选择“Advanced BIOS Features（高级 BIOS 特性设定）”项并按“Enter”键，即可进入高级 BIOS 设置界面。

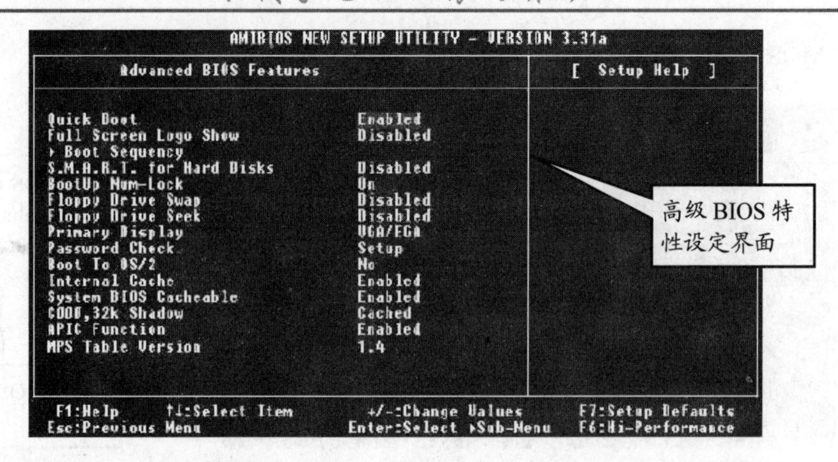

☞ 各选项的具体含义如下。

❖ Quick Boot（快速引导）：打开后在 POST 时缩短或跳过一些检测项目，加速自检的过程。

❖ Full Screen Logo Show（显示全屏 Logo）：设置为“Enabled ”时启动显示静态的 Logo 画面；设置为“Disabled” 时启动显示自检信息。

❖ Boot Sequency（选择引导设备）：按下“Enter”键进入如下图所示子菜单。

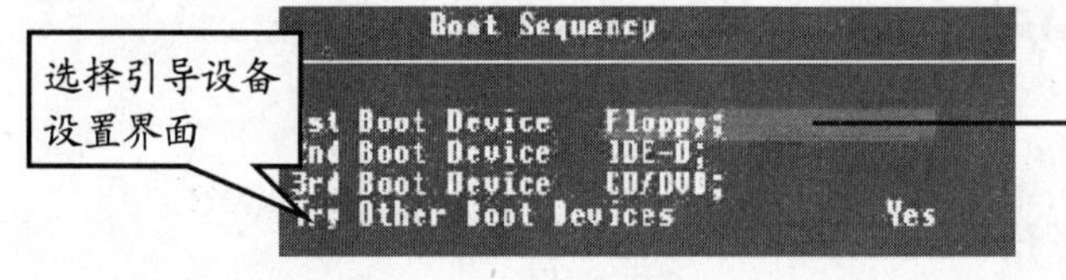

该选项允许用户设定 AMI BIOS 载入操作系统的引导设备启动顺序

❖ Try Other Boot Devices（其他设备引导）：将此项设定为“Yes”时，允许系统在从第一/第二/第三设备引导失败后，尝试从其他设备引导。

❖ S.M.A.R.T. for Hard Disks（硬盘的智能检测技术）：打开此选项能够激活硬盘的 S.M.A.R.T（自我监控、分析、报告技术）能力。

◆ S.MA.R.T 应用程序用来监控硬盘的状态预测硬盘失败，可以提前将数据从硬盘上移动到安全的地方。

❖ BootUp Num-Lock（启动时的 Num-Lock 状态）：设定为“On” 时，系统启动后小键盘的数字键有效；设定为“Off” 时，小键盘的方向键有效。

❖ Floppy Drive Swap（交换软盘驱动器盘符）：可交换软盘驱动器 A 和 B 的盘符。

❖ Floppy Drive Seek（寻找软驱）：设定为 Enabled 后，在引导系统时 BIOS 会激活软驱，首先是 A，然后是 B。

❖ Primary Display（主显示）：此项配置计算机的主显示子系统，可选项包括 Mono（monochrome）、CGA40x25、 CGA80x25、VGA/EGA、Absent。

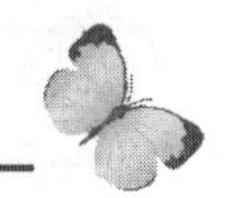

❖ Password Check（检查密码）：此项规定了 AMI BIOS 的密码保护的种类。“Setup”密码框仅在用户试图进入 BIOS 设置时出现；“Always”密码框在每次加电开机或用户试图进入 BIOS 设置时出现。
❖ Boot To OS/2（引导 OS/2）：当选择“Yes”时允许在 OS/2 操作系统下使用大于 64MB 的 DRAM；当选择“No”时，不能在内存大于 64M 时运行 OS/2。
❖ Internal Cache（内部缓存）：此项设定控制内部缓存（也称为 L1 或一级缓存），设定为“WriteBack”将产生最好的效能。
❖ System BIOS Cacheable（系统 BIOS 缓存）：选择“Enabled”允许建立系统 BIOS ROM 缓存，位置在 F0000h~FFFFFh 范围，能得到更好的系统性能表现。但如果任何一个程序在此内存区内进行写入操作，系统就会报错。
❖ C000，32k Shadow: 设定为“Disabled” 是指 ROM 不复制到 RAM 中；设定为“Enabled” 是指 ROM 复制到 RAM 中以加快系统效能；设定为“Cached ”是指 ROM 不仅复制到 RAM 中，还可以从缓存中读写。
❖ APIC Function（APIC 功能）：启用 APIC 模式将为系统扩充可用的 IRQ 资源。
❖ MPS Table Version（MPS 表版本）：此项允许选择操作系统所使用的 MPS （多处理器规范）版本，设定值为“1.4”和“1.1”。

3. 设定管理员/用户密码

当选择此功能时，在屏幕上将会出现如下图所示信息。

[Enter new supervisor password]

能进入并修改 BIOS 设定程序

☞ 设置 BIOS 密码的具体方法如下。

输入密码（最多 6 个字符），然后按“Enter”键。接着再输入一次密码，再按“Enter”键。当前设置的密码会清除所有以前输入的 CMOS 密码，也可按“Esc”键，放弃输入密码。

☞ 清除 BIOS 密码的具体方法如下。

要清除密码，只要在弹出输入密码的窗口时按“Enter”键。屏幕会显示一条确认信息，询问是否禁用密码。一旦密码被禁用，系统重启后，可以不需要输入密码直接进入设定程序。

◆ 用户可在高级 BIOS 特性设定中的 PASSWARD CHECK（密码检查）项中设定启用系统密码功能。
◆ 如果将 PASSWARD CHECK 设定为“Always”，系统引导和进入 BIOS 设定程序前都会要求密码；如果设定为“Setup”，则仅在进入 BIOS 设定程序前要求密码。

4. 加载性能优化/BIOS 设定默认值

这两个选项允许用户为 BIOS 加载性能优化默认值和 BIOS 设定默认值。

❖ 性能优化默认值是主板制造商设定的优化性能表现的特定值，但可能会对稳定性有所影响。

❖ BIOS 设定默认值是主板制造商设定的能提供稳定系统表现的设定值。

如果选择加载“Load High Performance Defaults”（性能优化默认值），屏幕将显示如下图所示信息。

按“Enter”键加载性能优化默认值，可优化系统的性能表现，但有可能对电脑稳定性造成影响

[Load High Performance Defaults]
WARNING! This default might have potential reliability risk.
Press [Enter] to Continue
Or [ESC] to Abort

此选项是专为高级用户或超频用户而设计的。使用性能优化默认值会压缩频率，提升系统性能表现。一般情况下并不建议用户在普通配置的系统中应用此高性能默认值，否则会导致系统的不稳定甚至系统崩溃。

如果在加载了此设定值之后系统死机，可通过清除 CMOS 数据恢复系统。

当选择“Load BIOS Setup Defaults”项时，将会弹出如下图所示信息。

[Load BIOS Setup Defaults]
Press [Enter] to Continue
Or [ESC] to Abort

按“Enter”键加载 BIOS 设定默认值，可提供稳定的系统性能表现

4.3 BIOS 升级与修复

硬件生产厂商一般都会为其产品提供 BIOS 升级程序，以方便用户通过升级 BIOS 解决各种硬件问题，获得更多新功能。

4.3.1 升级 BIOS 前的准备工作

升级 BIOS 具有相当大的危险性，一旦升级失败将会导致主板无法使用，所以最好不要轻易升级 BIOS。在升级之前还应做好如下准备工作。

1. 确定 BIOS 的类型及版本

先根据主板说明书上的品牌及型号，确定主板 BIOS 的类型和版本。然后到主板生产厂商的官方页面上查看有无该型号主板的 BIOS 新版本，在提供 BIOS 程序包下载的网页上一般都详细介绍了升级 BIOS 后主板增加的功能，可以此衡量升级后对电脑是否有实用价值。

◆ BIOS 的升级文件必须与主板型号相对应，就算是同样品牌同样芯片组的不同型号主板的 BIOS 也不一样，使用这样的 BIOS 升级一样会造成主板无法使用。

2. 准备 BIOS 程序包和刷新工具

BIOS 程序包就是要更新的主板 BIOS 程序，可以到各主板厂商的主页上下载，也可以到“驱动之家”这些第三方驱动下载网站上下载。

刷新工具就是用来更新主板 BIOS 所使用的程序软件，目前普遍使用的 BIOS 刷新程序还是由 Award 和 AMI 提供。Award 公司提供的刷新工具叫“Award FLASH WARE”，简称“AWDFLS”，它是一个可执行的 EXE 文件，需要在 DOS 实模式环境下使用，通过它就可以对 BIOS 进行更新。

以上两个程序准备好之后，就在硬盘上建立一个独立的文件夹，注意不要用中文来命名（DOS 无法识别中文），然后将准备好的两个程序存放在该文件夹中。

- 大多数下载下来的 BIOS 更新程序都是压缩后的 ZIP 或 EXE 的压缩包，所以在使用之前还要先将它们解压出来。

经验交流

用“format/s”命令格式化一张启动盘，把 BIOS 更新程序包和擦写程序（Awdflash.exe）复制到硬盘、软盘或 U 盘上。

3. 软件与硬件环境

BIOS 刷新通常在 DOS 实模式下进行，需要为升级 BIOS 的软件环境做好准备。软盘升级速度慢，而且可靠性差，所以推荐用户采用硬盘更新 BIOS 的方式，因为硬盘的读取速度很快，且性能稳定，大大提高了升级的可靠性。

对 Windows XP、Windows NT、Windows 2000 等没有自带 DOS 实模式的操作系统，还需要事先准备一张系统启动盘（光盘、软盘、U 盘）来进入 DOS 实模式。

升级 BIOS 时，无论是在 Windows 还是 DOS 环境下，都不能中途停止或断电，一旦停电，主板就不能使用了。因此如有条件，最好在升级 BIOS 时使用 UPS 等不间断电源。

4. 设置 BIOS

为了保障 BIOS 更新可以顺利进行，在更新 BIOS 之前还需要对一些相关的 BIOS 参数进行设定。

- ❖ 首先要关掉主板的自动防病毒功能，如果不关掉该功能的话，主板会把升级操作当作病毒入侵而拒绝执行，具体做法是在 BIOS 设置中找到“Anti Virus Protection”或“Virus Warning”选项，将其状态设定为“Disabled”。
- ❖ 其次要关闭掉一些缓存和镜像功能，这些选项在打开的状态时可以提高系统的处理性能并减少资源的占用，但在更新 BIOS 时则易产生负面影响，最好暂时将其关闭。具体做法是在“Advanced Chipset Features”选项中找到“System BIOS Cacheable”选项，将其状态设定为“Disabled”。

完成上述设置后，保存修改后的 BIOS 设置，重新启动电脑，就可以开始更新主板的 BIOS 程序了。

4.3.2 实战主板 BIOS 升级

下面以刷新 Award BIOS 为例，介绍在 DOS 下升级主板 BIOS 的步骤。

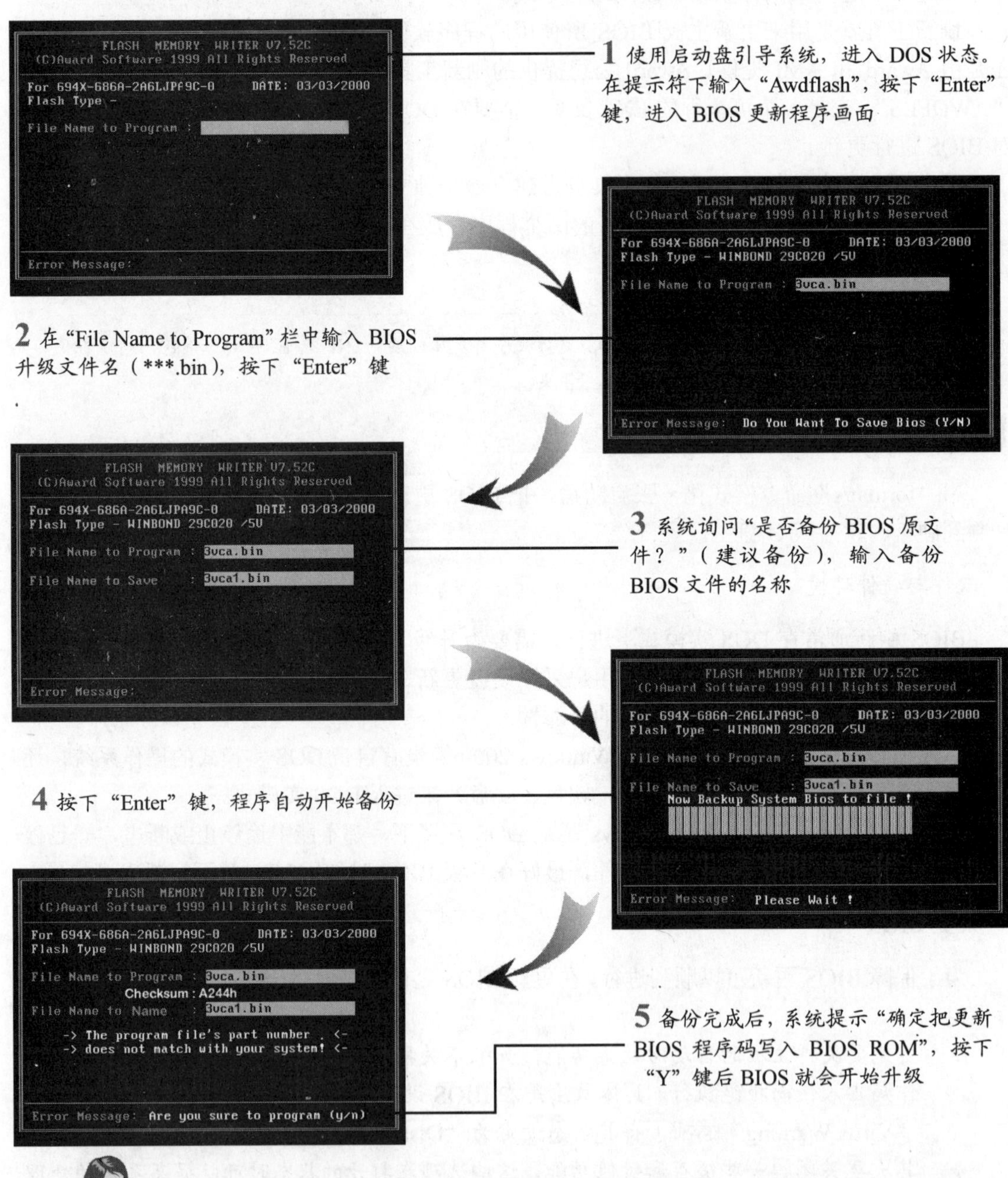

刷新程序会对 BIOS 更新程序包与原主板进行校验，如果屏幕提示“The program file's part number does not match with your system!”，就千万不要按“Y”键进行刷新了，强行刷新后会出现不可预见的问题。

6 刷新 BIOS 的过程中，会有两条进度条进行提示，同时有三种状态符号及时报告给用户刷新的情况，其中白色网格为刷新完成的内容，蓝色网格为不需要刷新的内容，红色网格为刷新错误

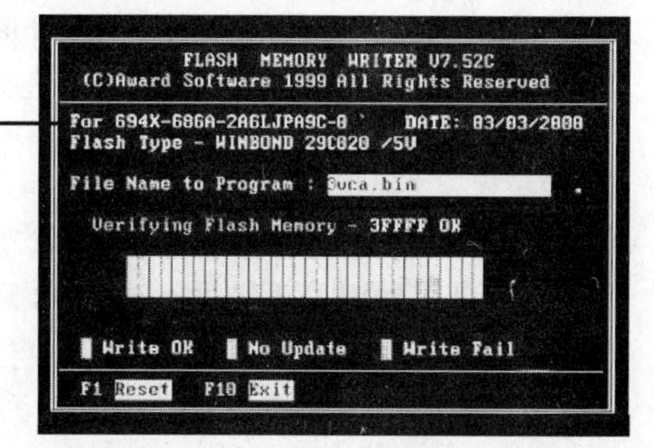

一点就透

◆ 如果 BIOS 在刷新过程中出现红色网格的话，千万不要重新启动，一定要退出刷新程序再重新进行刷新工作，直到完全正确为止。刷新的过程中不要进行其他任何操作，也千万不要尝试中断程序运行或重新启动电脑，这些操作都会使电脑陷入瘫痪。

BIOS 升级完成后有两个选择，一是按“F1”键重新启动，一是按“F10”键退出返回 DOS，这要根据实际情况来选择。如果认为刷新操作是完全正确的，那么就按“F1”键；如果认为刷新过程中还是存在一些错误或不当，则按“F10”键退出返回至 DOS 状态，然后再按照上述的操作过程重新升级。

4.3.3 实战显卡 BIOS 升级

显卡 BIOS 主要用于显卡上各器件之间正常运行时的控制和管理，协调众多配件之间的工作，提高系统的工作效率。通过更新其内容，可纠正软件中的错误或提升显卡的性能。

1. 确定显卡的型号

显卡品牌型号众多，不同品牌的显卡 BIOS 一般都不能通用。而同一个品牌的显卡，如果采用不同的显示芯片，BIOS 也不一样。即使是采用同样显示芯片的产品，如果搭配了不同规格的显存，其 BIOS 也不相同。因此，在刷新显卡 BIOS 时，必须“对号入座”。如果刷入了不恰当的 BIOS 文件，轻则会使显卡工作不正常，重则导致显卡报废。

要确定当前显卡的具体型号，最简单的方法就是查看显卡附带的包装盒、说明书，另外，通过显卡的 PCB 板上的型号贴纸，也能知道显卡的品牌及型号。

2. 确定当前显卡的 BIOS 版本

通过查看显卡的驱动程序信息，可得知显卡的 BIOS 版本信息。此外，通过 EVEREST 这个软件也可以了解显卡 BIOS 的详细信息。

3. 下载新版 BIOS 文件

在厂商的网站上下载新版本的 BIOS 文件。网上提供的下载文件一般都是压缩文件，需要用 WinRAR 之类的解压缩软件解压缩。注意看解压后的文件，后缀名为.exe 的文件是刷新工具（nVIDIA 的专用刷新程序为 nvFlash.exe，ATI 的专用刷新程序为 Flashrom.exe），而诸如“XXXXX.rom”、“XXXXX.bin”之类的文件，则是新的 BIOS 文件。

4. 制作启动盘

由于 BIOS 刷新工作在纯 DOS 状态下运行更可靠，所以需要制作一张 DOS 启动盘，通过该启动盘可以引导系统进入纯 DOS 环境。制作好 DOS 启动盘后，还要将下载的 BIOS 刷新程序和升级文件复制到硬盘的同一目录下。比如，在 C 盘新建一个名为“BIOS”的文件夹，将下载得到的这些文件全部复制到该文件夹中。如果发现厂商提供的下载文件中没有附带刷新工具，则还必须到诸如“驱动之家”等第三方网站下载显卡的专用刷新工具。

准备工作一切就绪，接下来开始进入显卡 BIOS 升级的实战阶段了。

5. 刷新 nVIDIA 显卡 BIOS

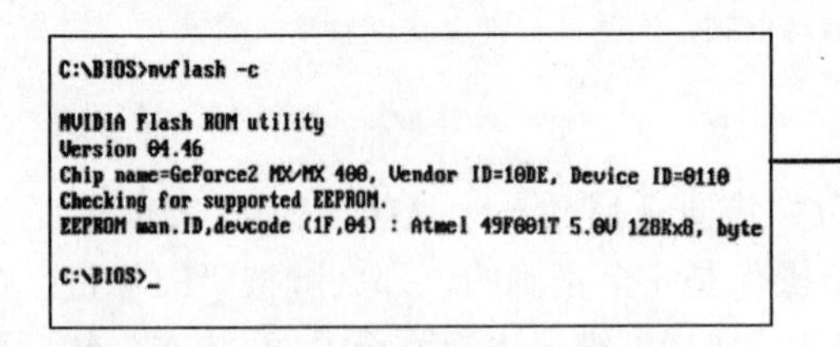

1 通过启动盘进入纯 DOS 环境，在命令提示符后输入“nvflash -c”，测试显卡 BIOS 所使用的 ROM 类型。如果刷新程序支持显卡的 ROM 芯片，则会列出该芯片的详细信息，反之则出现错误提示

☞ nvflash 的各种命令参数。

- -f：将名为“filename”的 BIOS 文件写入显卡的 ROM 芯片中，然后进行校验。
- -b：从显卡的 ROM 芯片中读取 BIOS，并以“filename”的名字保存。
- -k：从显卡的 ROM 芯片中读取 BIOS，并与名为“filename”的 BIOS 文件比较。
- -c：检测显卡 ROM 芯片是否支持刷新。
- -h：BIOS 升级完成后重启机器。
- -?：获取刷新程序的详细说明，包括命令行参数、支持的 ROM 芯片等。

2 输入“nvflash -b ”命令，备份显卡 BIOS，并存为“filename”文件。

```
Version 04.46
Chip name=GeForce2 MX/MX 400, Vendor ID=10DE, Device ID=0110
Opened gf2mxbt.rom successfully.
Checking for supported EEPROM...
EEPROM man.ID,devcode (1F,04) : Atmel 49F001T 5.0V 128Kx8, byte
ROM file and chip PCI Vendor, Device ID's match.
ROM file and chip PCI Subsystem ID's match.
EEPROM does not contain board ID, skipping board ID check.
Display may go *BLANK* on and off for up to 10 seconds during access to
the EEPROM depending on your display adapter and output device.
....
Software EEPROM erase finished.
Writing Flash with file gf2mxbt.rom.
.........................
Flash update successful.
Comparing entire ROM.
Compared EEPROM with gf2mxbt.rom successfully, no mismatches.
Getting ROM version and ~CRC32.
Image Size            : 47104 bytes
Version               : 03.11.00.08.00
~CRC32                : 7D14F868
Subsystem Vendor ID   : 1569
Subsystem ID          : 0110

C:\BIOS>_
```

3 完成备份工作以后，再输入“nvflash -f ”即可将新的 BIOS 写到 ROM 芯片中。刷新过程中，屏幕会有所抖动并变黑，持续时间在 10s 左右。如果再次回到 DOS 界面，那么刷新成功了

6. 刷新 ATI 显卡 BIOS

1 先备份当前显卡的 BIOS。启动机器进入纯 DOS 环境，并进入 C 盘下的 BIOS 文件夹。在命令提示符下输入“flashrom.exe -s 0 backup.rom”，按 Enter 键之后，便可将当前显卡的 BIOS 信息备份到 BIOS 文件夹中，并命名为“backup.rom”。

```
A:\>C:

C:\>cd BIOS

C:\BIOS>flashrom -p 0 newbios.rom

Serial ROM
BIOS DeviceID = 0x4153
ASIC DeviceID = 0x4153
Flash type = ST M25P05/c
65536 of 65536 bytes verified.

C:\>cd BIOS
```

2 在命令提示符下输入“flashrom -p 0 newbios.rom”（“newbios.rom”为升级的 BIOS 文件名），按“Enter”键之后，程序便会将新 BIOS 写入当前显卡的 BIOS 芯片之中。等待数秒之后，如果发现没有出现错误信息则可以重新启动电脑了

☞ Flashrom 的各种命令参数。

❖ -p: 向显卡 ROM 芯片中写入名为“filename”的 BIOS 文件，而 num 表示系统中一个显卡的编号。

❖ -s: 对系统中指定块显卡 ROM 芯片中的 BIOS 文件进行备份，并命名为“filename”。

❖ -i: 显示 ATI 显卡的参数信息。

3 Flashrom 在刷新显卡 BIOS 时会检查新 BIOS 的 SSID(BIOS 及设备 ID)，如果发现新 BIOS 的 ID 与显卡本身的 ID 不符，则会拒绝刷新并给出警告信息——提示如果要强制刷新，则需要加入“-f”参数

```
C:\BIOS>flashrom -p 0 newbios.rom

Serial ROM
BIOS DeviceID = 0x4152
ASIC DeviceID = 0x4153
Existing memcfg = 0x2940
New memcfg      = 0x2940
Existing SSID = 0x0002
New SSID      = 0x4152

SSID does not match with BIOS file "newbios.rom" SSID!
Use '-f' to force flashing.

        0FL01 : press '1' to continue
```

4 如果确认新 BIOS 文件支持当前的显卡，则可以在刷新时输入“flashrom -p -f 0 newbios.rom”，然后按“Enter”键执行。

◆ 对于一些采用 MicroBGA 封装显存的显卡，如果加了“-f”参数还是无法刷新，那就要注意。如果显卡的 BIOS 芯片是 ATM 公司的，则要在命令中加上“-atmel”参数，也就是“flashrom -p -f -atmel 0 newbios.rom”。

◆ 如果是 SST 公司的就加上“ -sst”参数，也就是“flashrom -p -f -sst 0 newbios.rom”或“flashrom -p 0 newbios.rom -f -sst”。

4.3.4 光驱固件升级

光驱固件英文名称为“Firmware”，它是设备的控制软件，一般写在 Flash ROM 中，大多数刻录软件都是依靠 Firmware 来辨认刻录机的参数和特性的。

以下就是升级光驱固件的步骤。

（1）先在相关网站下载 Firmware 升级文件及刷新程序。下载的文件一定要与刻录机的型号相对应，然后把 Firmware 文件及刷新文件解压缩到一个文件目录。

（2）双击运行刷新程序，开始刷新 Firmware。在出现的提示框中选择“Next”按钮继

续进行。

（3）结束后重新启动电脑即可完成升级。

（4）如果升级失败可以按照上面的方法重新操作一次，如果修复不成功，最好是送回原厂维修。

4.3.5 修复升级失败后的 BIOS

升级 BIOS 一旦失败，电脑就会陷入瘫痪状态，可通过以下几种方法来恢复。

1. BIOS 引导块修复法

有的主板的 BIOS 中有一个 Flash Recover Boot Block 引导块，该引导块不会被升级程序所覆盖。主板上还有一个 Flash Recover Jumper 跳线，在 BIOS 升级失败后，可以利用它们来实现 BIOS 的恢复。

（1）把 Flash Recover Jumper 跳线设置为“Enable” 把含有 BIOS 文件的启动盘插入软驱（USB 接口）中。

（2）主板将软盘中的 BIOS 文件自动写入 Flash BIOS 中，并重新启动电脑。关掉电源，把 Flash Recover Jumper 跳线跳回默认位置。

（3）取出启动盘，启动电脑，恢复完成。

2. 热插拔法

热插拔法是在开机带电的情况下通过替换 BIOS 芯片来修复升级失败的 BIOS 的方法，这种修复方法具有高度危险性，最好在专业人士的指导下进行，具体操作步骤如下。

首先要检查 BIOS 芯片是否被焊接在主板上，如果 BIOS 芯片被焊死，就无法使用热插拔法。

1 拔起所有遮挡在 BIOS 芯片上方的扩展卡，使 BIOS 芯片完全暴露出来，再将 BIOS 芯片从插座中小心地拔出来

- 如果是 DIP（双列直插）封装的 BIOS 芯片，用一把小型平口螺丝刀，在芯片的两边插入慢慢撬起。注意要两边对称慢慢撬，一次不要撬起太多，以免将插脚折断，如上图所示。
- 如果是 PLCC 封装的芯片，则要采用专用的芯片拔取夹来操作。拔取时注意要笔直地将芯片从插座中向上拔出，拔取器的爪应尽可能深入插座中。

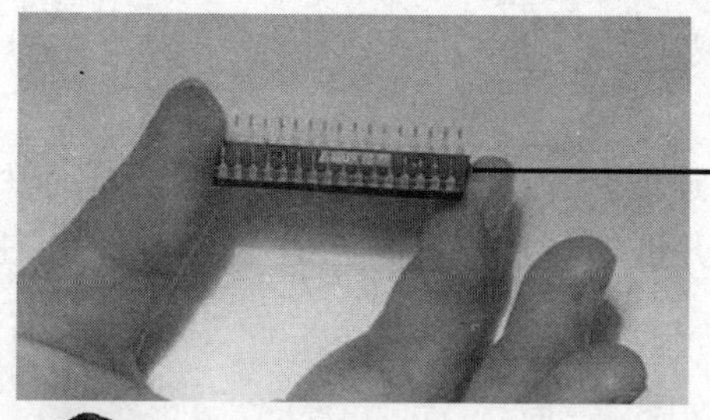

2 仔细查看BIOS芯片的引脚有无弯折，有的话要将它们掰正，然后再将其插回到插座中，插入时不要插得太紧，只要保证每一只引脚都和插座刚好接触到就行了

一点就透

◆ BIOS芯片的陶瓷封装一边有一个缺口，表示芯片管脚的排列方向，插入之前必须保证芯片和插座上的缺口处方向一致，如果插反了会烧毁BIOS芯片和主板。

3 启动计算机，进入“纯DOS”状态拿住芯片没有引脚的两头，小心、快速地拔起BIOS芯片，最好尽量保证两边同时被拔起

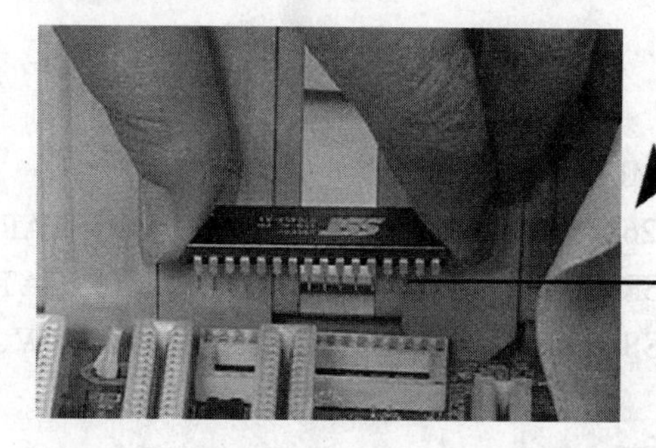

4 再将受损的BIOS芯片插入主板上的插座，这次可将BIOS芯片插得紧一些。千万要对准方向，不能使引脚短路

输入刷新BIOS的命令：Awdflash ×××.Bin /Py/Sb/Sn/Cd/Cp（×××.Bin为损坏主板BIOS的文件名，按下“Enter”键开始更新BIOS。等写入结束后，BIOS也就被修复了。

经验交流

◆ 若要增加用热插拔法修复BIOS的成功率，最好用同一厂家、同一型号的产品；如果找不到相同的主板BIOS芯片，可用一块相同时钟芯片、相同I/O芯片、相同芯片组的BIOS芯片来替代。

4.4 破解BIOS密码

如果忘记BIOS密码，那么用户将面临两种情况：一是能进入操作系统，但不能修改BIOS设置，二是更加严重的情况，即连操作系统也无法进入。下面就介绍如何在这两种情况下破解BIOS密码。

4.4.1 CMOS 放电法

打开机箱，找到主板上的电池，将其与主板的连接断开。此时，CMOS 将因断电而失去内部储存的一切信息。再将电池接通，合上机箱并开机，由于 CMOS 已是一片空白，可任意进行修改。

4.4.2 跳线短接法

在电池附近有一个跳线开关（可参考主板说明书），一般情况下，在跳线旁边注有 RESET CMOS 或 CLEAN CMOS 字样，跳线开关一般为三脚，有的在 1、2 两脚上有一个跳接器，此时将其拔下接到 2、3 脚上即可放电。

一点就透

◆ 另外应该注意，几乎所有的主板都有清除 CMOS 的跳线和相关设置，但因厂商不同而各有所异。例如有的主板的 CMOS 清除设备并不是常见的跳线，而是很小的焊接锡点，一般用镊子小心地将其短路，就可成功清除 CMOS 密码。

4.4.3 万用密码法

万用密码破解 BIOS 方法分 Award BIOS 和 AMI BIOS 两种情况。

❖ Award BIOS 万用密码：AWARD_SW、j262、HLT、SER、SKY_FOX、BIOSTAR、ALFARO ME、lkwpeter、j256、LKW PETER、Syxz、ally、589589、589721、CONCAT。

❖ AMI BIOS 万用密码：AMI、BIOS、PASS WORD、HEWITT RAND、AMI_SW、LKWPETER、A.M.I.

需要注意的是密码并不是对所有的 BIOS 都有效。

4.4.4 改变硬件配置法

关闭电脑，打开机箱，将硬盘或软盘数据线从主板上拔下，重启电脑。BIOS 自检时出错，系统会要求重新设置 BIOS，此时 CMOS 中的密码已被清除。注意此方法不是在所有电脑上都适用。

4.4.5 程序破解法

此法适用于可进入操作系统，但无法进入 BIOS 设置（要求输入密码）的情况。具体方法是，将电脑切换到 DOS 状态，在提示符“C：\WINDOWS>”后面输入以下破解程序。

```
debug
- O 70 10
- O 71 ff
```

- q

再用 exit 命令退出 DOS，密码即被破解。

因 BIOS 版本不同，有时此程序无法破解，可采用另一个与之类似的程序来破解。

```
debug
- O 71 20
- O 70 21
- q
```

用 exit 命令退出 DOS，重新启动并按住“Del”键进入 BIOS，系统将不再提示输入密码。

第5章 硬盘分区与格式化

5.1 分区与文件系统基础知识

分区和文件系统是规划硬盘用途的基础，也是安装操作系统前的必备工作，对硬盘合理地规划可以提高硬盘的使用率和稳定性。

5.1.1 硬盘分区基础知识

“分区”就是在硬盘上建立单独存储的区域，能够让不同用途的数据各安其所，相互之间不影响。

分区分为主分区和扩展分区：主分区用来存放操作系统的引导记录（在该主分区的第一扇区）和操作系统文件；扩展分区一般用来存放数据和应用程序。

5.1.2 转换分区格式

常见的Windows分区格式有3种，分别是FAT16、FAT32以及NTFS格式。

❖ FAT16：FAT16是MS-DOS和最早期的Windows 95操作系统中使用的磁盘分区格式，几乎所有的操作系统都支持这种分区格式。它的缺点是只支持2GB的硬盘，且对磁盘的利用效率很低。

❖ FAT32：FAT32突破了FAT16下每一个分区的容量只有2GB的限制，可以极大地减少磁盘的浪费，提高磁盘利用率。但运行速度比采用FAT16格式分区的磁盘要慢。

❖ NTFS：NTFS在安全性和稳定性方面非常出色，在使用中不易产生文件碎片，并且能对用户的操作进行记录，通过对用户权限进行非常严格的限制，使每个用户只能按照系统赋予的权限进行操作，充分保护了系统与数据的安全。

1. FAT 32转NTFS

在Windows XP下要将分区格式从FAT32无损转换成NTFS是很简单的事，步骤如下。

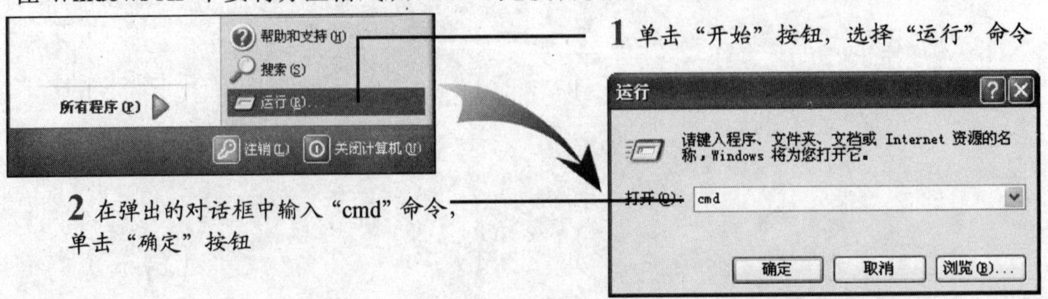

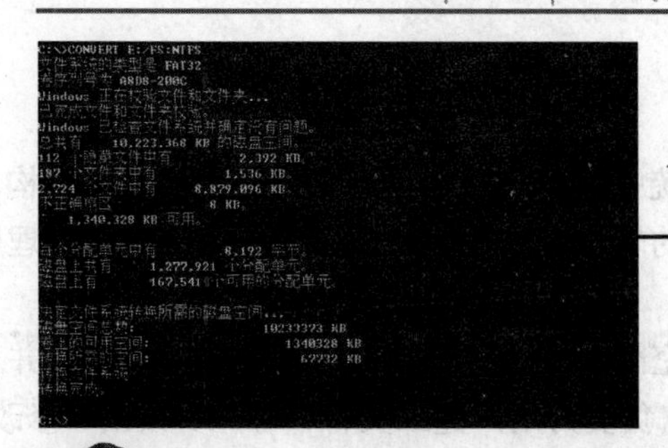

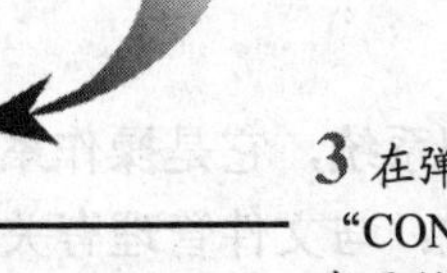

3 在弹出的DOS窗口中输入命令“CONVERT X:/FS:NTFS”（X代表要转换盘的盘符，如D、E、F等），按下“Enter”键，即可开始转换分区格式

一点就透

◆ 这种方法不能用于在系统盘下转换系统盘的格式（如在C盘下转换C盘格式），只能转换其他盘符（如D:、E:、F:等）。

2. NTFS 转 FAT

在不支持NTFS分区格式的系统中，可以采用以下方法将NTFS分区转换为FAT分区。

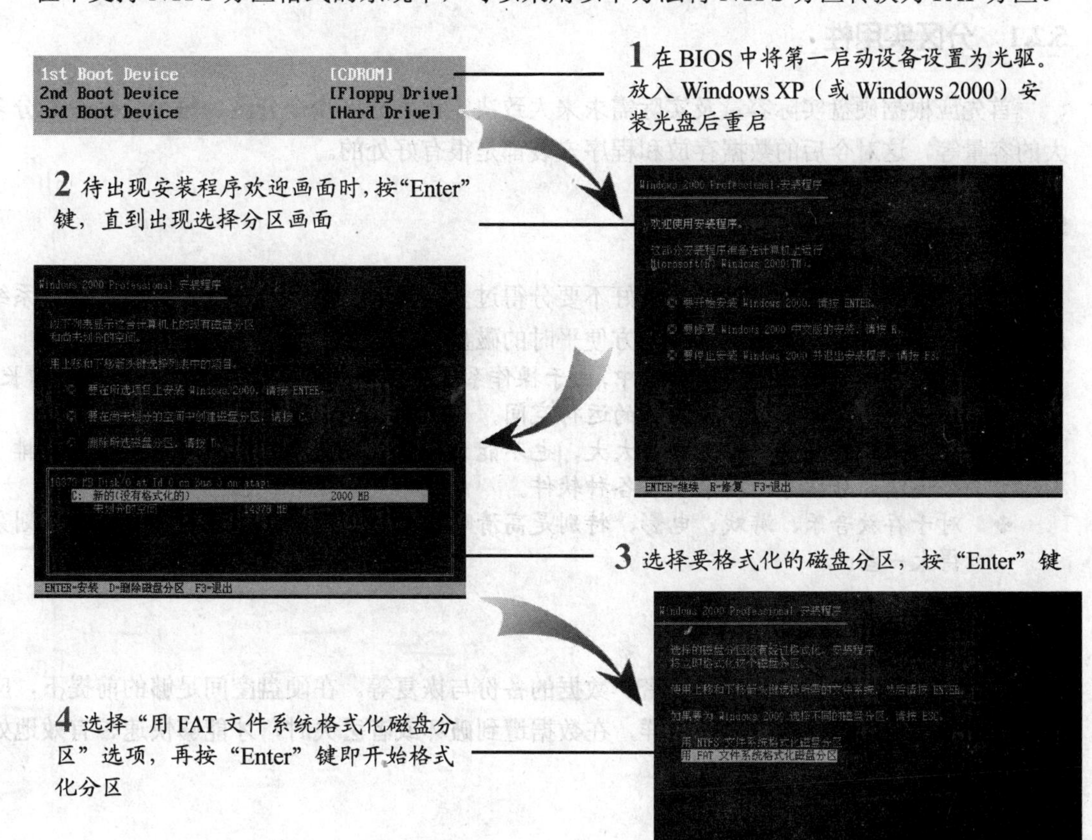

1 在BIOS中将第一启动设备设置为光驱。放入Windows XP（或Windows 2000）安装光盘后重启

2 待出现安装程序欢迎画面时，按“Enter”键，直到出现选择分区画面

3 选择要格式化的磁盘分区，按“Enter”键

4 选择“用FAT文件系统格式化磁盘分区”选项，再按“Enter”键即开始格式化分区

5.1.3 文件系统基础知识

文件系统全称为文件管理系统，它是操作系统中负责管理和存储文件信息的软件机构。

文件系统由 3 个部分组成：与文件管理有关的软件、被管理的文件以及实施文件管理所需的数据结构。

从系统角度来看，文件系统是对文件存储器空间进行组织和分配，负责文件的存储并对存入的文件进行保护和检索的系统。具体地说，它负责为用户建立文件，存入、读出、修改、转储文件，控制文件的存取，当用户不再使用时撤销文件等。

文件系统是基于一个存储设备而言的，比如硬盘或光盘。一个分区或磁盘能够作为文件系统使用前，需要初始化，并将记录数据结构写到磁盘上。这个过程就叫建立文件系统。

5.2 分区规划通用原则

随着应用程序所需存储空间的不断增长，硬盘的容量也是越来越大。对于动辄上百 GB 的硬盘而言，在分区前学习一下如何规划是十分必要的。

5.2.1 分区实用性

首先应根据硬盘实际容量及实际需求来大致决定该划分多少个分区、每个分区应划分多大的容量等，这对今后的数据存放和程序安装都是很有好处的。

5.2.2 分区合理性

划分分区数目要注意合理性，最好不要分得过多、过细。过多的分区数目，会降低系统启动及访问资源管理器的速度，也不方便平时的磁盘管理。

- ❖ 操作系统一般都安装在C盘中，由于操作系统所需存储空间会随着使用时间而增长，所以要给操作系统预留足够的运行空间。
- ❖ 安装程序的磁盘不要划分得太大，也不能太小。如果要安装的程序很多，可安排 2 个连续的分区专门用来安装各种软件。
- ❖ 对于存放音乐、游戏、电影，特别是高清晰电影的分区来说，就要将分区尽量划分得大一些。

5.2.3 数据安全性

数据的安全性包括对数据的加密、数据的备份与恢复等。在硬盘空间足够的前提下，应尽量留出一个专门备份的分区。这样，在数据遭到破坏或者丢失时，才能够快速、有效地处理。

5.2.4 操作系统特性

由于操作系统本身存在着一些局限，不同的操作系统支持文件系统也不同。因此分区时应考虑将要安装的操作系统的特性，以做合理的安排。各操作系统所支持的文件系统如下。

- DOS：支持 FAT 16 文件系统。
- Windows 98/ME：支持 FAT 16/32 文件系统。
- Windows 2000/XP/2003：支持 FAT 16/32、NTFS 文件系统。
- Windows Vista：支持 FAT 16/32、NTFS 文件系统。
- Linux：支持 FAT 16/32、EXT2/3 文件系统。

5.3 实战硬盘分区

分区是使用硬盘前必不可少的操作。初学者总是对分区操作忐忑不安，害怕不小心弄出各种问题。其实只要严格按照操作规程来做，分区也是一件很简单的事。

5.3.1 用 Fdisk 进行硬盘分区

给硬盘分区的工具有很多，但最常用的还是 Fdisk。该软件体积小巧，使用简单，容易上手。下面就来学习如何用它来给硬盘分区。

1. 建立主 DOS 分区

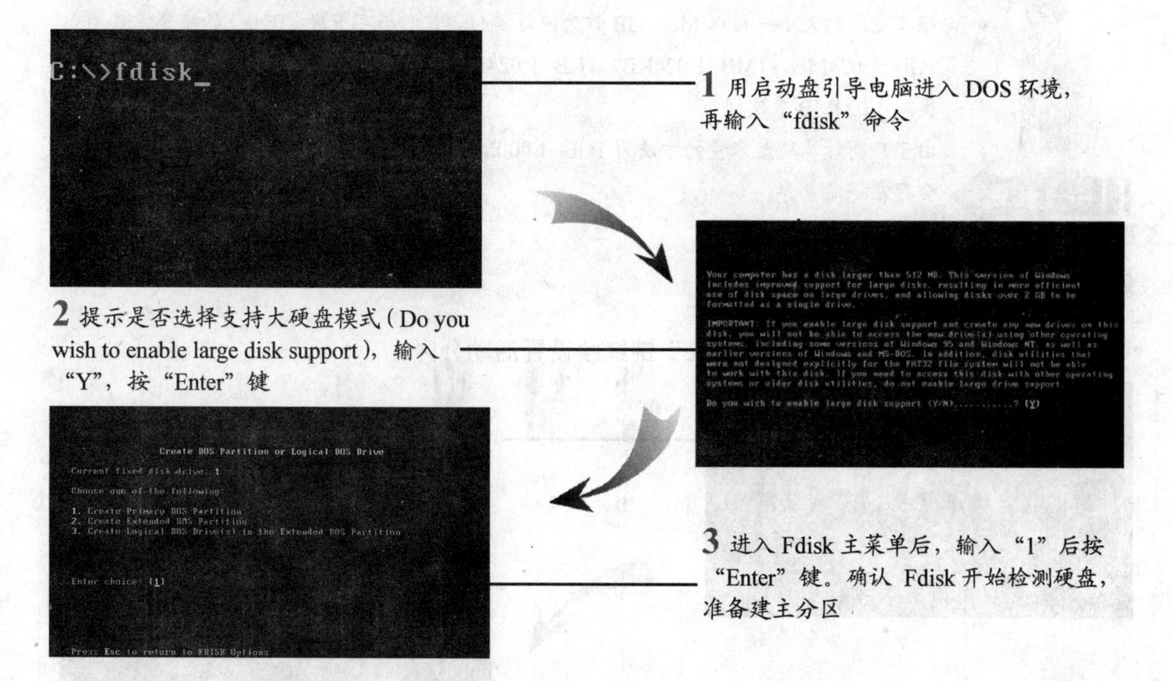

- 上图中 3 个选项分别代表不同硬盘分区类型。
- 第 1 项是建立主 DOS 分区（Primary Partition）。
- 第 2 项是建立扩展 DOS 分区（Extended Partition）。
- 第 3 项是在扩展分区中建立多个逻辑分区。

4 磁盘检查完毕后，程序会询问是否希望将整个硬盘空间作为主分区并激活，在这里输入“N”并按“Enter”键确认

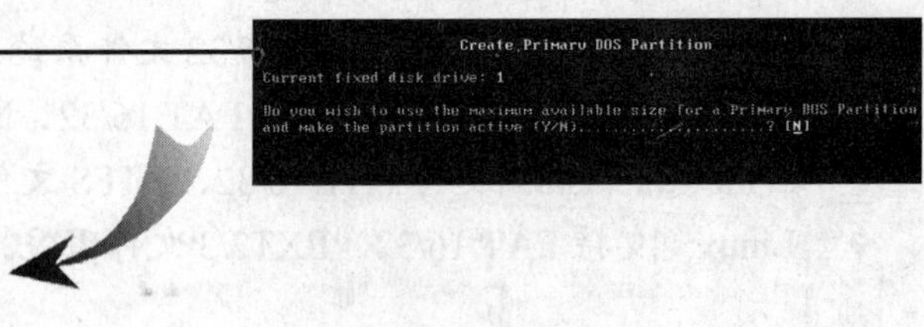

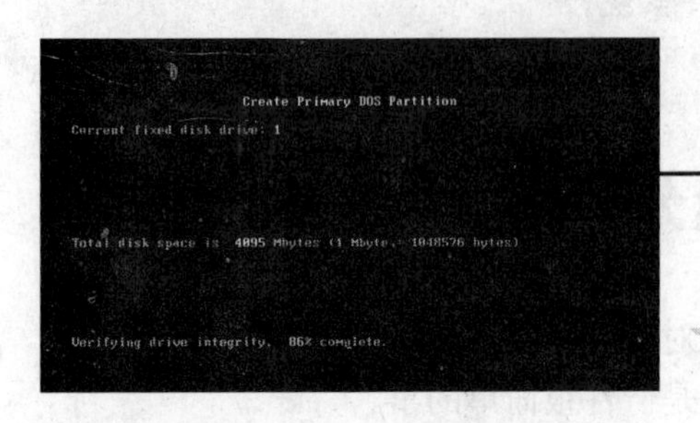

5 系统显示出硬盘的总空间，并继续检测硬盘

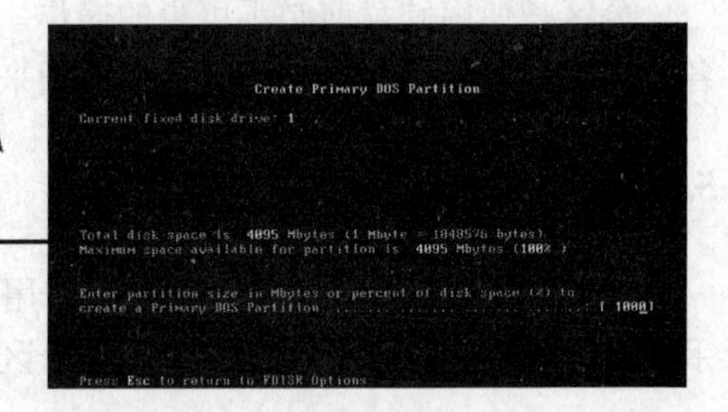

6 硬盘检测完毕后就开始设置主分区的容量。可直接输入分区大小（以 MB 为单位）或分区所占硬盘容量的百分比（%），然后按“Enter”键确认

一点就透

- 磁盘空间的大小一般以 MB、GB 作为统计单位，它们与字节数（Byte）的换算方式为：1GB=1 024MB，1MB=1 024KB，1KB=1 024Byte。因此要分出一个 10GB 的空间，可输入 1 024MB 来实现。
- 由于厂商计算硬盘容量的方法为 1GB=1 000MB，所以硬盘真实容量与厂商标称的容量会存在一定差异。

2. 设置活动分区

待主分区 C 盘已创建后，按“Esc”键继续设置活动分区。

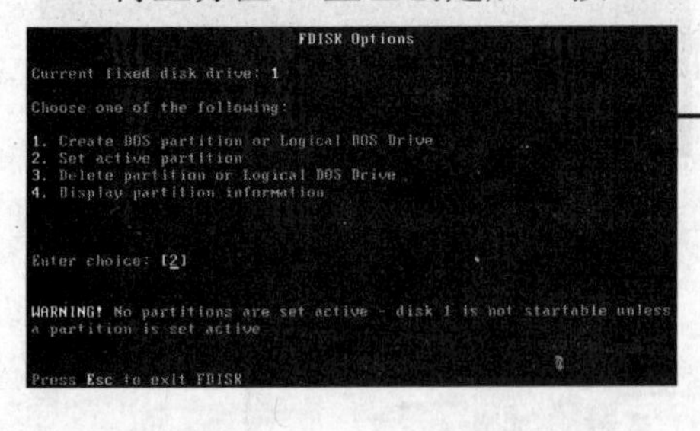

1 按数字键“2”设置活动分区，需要注意的是只有主分区才可以设置活动分区

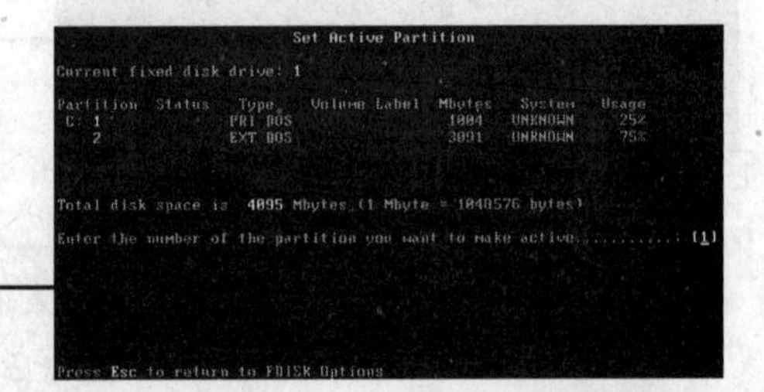

2 然后按数字键“1”，设 C 盘为活动分区。当硬盘划分了多个主分区后，可设其中任一个为活动分区

3. 建立 DOS 扩展分区

将 C 盘设置成活动分区后，按“Esc”键继续建立 DOS 扩展分区。

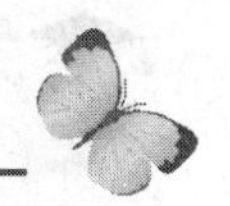

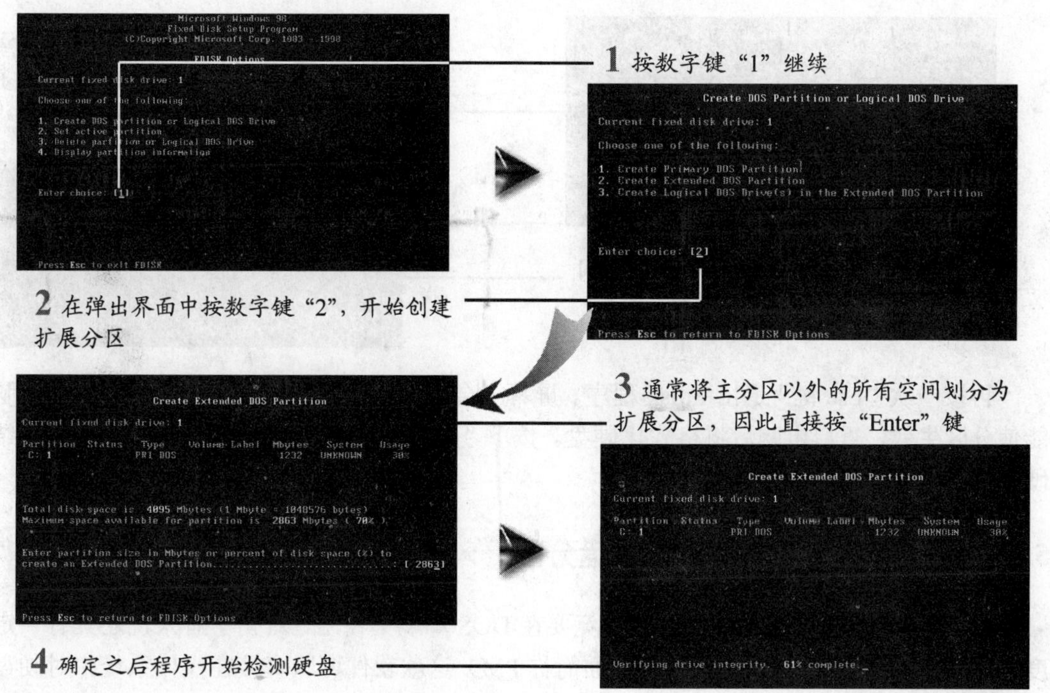

4. 建立逻辑分区

扩展分区创建成功后，按“Esc”键继续划分逻辑分区。注意逻辑分区是在扩展分区的基础上建立的，所以必须先创建扩展分区，然后才能划分逻辑分区。

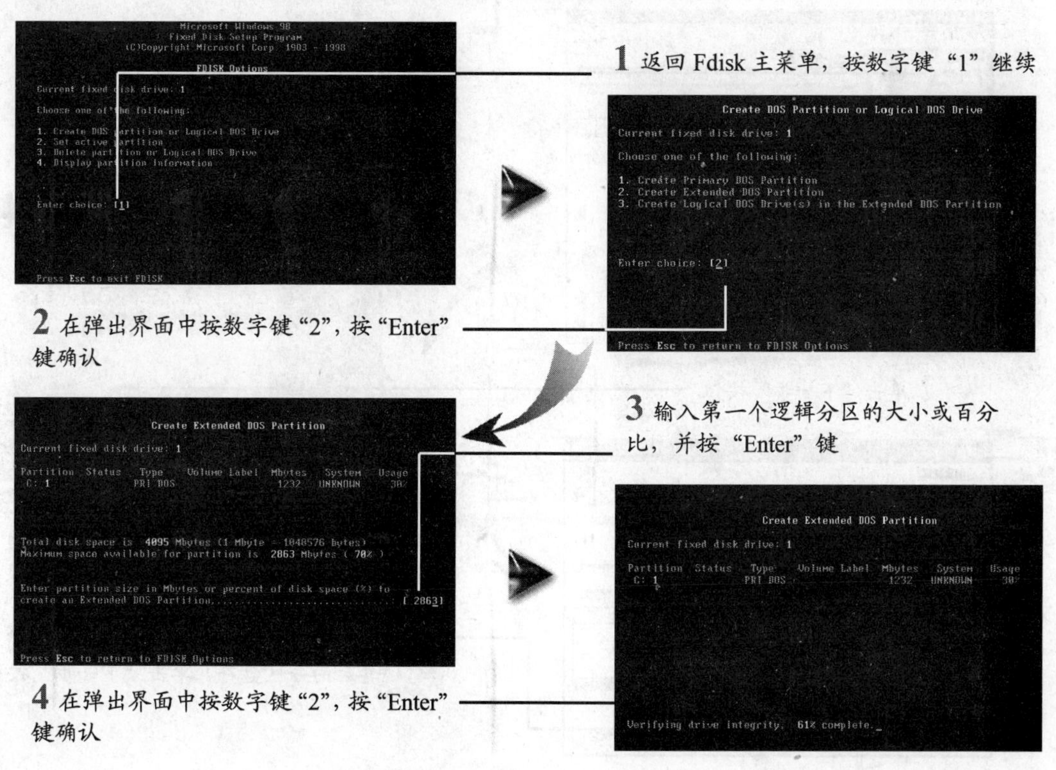

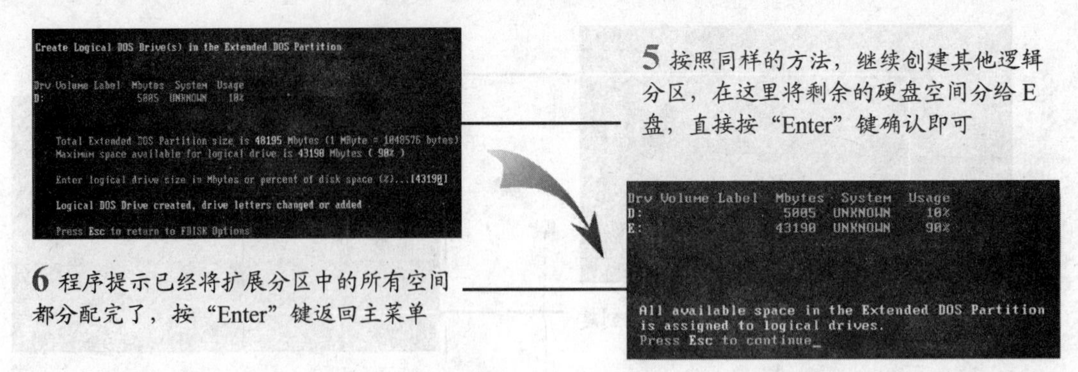

再按一次“Esc 键”退出 Fdisk 程序。屏幕上会出现两段信息，提示必须重新启动电脑才能使分区生效，重启电脑后将格式化硬盘。按下“Ctrl+Alt+Del”组合键重新启动电脑，结束硬盘分区工作。

5.3.2　用 Partition Magic 无损硬盘分区

用 Fdisk 程序分区虽然实用，但毕竟要在 DOS 环境下使用，对初学者来说还具有一定难度。而“Norton Partition Magic”（下面简称 PM）这款软件可以直接在操作系统中对硬盘进行分区和格式化，更加直观和方便。

1. 建立逻辑分区

安装好 PM 之后，直接双击桌面上的快捷图标即可启动 PM。

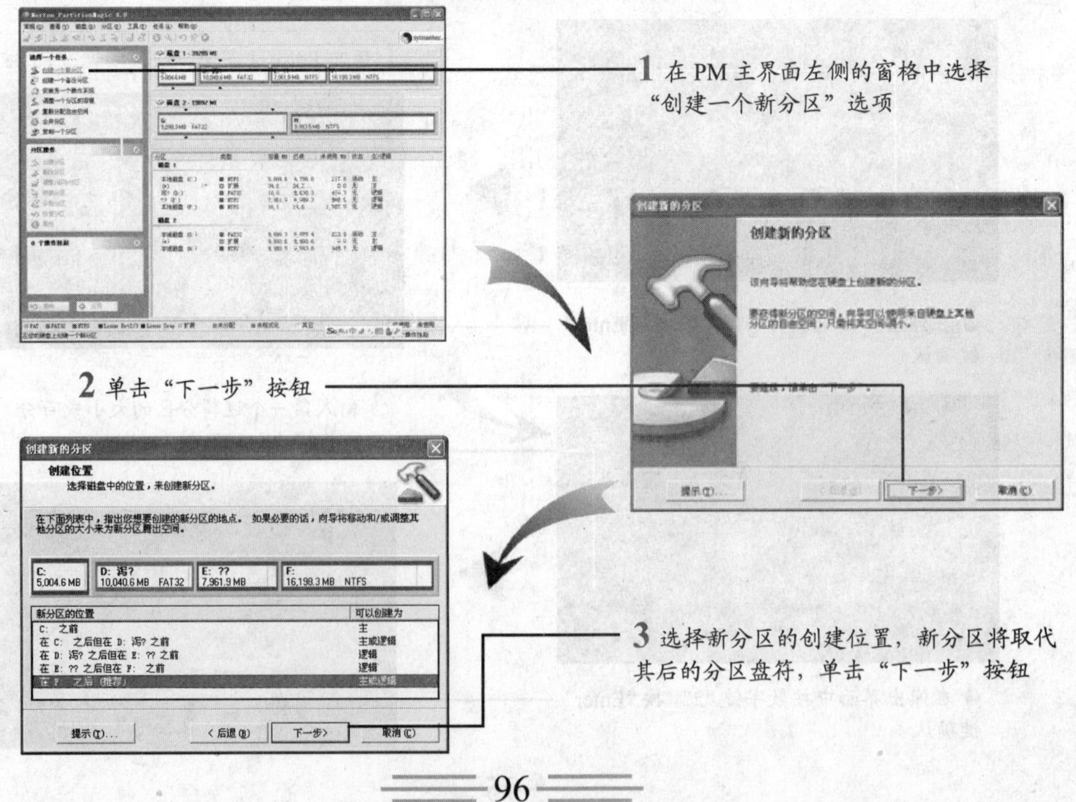

4 然后选择由哪个分区提供空闲的磁盘空间来组成新的分区，窗口中列出当前分区的剩余空间，单击“下一步”按钮

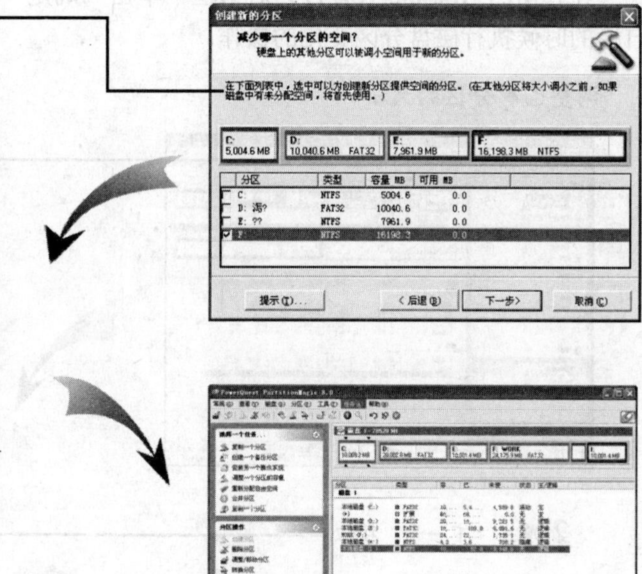

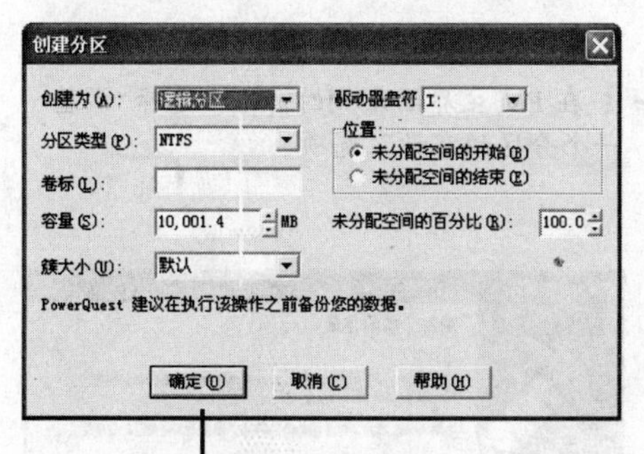

5 进入分区属性设置对话框，可以在这里设置新分区的容量、卷标、分区类型、文件系统类型、驱动器盘符等内容，确认所有的参数都审核无误后，单击“确定”按钮

6 F盘之后出现了一个新的方框，这就是新创建的硬盘分区“I”，单击“完成”按钮，即可完成新分区的创建

一点就透

- 在“分区容量”中，PM会给出推荐容量供参考。用户也可以根据需要在输入框中输入最大值与最小值之间的任意值。
- 在“卷标”这一项中，可以根据需要随意命名。
- 在“创建为”选项框中，可以选择新分区的类型，一般都选择“逻辑（推荐）”；
- “文件系统类型”可以选择分区类型。为保证最好的兼容性，一般选择FAT32。

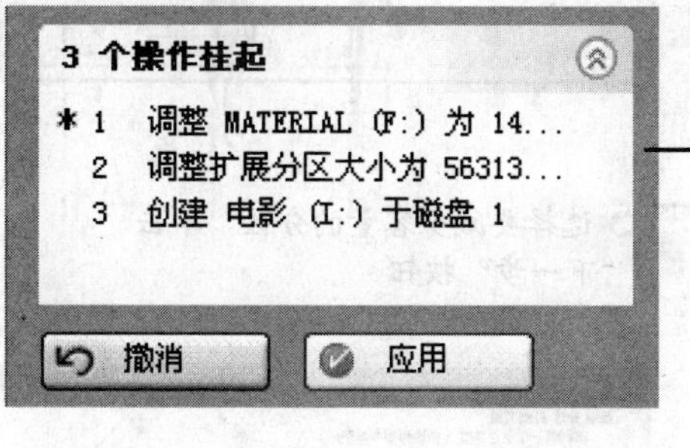

7 在主界面左侧窗格的最下方可以看到“3个操作挂起”，如果单击“撤销”按钮，前面所做的创建新分区的操作将全部被撤销，如果决定创建新硬盘分区，单击“应用”按钮

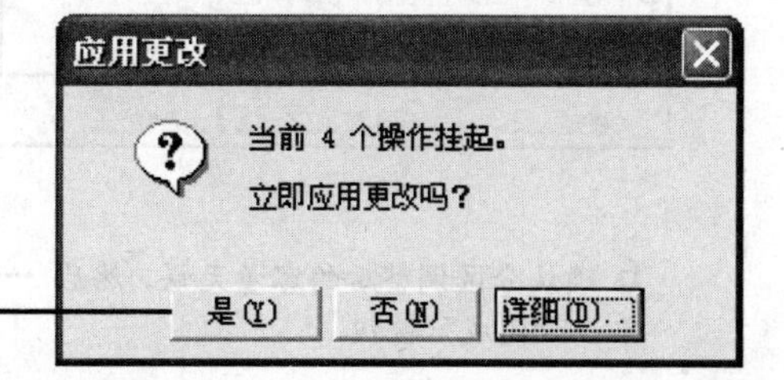

8 在弹出的“应用更改”对话框中单击“是（Y）”按钮进入下一步

在弹出的 Warning（警告）对话框中单击“确定”按钮，电脑将重新启动并在进入系统自检的时候执行磁盘分区变化的操作。

2. 调整已有分区的大小

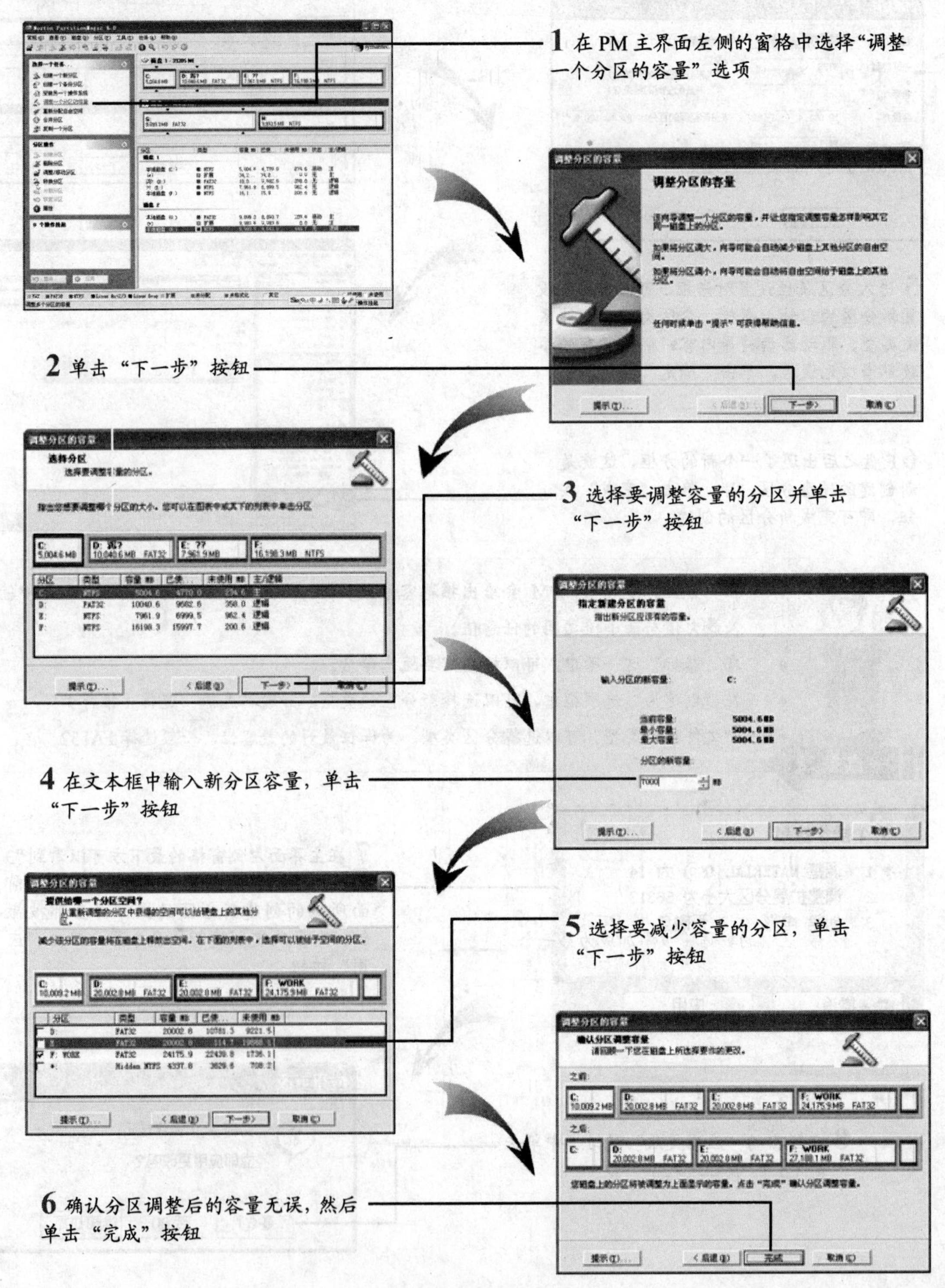

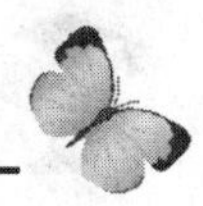

回到 Partition Magic 主界面，单击“应用”按钮，再重新启动电脑即可。

3. 合并硬盘分区

合并硬盘分区是将硬盘上两个已有分区合二为一。PM 提供了如下两种合并分区的方式。

❖ 直接合并硬盘分区：如果这两个分区是紧挨着的，后一个分区中的文件在合并时会被删除，前一个分区中的数据保持不变。

❖ 使用“合并分区”功能：可以保留被合并的两个分区中的所有数据，其中后一个分区中的全部数据会被放到合并后的分区中的一个文件夹中，可以在合并完成后重新调整文件的位置，此种方法比前者更安全。

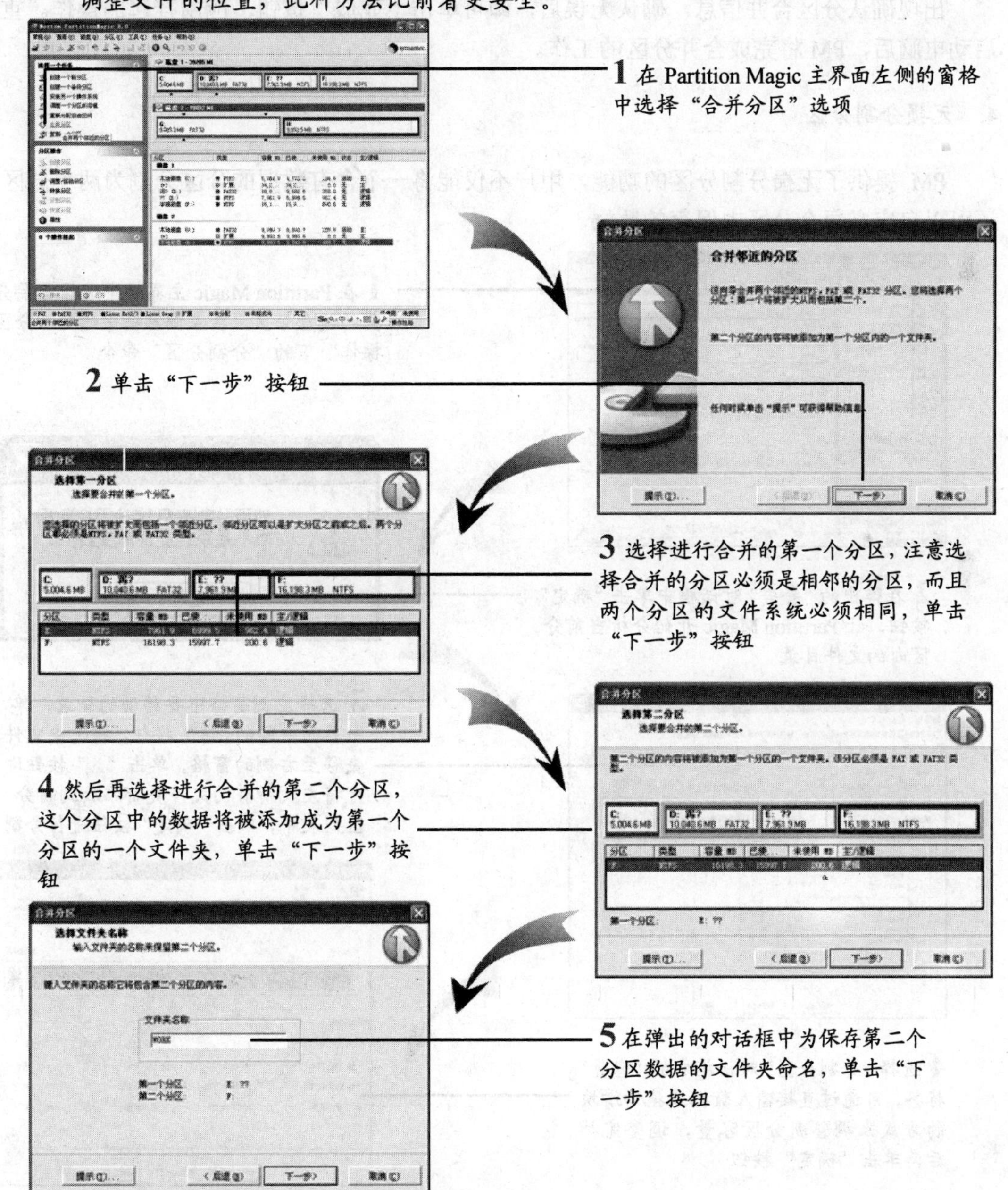

6 系统弹出“驱动器盘符更改”提示，单击“下一步”按钮

出现确认分区合并信息，确认无误后，即可单击“完成”按钮，应用挂起的操作。重新启动电脑后，PM将完成合并分区的工作。

4. 无损分割分区

PM 提供了无损分割分区的功能，用户不仅能将一个含有数据的分区分割为两个分区，还可以自定义每个分区中保存的数据。

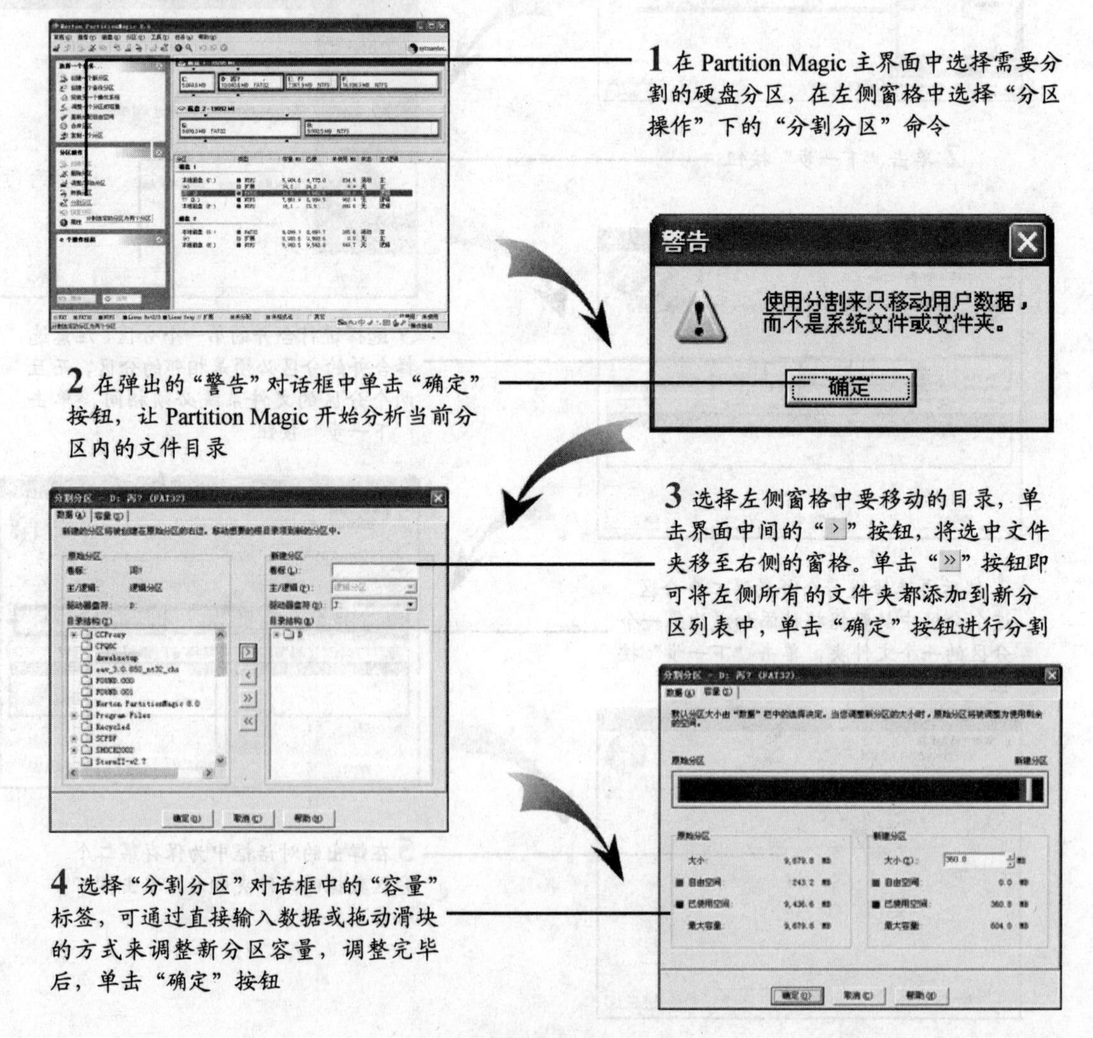

5. 转换分区格式

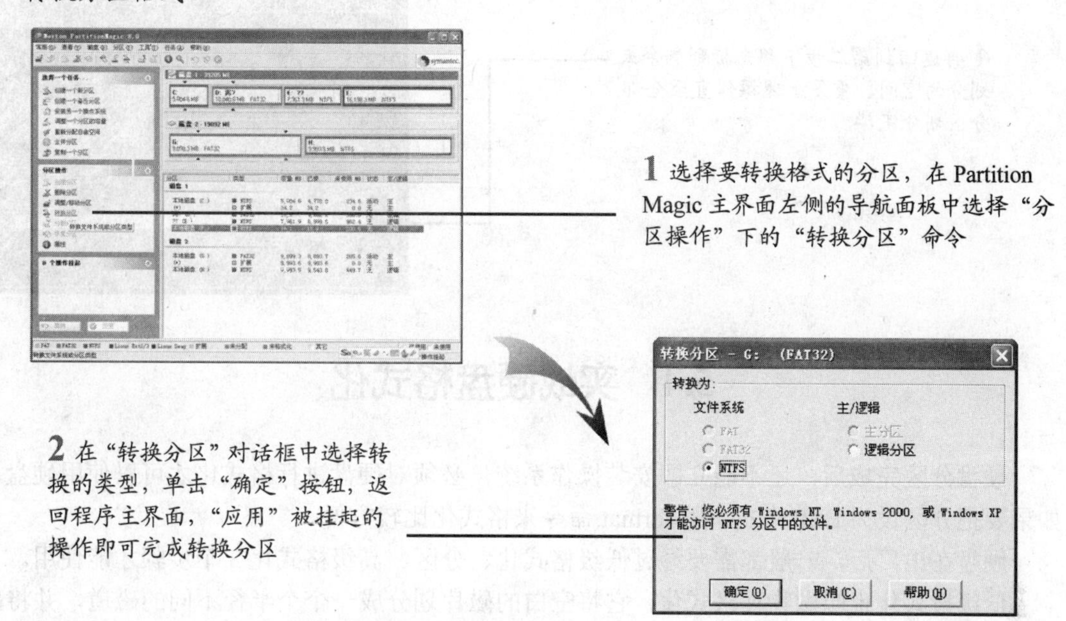

5.3.3 用系统安装盘自带分区软件进行硬盘分区

用安装盘进行分区不仅简单、直观，而且连格式化分区、安装系统一气呵成，非常方便。下面就以 Windows XP 的安装光盘为例为来进行介绍。

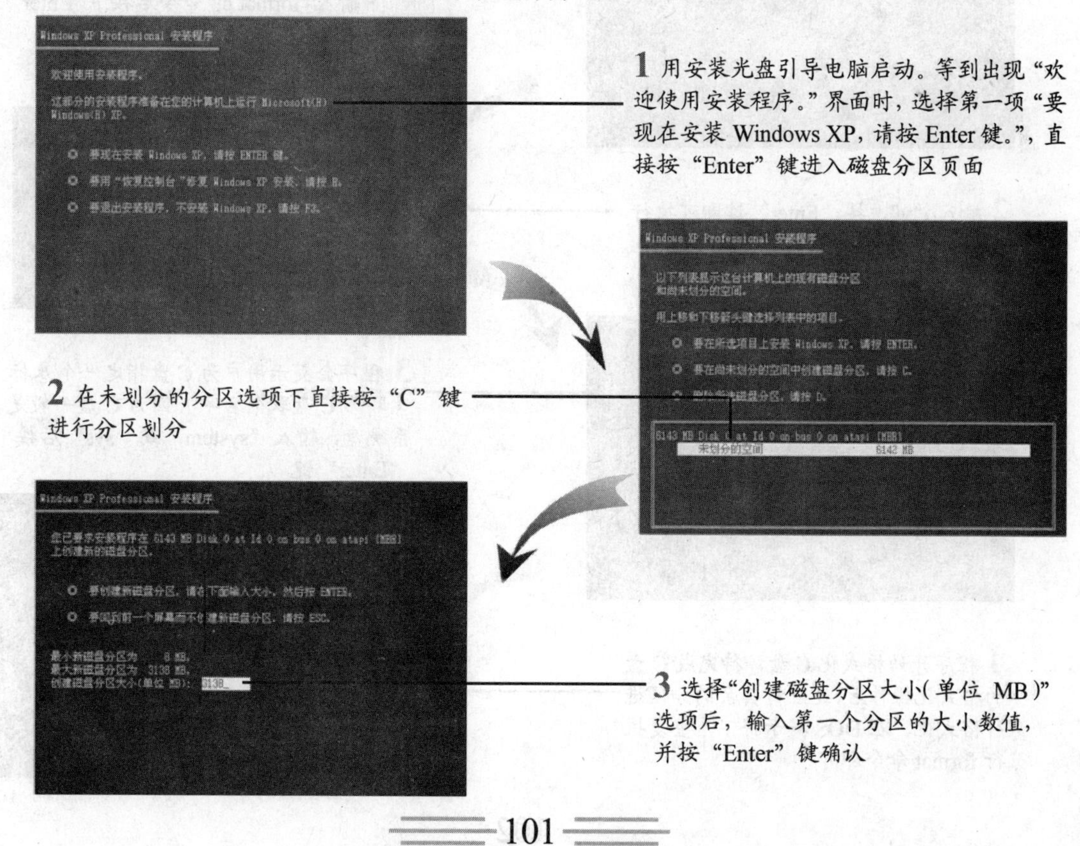

4 再返回到第二步下移光标到剩余未划分的空间，重复上述操作直至全部分区划分完毕

5.4 实战硬盘格式化

硬盘分区完成后，还不能立即安装操作系统，必须对硬盘进行格式化才可以使用硬盘。如果要把分区设为 FAT 格式，用 format 命令来格式化比较方便。

硬盘在出厂后，一般都需要经过低级格式化、分区、高级格式化 3 个步骤才能使用。

低级格式化也叫做物理格式化，它将空白的磁片划分成一个个半径不同的磁道，并将磁道划分成若干个扇区，每个扇区的容量是 512B，硬盘在出厂的时候已经经过低级格式化了。这里所说的格式化，是指在硬盘分区上建立硬盘格式，即高级格式化。

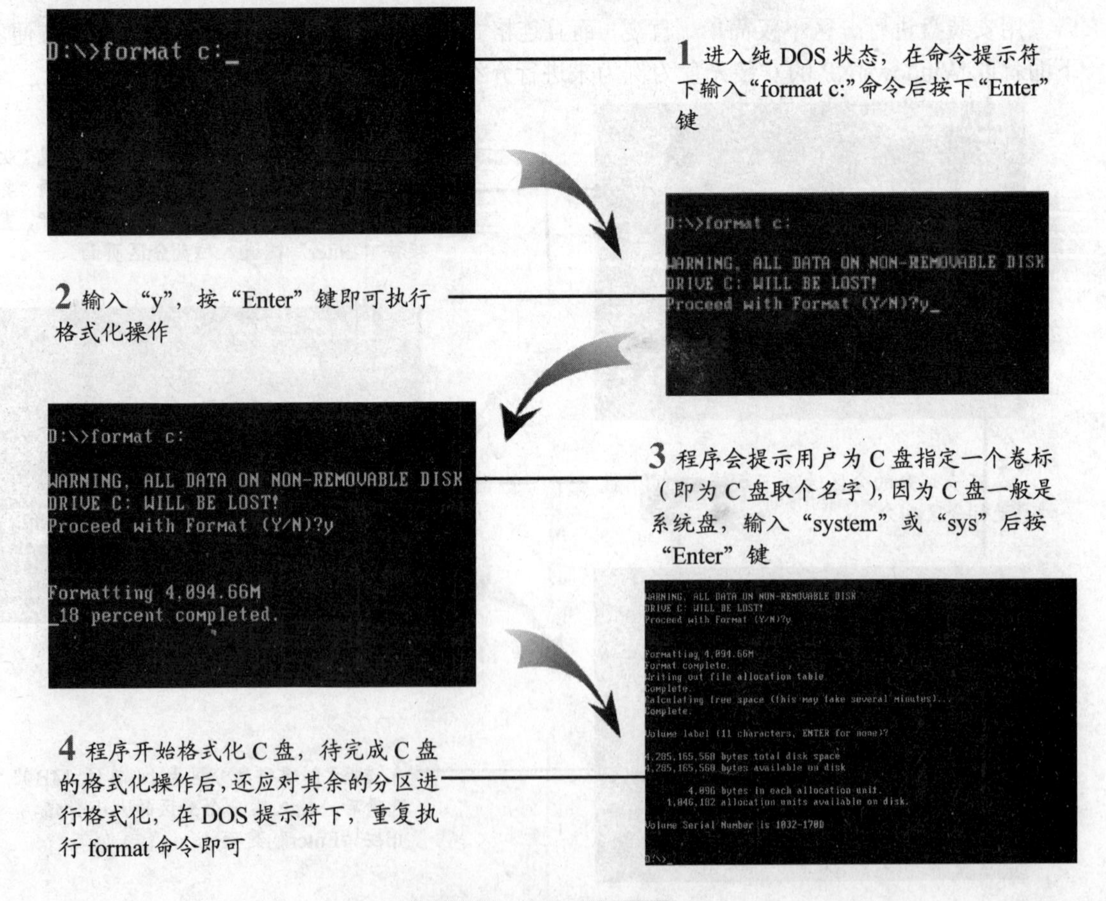

第6章 Windows Vista/XP安装全程图解

6.1 图解安装 Windows Vista 操作系统

Windows Vista 是目前最新版本的 Windows 操作系统，目前主流电脑大部分都已经预装了 Windows Vista 操作系统。

6.1.1 Windows Vista 系统硬件要求

按照微软官方的配置建议，安装 Windows Vista 系统的硬件起码要满足以下几方面的标准。

- ❖ 至少 P4 1GB 级别的 CPU。
- ❖ 至少 512MB 内存。
- ❖ 支持 WDDM（Windows Display Driver Model）的显卡。
- ❖ DVD 光驱。

以上仅是安装 Windows Vista 的最低配置标准，如果想要流畅地运行 Windows Vista 系统，并且使用“Windows Aero”功能，就需要更高配置的计算机。

- ❖ 内存最少要 1GB。
- ❖ DirectX 9 显卡（支持 WDDM 驱动），128MB 显存（对 Aero 至关重要），支持 Pixel Shader 2.0 技术。
- ❖ 15GB 空余硬盘空间。

6.1.2 Windows Vista 系统版本

微软公司针对不同的市场需求，推出了多个版本的 Windows Vista。

1. Windows Vista Business（商业版）

Windows Vista 商业版是第一款专门设计用于满足小型企业需要的 Windows 操作系统，被预装在 2007 年后上市的商用电脑中。如下图所示。

商业版可以帮助用户快速、轻松地找到电脑或 Web 上的所需信息。具有易于使用且经过改进的界面，凭借强大的新增安全功能，成为企业用户的首选

2. Windows Vista Home Basic（家庭普通版）

Windows Vista 家庭普通版是 Windows Vista 操作系统中功能最低、价格最低的版本。Windows Vista 家庭普通版适用于满足最基本需求的家庭用户。

如果仅希望使用电脑上网冲浪、使用电子邮件或查看照片等，则 Windows Vista 家庭普通版是比较合适的选择

3. Windows Vista Home Premium（家庭高级版）

Windows Vista 家庭高级版是微软推荐大部分家庭购买的版本，也是家用台式机和移动电脑首选的 Windows 版本。

家庭高级版具有 Windows 媒体中心功能，使用户能够更加轻松地欣赏数码照片、电视与电影以及音乐，另外，对电脑所具有的全新级别的安全性和可靠性更高

4. Windows Vista Ultimate（旗舰版）

Windows Vista 旗舰版包括了 Vista 所有版本的全部功能，实现多功能一体化，可以提供以企业为中心的高级基础结构、移动生产效率和顶级的家庭数字娱乐体验。它是所有 Windows Vista 中功能最强大的版本，当然价格也是最昂贵的。

Windows Vista 还有一些其他版本，如 Windows Vista Starter、Windows Vista Enterprise 等，由于代表性不强或并不零售，在此不做赘述

6.1.3 安装注意事项

除了注意 Windows Vista 的硬件要求及版本区别外，安装 Windows Vista 系统还要注意以下几个方面。

1. Windows Vista 的软件需求

安装 Windows Vista 系统的硬盘分区必须采用 NTFS 格式，否则安装过程中会出现错误

提示而无法正常安装。

由于 Windows Vista 系统对于硬盘可用空间的要求比较高，因此用于安装 Windows Vista 系统的硬盘必须要确保至少有 20GB 的可用空间，最好能够提供 40GB 的可用空间。

2. 安装 Windows Vista 的注意事项

安装 Windows Vista 时还要注意以下几点。

❖ 如果安装了虚拟软驱 vFloopy，要在安装前在启动菜单中取消，编辑一下“Boot.ini”文件，把“由虚拟软驱启动”一项删除。否则在安装开始后会提示“编辑启动文件错误”而自动退出安装。
❖ Windows Vista 不能通过虚拟光驱安装，要用光驱或复制到硬盘上安装，不然安装无法完成。
❖ 网卡、声卡、显卡的驱动不容易安装，可以到相关网站上下载 For Vista 最新的驱动。

3. Windows Vista 的安装流程

安装 Windows Vista 的流程如下。

从光盘启动→选择安装分区→设置安装信息→产品授权→重新启动→安装组件→完成安装。

6.1.4 全新安装 Windows Vista

Wndows Vista 提供了如下 3 种安装方法。

❖ 用安装光盘引导启动安装。
❖ 在现有操作系统上全新安装。
❖ 在现有操作系统上升级安装。

下面以全新安装 Windows Vista 为例介绍 Windows Vista 的具体安装步骤。

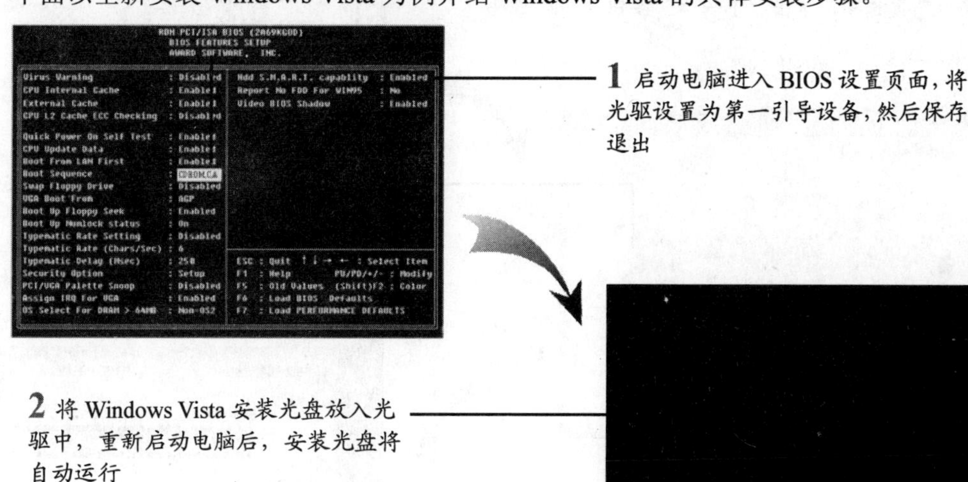

1 启动电脑进入 BIOS 设置页面，将光驱设置为第一引导设备，然后保存退出

2 将 Windows Vista 安装光盘放入光驱中，重新启动电脑后，安装光盘将自动运行

3 一段时间过后即可进入 Windows Vista 滚动条界面

4 完全载入安装文件后将显示安装界面。用户在这里可以选择安装语言类型、时间和货币格式以及键盘布局，通常保持默认设置即可，然后单击“下一步”按钮

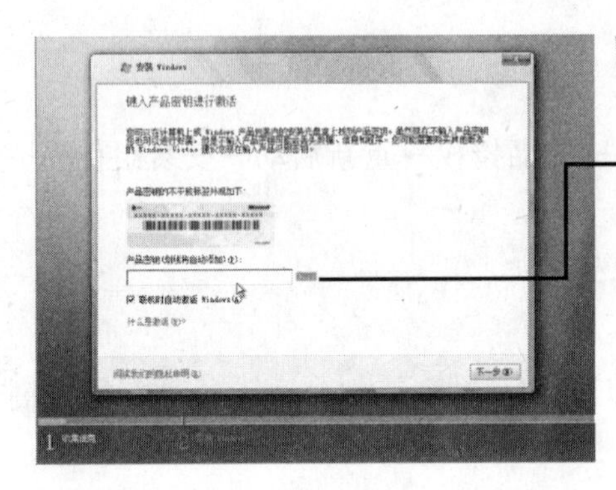

5 进入序列号界面，用户只需在文本框内键入序列号字母和数字即可，安装程序会自动添上连接线“-”，单击“下一步”按钮

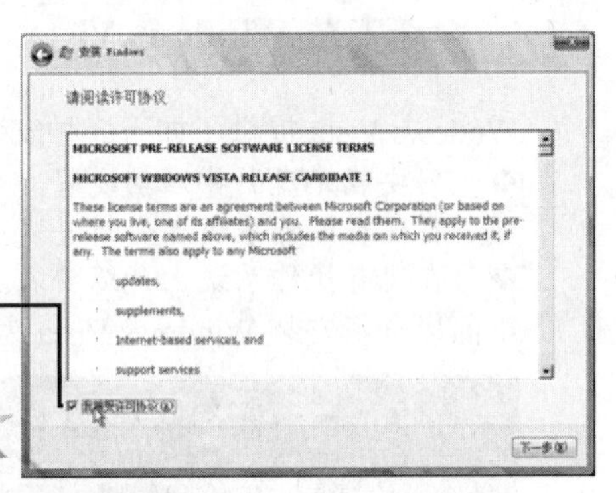

6 进入许可协议界面，选中“我同意许可条款”复选项，单击“下一步”按钮

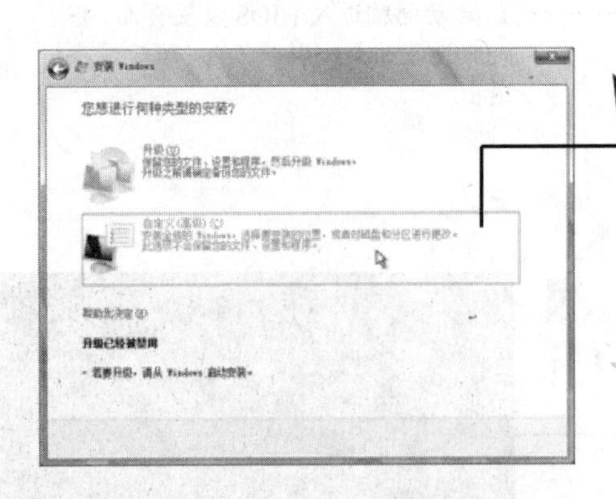

7 进入选择安装方式界面，选择自定义安装方式

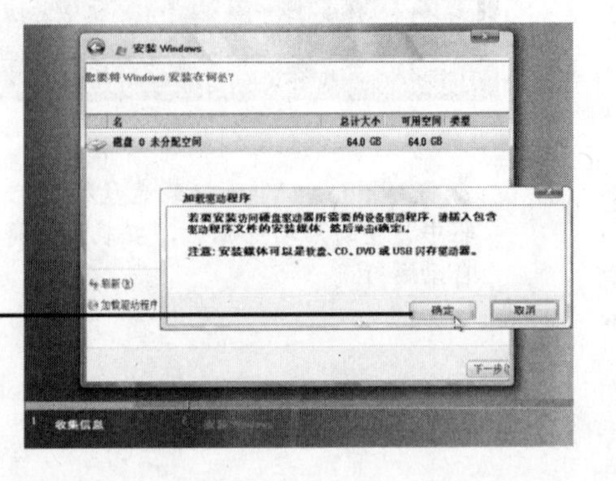

8 单击“加载驱动程序”按钮打开“加载驱动程序”对话框，按提示插入硬盘驱动程序安装光盘 ，单击“确定”按钮

一点就透

- 在 SCSI 或者 SATA 硬盘上安装 Windows Vista 操作系统时，需要先安装硬盘的驱动程序，使 Windows 安装向导可以识别该设备。
- 如果不需要进行分区和格式化操作，则可以直接单击“下一步”按钮开始安装。

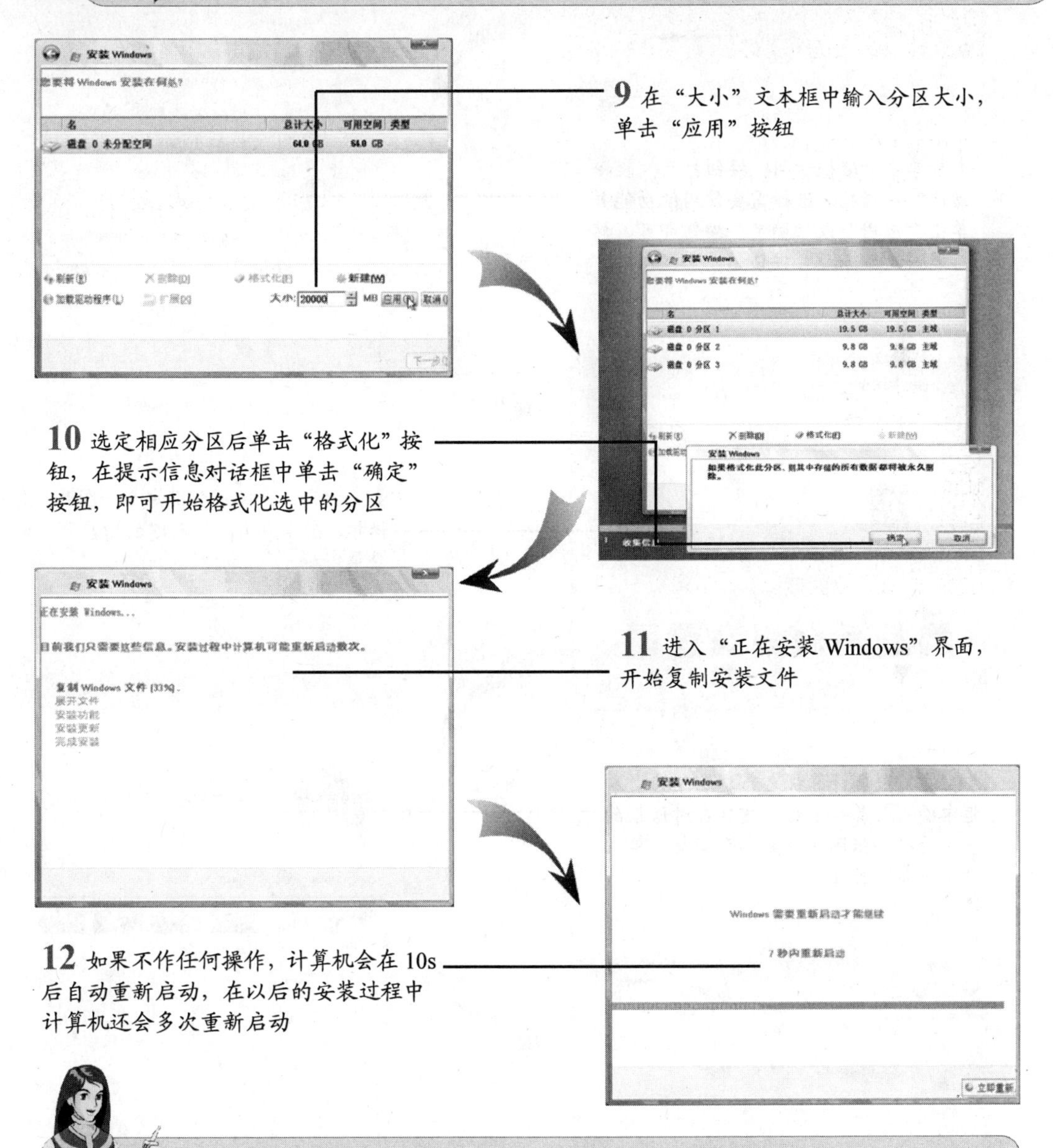

9 在“大小”文本框中输入分区大小，单击“应用”按钮

10 选定相应分区后单击“格式化”按钮，在提示信息对话框中单击“确定”按钮，即可开始格式化选中的分区

11 进入“正在安装 Windows”界面，开始复制安装文件

12 如果不作任何操作，计算机会在 10s 后自动重新启动，在以后的安装过程中计算机还会多次重新启动

经验交流

- 当 Windows Vista 重新启动时应注意及时将光驱中的光盘取出，以免导致无法启动。待进入安装画面后再重新放入光盘继续安装。

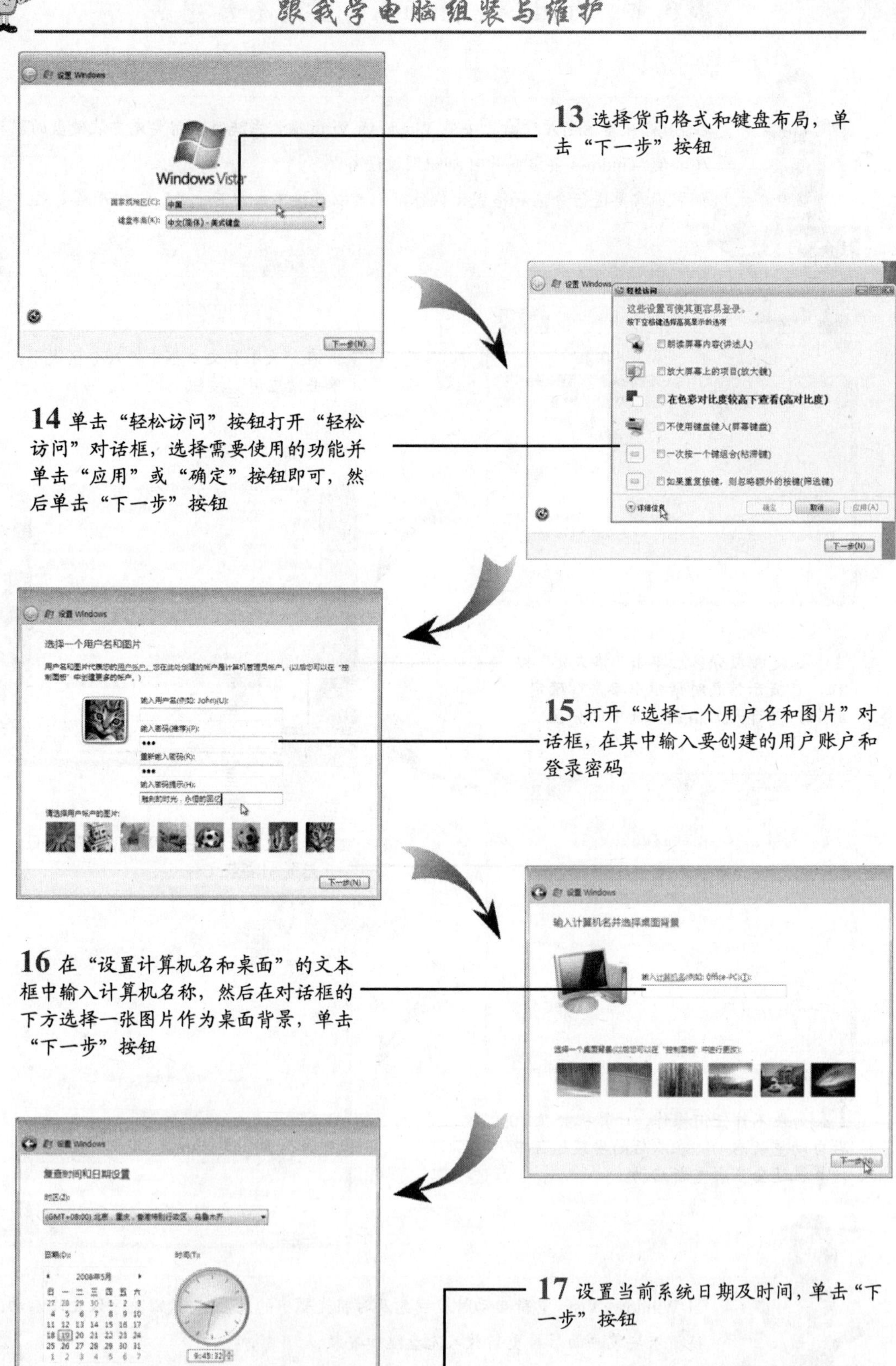

13 选择货币格式和键盘布局，单击“下一步”按钮

14 单击“轻松访问”按钮打开“轻松访问”对话框，选择需要使用的功能并单击“应用”或“确定”按钮即可，然后单击“下一步”按钮

15 打开“选择一个用户名和图片”对话框，在其中输入要创建的用户账户和登录密码

16 在“设置计算机名和桌面”的文本框中输入计算机名称，然后在对话框的下方选择一张图片作为桌面背景，单击“下一步”按钮

17 设置当前系统日期及时间，单击“下一步”按钮

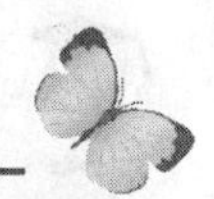

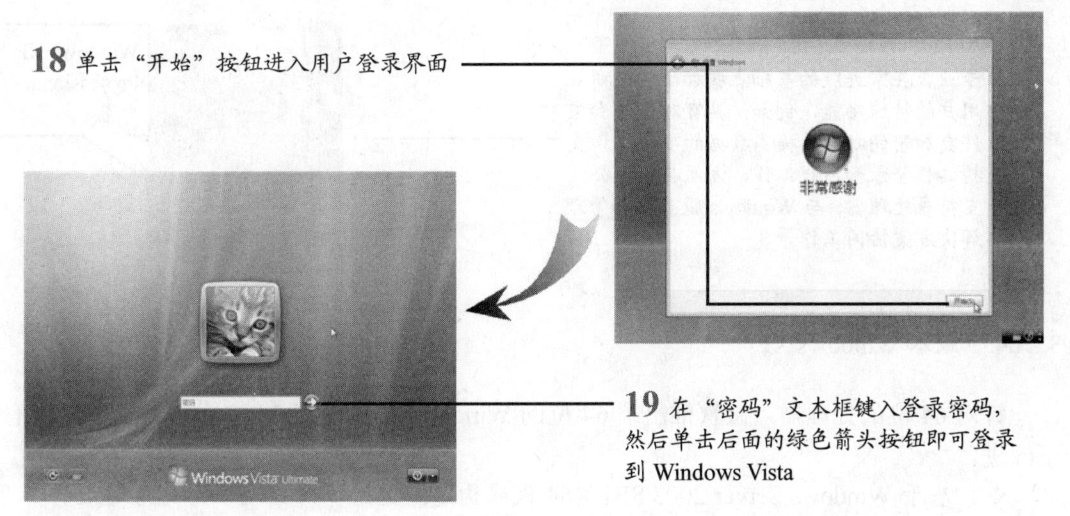

18 单击“开始”按钮进入用户登录界面

19 在“密码”文本框键入登录密码，然后单击后面的绿色箭头按钮即可登录到 Windows Vista

完成 Windows Vista 的安装，重新启动电脑之后即可进入 Windows Vista 的桌面，进行其他操作。

6.2 图解安装 Windows XP 操作系统

Windows XP 是目前为止最成功的家用操作系统，它以稳定的内核、华丽的界面和强大的功能赢得了广泛的用户。

6.2.1 Windows XP 系统版本

Windows XP 推出至今版本众多，用户在安装之前要挑选合适的版本。

1. Windows XP Home（家庭版）

Windows XP 家庭版主要是针对家庭用户和游戏发烧友。

2. Windows XP Professional（专业版）

Windows XP 专业版是专门为商业用户设计的操作系统。

专业版在家庭版的基础上增加了适合商业用户的特殊功能，例如：具有对文件和文件夹加密的功能，提高数据的安全性；支持远程登录和离线工作，方便异地办公；支持多处理器；与 Windows 服务器和管理解决方案协同工作等

Windows XP Professional 外包装

3. 64 位版本 Windows XP

针对 64 位的处理器，微软推出了 64 位的 Windows XP，它比起 32 位 Windows XP 有以下改进。

- ❖ 基于 Windows Server 2003 SP1 X64 代码构建：支持多内核处理，支持超大的内存，同时稳定性也有很大地提升。
- ❖ 支持 4GB 甚至更多的内存寻址：Windows XP 64 最多可支持 128GB 的物理内存，这在服务器上相当有用。
- ❖ 同时支持 32 位和 64 位程序：允许在 64 位系统中运行 32 位程序，这是微软为了方便用户从 32 位平滑过渡到 64 位环境而设立的一项功能。
- ❖ 采用了增强性能型的 64 位驱动可执行程序：所有硬件驱动全部采用 64 位架构，可以提升系统至少 15%的性能。

6.2.2 Windows XP 安装要求

就目前主流电脑的配置而言，完全可以满足流畅运行 Windows XP 的要求。

- ❖ CPU 至少达到 233MHz 以上。
- ❖ 内存至少 64MB。
- ❖ 硬盘剩余空间至少 1.5GB。
- ❖ 显卡至少要支持 800×600 的分辨率，真彩色。
- ❖ CD-ROM 或 DVD-ROM 驱动器。

☞ 另外还应了解 XP 的安装流程。

设置启动→顺序插入→安装光盘→选择安装分区→复制安装文件→设置安装→最后相关信息设置→Windows XP 激活→完成系统安装。

6.2.3 全新安装 Windows XP

不同版本的 Windows XP 的安装方法都是差不多的，下面就来介绍在 DOS 状态下全新安装 Windows XP 的步骤。

设置启动顺序为从光盘启动后，把 Windows XP Professional 安装光盘放入光驱。安装程序会自动启动，安装向导自动完成系统信息收集、检查电脑的硬件配置工作，将安装文件复制到临时目录后，要求重启电脑，并提示将启动软盘取出。

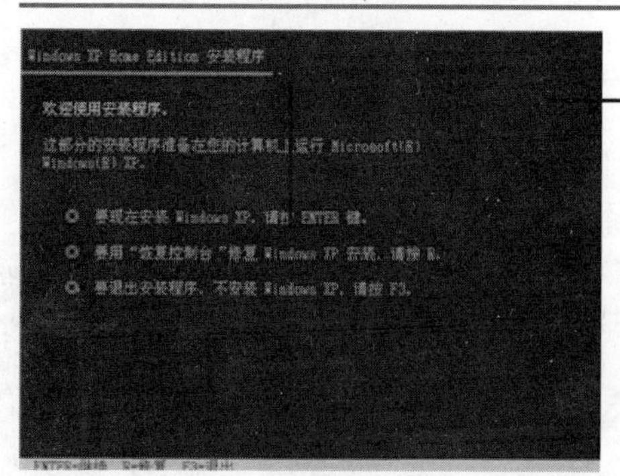

1 重启电脑后，自动进入安装界面，按“Enter”键即可开始安装

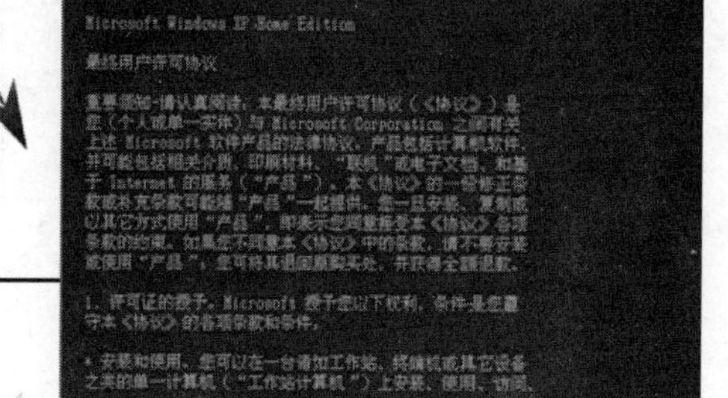

2 出现 Windows XP 许可协议界面，按“F8”键接受许可协议

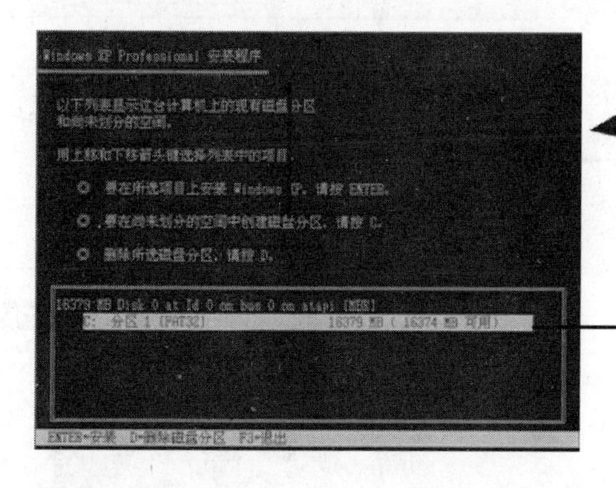

3 选择用于安装操作系统的分区，按“Enter”键

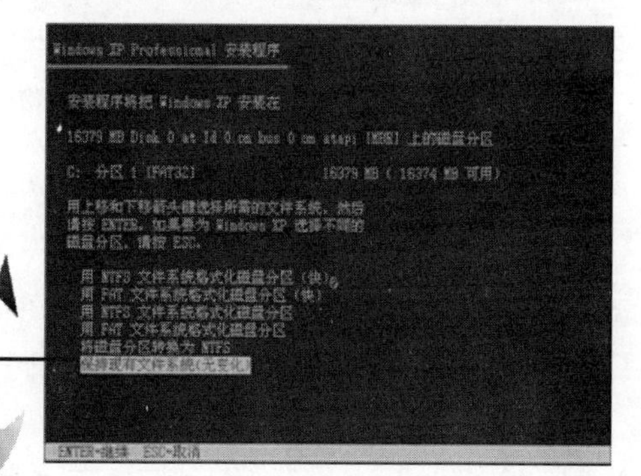

4 安装向导列出了相应的分区选项，根据实际需要选择即可。一般情况下选择最后一项“保持现有文件系统（无变化）”

5 安装程序开始检查磁盘，并准备创建需要复制的文件列表。文件复制完毕后，安装程序会自动重启电脑

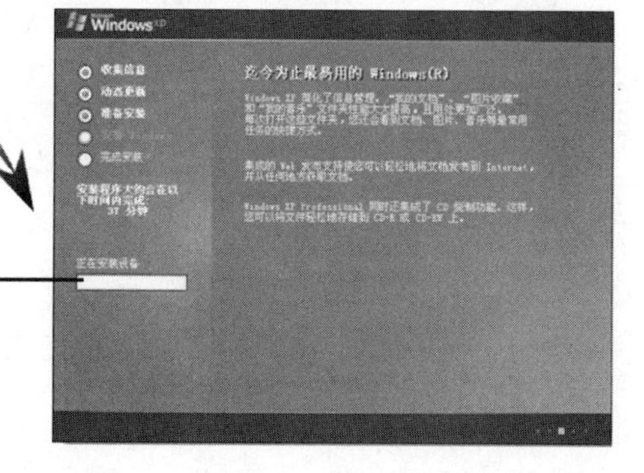

6 电脑重新启动后，安装程序开始一系列的自动设置过程，此过程耗时比较长，用户需耐心等待

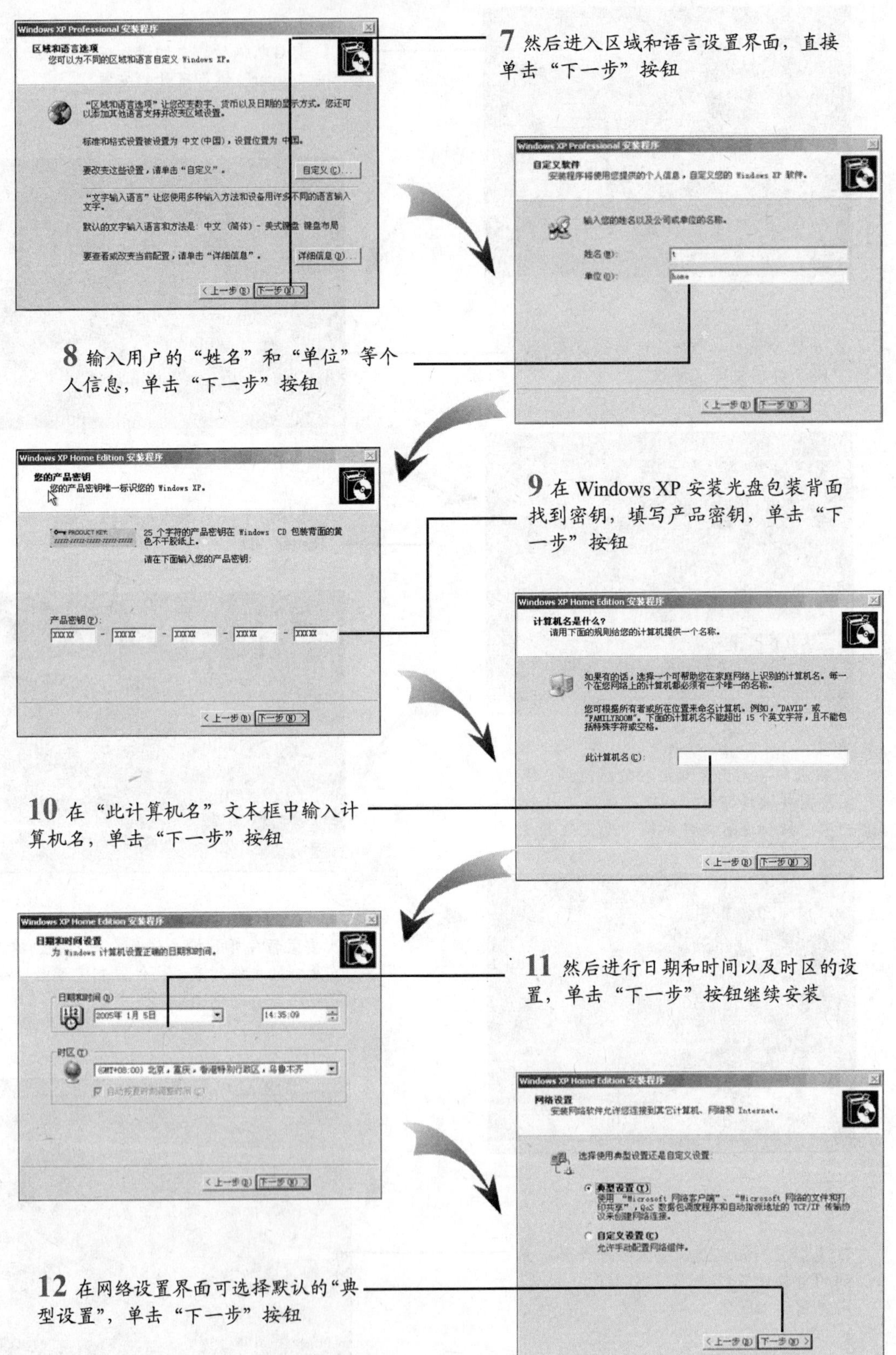

7 然后进入区域和语言设置界面，直接单击“下一步”按钮

8 输入用户的“姓名”和“单位”等个人信息，单击“下一步”按钮

9 在 Windows XP 安装光盘包装背面找到密钥，填写产品密钥，单击“下一步”按钮

10 在“此计算机名”文本框中输入计算机名，单击“下一步”按钮

11 然后进行日期和时间以及时区的设置，单击“下一步”按钮继续安装

12 在网络设置界面可选择默认的“典型设置”，单击“下一步”按钮

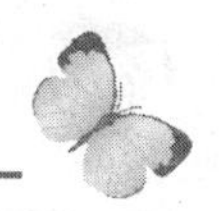

◆ 关于网络的安装过程只有在电脑中安装了网卡以后才会出现，否则将直接进入后面的安装过程。也可以等到进入 Windows XP 再详细设置，单击“跳过”按钮就可忽略这些设置步骤。

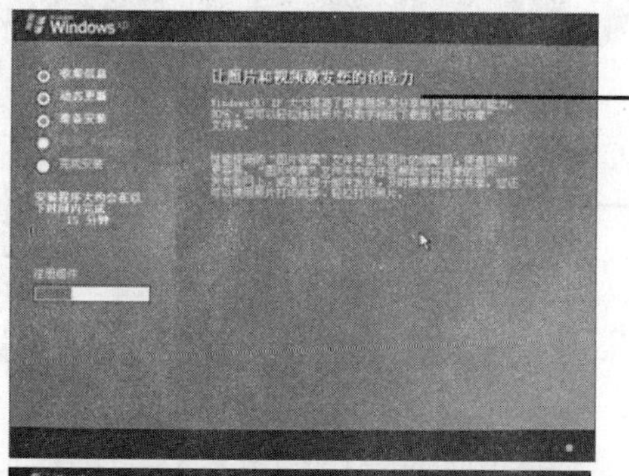

13 完成设置工作后，安装程序自动进行剩余的安装过程，电脑会再次重启

14 重新启动后会弹出一个对话框，提示是否让系统自动调节显示屏的显示方式，单击“确定”按钮进行自动调整

15 在接下来的欢迎画面中单击“下一步”按钮

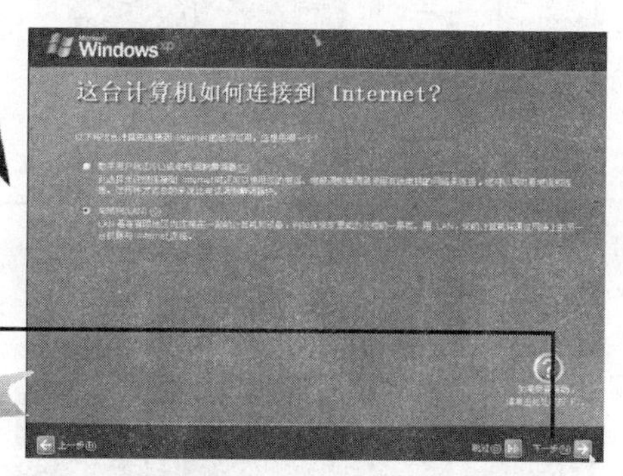

16 接着选择与 Internet 连接的方式，Windows XP 会自动检查电脑连接状态，并给出连接方式的选项

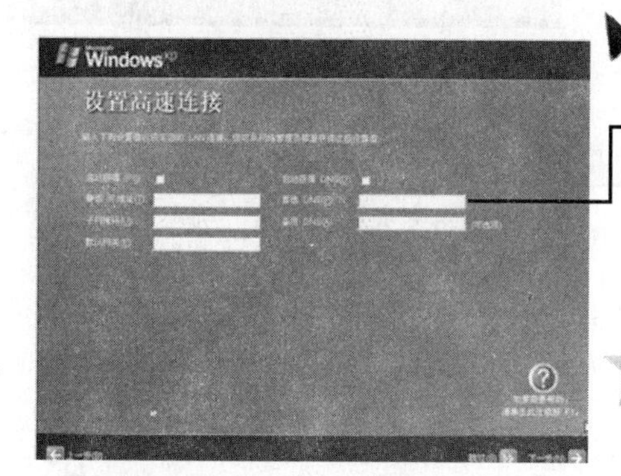

17 然后继续设置连接的一些相关信息，包括 IP 设置、DNS 设置等，也可以先不进行这方面的设置，单击“跳过”按钮即可

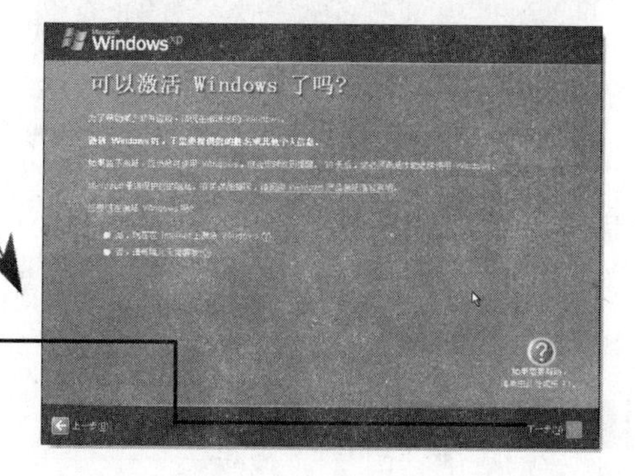

18 系统会提示是否进行激活，这里先选择“否，请间隔几天再提醒我”单选项，并单击“下一步”按钮

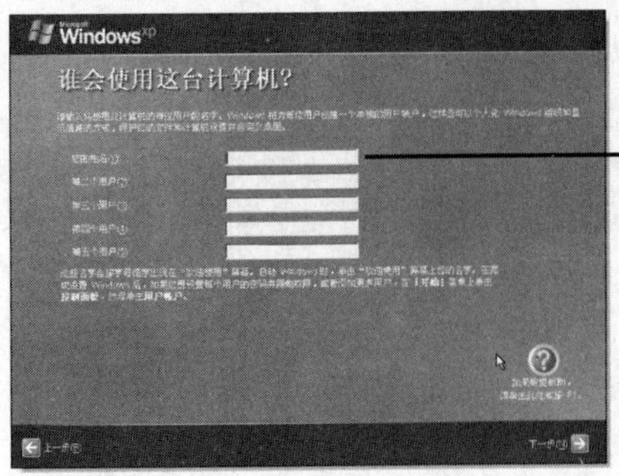

19 输入想要创建的用户名，单击“下一步”按钮，再单击“完成”按钮结束最后的设置工作

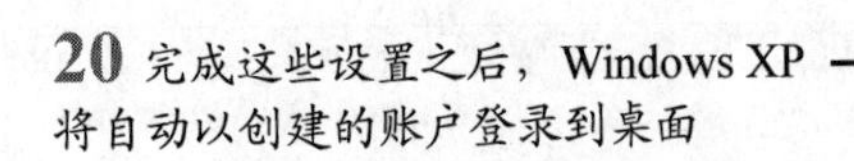

20 完成这些设置之后，Windows XP 将自动以创建的账户登录到桌面

21 Windows XP 在安装完成之后还要激活。选择“开始”|“所有程序”|“激活 Windows”命令，启动 Windows XP 激活向导

22 然后可以看到激活的两种方式，如果电脑可以接入 Internet，那么可以选择第一项来激活，否则就要通过电话激活。这里选择第一项，单击“下一步”按钮

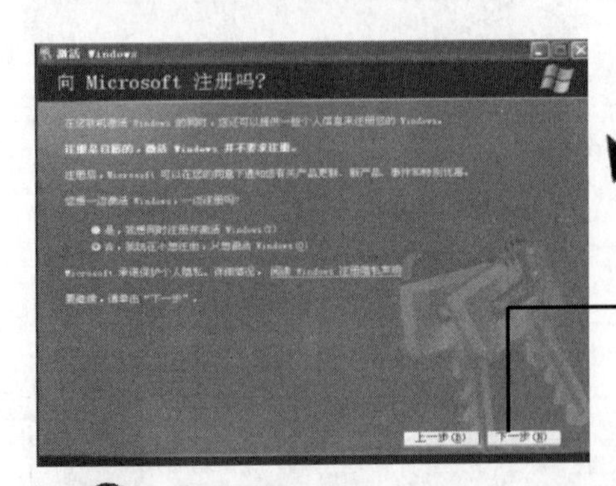

23 向导会提示是否进行注册，选择第二项“只想激活”，单击“下一步”按钮。等待激活完成后，单击“确定”按钮关闭对话框。这样就再也不用担心使用时间限制了

- Windows XP 系统的安装时间比较长，所以最好将安装文件复制到硬盘上再来安装，这样可以大大缩短安装时间。

一点就透

第 7 章　安装驱动程序与系统补丁

7.1　安装驱动程序的方式

操作系统安装后，还要安装硬件驱动程序。硬件只有在安装了驱动程序后才能在操作系统中发挥最佳的性能，其安装方式目前主要有以下两种。

7.1.1　自动安装驱动程序

Windows XP 操作系统安装时会将大多数硬件设备的驱动程序复制到硬盘上，这些硬件设备的驱动程序都已经通过 WMD 的认证，并且可以在系统文件夹的 inf 目录下找到相应的硬件信息。当系统检测到相应硬件时，就会自动安装硬件驱动程序。

另一种自动安装方式是将硬件驱动程序的光盘放进光驱让其自动运行并进行安装。

7.1.2　手动安装驱动程序

如果系统不能自动安装硬件驱动程序，就只能手动进行安装。手动安装驱动程序比较麻烦，但不会安装附加软件，可节约磁盘空间。

7.2　安装驱动程序

硬件设备驱动程序的大致安装顺序为主板驱动程序、显卡驱动程序、显示器驱动程序、声卡驱动程序、网卡驱动程序等。

7.2.1　安装主板驱动程序

主板驱动程序一般都附在主板包装盒中，该光盘中通常包含主板驱动程序和其他一些工具软件。将主板驱动光盘放进光驱，安装程序会自动运行，并弹出安装主界面。安装界面都给出了明确提示，只要按提示进行选择即可。

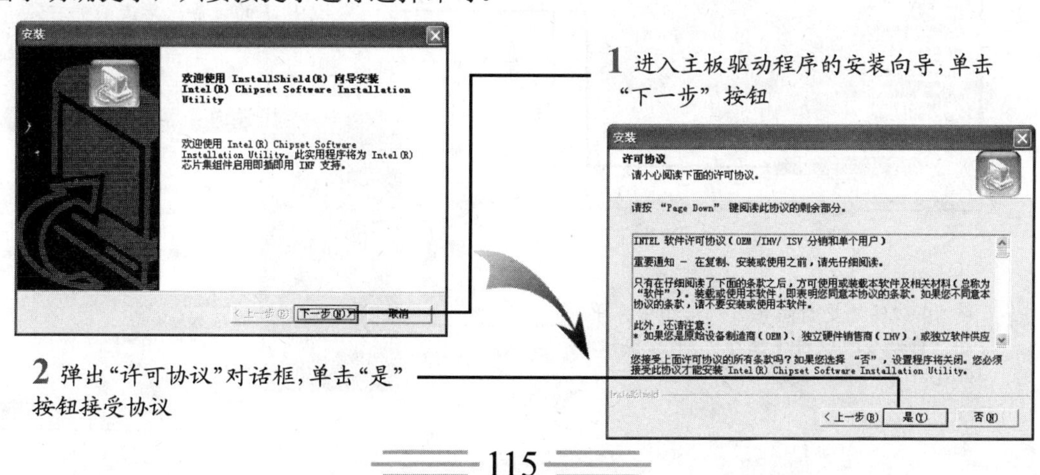

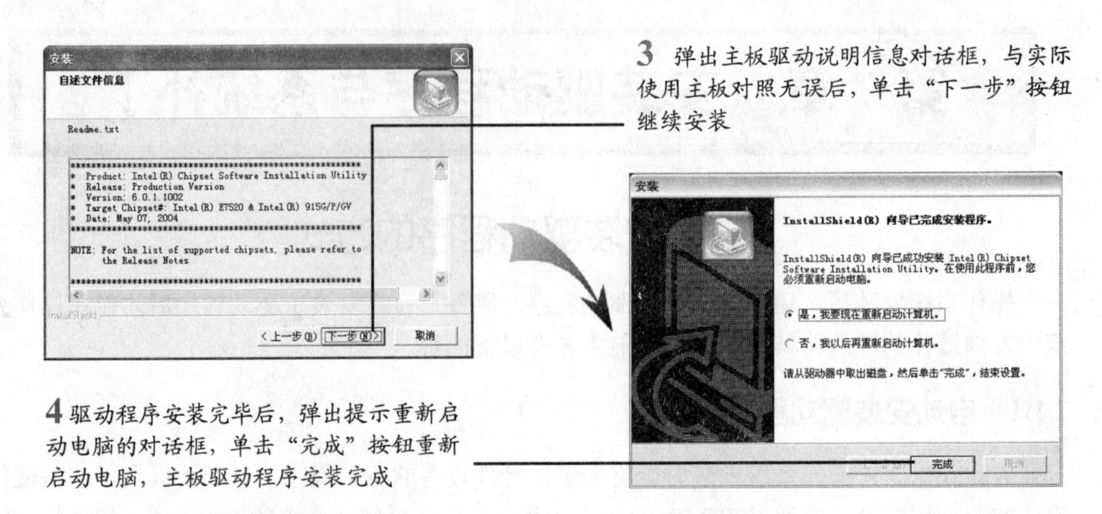

3 弹出主板驱动说明信息对话框，与实际使用主板对照无误后，单击“下一步”按钮继续安装

4 驱动程序安装完毕后，弹出提示重新启动电脑的对话框，单击“完成”按钮重新启动电脑，主板驱动程序安装完成

7.2.2 安装显卡驱动程序

显卡驱动程序没有安装或安装错误，将导致显示画面低劣、屏幕闪烁，从而影响电脑的正常使用。显卡驱动程序的具体安装步骤如下。

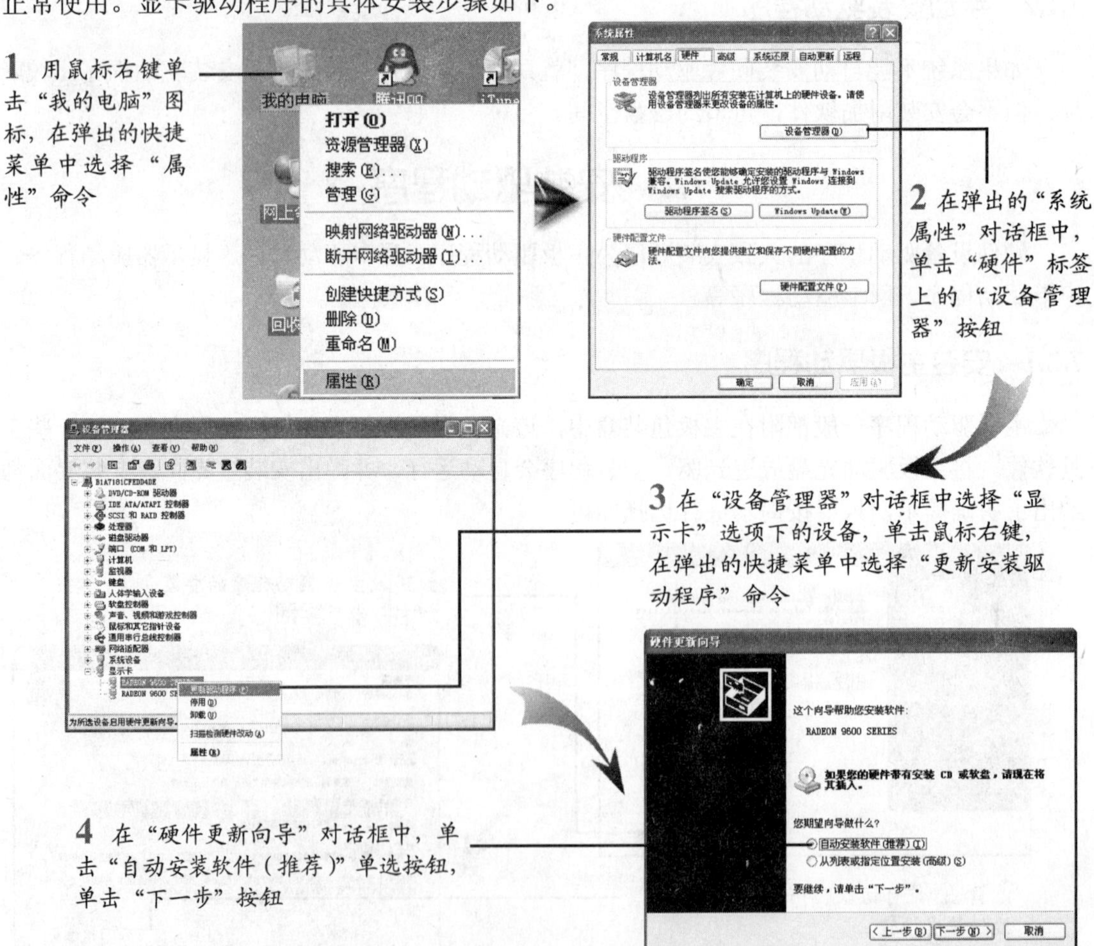

1 用鼠标右键单击“我的电脑”图标，在弹出的快捷菜单中选择“属性”命令

2 在弹出的“系统属性”对话框中，单击“硬件”标签上的“设备管理器”按钮

3 在“设备管理器”对话框中选择“显示卡”选项下的设备，单击鼠标右键，在弹出的快捷菜单中选择“更新安装驱动程序”命令

4 在“硬件更新向导”对话框中，单击“自动安装软件（推荐）”单选按钮，单击“下一步”按钮

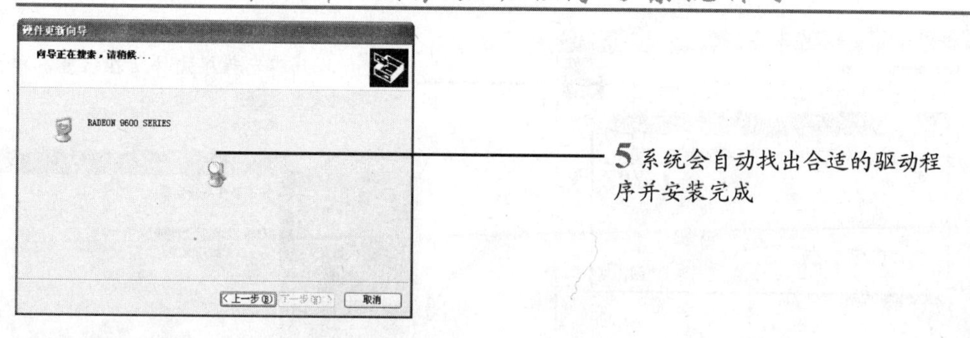

7.2.3 安装显示器驱动程序

显示器驱动程序一般都由系统自动安装。如果安装好显卡驱动程序后，屏幕仍闪烁不定，非常刺眼，调整刷新率时发现最高只能调整到 60~65Hz，就需要手动安装显示器驱动程序了，其具体安装步骤如下。

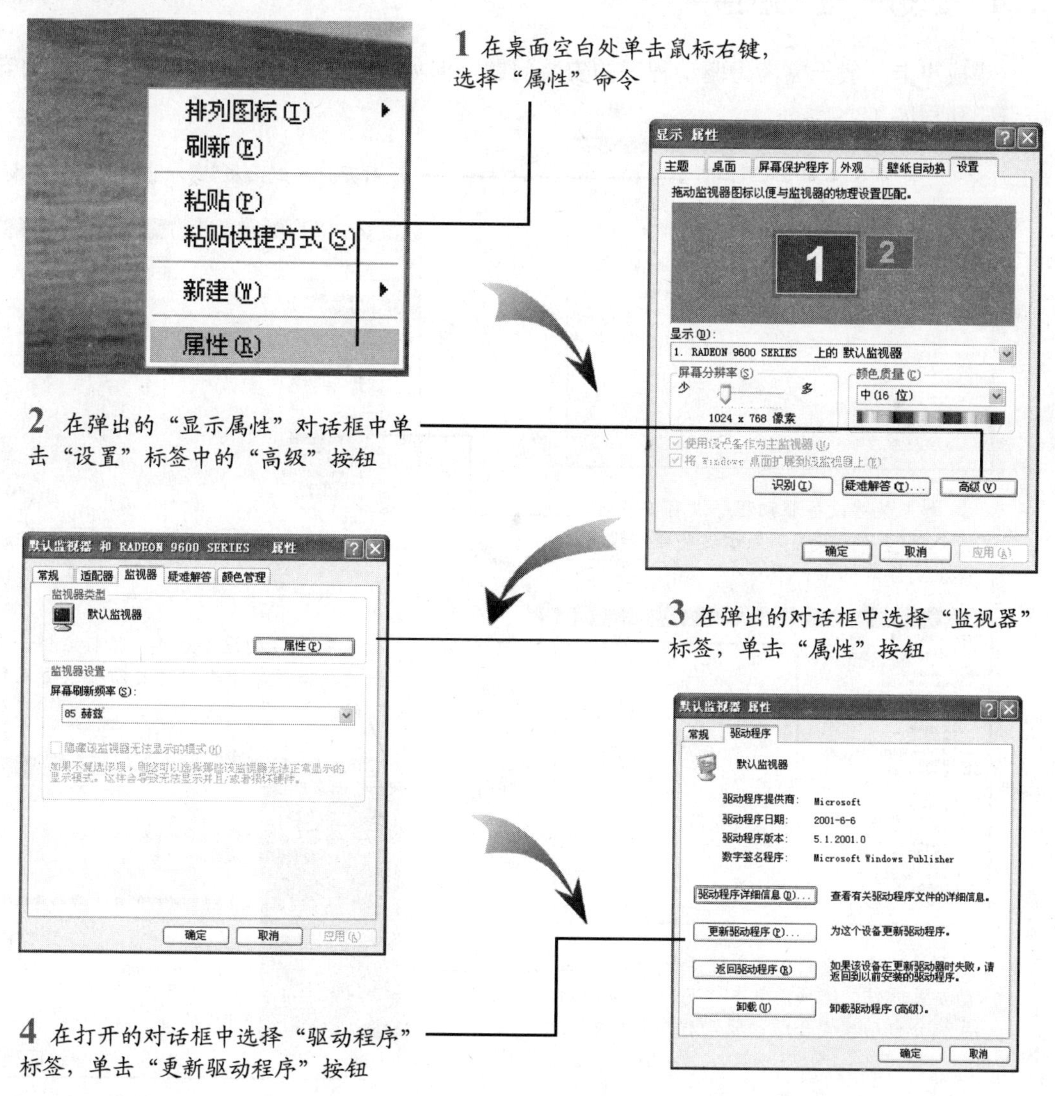

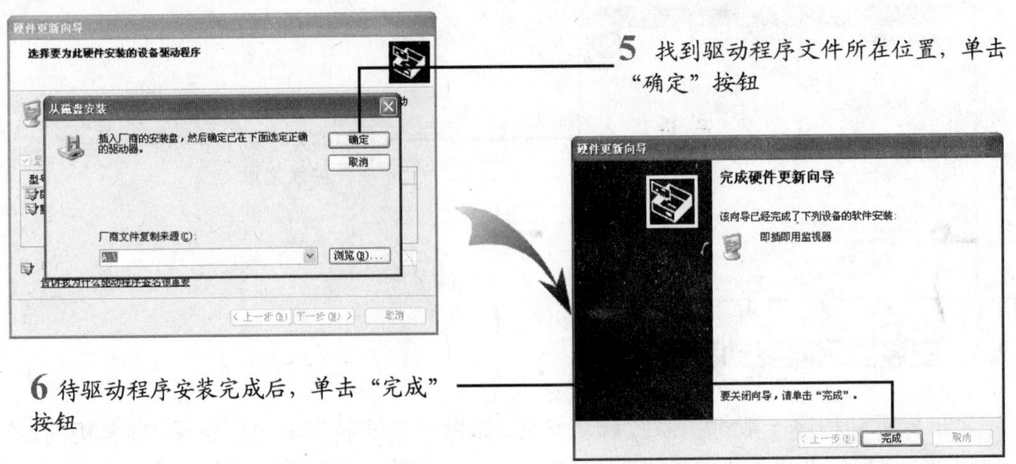

7.2.4 安装声卡驱动程序

集成声卡一般无需考虑驱动程序的安装问题，但如果是独立声卡，可能就需要手动安装声卡驱动程序了。

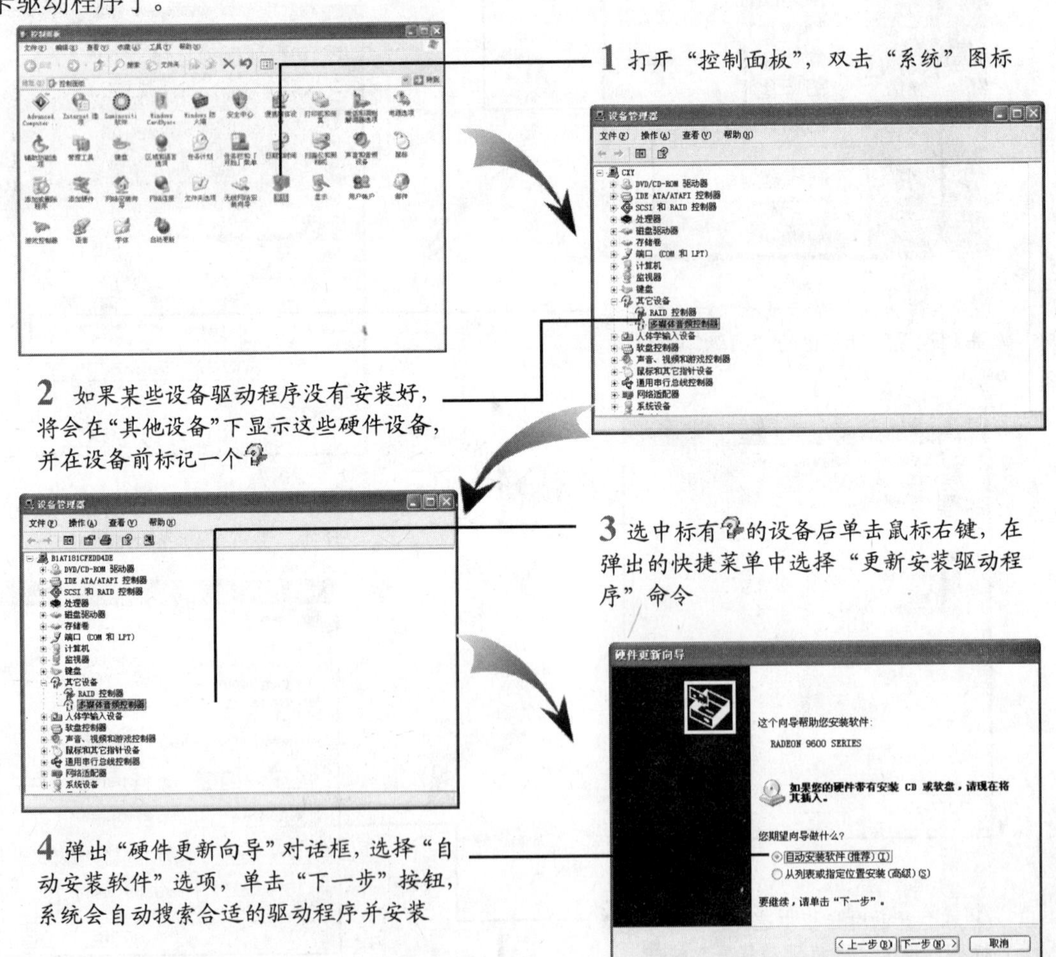

7.2.5 安装网卡驱动程序

网卡一般会附送驱动光盘，这里以“手动安装法”为例介绍网卡驱动程序的安装。

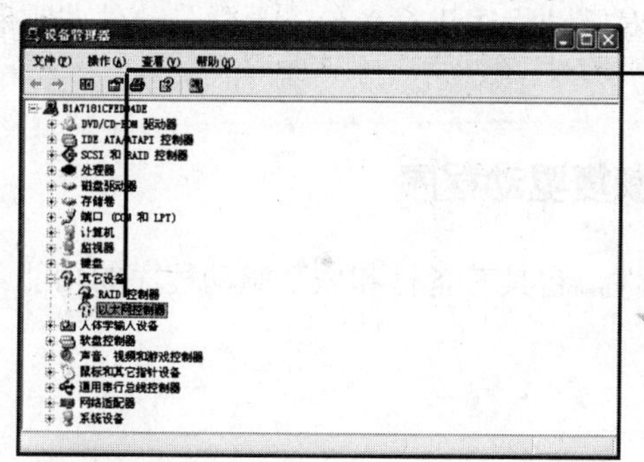

1 在“设备管理器”窗口中选择带有黄色标记的“以太网控制器”，单击鼠标右键，在右键菜单中选择“更新驱动程序”命令

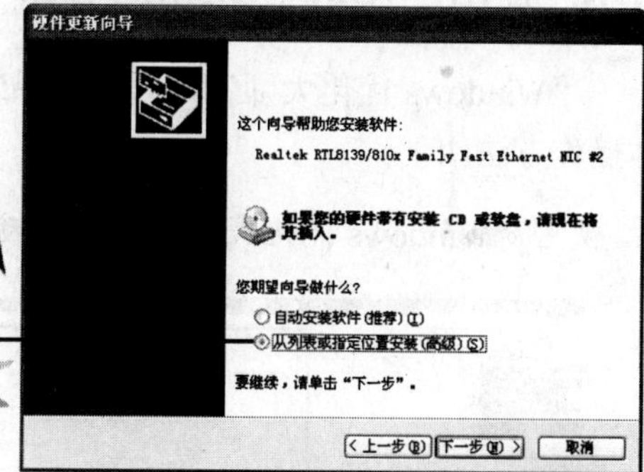

2 弹出“硬件更新向导”对话框，提示用户插入驱动程序光盘。选中“从列表或指定位置安装”选项，然后单击“下一步”按钮，进入定位驱动程序目录的界面

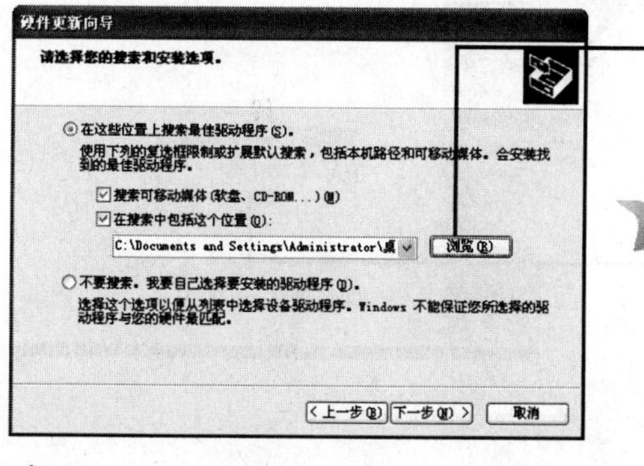

3 选中“在搜索中包括这个位置”复选框，单击“浏览”按钮

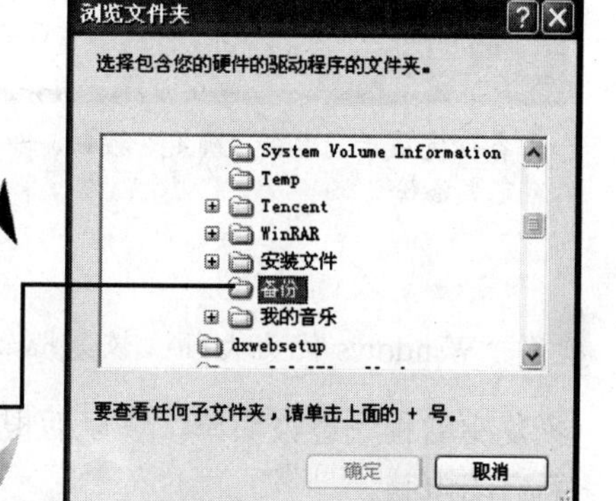

4 弹出“浏览文件夹”对话框，定位到驱动程序所在的目录

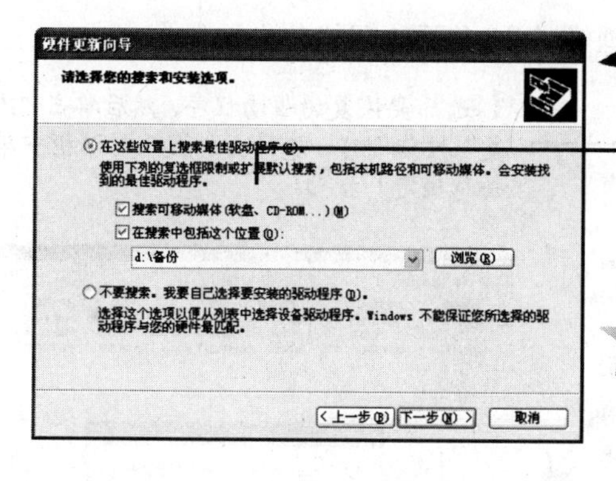

5 定位好驱动程序的位置后，单击“确定”按钮返回并单击“下一步”按钮。更新向导就会自动在指定目录下搜索合适的设备安装信息文件，找到以后即可自动进行安装了

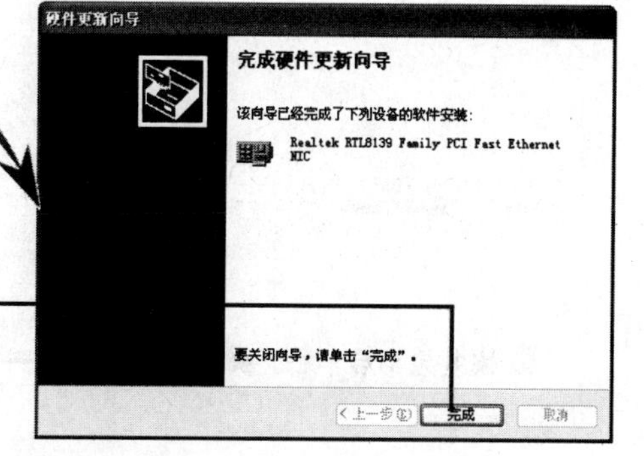

6 驱动程序安装完成以后，单击“完成”按钮，结束整个安装过程

7.3 备份和恢复驱动程序

由于重装系统要重新安装驱动程序，不事先对驱动程序进行备份，无疑是一件非常麻烦的事，所以我们平时要注重驱动程序的备份工作。

7.3.1 使用“Windows 优化大师”备份和恢复驱动程序

“Windows 优化大师”是著名的系统优化软件，它具有备份和恢复驱动程序的功能。具体操作方法如下。

1. 使用“Windows 优化大师”备份驱动程序

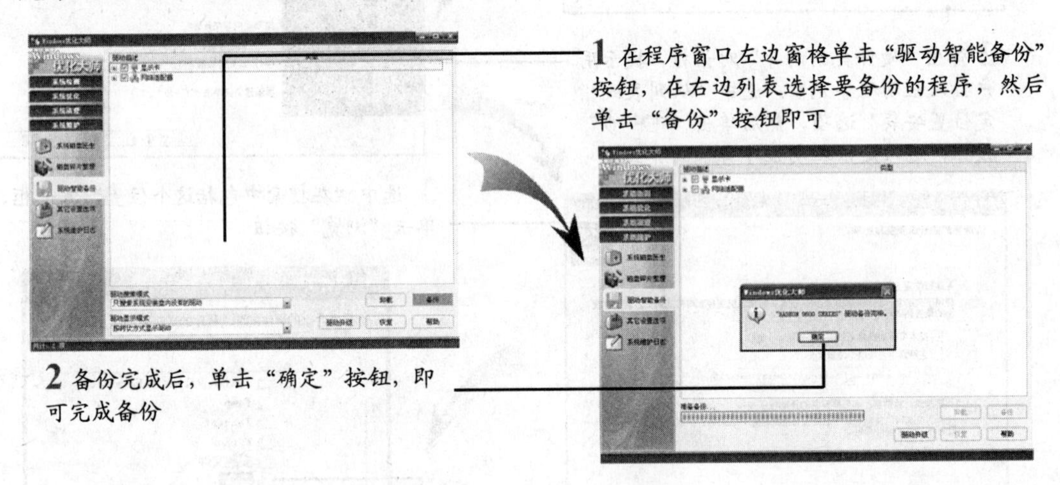

2. 使用“Windows 优化大师”恢复驱动程序

恢复驱动程序也很简单，恢复后根据设备的不同，“Windows 优化大师”可能会提醒用户重新启动电脑。

运行“Windows 优化大师”，选择“系统清理维护”|“驱动智能备份”命令。

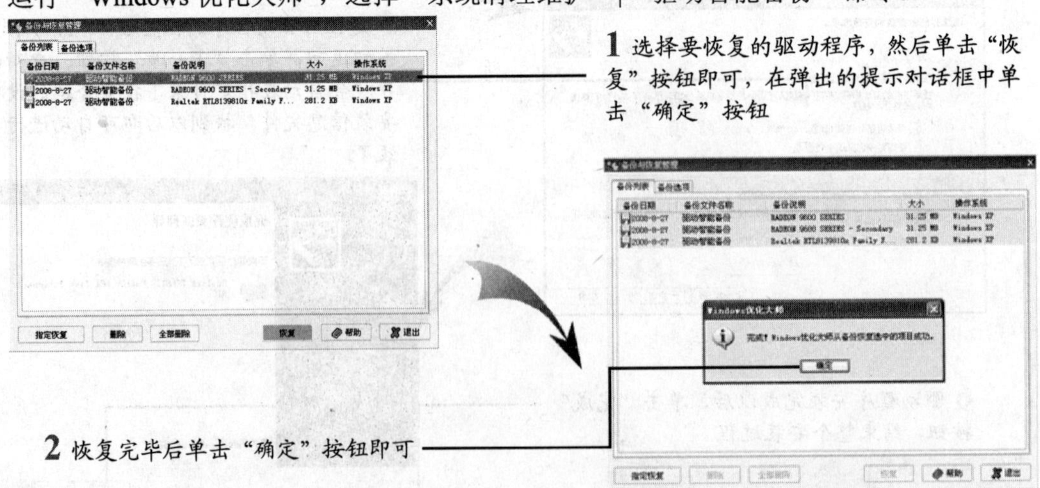

7.3.2 使用“超级兔子”备份和恢复驱动程序

“超级兔子”也是一款比较流行的系统维护与优化软件，它功能强大、齐全，同样具有备份与还原驱动程序的功能。

1. 使用“超级兔子”备份驱动程序

1 安装最新版的超级兔子之后，启动该软件，在主界面单击“超级兔子系统备份”图标，打开“超级兔子系统备份”窗口

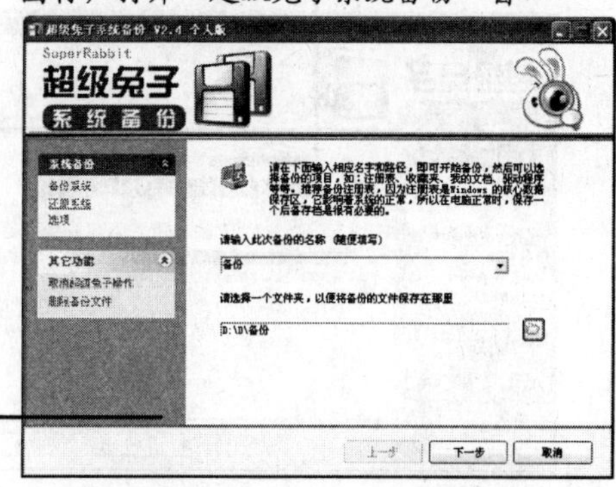

2 在“超级兔子系统备份”窗口左侧栏单击“备份系统”选项，然后在右边文本框输入本次备份的名称和路径，单击“下一步按钮”

3 接着选中“驱动程序”前复选框，单击“下一步”按钮

4 待备份完毕后单击“确定”按钮

2. 使用“超级兔子”恢复驱动程序

使用“超级兔子”恢复驱动程序的过程正好与备份驱动程序相反。

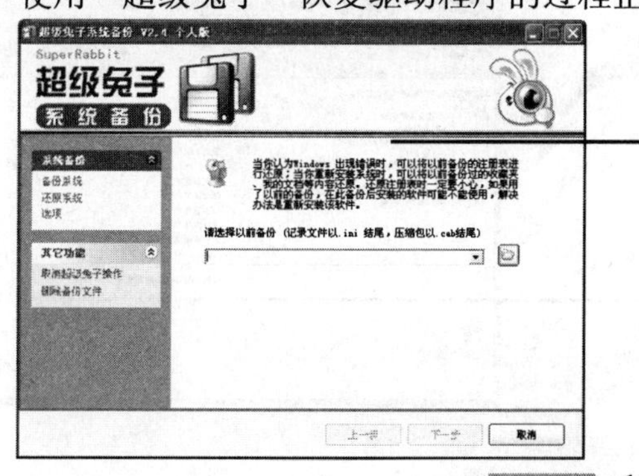

1 进入“超级兔子系统备份”窗口后，单击左侧栏 “还原系统”选项，然后单击右边文本框旁的按钮

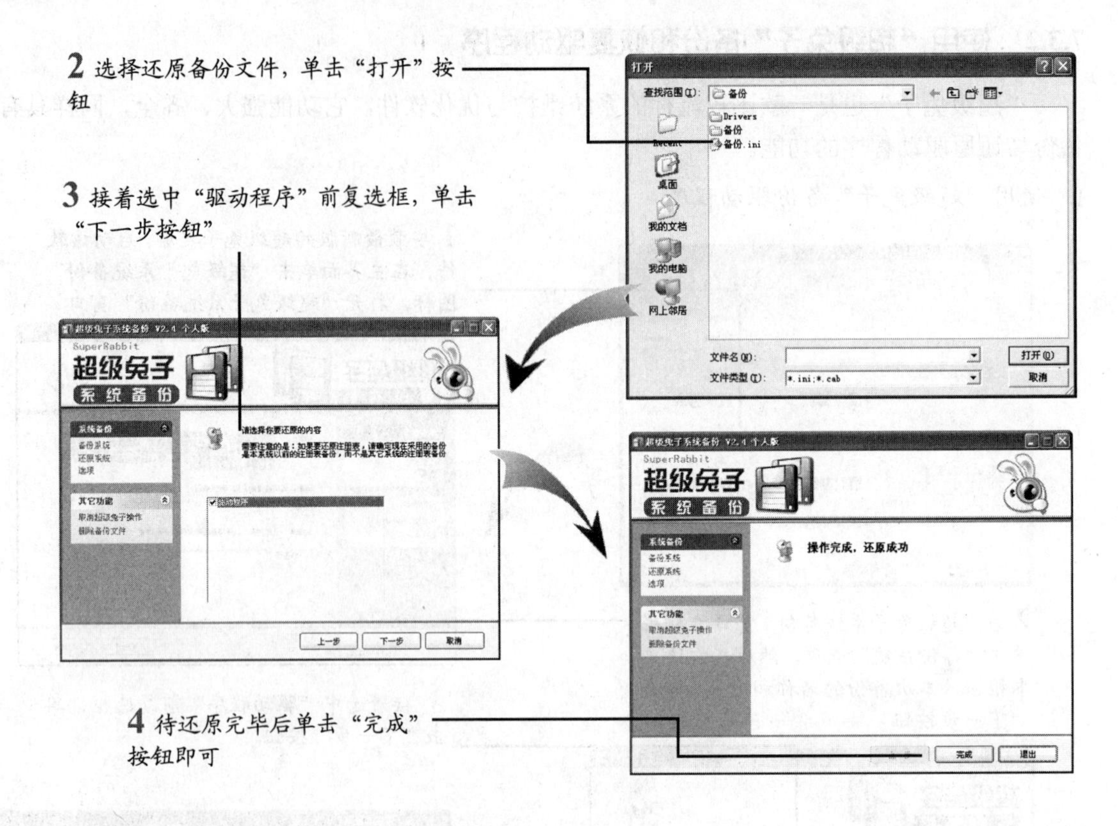

7.3.3 使用“驱动精灵”备份和恢复驱动程序

驱动精灵是一款老牌的备份工具软件，它支持硬件驱动自动检测安装及驱动程序升级、备份、还原、卸载等功能。

1. 使用驱动精灵备份驱动程序

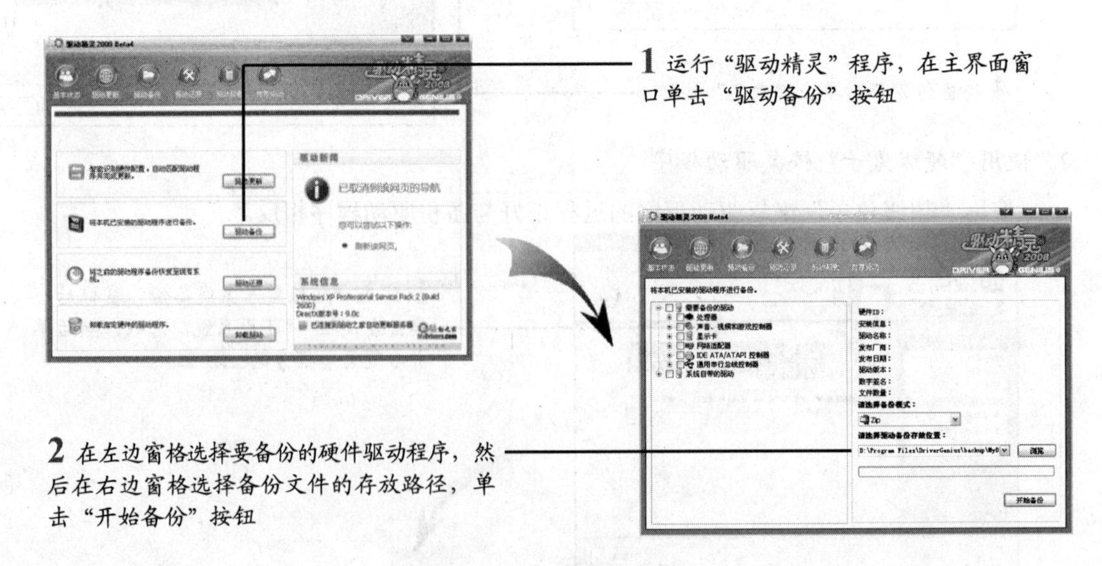

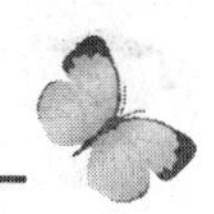

2. 使用驱动精灵还原驱动程序

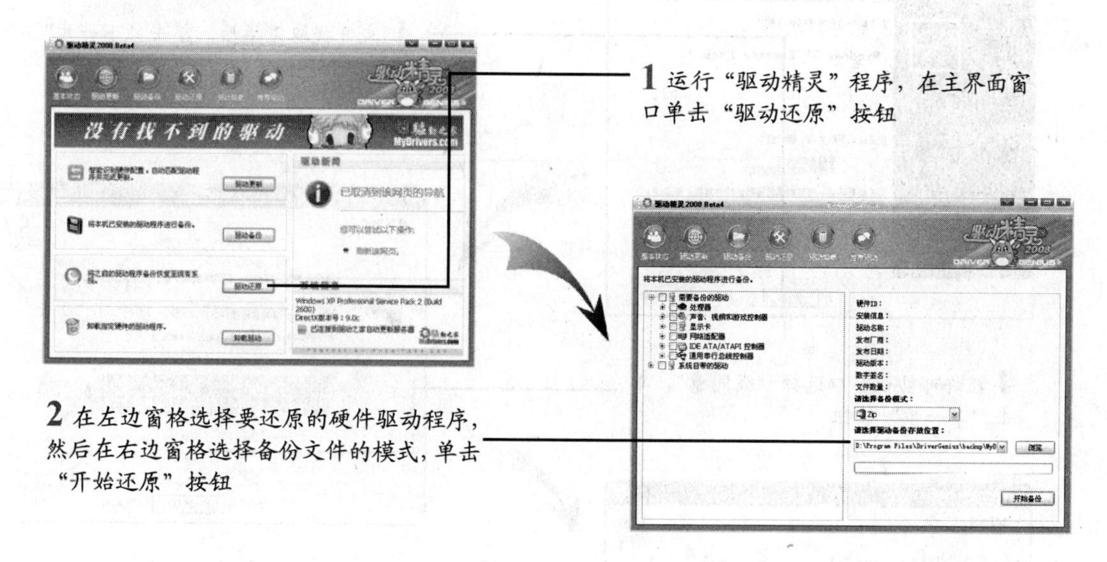

7.4 安装 Windows XP SP3 补丁程序

为了让操作系统更加安全，要随时更新和安装系统补丁程序。Windows 操作系统补丁的安装方法主要有两种：手动安装系统补丁和自动更新补丁。

❖ 手动安装系统补丁：将微软官方发布的系统补丁下载到本地电脑的硬盘上，再执行安装程序。

❖ 自动更新补丁：利用网络直接登录微软官方网站在线获得系统补丁及在线更新等。

1. 手动安装 Windows XP SP3 系统补丁

Windows XP SP3 全称为 Windows XP Service Pack 3，即 Windows XP 的第 3 个服务套件更新包，它汇总了此前分散发布的各个更新补丁，下面就以升级 Windows XP 操作系统到 SP3 为例进行讲解。

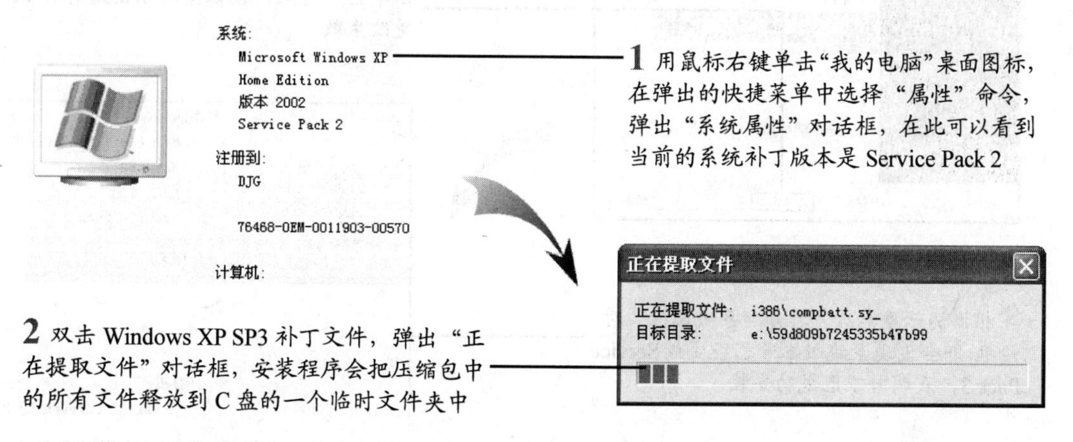

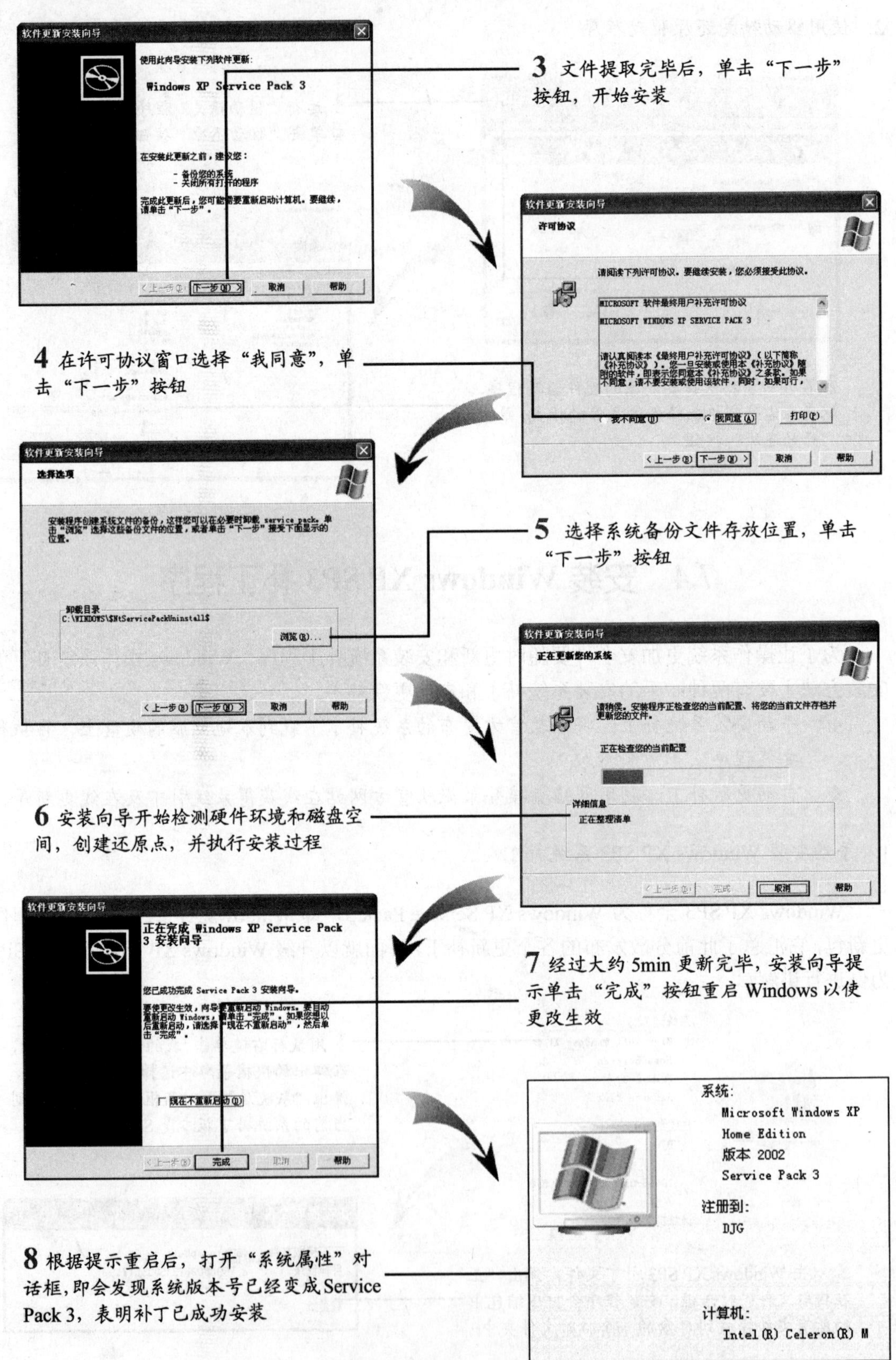

3 文件提取完毕后，单击“下一步”按钮，开始安装

4 在许可协议窗口选择“我同意”，单击“下一步”按钮

5 选择系统备份文件存放位置，单击“下一步”按钮

6 安装向导开始检测硬件环境和磁盘空间，创建还原点，并执行安装过程

7 经过大约5min更新完毕，安装向导提示单击“完成”按钮重启Windows以使更改生效

8 根据提示重启后，打开“系统属性”对话框，即会发现系统版本号已经变成Service Pack 3，表明补丁已成功安装

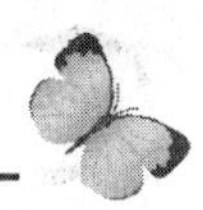

2. 上网自动更新系统补丁

除了手动更新系统补丁外，还可以通过网络使 Windows 自动更新，具体方法如下。

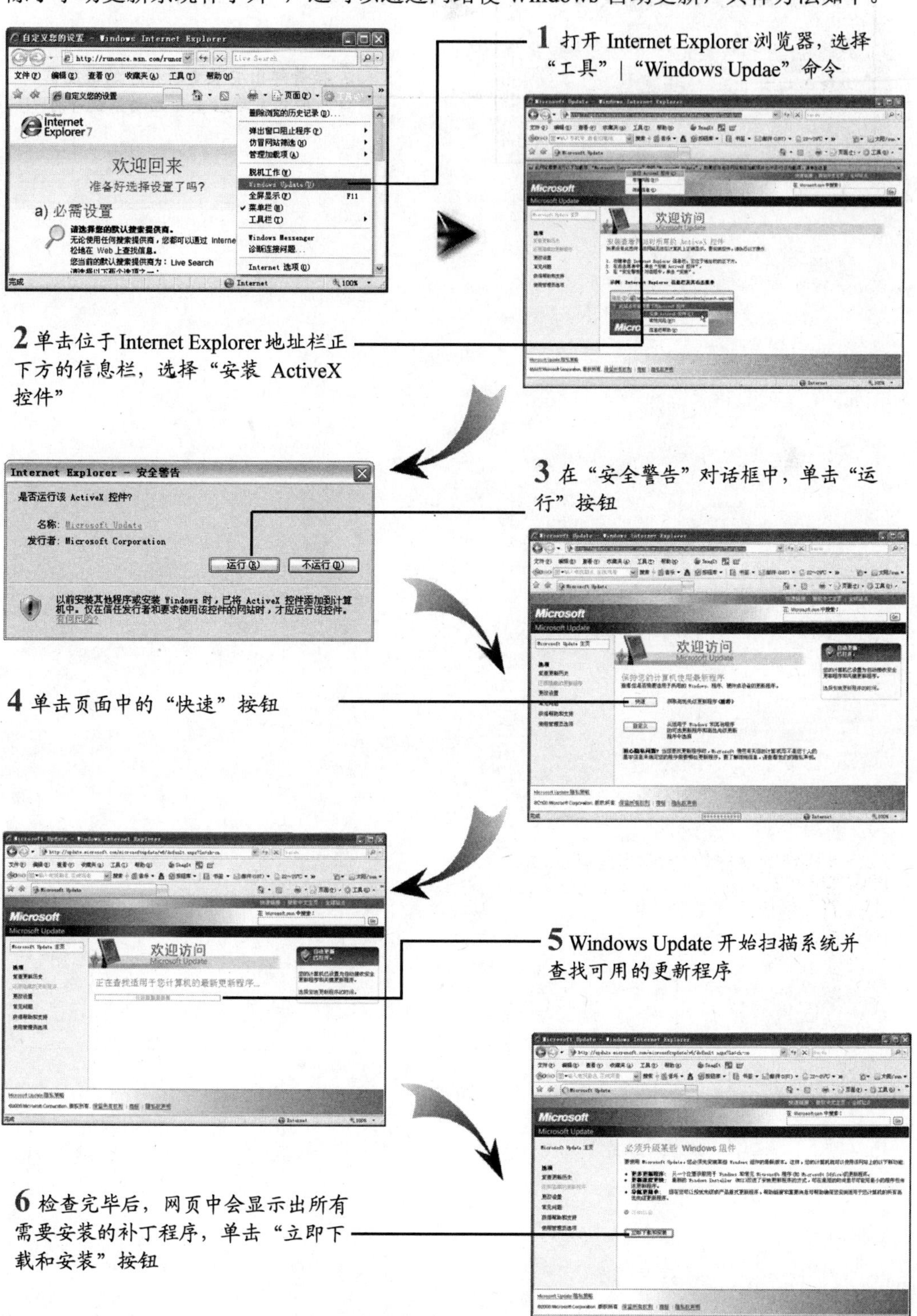

1 打开 Internet Explorer 浏览器，选择“工具”|“Windows Updae”命令

2 单击位于 Internet Explorer 地址栏正下方的信息栏，选择“安装 ActiveX 控件”

3 在“安全警告”对话框中，单击“运行”按钮

4 单击页面中的“快速”按钮

5 Windows Update 开始扫描系统并查找可用的更新程序

6 检查完毕后，网页中会显示出所有需要安装的补丁程序，单击“立即下载和安装”按钮

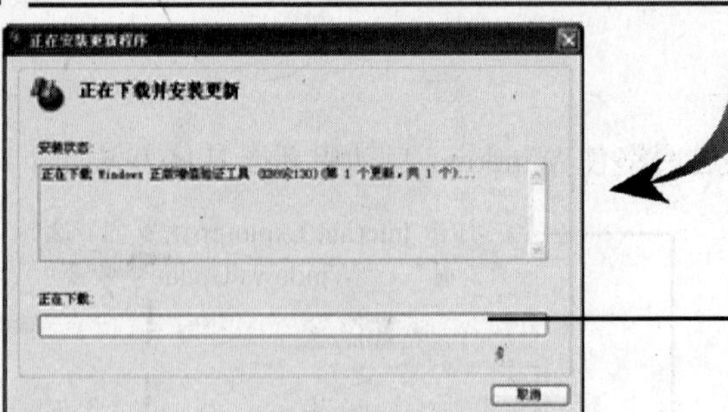

7 接着弹出安装更新程序的进度窗口，安装完毕后重新启动系统即可

第 8 章　安装与卸载常用工具软件

8.1　常用工具软件基础知识

操作系统和硬件驱动程序安装完毕后，还要安装一些常用的工具软件，才能用电脑来完成各种具体工作。

电脑常用工具软件主要有：文秘办公软件、压缩解压缩软件、聊天软件、电子邮件软件、下载与上传软件、看图与抓图软件、媒体播放软件、光盘刻录软件、翻译软件、杀毒软件和系统备份软件等。

8.1.1　软件版本

单击软件窗口工具栏的“帮助”菜单，选择“关于”命令，会看到软件的版本号后有一些由英文和数字组成的后缀，这就是软件的版本信息。这些版本信息，可以帮助用户了解正在使用的软件的类型和应用层面。

- Retail：零售版。
- Trial：试用版。
- Free：免费版。
- Full：完全版。
- Alpha：内部测试版，通常在 Beta 版发布前推出。
- Beta：测试版，正式版推出之前发布的版本。
- Final：正式版，修正 Alpha 版和 Beta 版的 Bug。
- SR：修正版或更新版，修正了正式版推出后发现的 Bug。
- Pro：专业版，需要注册后才能解除限制，否则为评估版。
- Plus：加强版。
- Delux：豪华版，Delux 版和 Plus 版区别不大，比普通版本多了一些附加功能。
- Build：内部标号，同版本可以有多个 Build 号。

8.1.2　软件分类

常用工具软件按照功能性质的不同，主要分为以下几类。

- 网络工具：主要包括网页浏览软件、电子邮件收发软件、即时聊天软件、上传下载软件、免费短信软件等在网络上经常使用的工具软件。
- 多媒体工具：主要包括音频工具、视频工具、影音管理工具及影音制作工具等。

❖ 文件管理工具：主要用于管理电脑中的文件和文件夹,主要包括文字输入工具、文档阅读工具、内码转换工具和压缩解压工具等。
❖ 图文处理工具：主要是指图像处理、图像浏览、图像捕捉、图片压缩等工具。
❖ 电脑安全工具：主要用于防范和清除电脑病毒，包括杀毒工具、防火墙工具以及防御黑客工具等。
❖ 系统工具：主要有系统还原、备份、管理、优化、维护等工具软件，这些工具软件能够使电脑操作系统更好的工作。
❖ 其他工具：除了上面讲到的常用工具软件类别之外，还有其他一些经常会用到的软件工具，比如桌面工具、财务管理、光盘制作和虚拟光驱工具等。

♦ 要使用工具软件，首先要了解这类软件的基本信息，如属于哪个类别、目前发布的是哪个版本等，这样才能在使用过程中少走弯路。

8.1.3 获取途径

常用工具软件的获取方法主要有以下几种。

1. 购买安装光盘

购买安装光盘是获取软件安装程序最直接的方法。可以通过以下途径购买。

❖ 在软件公司购买：在软件公司直接购买的安装光盘，有良好的质量保证和售后服务，而且通过这种途径获得的软件都是正版软件，可以放心地使用。
❖ 在电脑软件市场购买：在电脑软件市场购买软件也非常方便，只要告诉销售人员该软件的名称即可。

2. 通过下载网站搜索并下载

现在很多软件都被专门的软件下载网站所收录，并且根据不同的类别做了分类整理。所以，在下载网站中搜索并下载需要的软件也是非常方便的。

8.2 常用软件的安装方法

使用软件之前首先要进行安装，安装又可大致分为典型安装及自定义安装两种方式。

一般工具软件都含有安装程序，通过安装后才能使用。但还有一种被称为“绿色软件”的程序，它类似于DOS程序，不需要安装就能使用，方便卸载。这类软件多为爱好者改编而成，没有正规的版权，也存在病毒隐患。

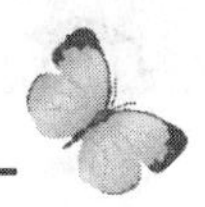

8.2.1 典型安装

学会典型安装方法就可以解决目前 90%以上软件的安装问题，下面就以 QQ 聊天工具软件的安装为例进行讲解。

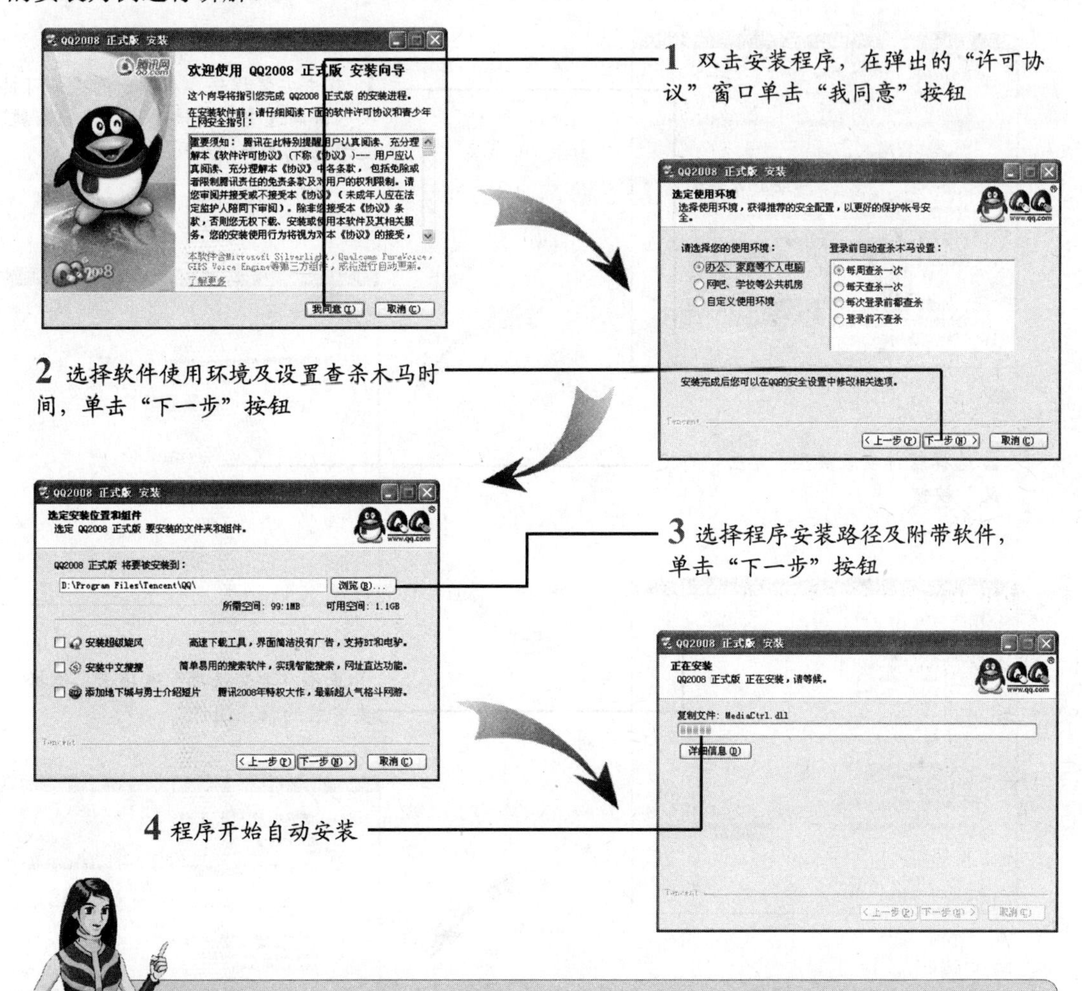

◆ 在软件安装过程中，程序常常会自作主张地安装一些诸如浏览器搜索助手、中文上网助手等流氓软件，所以要注意取消这类程序前默认选中的复选框。

5 待安装完，选择完成后的软件设置，单击“完成”按钮即可

8.2.2 自定义安装

选择自定义安装方式，可以根据实际的需要自由选择软件组件进行安装。这里以安装办公软件“Office 2007”为例，介绍软件的自定义安装方式。

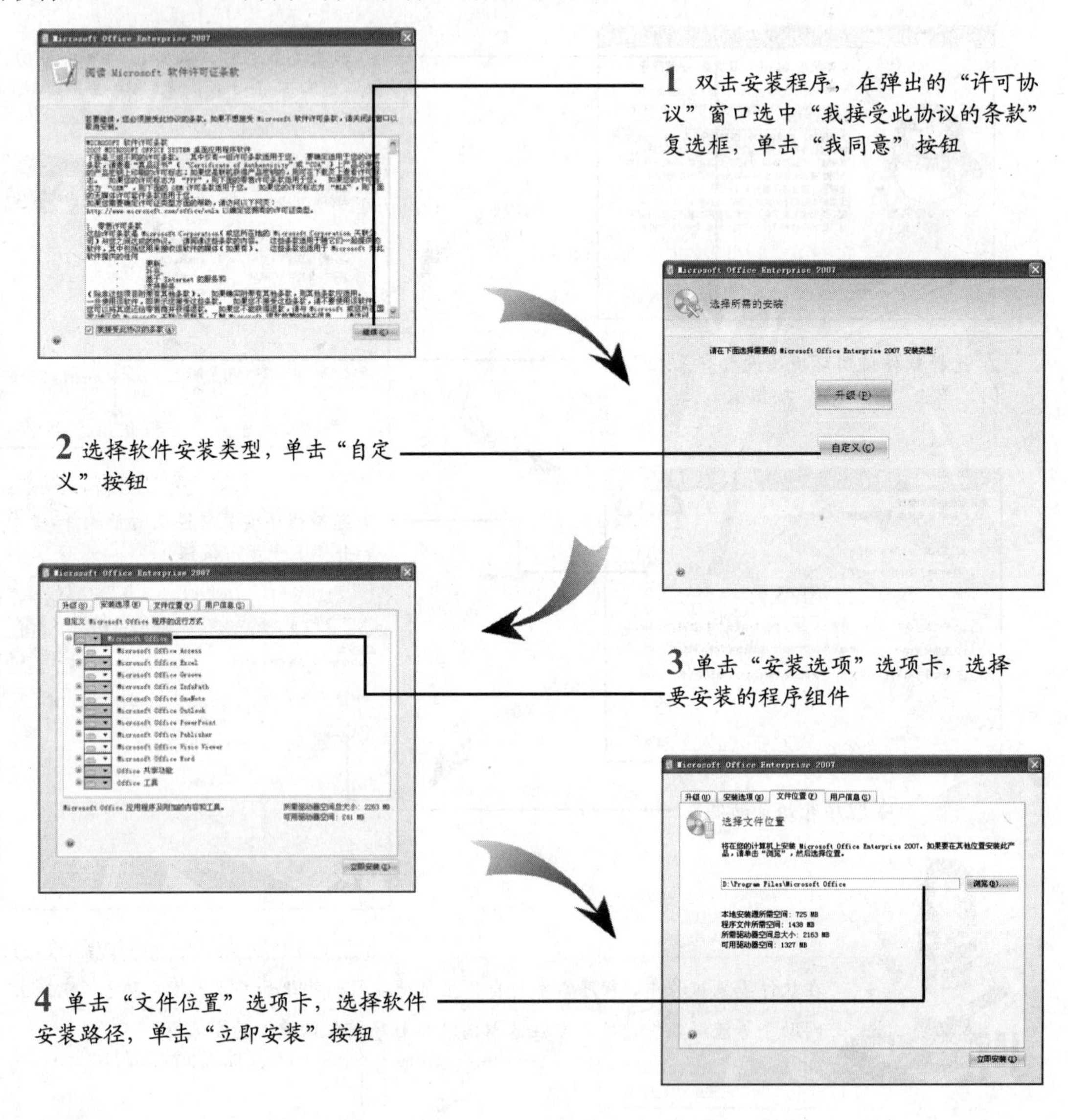

- 如果想使用某个软件的全部功能，最好选择完全安装，以免缺少了某个组件影响工作。
- 如果硬盘空间比较紧张，可以选择“最小安装”方式，只安装软件最必需的部分组件。
- “典型安装”程序将自动安装最常用的选项。它是为初级用户提供的最简单的方式，用户无须为安装进行任何选择和设置。

8.3 卸载常用软件

当某个软件不再需要时，可以将其卸载以释放磁盘空间，提高电脑的使用性能。卸载软件要注意方式方法，如果卸载的操作不对，不但软件删除得不彻底，时间长了还会影响到系统性能。

8.3.1 通过“开始”菜单卸载

大部分软件安装完成后，在其安装目录中除了程序运行的一些必需文件外，往往还有一个“Uninstall（卸载）+软件名”的文件，执行该程序后，软件便会自动引导将软件删除。这里以卸载“QQ 2008”为例讲解卸载程序的具体操作步骤。

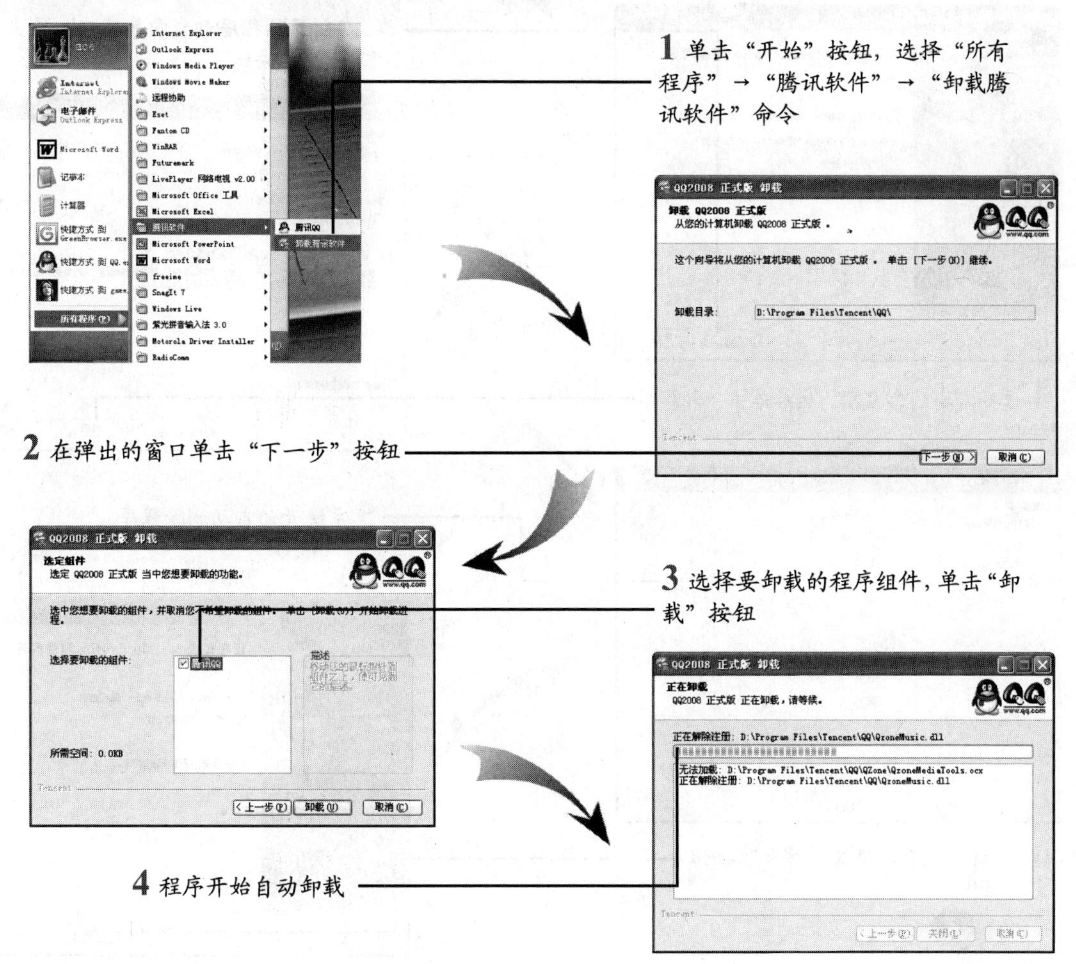

8.3.2 通过“控制面板”卸载

如果软件没有自带“Uninstall（卸载）”程序，则可以通过使用 Windows 提供的“添加/删除程序”功能来完成软件的卸载，这里以卸载“Firefox 浏览器”为例进行讲解。

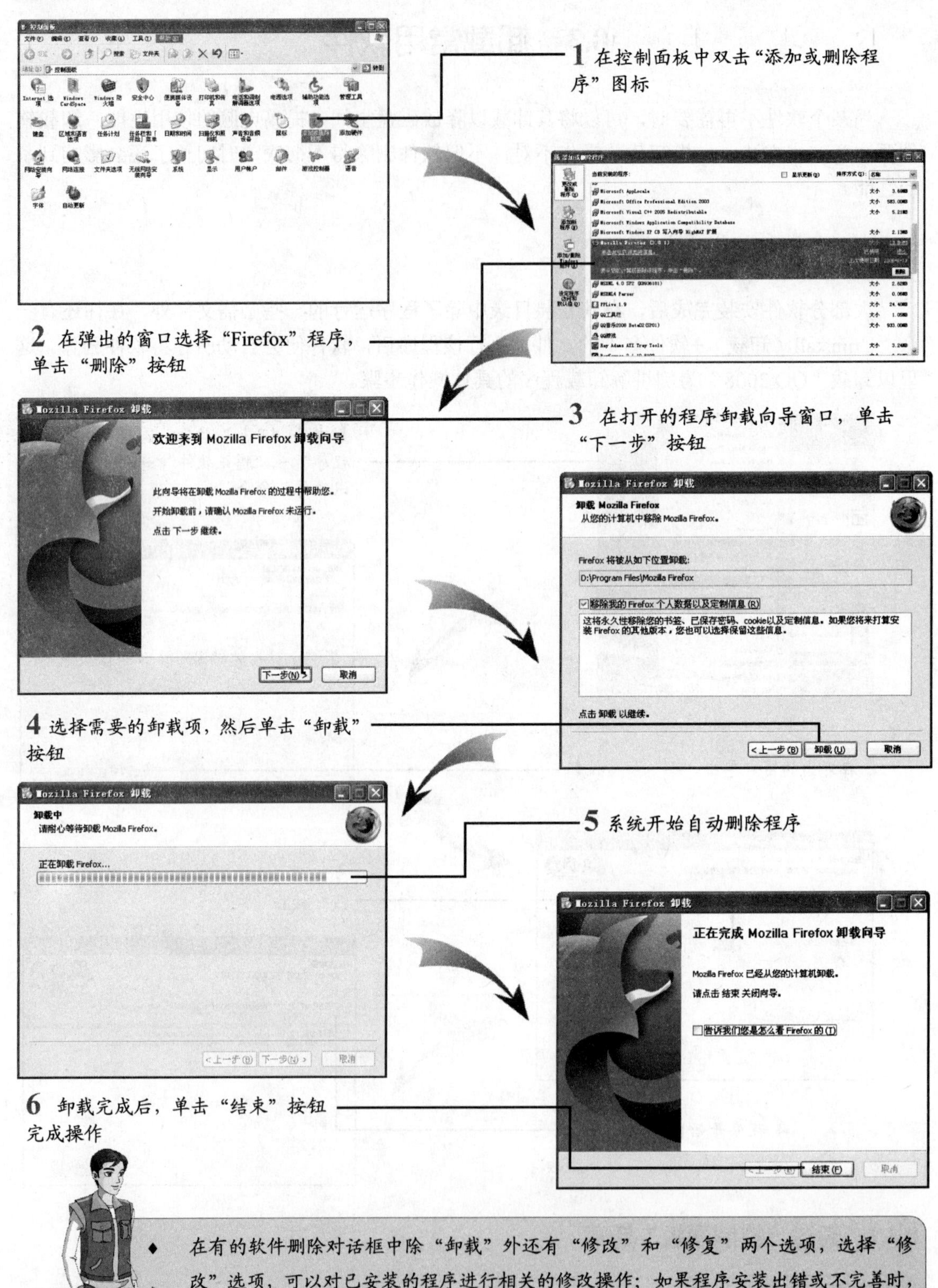

1 在控制面板中双击“添加或删除程序”图标

2 在弹出的窗口选择“Firefox”程序，单击“删除”按钮

3 在打开的程序卸载向导窗口，单击“下一步”按钮

4 选择需要的卸载项，然后单击“卸载”按钮

5 系统开始自动删除程序

6 卸载完成后，单击“结束”按钮完成操作

一点就透

- 在有的软件删除对话框中除“卸载”外还有“修改”和“修复”两个选项，选择“修改”选项，可以对已安装的程序进行相关的修改操作；如果程序安装出错或不完善时，就可以选择“修复”选项，对安装程序进行修复。

8.3.3 通过“注册表”卸载残余信息

某些软件通过上面两种方法卸载之后，在注册表中还残存着注册信息，为了彻底将这些注册信息删除，还需要进入注册表进行手动清除。下面就来看看如何通过注册表删除 FlashGet 留在注册表中的信息。

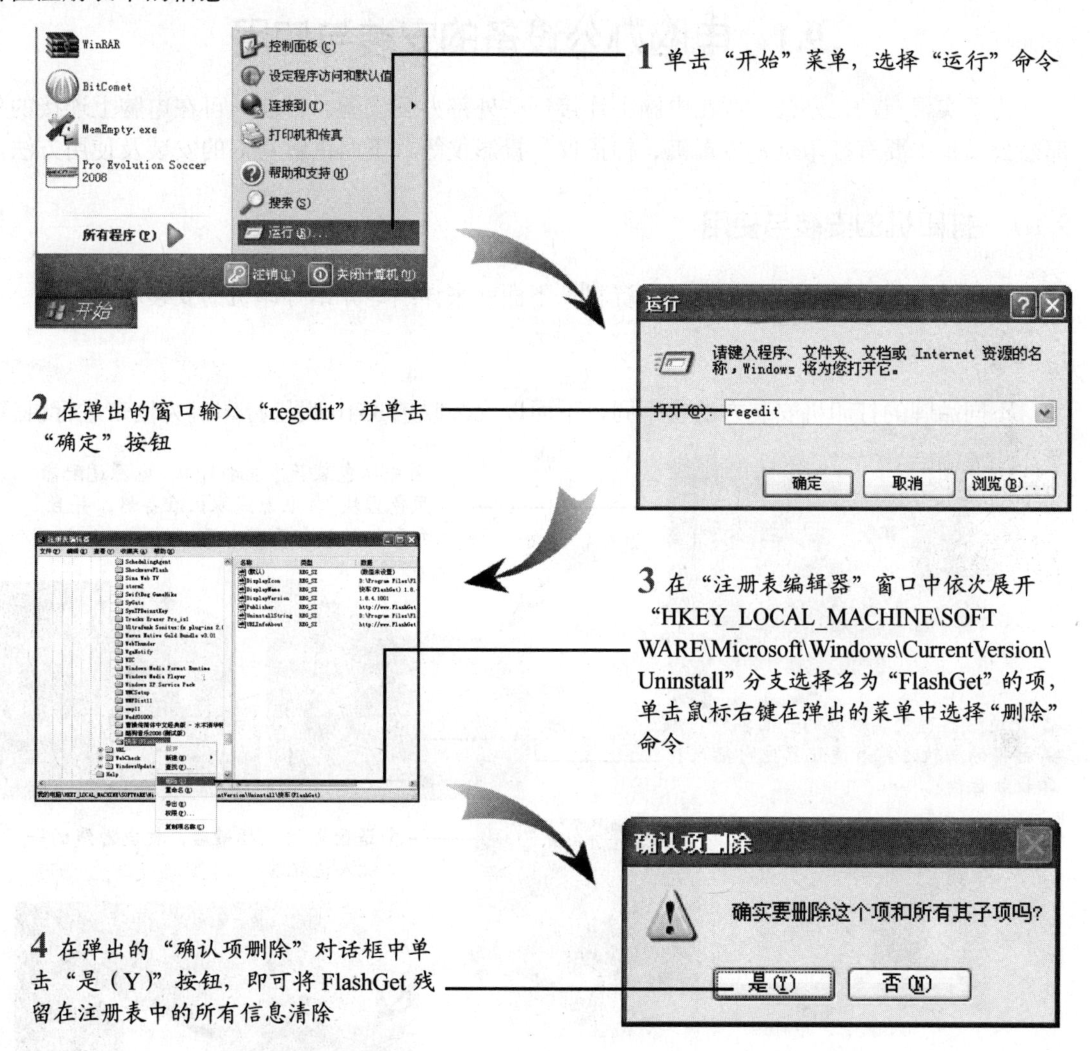

第 9 章　电脑外设的安装与使用

9.1　电脑办公设备的安装与使用

为了实现自动化办公，可在电脑上连接一些外部办公设备。目前，可在电脑上连接的外部办公设备主要有打印机、传真机、扫描仪、投影仪等，下面讲解它们的安装及使用方法。

9.1.1　打印机的安装与使用

打印机常用来输出文字、图像等资料，下面就来详细地介绍打印机的安装和使用。

1. 安装打印机

不同品牌的打印机安装方法也不同，下面以安装联想 3510 喷墨打印机为例来进行讲解。

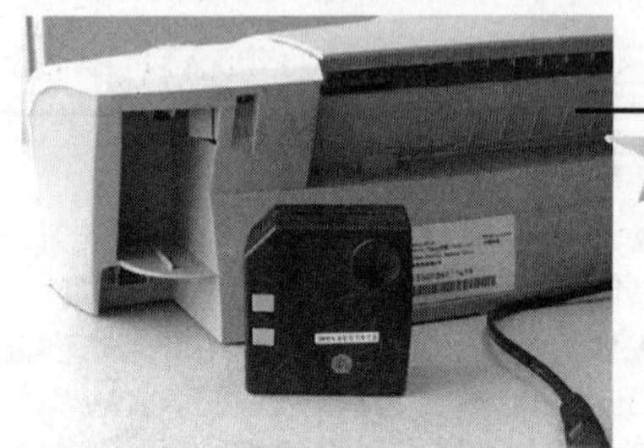

1 首先从包装箱中把打印机、电源适配器（黑色方块）、电源线取出准备好，并且把打印机的背部面朝自己

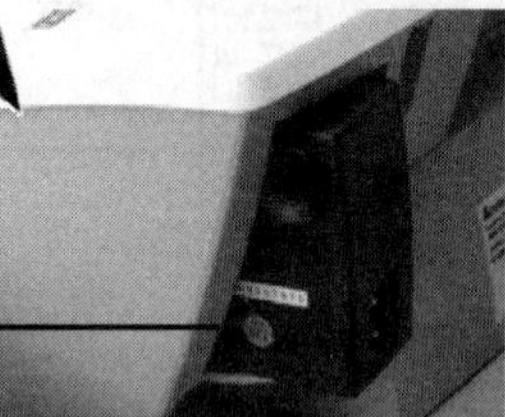

2 把适配器有金属触点的一面朝外，顺着插槽的滑轨，推着适配器把它插入打印机机体内

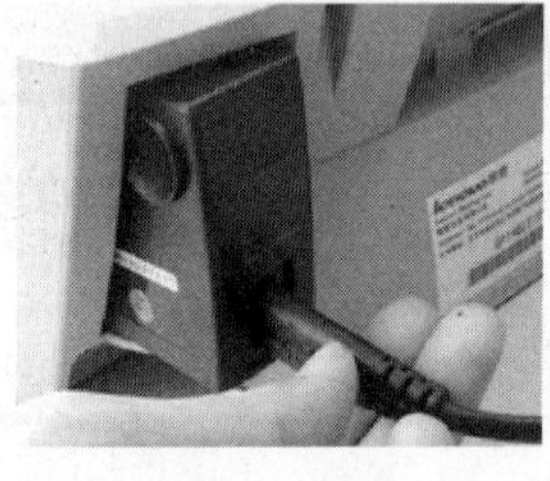

3 适配器放入插槽后，把电源线的一端插入适配器

4 电源线的另一端为两相的插头，把其插入电源插座即可

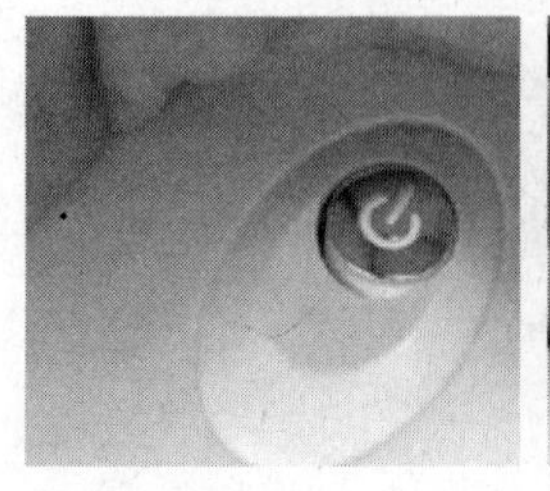

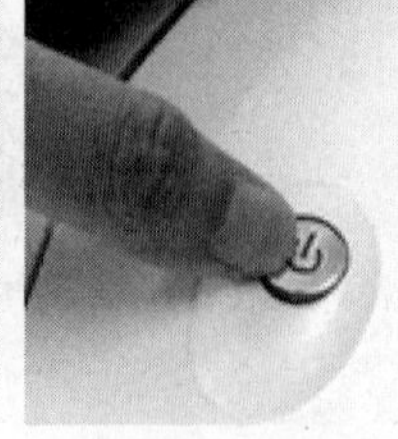

5 为了测试电源是否连接好，我们按下打印机的开关按键，之后电源灯就由暗色变成绿色，说明电源连接没有问题

6 把手放在灰色盖板和白色机身交界、lenovo 标志上方的凸起处掀开上进纸挡板

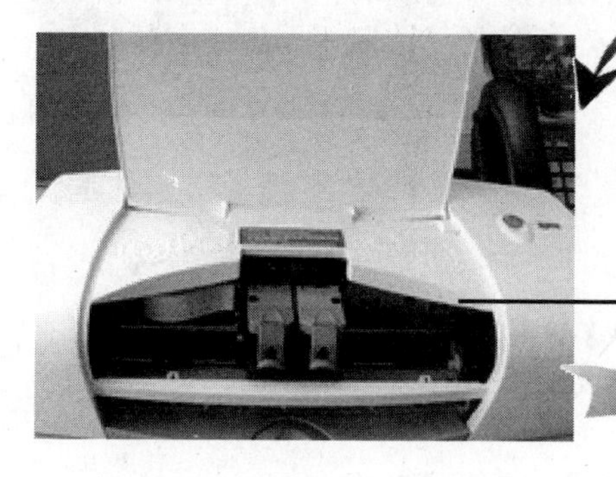

7 把手指放在白色机盖下方的凹陷处，可轻轻挑起机仓盖。这时双色墨盒车自动从机仓右端的隐藏处滑到机仓中央，等待安放墨盒

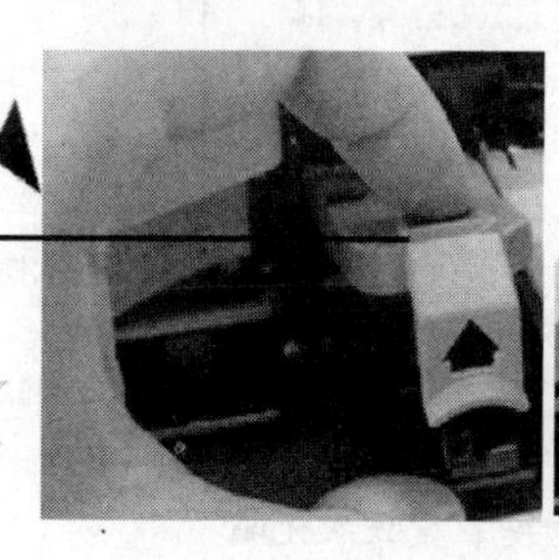

8 食指紧按上部凹陷处，大拇指用力向外抠，墨盒车上盖自然而然就开了

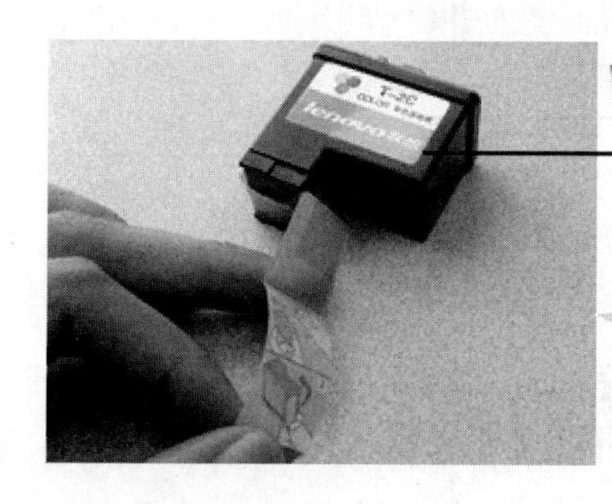

9 墨盒车盖打开以后，就可以装墨盒了。在把该墨盒放入墨盒车之前，一定要把封装条撕掉，然后再把墨盒放入

10 把墨盒放入墨盒车，然后手指用力压一下，再盖墨盒车的上盖，当听见“咔”的一声响，说明安装到位了

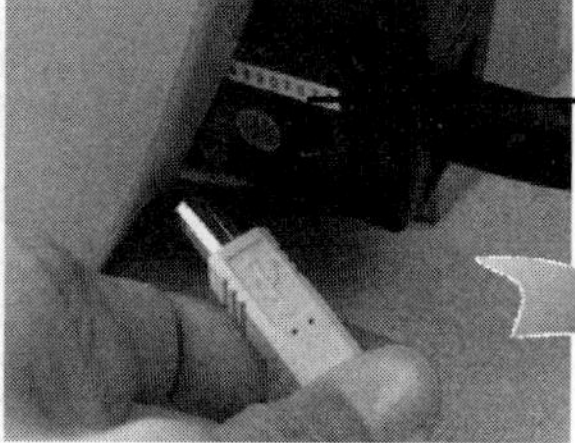

11 接下来则是打印线的连接，首先连接打印机，把打印线的方头插入打印机机身背面的接口处

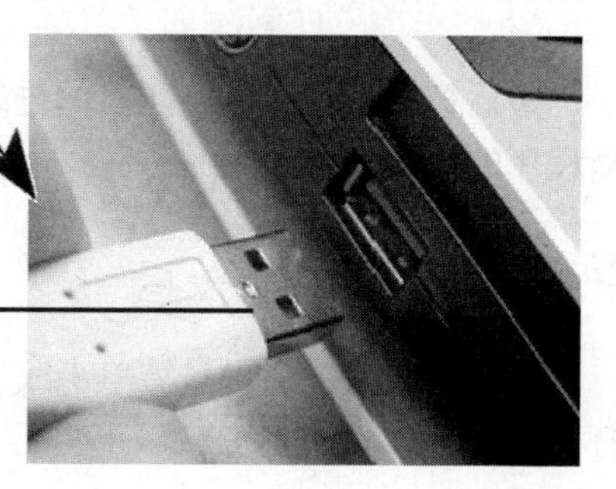

12 再将USB打印线的扁头连接到电脑的 USB 插口

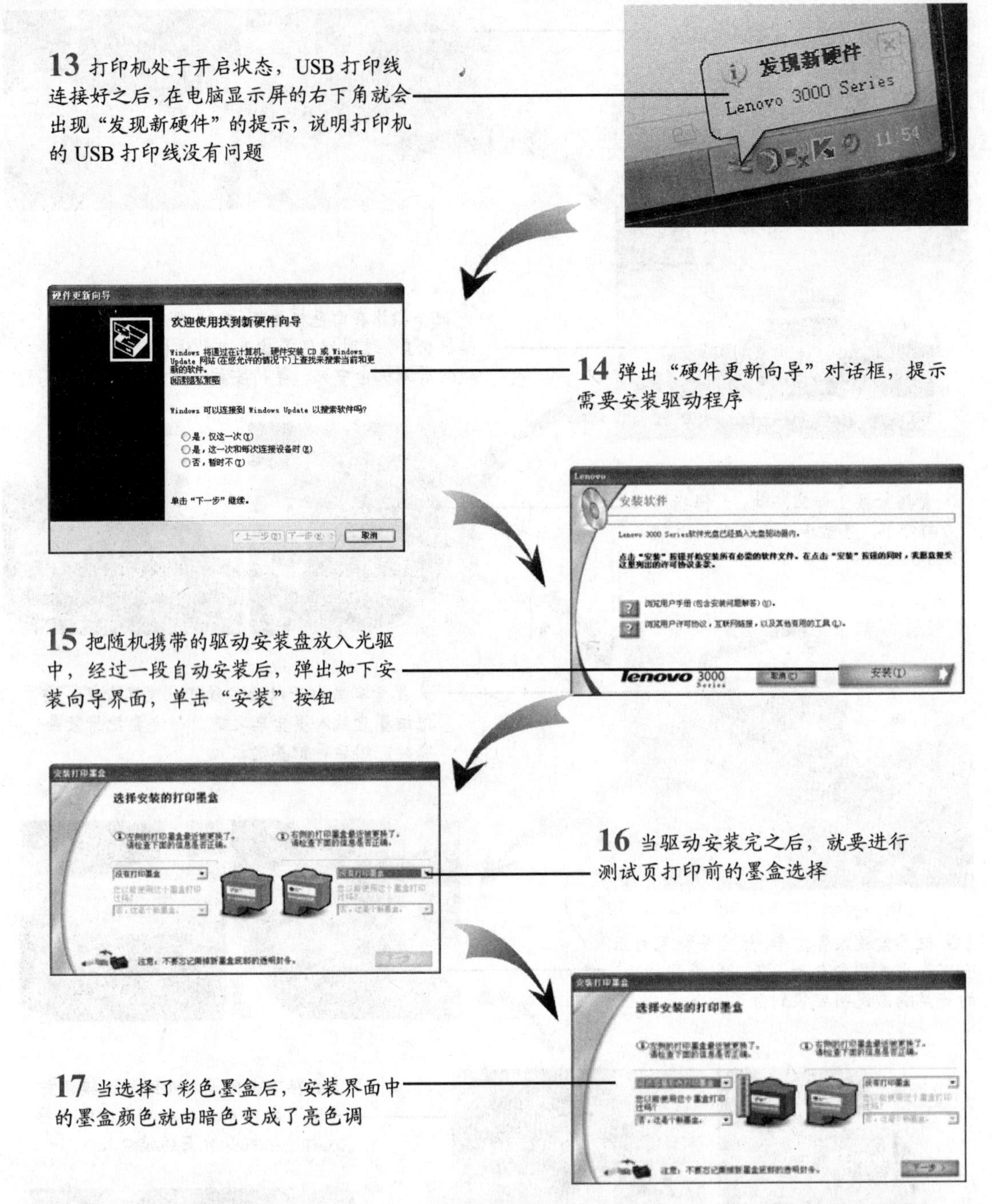

最后把打印纸放入打印机的进纸处，进行测试页的打印。测试页打印成功后，打印机驱动程序的安装全部结束。

2. 使用打印机

打印机安装好后，只需单击应用软件工具栏上的“ ”按钮，即可按系统默认设置进行打印，下面以打印Word文档为例，讲解如何应用打印机打印文档。

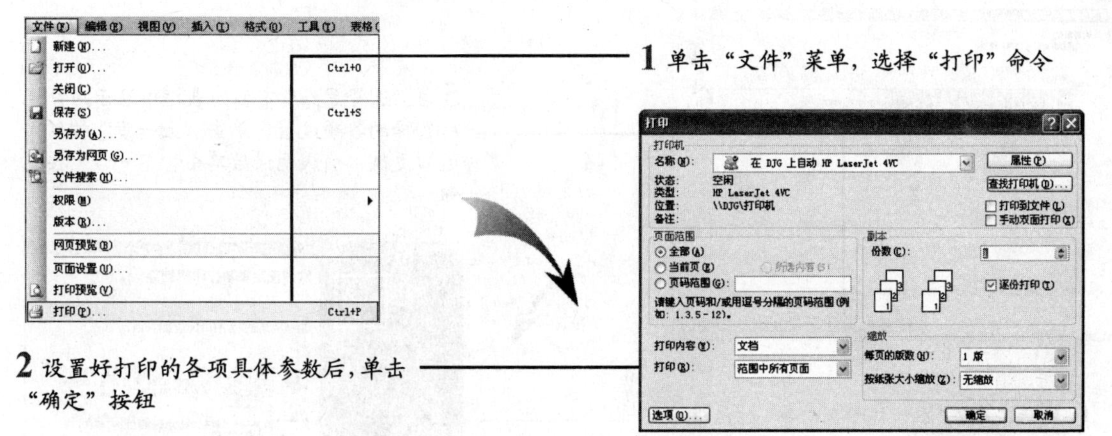

3. 共享打印机

要提供网络打印服务，首先要安装并设置打印机共享，然后再为不同操作系统的客户端安装打印机驱动程序，使得网络客户端在安装共享打印机时，无须再单独安装驱动。

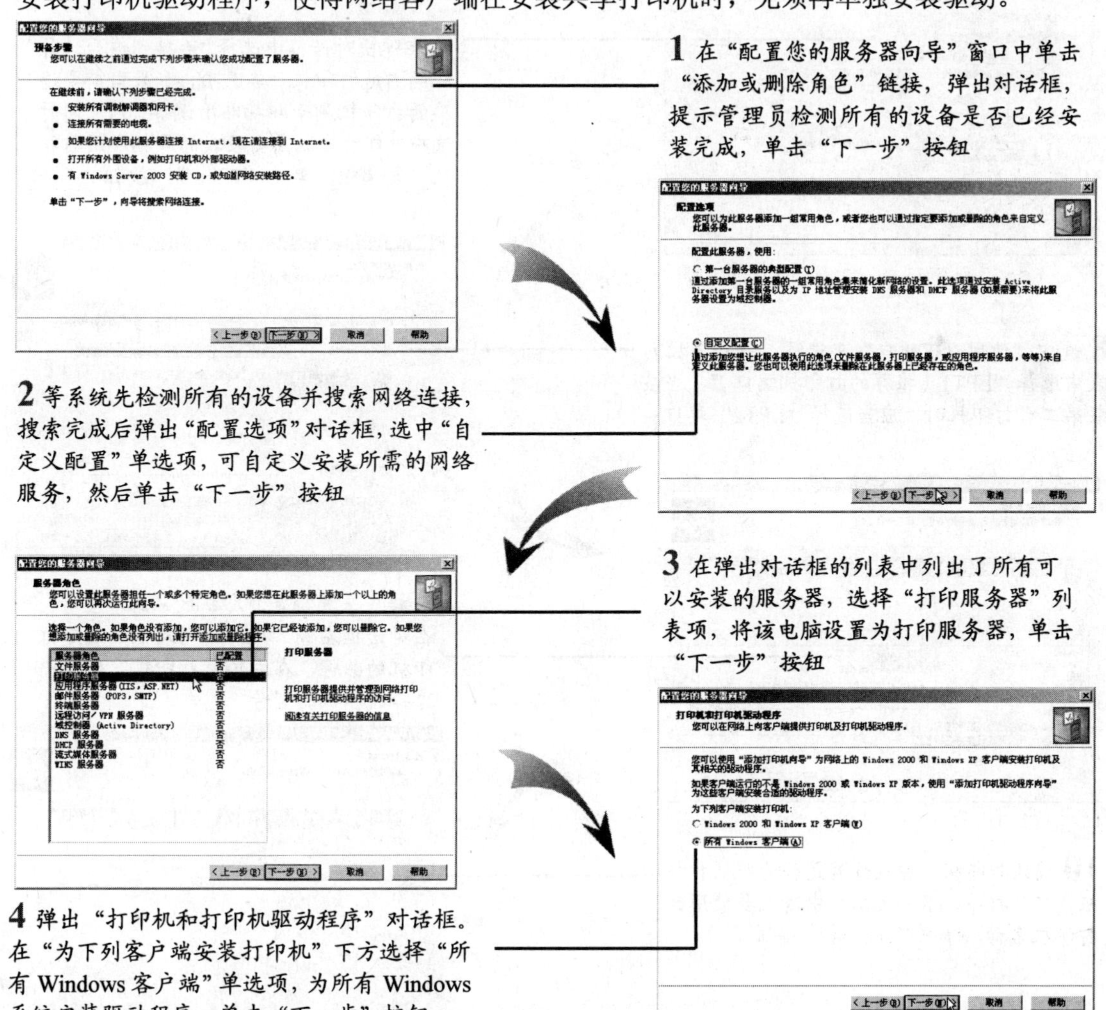

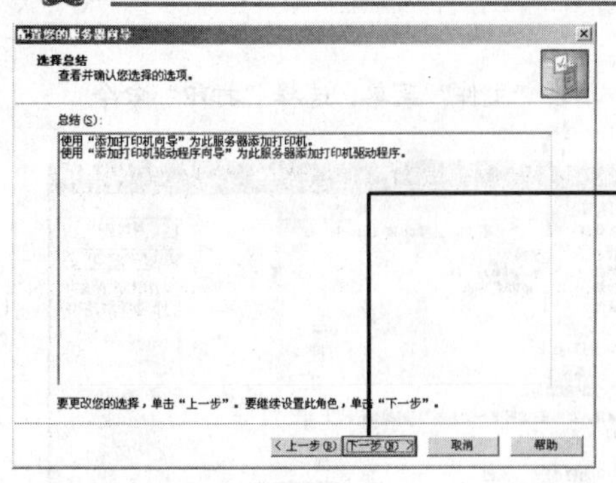

5 在"选择总结"下拉列表框中显示用户所选择的各项设置，单击"上一步"按钮返回更改，确认无误后单击"下一步"按钮

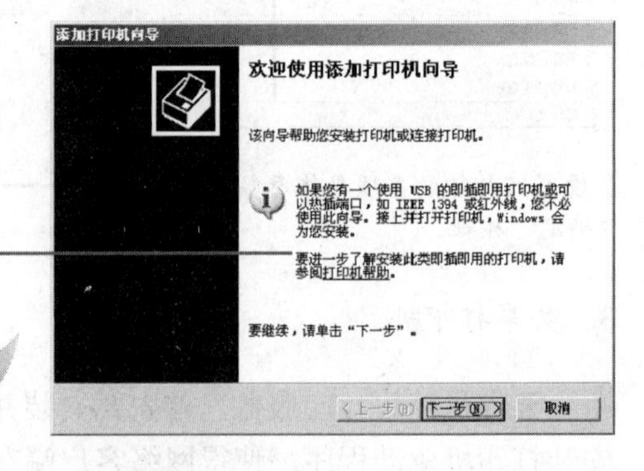

6 稍后，弹出"添加打印机向导"对话框，直接单击"下一步"按钮

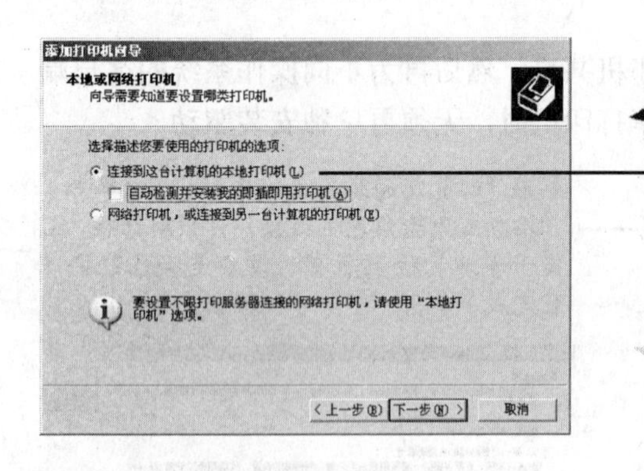

7 在弹出对话框中选择"连接到这台计算机的本地打印机"单选项，如果当前要连接的打印机属于即插即用设备，则应同时选中"自动检测并安装我的即插即用打印机"复选框，单击"下一步"按钮

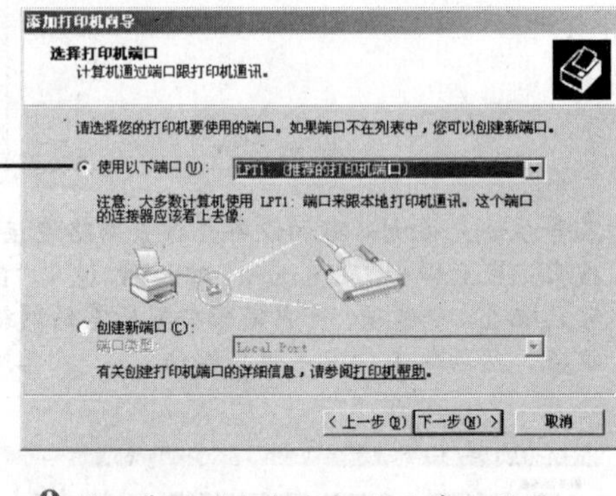

8 选中"使用以下端口"单选项，并在下拉列表中选择"LPT1（推荐的打印机端口）"。当安装第二台打印机时，应当选择"LPT2"端口

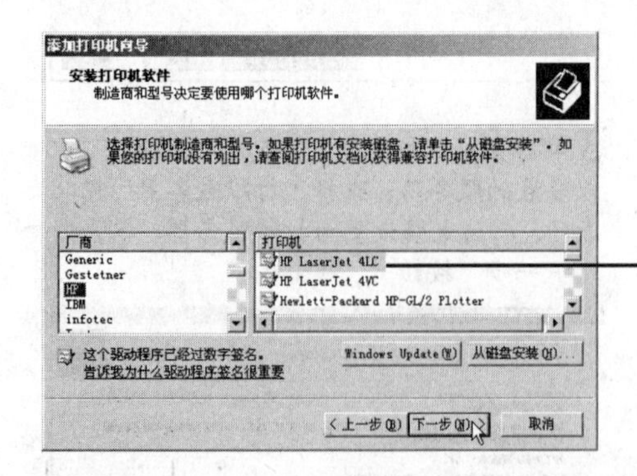

9 接下来要确定打印机的品牌和型号。在对话框左侧"厂商"列表框中确定打印机的品牌，在右侧"打印机"列表中选择打印机的型号

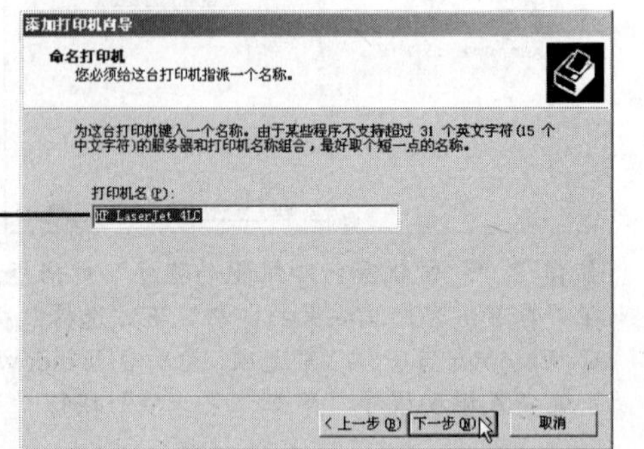

10 确认打印机名称及设置是否为默认打印机。在"打印机名"文本框中输入要使用的打印机名称，单击"下一步"按钮

一点就透

◆ 安装多台打印机时，将在该对话框中显示是否设置为默认打印机单选项。选择“是”单选项，可将当前打印机设置为默认打印机，当应用程序中调用打印机功能时，如果不选择打印机，将使用该打印机完成打印任务。

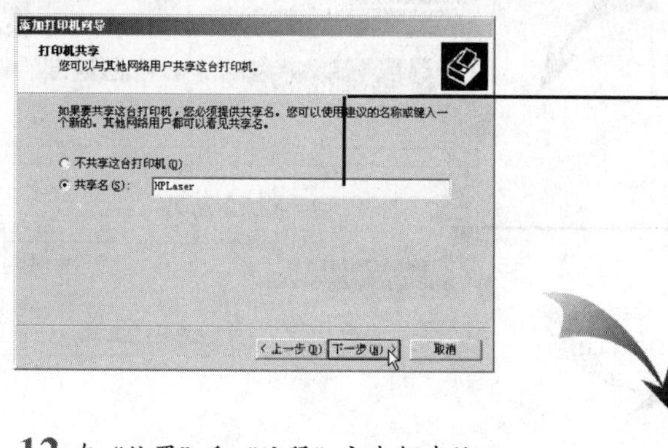

11 选择“共享名”单选项，将该打印机设置为共享打印机，并为该打印机添加一个共享名，单击“下一步”按钮

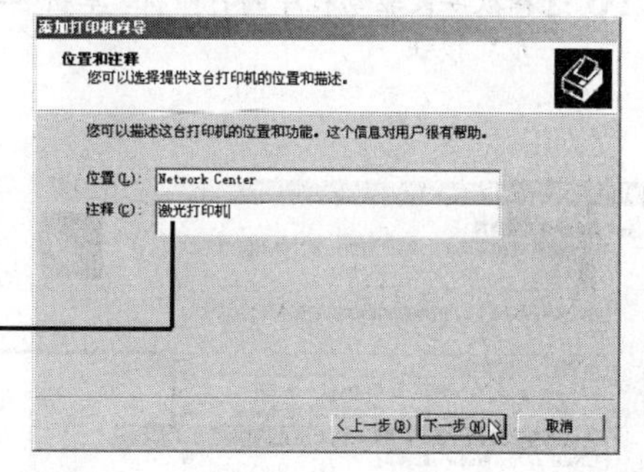

12 在“位置”和“注释”文本框中输入这台打印机的位置和功能特点，单击“下一步”按钮

经验交流

◆ 打印机在网络中共享后，必须为其输入一个完整的路径名称，以便用户在使用时寻找打印机。另外，在该对话框中还可以输入对当前打印机的注释说明，这将有助于管理员对打印机设备的管理以及用户对打印设备的选择。

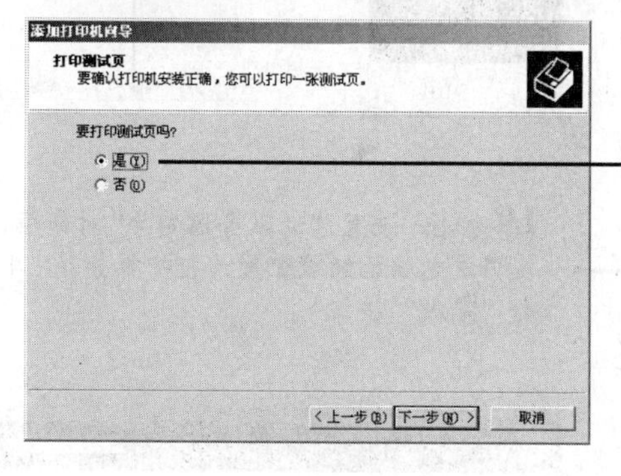

13 确定是否在安装打印机之后打印测试页，以便检查打印机是否安装正确，建议进行测试，此处选中“是”单选项，单击“下一步”按钮

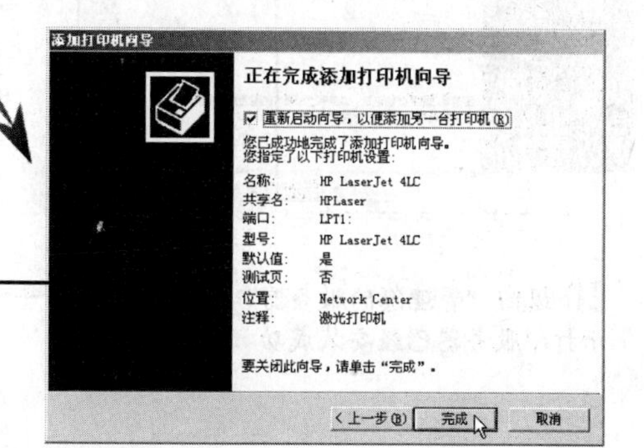

14 当打印机添加完毕之后，取消对“重新启动向导，以便添加另一台打印机”复选框的选择，单击“完成”按钮

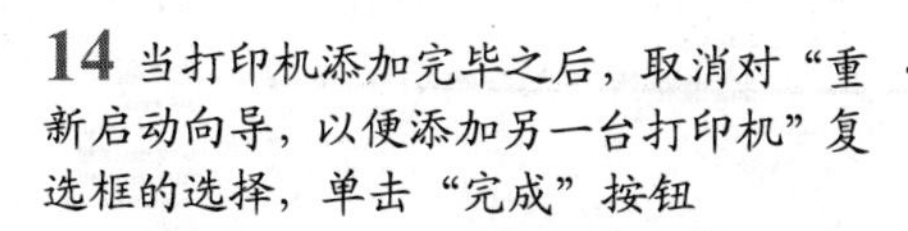

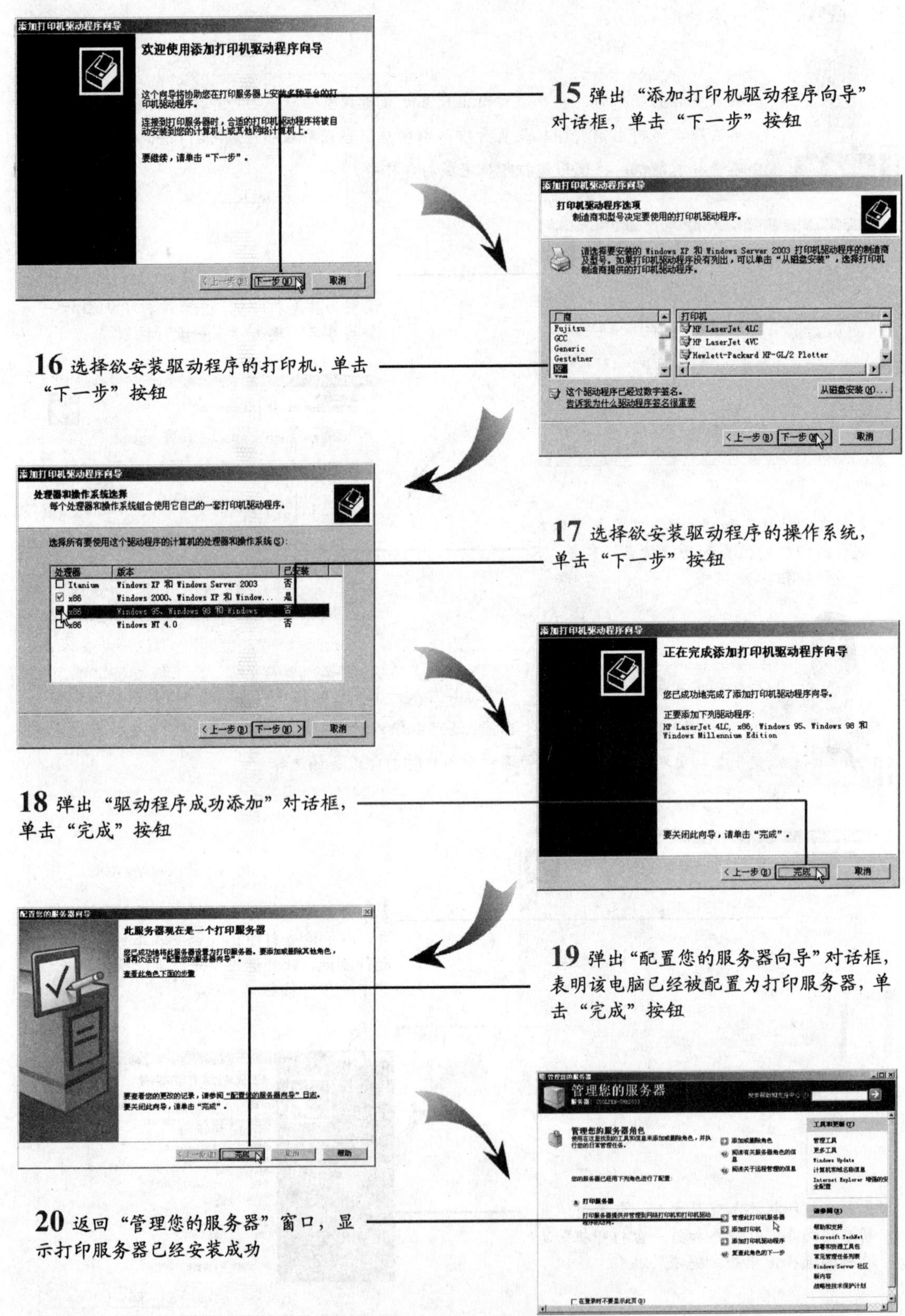
添加打印机驱动程序向导
欢迎使用添加打印机驱动程序向导
15 弹出“添加打印机驱动程序向导”对话框，单击“下一步”按钮
打印机驱动程序选项
16 选择欲安装驱动程序的打印机，单击“下一步”按钮
处理器和操作系统选择
17 选择欲安装驱动程序的操作系统，单击“下一步”按钮
正在完成添加打印机驱动程序向导
18 弹出“驱动程序成功添加”对话框，单击“完成”按钮
此服务器现在是一个打印服务器
19 弹出“配置您的服务器向导”对话框，表明该电脑已经被配置为打印服务器，单击“完成”按钮
管理您的服务器
20 返回“管理您的服务器”窗口，显示打印服务器已经安装成功

◆ 当以后需要再为该打印机服务器添加共享打印机时，可在“配置您的服务器向导”窗口“打印服务器”窗体右侧单击“添加打印机”超级链接，重新运行“添加打印机向导”。若欲为打印机添加驱动程序，则单击“添加打印机驱动程序”超级链接，重新运行“添加打印机驱动程序向导”。

4. 网络打印机

网络接口打印机直接连接到集线设备，而不是连接到打印服务器的并行端口，因此，一台打印机服务器可管理更多的打印机。由此可知，网络接口打印机更适合于打印机数量较多的大中型网络，并且可以安装一台专门的打印服务器用于管理这些打印机。

网络打印机的添加安装有两种方式。

❖ 在“管理您的服务器”中单击“打印服务器”栏中的“添加打印机”超级链接，运行“添加打印机向导”。

❖ 在“控制面板”中双击“打印机和传真”图标，弹出“打印机和传真”窗口，双击“添加打印机”图标，运行“添加打印机向导”。

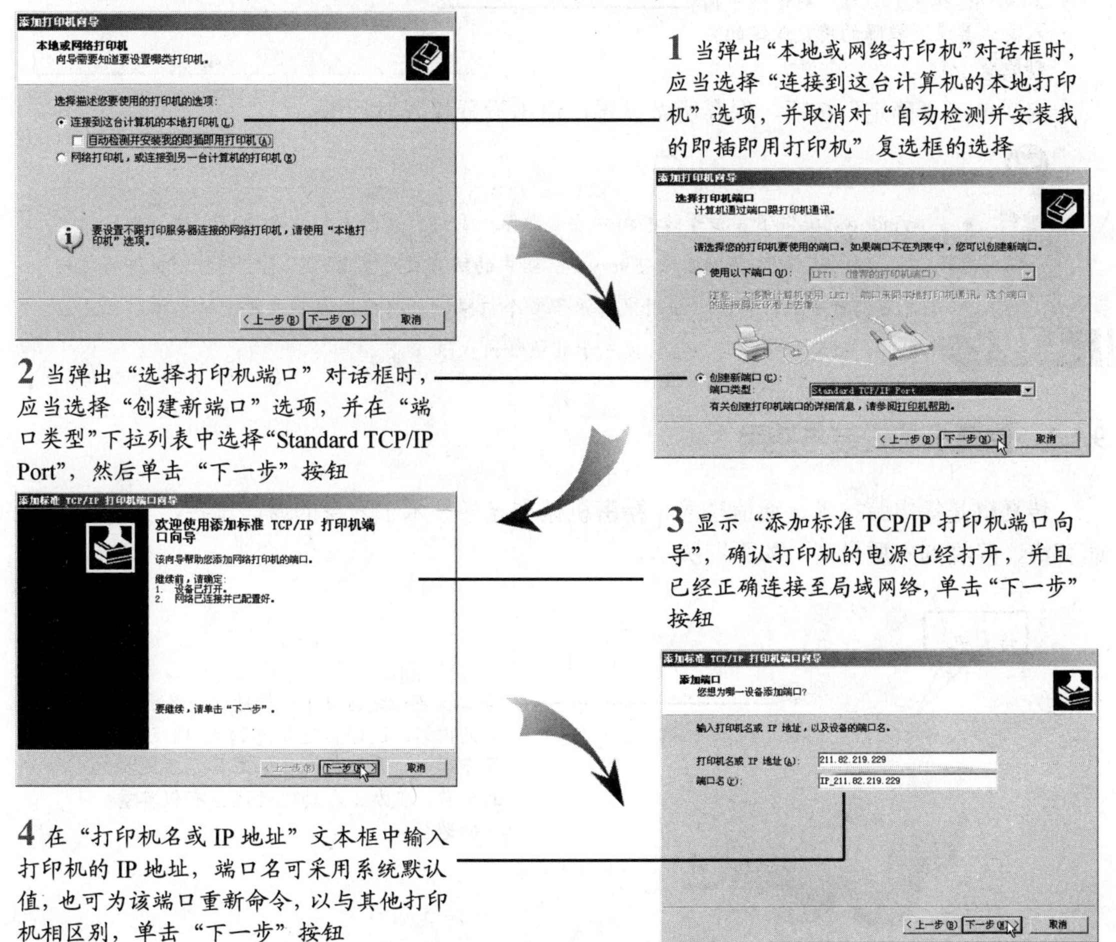

1 当弹出“本地或网络打印机”对话框时，应当选择“连接到这台计算机的本地打印机”选项，并取消对“自动检测并安装我的即插即用打印机”复选框的选择

2 当弹出“选择打印机端口”对话框时，应当选择“创建新端口”选项，并在“端口类型”下拉列表中选择“Standard TCP/IP Port”，然后单击“下一步”按钮

3 显示“添加标准TCP/IP打印机端口向导”，确认打印机的电源已经打开，并且已经正确连接至局域网络，单击“下一步”按钮

4 在“打印机名或IP地址”文本框中输入打印机的IP地址，端口名可采用系统默认值，也可为该端口重新命令，以与其他打印机相区别，单击“下一步”按钮

弹出“完成向导”对话框，显示该网络端口打印机基本信息。确认无误后，单击“完成”按钮，返回“添加打印机向导”，开始安装打印机驱动程序。

5. 设置打印权限

打印机安装在网络上之后，系统会为它指派默认的打印机权限，该权限允许所有用户打印。因此，可能需要通过指派特定的打印机权限，来限制某些用户的访问权，为不同用户设置不同的打印权限步骤如下。

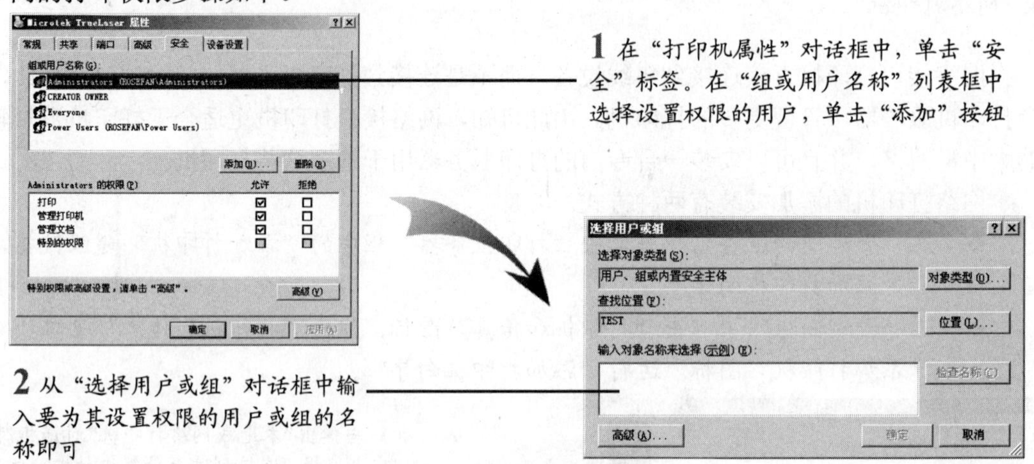

依次单击“确定”按钮，保存所做设置，退出设置权限对话框。

- Windows 提供了 3 种等级的打印安全权限：打印、管理打印机和管理文档。默认情况下，“打印”权限将指派给 Everyone 组中的所有成员。用户可连接到打印机并将文档发送到打印机。当给一组用户指派了多个权限时，将应用限制性最少的权限。但是应用了“拒绝”权限时，它将优先于其他任何权限。

9.1.2 传真机的安装与使用

传真机是集电脑技术、通信技术、精密机械与光学技术于一身的通信设备，其信息传送速度快、接收副本质量高，如下图所示。

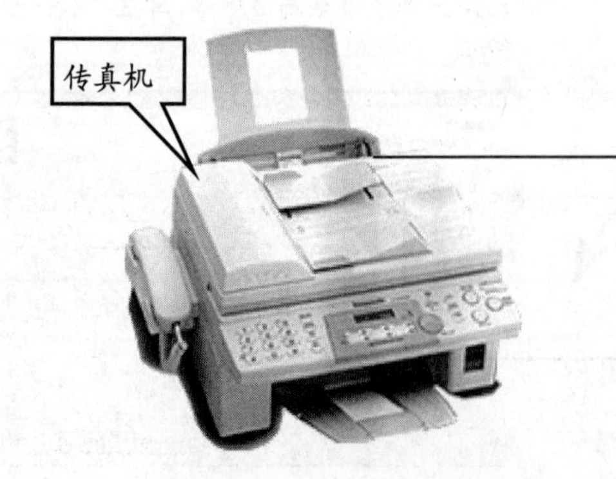

传真机不但能准确、原样地传送各种信息的内容，还能传送信息的笔迹，适于保密通信，具有其他通信工具无法比拟的优势，在办公自动化领域占有极其重要的地位

1．传真机的安装要点

使用前，要仔细阅读使用说明书，正确地安装好机器，包括检查电源线是否正常、接地是否良好。机器应避免在有灰尘、高温、日照的环境中使用。

有些芯线如松下 V40、V60，夏普 145、245 等用的是 4 芯线，而有的用的是 3 芯线，这两种连接如错误，则传真机无法正常通信。

☞ 线路通信质量的简单判断。

当线路通信质量差时，进行传真可能会引起文件内容部分丢失，字体压缩或通信线路中断。判断方法：摘机后听拨号音是否有异常杂音，如“吱吱”声或“咔咔”声。

- ❖ 记录纸有两种，传真纸(热敏纸)和普通纸(一般为复印纸)。
- ❖ 热敏纸原理：在基纸上涂上一层化学涂料，常温下无色，受热后变为黑色，所以热敏纸有正反面的区别，安装时须依据机器的示意图进行。新机器出现复印全白时，故障原因可能是原稿放反或热敏纸放反。
- ❖ 普通复印纸的选择：普通纸传真机容易出现卡纸故障，多数由于纸质量引起。一般推荐纸张重量为 80g/m^2，并且要干燥。

☞ 卡纸的处理。

原稿卡纸，如显示“DOCUMENT JAM”等。如强行将原稿抽出，易引起进纸机构损坏。解决方法是掀开面板，将原稿抽出或将面板下自动分页器的弹簧掀开(详见各机器使用说明书)将纸取出。

记录纸卡纸，原因是记录纸安装不正确、纸质量差、切纸刀故障，解决方法有如下几种。

- ❖ 正确安装记录纸。
- ❖ 选用高质量记录纸。
- ❖ 对于切纸刀引起的卡纸，打开记录纸仓盖时不能过于用力。如打不开，则可以将机器断电后再加电，一般问题可以解决，切记不可强行打开记录纸仓盖，否则极易引起切纸刀损坏。

接收传真正常，复印、发传真时有竖直黑条。一般是由扫描头脏（如涂改液、公章印）引起的，解决方法：用软布或棉花蘸酒精轻轻将扫描头上的脏物擦去。

2．传真机的使用要点

自动检测功能：当传真机出现故障时，自动检测功能将自动显示故障现象和部位，使用者可随时根据相应指示灯来排除故障。

无人值守功能：无人值守功能可节省人力物力，特别对时差很大的国际间传真通信具有实际意义。无人值守通常可以分为以下 3 类。

- ❖ 收方无人值守：收方传真机旁可以不要操作人员，发方拨通收方的电话号码后，收方即可自动接收发方传送的文稿，并将其打印出来以供查看。
- ❖ 发方无人值守：当发方因临时有急事要离开而又需将文稿传给对方时，可以将所有的发送文稿放在传真机的进纸板上；按照事先设置，收方拨通发方的电话号码后，即自动启动了发方的传真机，待核实双方事先指定的密码后，将发送文稿按顺序依次发给收方。

❖ 双方无人值守：收发双方传真机都可以不要操作人员；发方将要发送的文稿按序放在进纸板上，并调整好报文的发送时间；到了预定时刻，发方传真机自行启动，通过自动拨号呼叫，启动收方传真机，核实双方事先指定的密码后，将文稿发给对方。

❖ 图像自动缩扩功能：有时发送的文稿尺寸未必与收方记录纸相同，通过图像自动缩扩功能可按比例缩放文稿内容。

❖ 自动进稿和切纸功能：传真机的纸台上可放多张文稿，由打印机上的自动切纸器控制，按照顺序依次自动发送。在传送过程中，如果想了解传送质量，可以查看打印出来的报表。

❖ 自动切纸功能：使接收到的副本长短与发送文稿一样，以防副本因纸长造成浪费、纸短丢失文字。

❖ 色调选择功能：有的传真机除能传送黑白两种色泽外，还可以传送深灰、中灰和浅灰等中间色调，这样传送的图片画面层次分明，富有立体感。

❖ 选发文稿的功能：只要在发送文稿中某些不需要对方看见的内容旁边注上一些特定的符号，则在收到的报文中，这些字段内容就会被自动删除。

❖ “跳白”功能：传真文稿上的字与字或行与行之间往往会有空白，传送这些部分要耗费相当的时间。具有“跳白”功能的传真机遇到这种情况时，会自动跳过去。这样可以大大提高低密度文字的文稿传输效率。

❖ 缩位拨号功能：对于一些常联系的传真对象，可以将其位数较多的电话号码用一个二位自编代码来代替。在拨号时只需要输入特定代码和自编代码，传真机将自动对该号码的电话进行呼叫。

❖ 复印机动能：传真机收发合一，不仅能传真，而且还能当复印机使用。有些传真机将“复印”称作“自检”，通过它检测传真机工作状况是否正常。

❖ 故障建档功能：三类传真机能将在使用过程中，每次出现的障碍自动存储在机内存储器中，自动建立故障档案，需要时可以调出故障档案进行分析处理。

9.1.3 扫描仪的安装与使用

扫描仪可以将各种形式的图像信息输入电脑，进而实现对这些图像形式的信息处理、管理、使用、存储、输出等操作。

根据扫描介质和用途的不同，扫描仪大体上分为：平板式扫描仪、名片扫描仪、底片扫描仪和文件扫描仪。除此之外，还有手持式扫描仪、鼓式扫描仪、笔式扫描仪、实物扫描仪和3D扫描仪

1. 安装扫描仪

安装扫描仪，顾名思义就是把扫描仪和电脑连接在一起。这个连接分为两方面，一是软件的安装，二是硬件的安装。

下面以安装爱普生 V100 扫描仪为例，介绍扫描仪的安装步骤及注意事项。

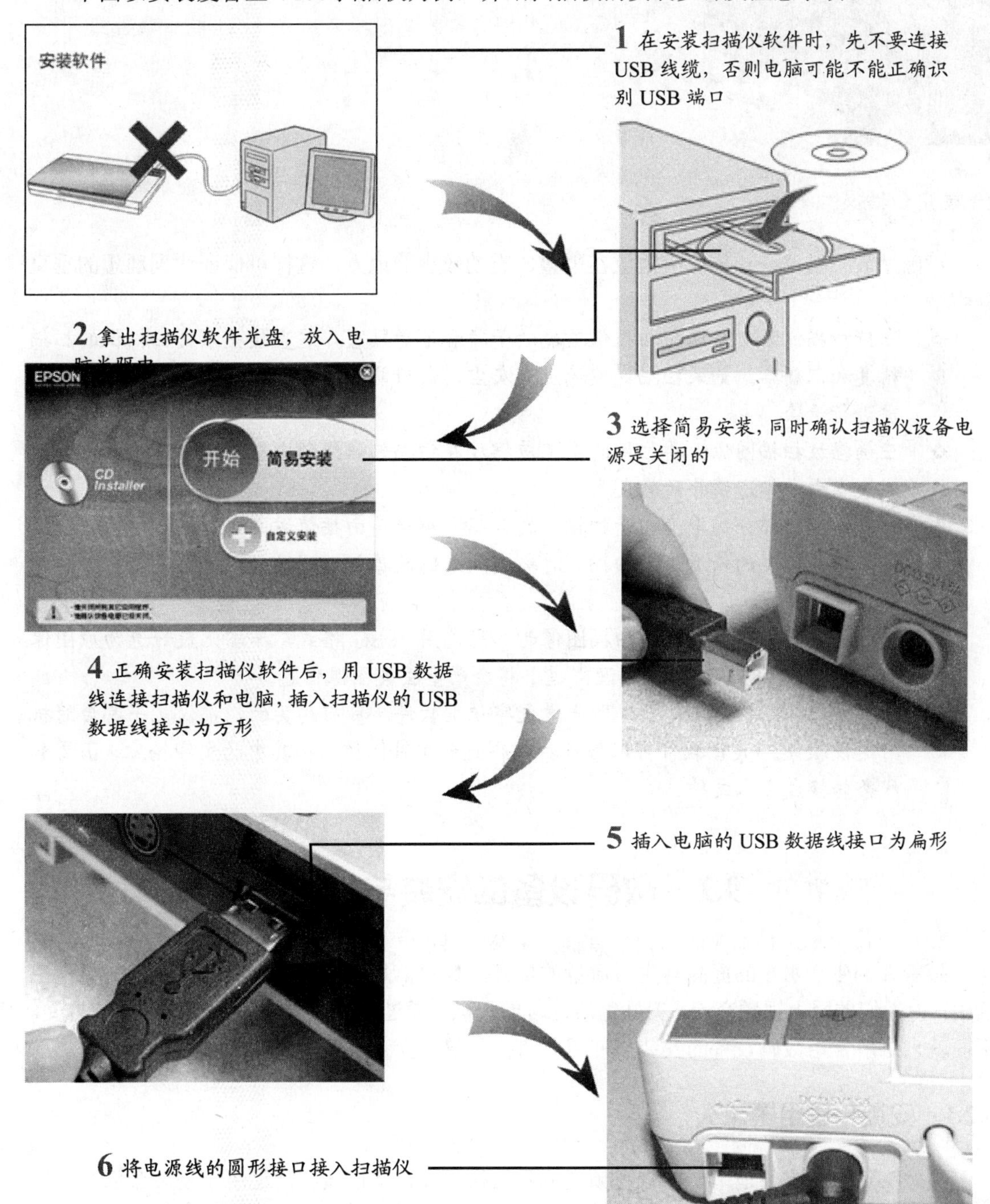

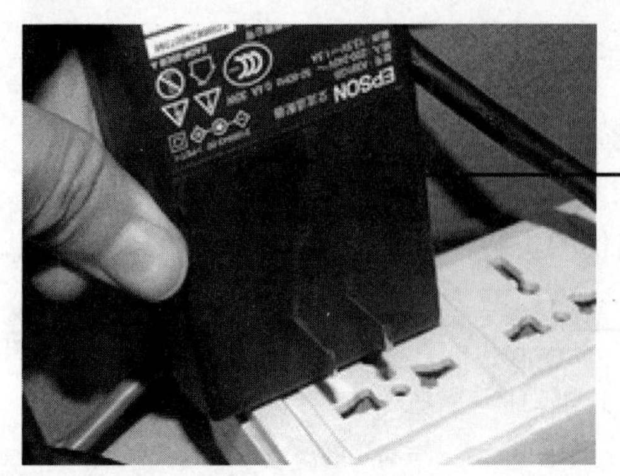

7 最后将交流电源适配器插入电源插座中，即可打开扫描仪电源

2. 使用扫描仪

正确摆放扫描仪：扫描仪应摆放在平整、震动较少的地方，这样可保证达到理想的垂直分辨率。

- ❖ 保持扫描仪清洁：保持扫描仪玻璃的干净和不受损害，这直接关系到扫描仪的扫描精度和识别率。如果扫描仪玻璃上有灰尘，最好能用平常给照相机镜头除尘的皮老虎进行清除。
- ❖ 正确摆放扫描图像：要扫描的图像应摆放在扫描起始线的中央，这样可以最大限度地减少由光学透镜导致的失真。
- ❖ 合理设置扫描分辨率：由于扫描仪的最高分辨率是由插值运算得到的，用超过扫描仪光学分辨率的精度进行扫描，对输出效果的改善并不明显，而且大量消耗电脑的资源。
- ❖ 最佳保存扫描图像：保存扫描图像时如果选用 JPEG 格式，压缩比最好选为原图像大小的 75%~85%，压缩比设得过小将会严重丢失图像信息。
- ❖ 使用 OCR 软件：OCR 软件即光学文字识别软件，目前购买的扫描仪几乎都会随机附送该软件。OCR 软件可以处理扫描得到的文件图像，将其中的文字轮廓、阴影和线条转换成文本文件。

9.2 数码设备的安装与使用

随着人们生活水平的提高与生活质量的提升，数码信息产品已广泛地走进人们的日常生活中，为人们的网上视频交流、美好生活片段的记录、通过电脑看电视等提供了极大的方便。下面就来讲解常用数码设备的安装与使用方法。

9.2.1 安装与使用摄像头

摄像头可以很方便地用于网络视频交流且价格低廉，现已被广泛运用于视频会议、远程医疗和实时监控等领域。

1. 安装摄像头

摄像头一般由镜头、底座及 USB 数据线三部分组成，如下图所示。

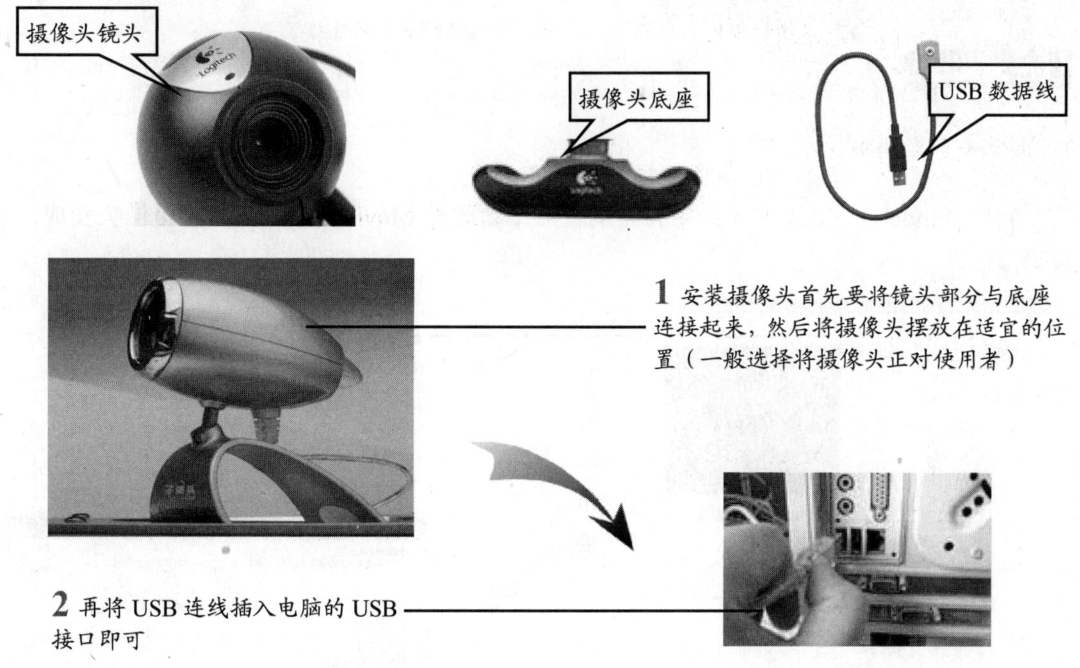

1 安装摄像头首先要将镜头部分与底座连接起来，然后将摄像头摆放在适宜的位置（一般选择将摄像头正对使用者）

2 再将 USB 连线插入电脑的 USB 接口即可

3 操作系统将发现新硬件并开始自动安装和设置驱动程序，安装完成后，系统会再次要求重新启动电脑。重启后即可使用。

2. 用摄像头进行视频聊天

视频聊天是摄像头最主要的作用，结合即时通信软件的相应功能，用户可以和好友实现面对面的交流。这里就以 QQ 的超级视频功能为例来讲解如何用摄像头进行视频聊天。

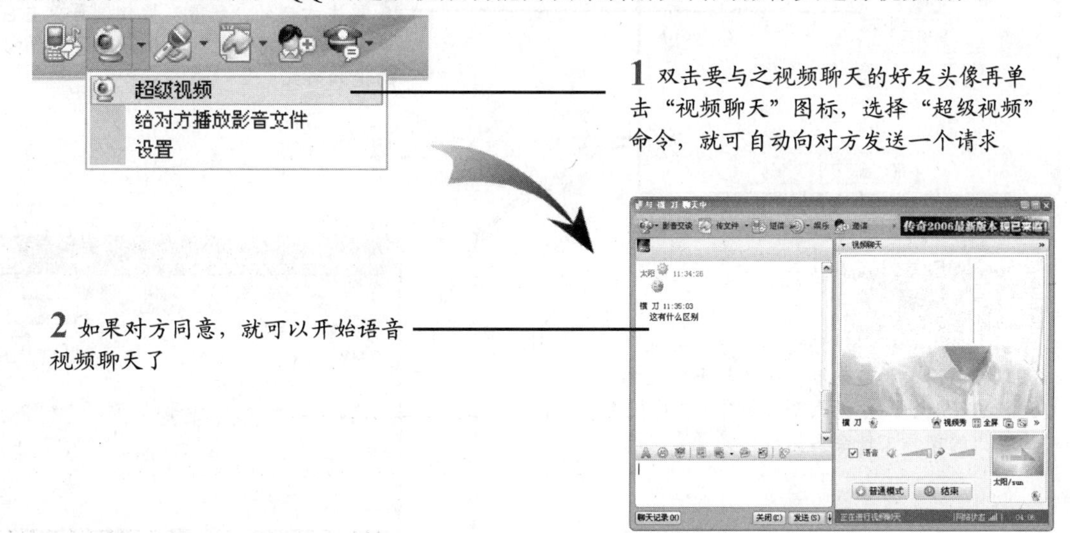

1 双击要与之视频聊天的好友头像再单击“视频聊天”图标，选择“超级视频”命令，就可自动向对方发送一个请求

2 如果对方同意，就可以开始语音视频聊天了

一点就透

- 如果要进行 QQ 多人视频聊天，只需分别向多个好友请求视频聊天，接着让多位好友相互请求视频聊天，当连接成功后，多人视频就成功连接了。

3. 摄像头当数码摄像机用

利用 Windows XP 操作系统中自带的视频编辑软件 Movie Maker，可将摄像头变成一台数码摄像机。

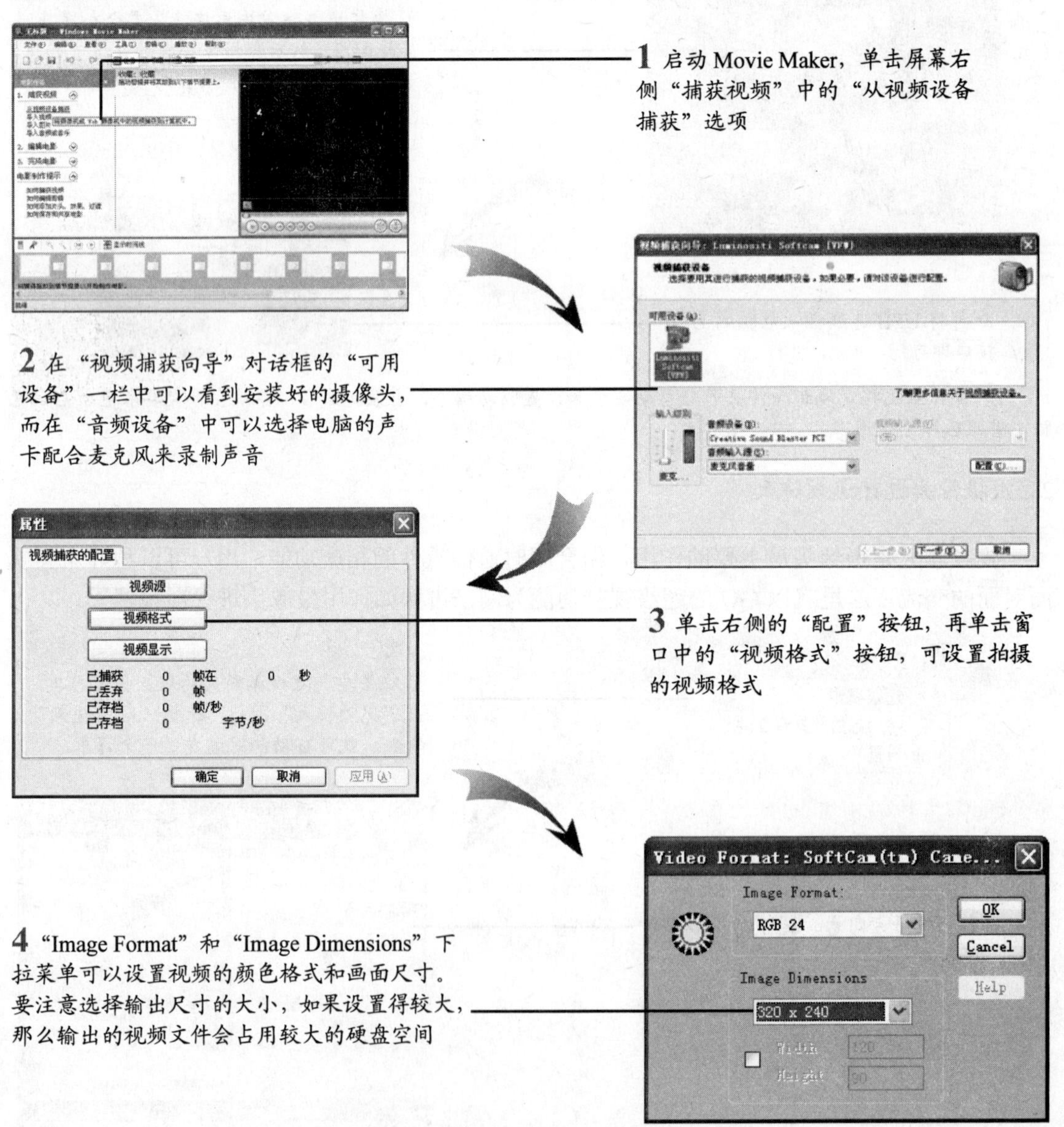

1 启动 Movie Maker，单击屏幕右侧"捕获视频"中的"从视频设备捕获"选项

2 在"视频捕获向导"对话框的"可用设备"一栏中可以看到安装好的摄像头，而在"音频设备"中可以选择电脑的声卡配合麦克风来录制声音

3 单击右侧的"配置"按钮，再单击窗口中的"视频格式"按钮，可设置拍摄的视频格式

4 "Image Format"和"Image Dimensions"下拉菜单可以设置视频的颜色格式和画面尺寸。要注意选择输出尺寸的大小，如果设置得较大，那么输出的视频文件会占用较大的硬盘空间

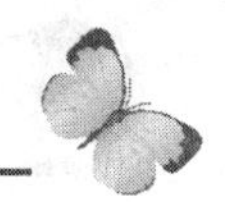

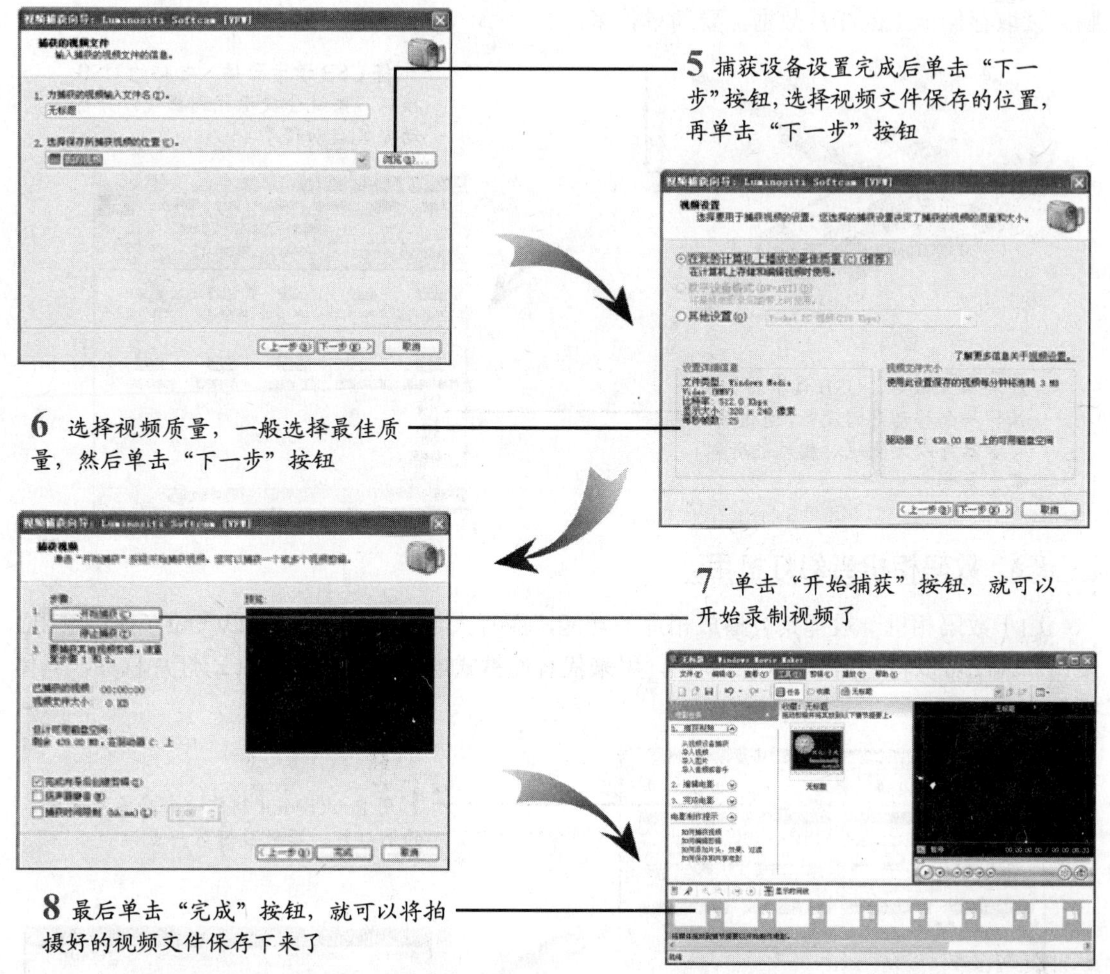

9.2.2 安装与使用 DC 和 DV

现在数码设备都支持应用 USB 接口来连接电脑，通过 USB 数据线，就可以轻松地将数码设备与电脑连接起来。

1. 安装与使用 DC

只需将数码相机（DC）的数据线插入相机的 USB 输出口，将数据线的另一端插入电脑上空闲的 USB 接口即可。

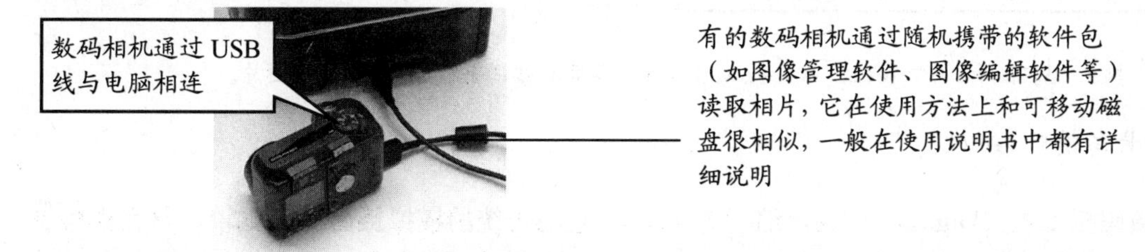

相对于采用 USB 数据线连接数码相机和电脑的方式而言，通过 USB 读卡器直接连接电

脑并读取存储卡上的相片数据，要简单得多。

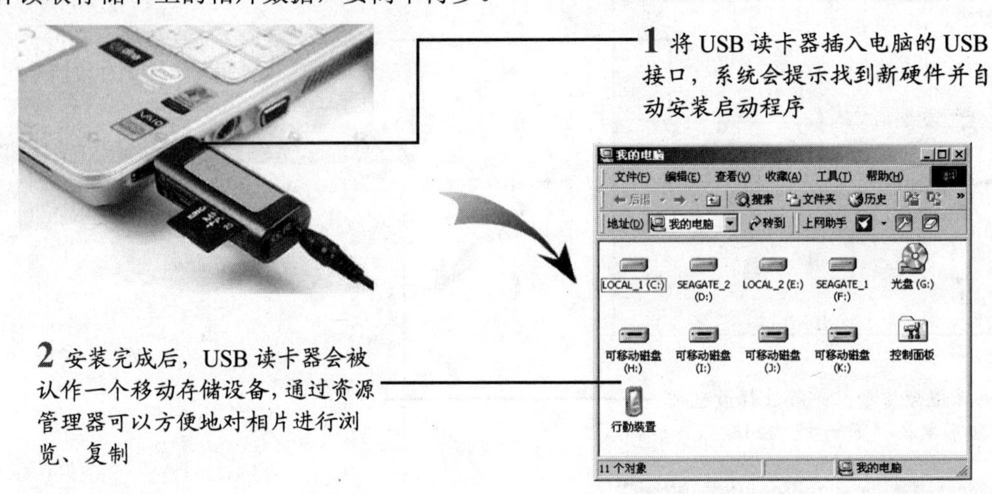

☞ 数码相机当幻灯机用。

由于数码相机一般都具有播放相片的功能，而且大部分的产品内置TV Out（视频输出）接口。因此可以将它当作幻灯机使用，用来代替便携式电脑和PowerPoint幻灯片软件，具体操作步骤如下。

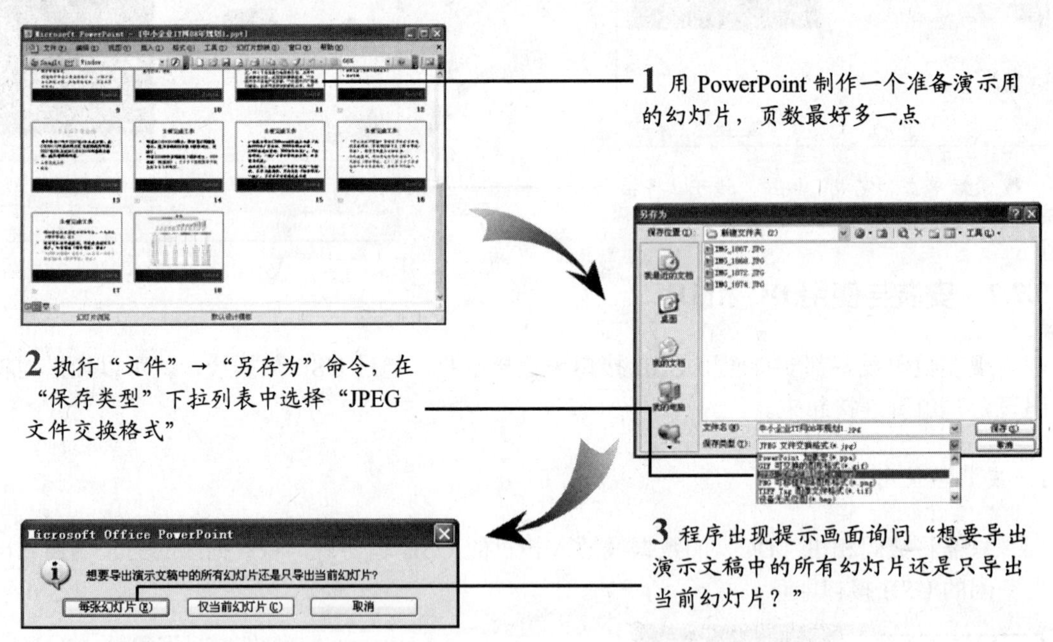

4 单击“每张幻灯片”按钮，可把PowerPoint的各页幻灯片全都转换成JPEG图片。

2. 安装与使用DV

数码摄像机（Digital Video，缩写为DV），它与传统的模拟摄像机相比较，具有影像更加逼真、解析度更高的优点。DV与电脑的连接有所不同，其具体步骤如下。

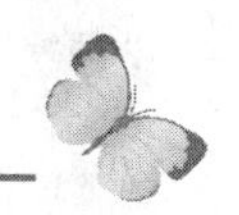

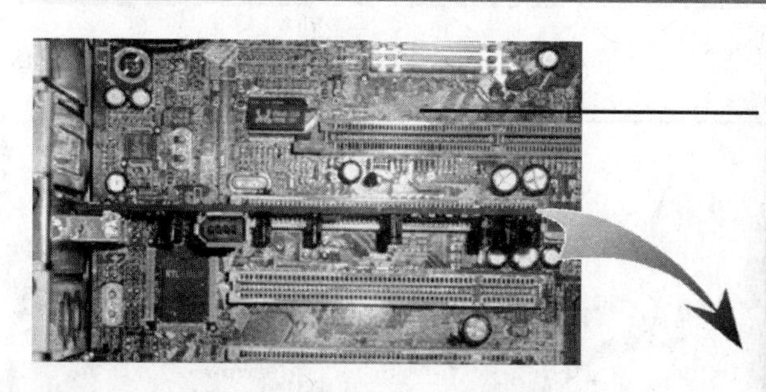

1 连接 DV 与电脑前首先要安装 1394 卡。按照 1394 卡上的金手指的缺口在 PCI 插槽上相对应的位置插进去，再用螺丝钉将卡固定在机箱上，这样就完成了 1394 卡安装

2 通常家用摄像机和 IEEE 1394 卡之间连接所采用的是 4-Pin 对 6-Pin 的 1394 线，将其中接口较大的一端连接至 1394 卡

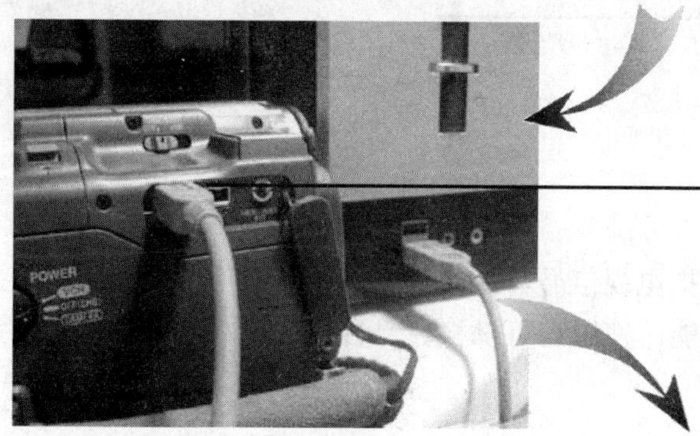

3 接口较小的一端连接 DV（带有 DV 标记的接口），这样就完成了电脑与摄像机的连接

4 启动电脑后，系统会自动查找并安装 1394 卡的驱动程序

☞ 数码摄像机视频聊天。

当使用 NetMeeting、QQ、MSN 等网络工具进行聊天时，就可以使用数码摄像机的网络摄像头功能，进行视频聊天。下面就以 QQ 聊天软件为例来讲解如何正确设置数码摄像机的网络摄像头功能。

1 用 USB 线或 1394 线将数码摄像机与个人电脑连接起来。安装随机附带的驱动程序。

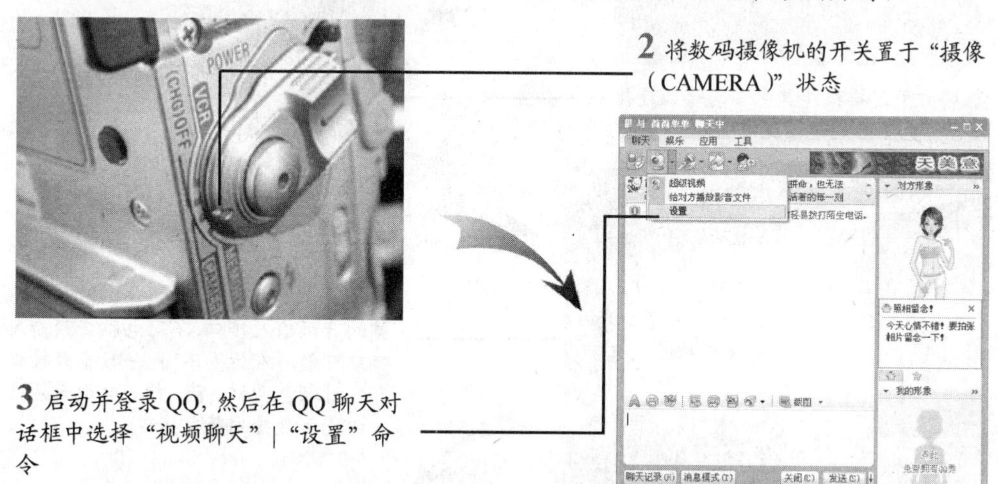

2 将数码摄像机的开关置于“摄像（CAMERA）”状态

3 启动并登录 QQ，然后在 QQ 聊天对话框中选择“视频聊天”|“设置”命令

4 在视频设备下拉列表中选择摄像头设备，然后单击“画质调节”按钮，打开该对话框进行画面效果的设置，单击“完成”按钮

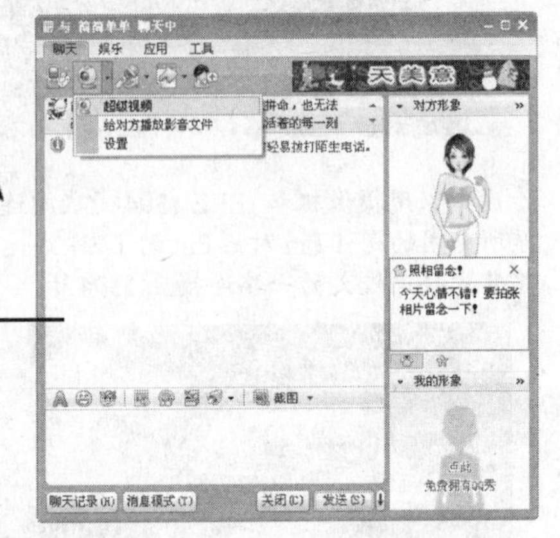

5 返回到聊天窗口，执行“视频聊天”｜“超级视频”命令，向好友发送一个邀请信息。对方同意之后，就可以开始视频聊天了

9.2.3 安装与使用电视卡

电视卡的工作原理是将接收到的模拟电视信号转换为数字信号，然后由电脑进行识别和播放。电视卡为电脑增加了新的实用功能，使用它可以将自己喜欢的电视片段复制到硬盘中进行视频编辑，制作个人影碟。

1. 安装电视卡

电视卡的安装除了硬件的连接，还需要在系统中安装驱动程序并进行设置，才能收看电视节目，具体步骤如下。

1 将电视卡插入 PC 主板的任意空闲 PCI 插槽

2 将红外连接线（黑色）与音频连接线（白色）分别连接到电视卡上

3 将音频连接线的另外一头连接上电脑的音频输入接口，不同电脑音频输入接口可能所在位置不同，一般音频接口有 3 种颜色即红、蓝、绿，电视音频线（白色）连接到蓝色接口上

4 启动电脑进入 Windows XP，系统发现新硬件，弹出驱动程序安装向导。选择“从列表或指定位置安装”单选按钮，单击“下一步”按钮

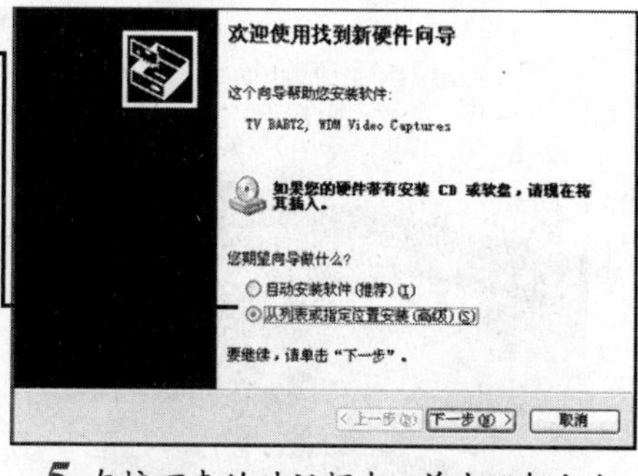

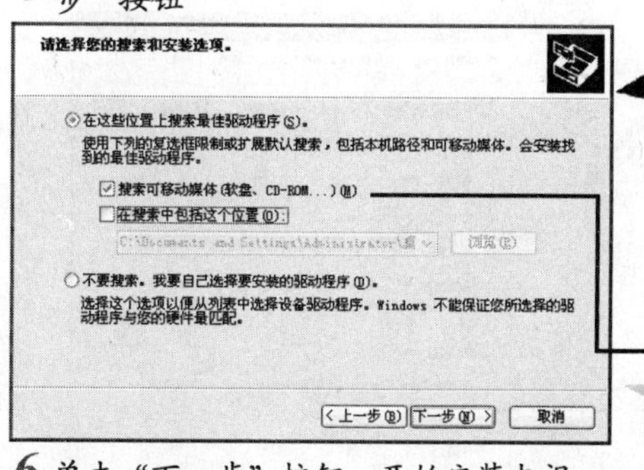

5 在接下来的对话框中，单击“在这些位置上搜索最佳驱动程序”单选按钮。将驱动程序光盘插入光驱中，选中“搜索可移动媒体”复选框

6 单击“下一步”按钮，开始安装电视卡的驱动程序，安装过程中将弹出一个系统警告对话框，单击“仍然继续”按钮，继续安装

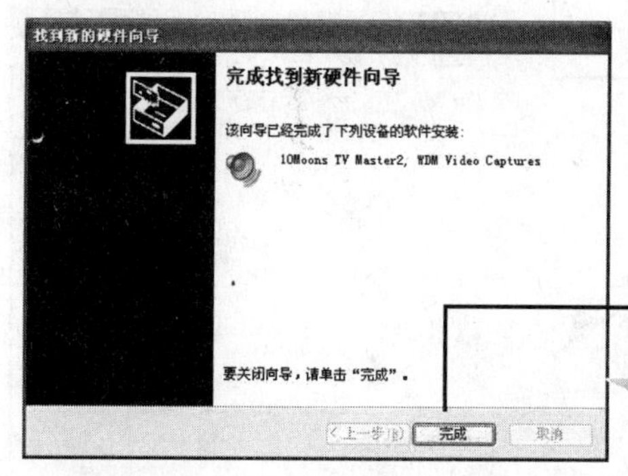

7 程序复制完成后，向导提示安装结束，单击“完成”按钮。至此，硬件与驱动程序的安装就完成了

8 将电视卡自带软件光盘放入光驱，自动运行后出现安装界面。按照安装向导的提示，即可轻松完成电视卡自带软件的安装

2. 电视卡定时录像

安装有电视卡的电脑，可以通过应用软件进行视频采集，将电脑变为一台数字录像机，具体方法如下。

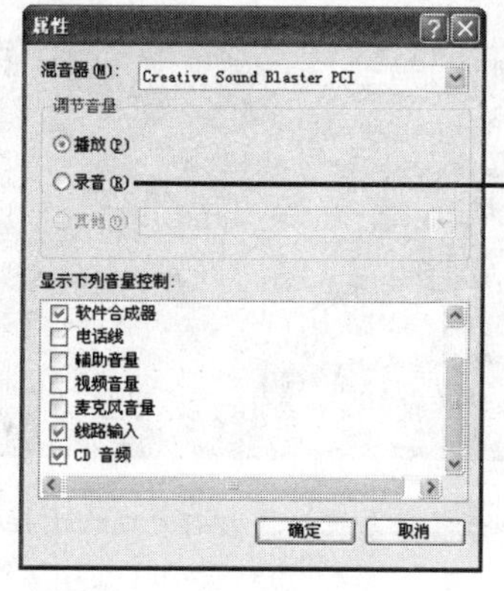

1 在录制电视节目之前，用鼠标双击系统右下角任务栏中的小喇叭，在“音量控制”菜单|“选项”|“属性”中选中“录音”单选项，并在“显示下列音量控制”中勾选“线路输入”复选框

2 返回声音控制面板取消选中“线路输入”的静音复选框，同时将“线路输入”音量滑块调到合适的位置即可

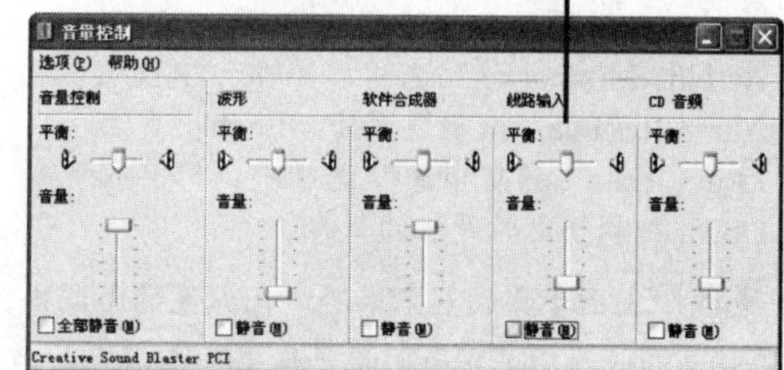

3 用 POWER 连接线将电视卡上的 PC-SW 与主板的 Power-On 键相连，而 PW-ON 连接机箱电源

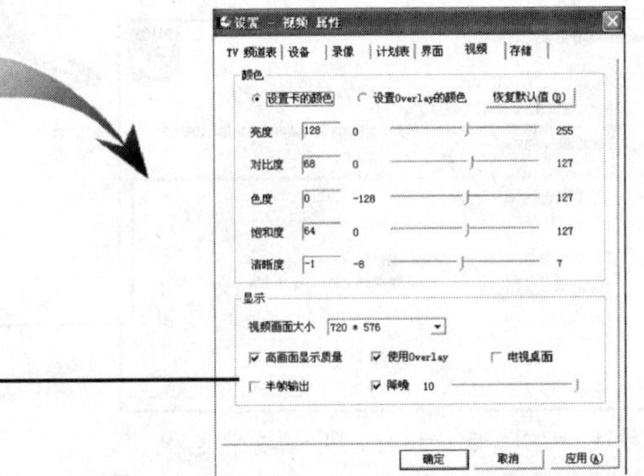

4 运行电视卡接收软件，然后用遥控器打开 OSD 遥控菜单进入“视频”中，在这里设置视频大小、视频亮度等参数

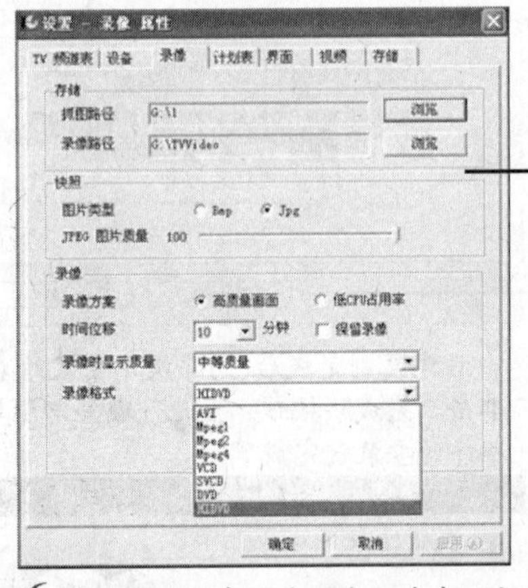

5 接着单击“录像”选项卡，自行设定视频质量、画面质量和文件容量等

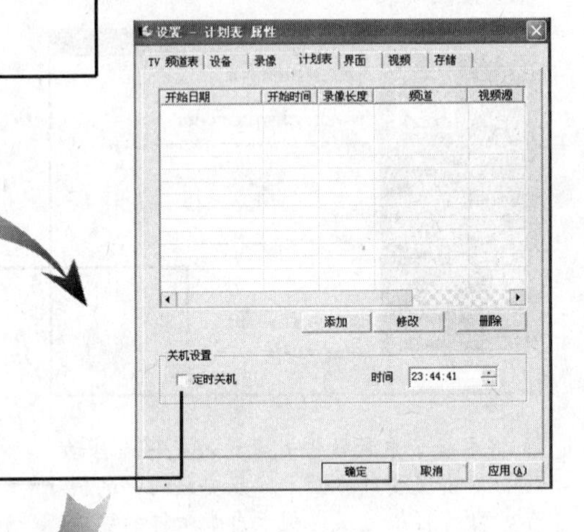

6 单击“计划表”选项卡，选中“定时关机”复选框，然后设置关机时间以及预约频道，再单击“添加”按钮，设置电视节目定时录制的日期、时间

```
Phoenix - AwardBIOS CMOS Setu
Power Management Setup

ACPI Suspend Type              [S1(POS)]
Power Management Option        [User Define]
HDD Power Down                 [Disable]
Suspend Mode                   [Disable]
Video Off Option               [Suspend -> Off]
Video Off Method               [V/H SYNC+Blank]
Soft-Off by PWRBTN             [Instant-Off]
Run VGABIOS if S3 Resume       [Auto]
Ac Loss Auto Restart           [Off]
▶ IRQ/Event Activity Detect    [Press Enter]
```

7 进入 BIOS 设置中，将“Power Management Option”选项设置为“User Define”。打开高级电源管理功能

```
PS2KB Wakeup Select            [Hot key]
PS2KB Wakeup from S3/S4/S5     [Ctrl+F1]
PS2MS Wakeup from S3/S4/S5     [Disabled]
USB Resume from S1-S3          [Disabled]
PowerOn by PCI Card            [Disabled]
PowerOn by OnBoard LAN         [Disabled]
Modem Ring Resume              [Disabled]
RTC Alarm Resume               [Enabled]
Date (of Month)                [10]
Resume Time (hh:mm:ss)         10 : 10 :  5
```

8 接下来设置 IRQ 的唤醒功能。进入“IRQs Activity Monitoring”选项，并将“RTC Alarm Resume”选项设置为“Enable”，然后在“Data（of Month）”选项中，用 Page Down 键调整定时开机的日期

9 按照上面步骤设置完毕后，在设置的时间内，电脑会自动开机并登录系统，同时打开电视卡接收软件，在指定的时间内开始录制节目，录制完节目后将自动关机。

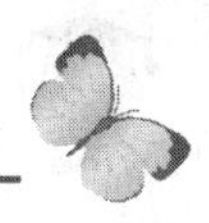

3. 电视卡共享播放

如果家庭用户组建了局域网，只需利用其中一台安装了电视卡的主机进行共享播放。

利用 Windows Media 编码器可以实现局域网内共享电视卡，在安装之前，请确认所安装的 DirectX 版本在 8.1 以上，否则编码器无法安装。

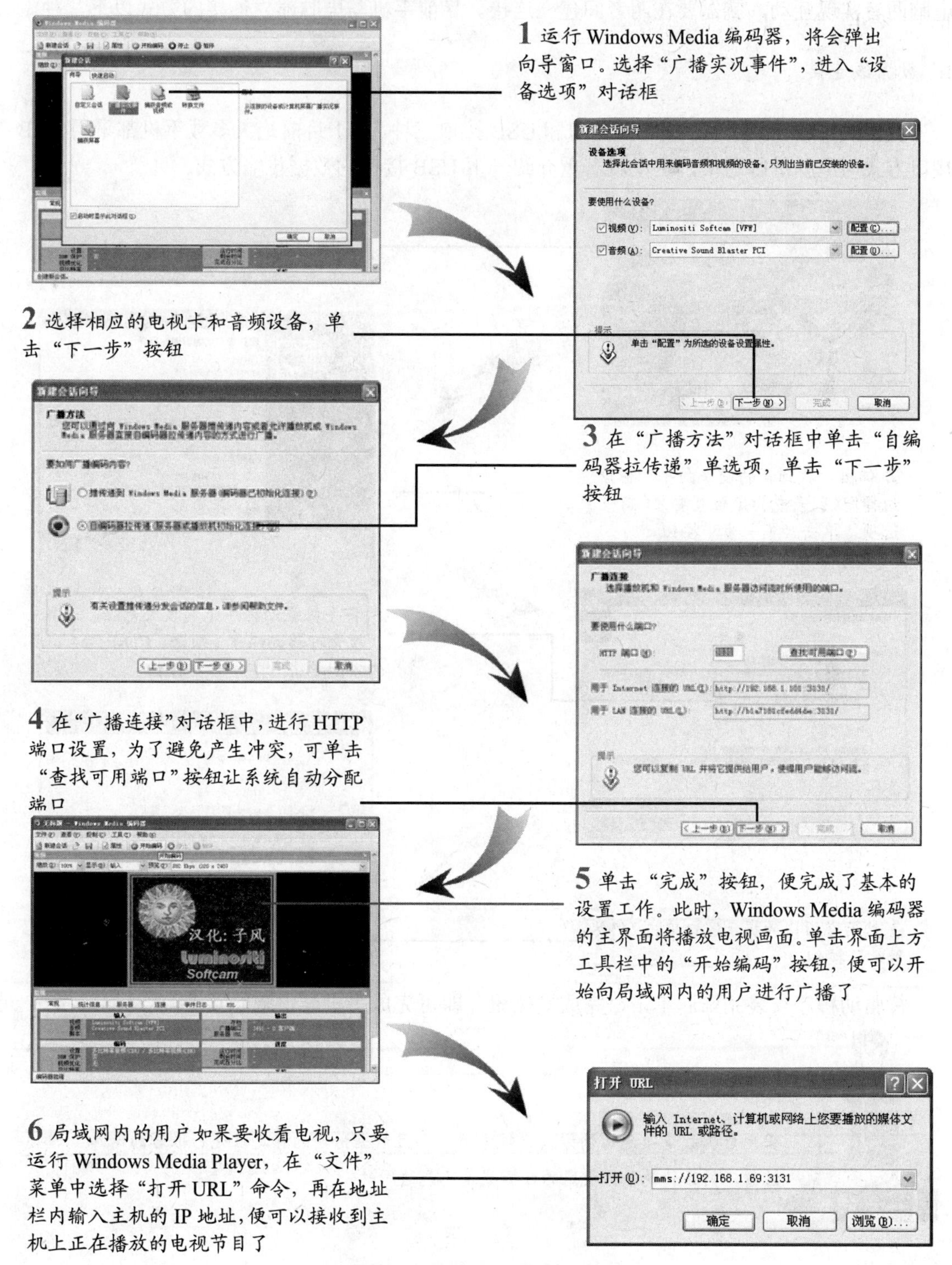

1 运行 Windows Media 编码器，将会弹出向导窗口。选择“广播实况事件”，进入“设备选项”对话框

2 选择相应的电视卡和音频设备，单击“下一步”按钮

3 在“广播方法”对话框中单击“自编码器拉传递”单选项，单击“下一步”按钮

4 在“广播连接”对话框中，进行 HTTP 端口设置，为了避免产生冲突，可单击“查找可用端口”按钮让系统自动分配端口

5 单击“完成”按钮，便完成了基本的设置工作。此时，Windows Media 编码器的主界面将播放电视画面。单击界面上方工具栏中的“开始编码”按钮，便可以开始向局域网内的用户进行广播了

6 局域网内的用户如果要收看电视，只要运行 Windows Media Player，在“文件”菜单中选择“打开 URL”命令，再在地址栏内输入主机的 IP 地址，便可以接收到主机上正在播放的电视节目了

9.2.4 手机与电脑的连接

现在的手机已不再是单纯的通信工具，集成了包括短信、摄像、上网、炫铃、听音乐等各种娱乐和时尚的功能。但这些功能需要手机与电脑相互配合才能得以发挥，而要使手机与电脑两者实现互动，就需要在两者间建立连接。目前手机与电脑建立连接的方式以下几种。

1. 数据线连接

数据线传输方式可分为串口、并口和USB接口三种，由于目前绝大多数手机都采用USB接口方式与电脑进行通信，这里就着重介绍一下USB接口的数据传输方式。

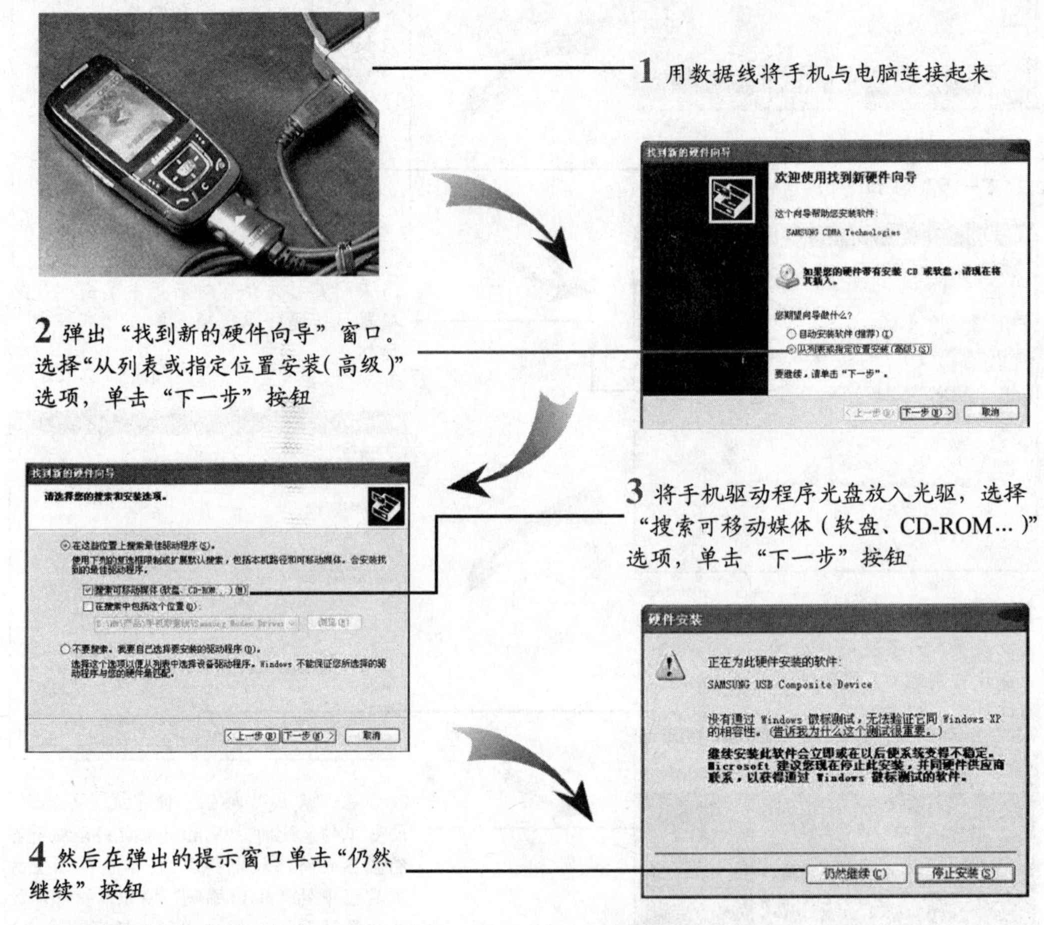

待驱动程序安装完毕后单击“完成”按钮，即可完成手机与电脑的互连。

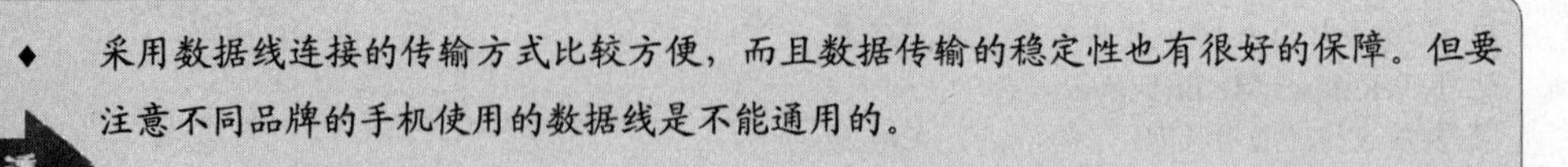

一点就透

◆ 采用数据线连接的传输方式比较方便，而且数据传输的稳定性也有很好的保障。但要注意不同品牌的手机使用的数据线是不能通用的。

2. 红外线传输

红外线是一种比较普遍的无线传输方式，它在技术方面非常成熟，应用的领域也比较广泛。由于现在的电脑大多没有带红外接口，所以选择这种传输方式还得购买一个红外适配器，如下图所示。

红外线传输的理论通信距离在 0~1m 之间，传输速率最快可达 16Mbit/s。红外线连接方式虽然采用的是无线连接，但是在传输数据的过程中稍微的移动都会导致连接的中断，使用起来不是非常方便

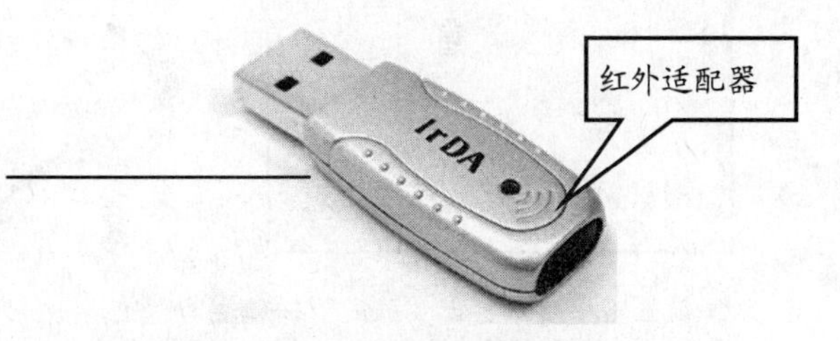

先把红外适配器插入电脑的 USB 接口，由于大多数红外设备是即插即用的硬件，所以待系统安装完毕红外适配器的驱动程序后，打开手机的红外连接，就可以看到，电脑已经“发现了一台新计算机……”，桌面上也出现了“发送文件到另一台计算机”的快捷方式。

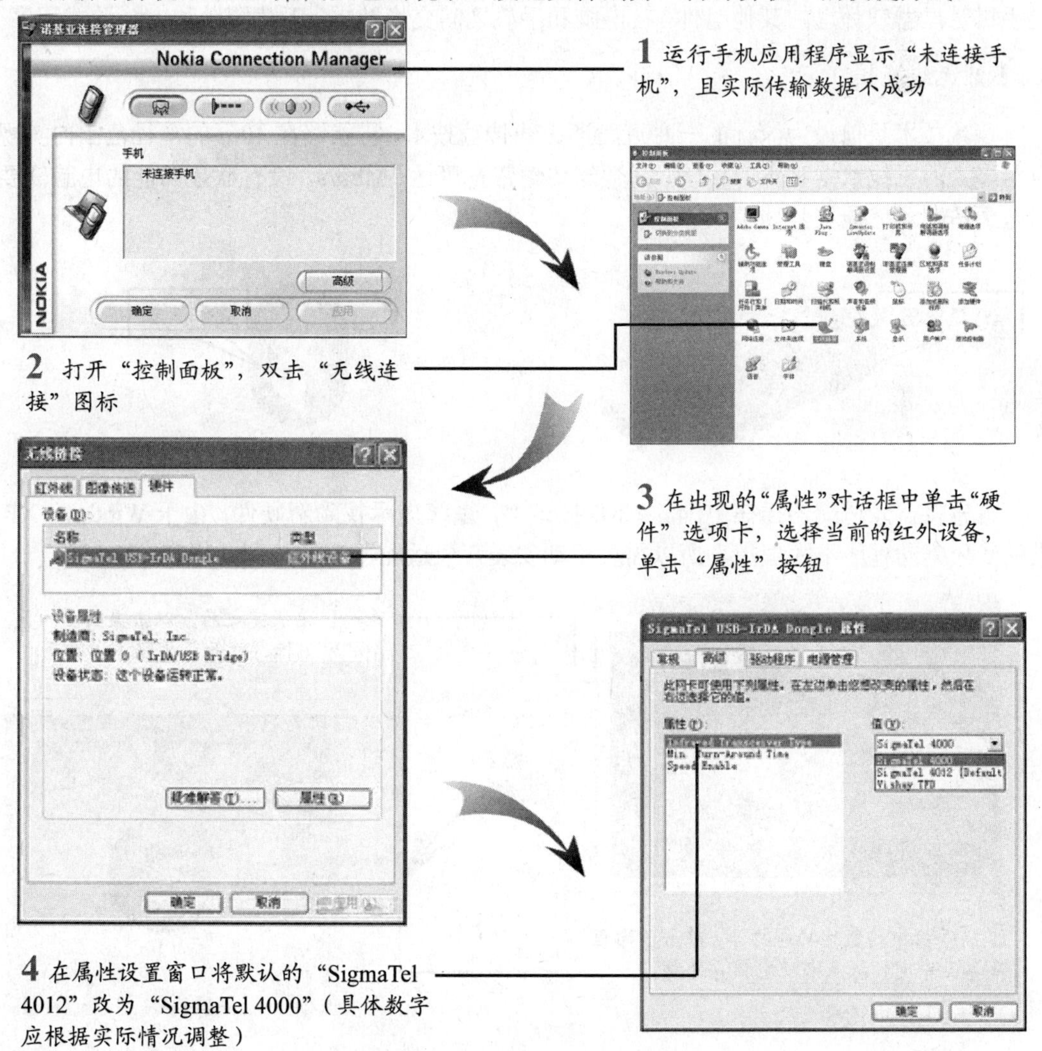

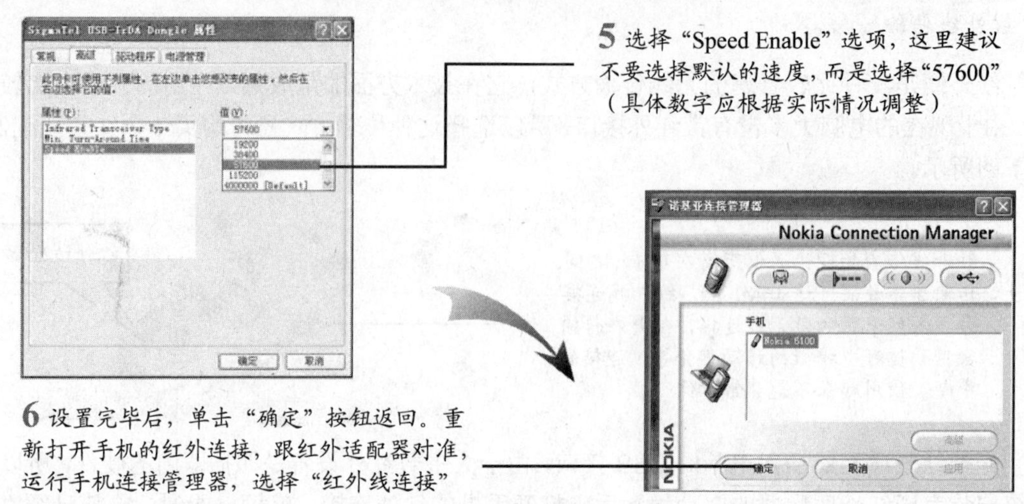

5 选择“Speed Enable”选项，这里建议不要选择默认的速度，而是选择“57600”（具体数字应根据实际情况调整）

6 设置完毕后，单击“确定”按钮返回。重新打开手机的红外连接，跟红外适配器对准，运行手机连接管理器，选择“红外线连接”

稍候片刻，手机连接管理器软件就会自动搜索到手机，并显示其型号。这时，就可以通过手机管理器软件里的其他组件，在电脑和手机之间交换数据、下载图铃和安装游戏程序了。

3. 蓝牙无线连接

蓝牙技术目前最为流行的一种近距离无线传输技术，它能够在10m的半径范围内实现单点对多点的无线数据和声音传输，其数据传输带宽可达1Mbit/s。没有蓝牙功能的电脑需要使用蓝牙适配器才能与蓝牙手机相连。

首先将蓝牙适配器插在电脑的USB接口上，系统提示找到新硬件，由于Windows XP提供的蓝牙驱动程序不太理想，所以需要手动安装蓝牙适配器附送的驱动程序。

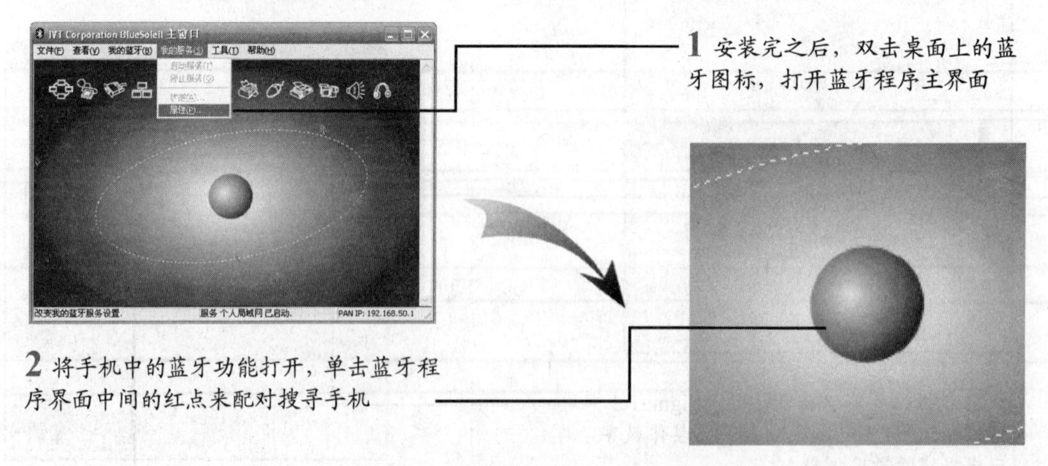

1 安装完之后，双击桌面上的蓝牙图标，打开蓝牙程序主界面

2 将手机中的蓝牙功能打开，单击蓝牙程序界面中间的红点来配对搜寻手机

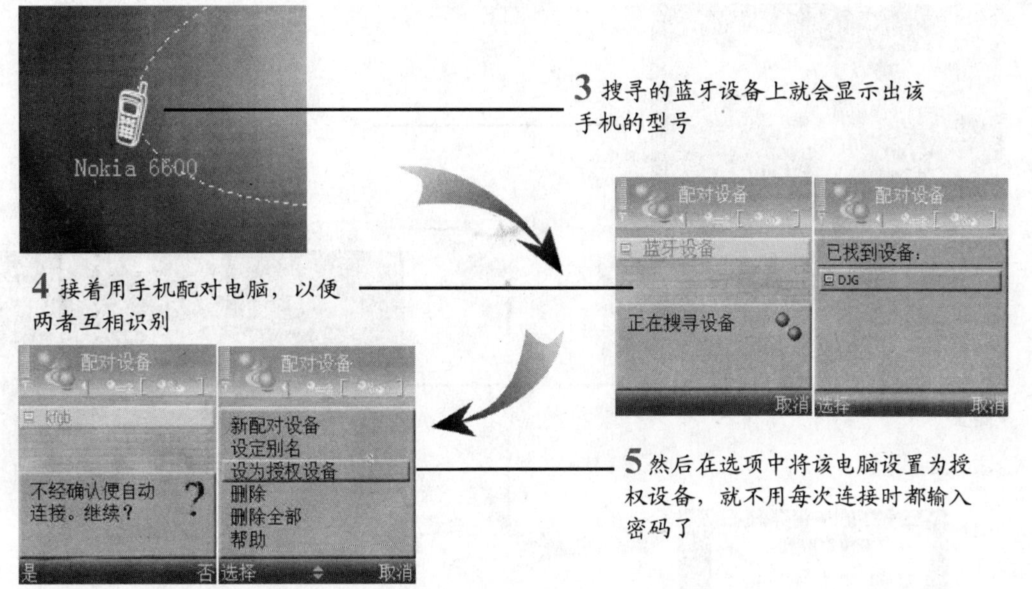

6 选择一个想传送的文件，选择从蓝牙发送。直到系统提示发送结束，文件就会被传送到“我的文档”中的蓝牙文件夹下一个名为 inbox 的文件夹里。

9.3 其他外设的安装与使用

除了办公设备和数码设备外，还有刻录机和音箱等数字影音外设，它们扩大了电脑的应用领域，给用户的工作、生活以及娱乐带来了很大的方便。

9.3.1 安装与使用刻录机

DVD 刻录机的普及，让更多的人能够享受大容量数据被传递或保存的便捷和安全。而一些初级用户由于对 DVD 盘片的刻录方法并不了解，往往因误操作导致把光盘刻“飞”，下面就来介绍刻录机的安装与使用方法。

1. 安装设置刻录机

刻录机硬件的安装与安装光盘驱动器的流程基本相同。

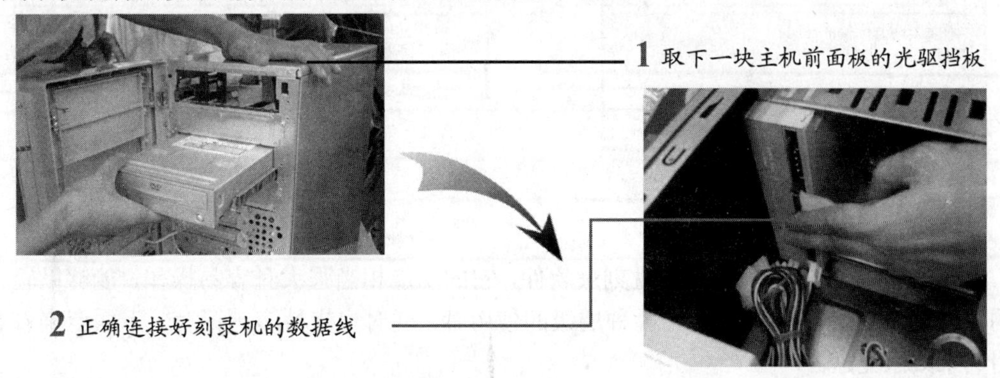

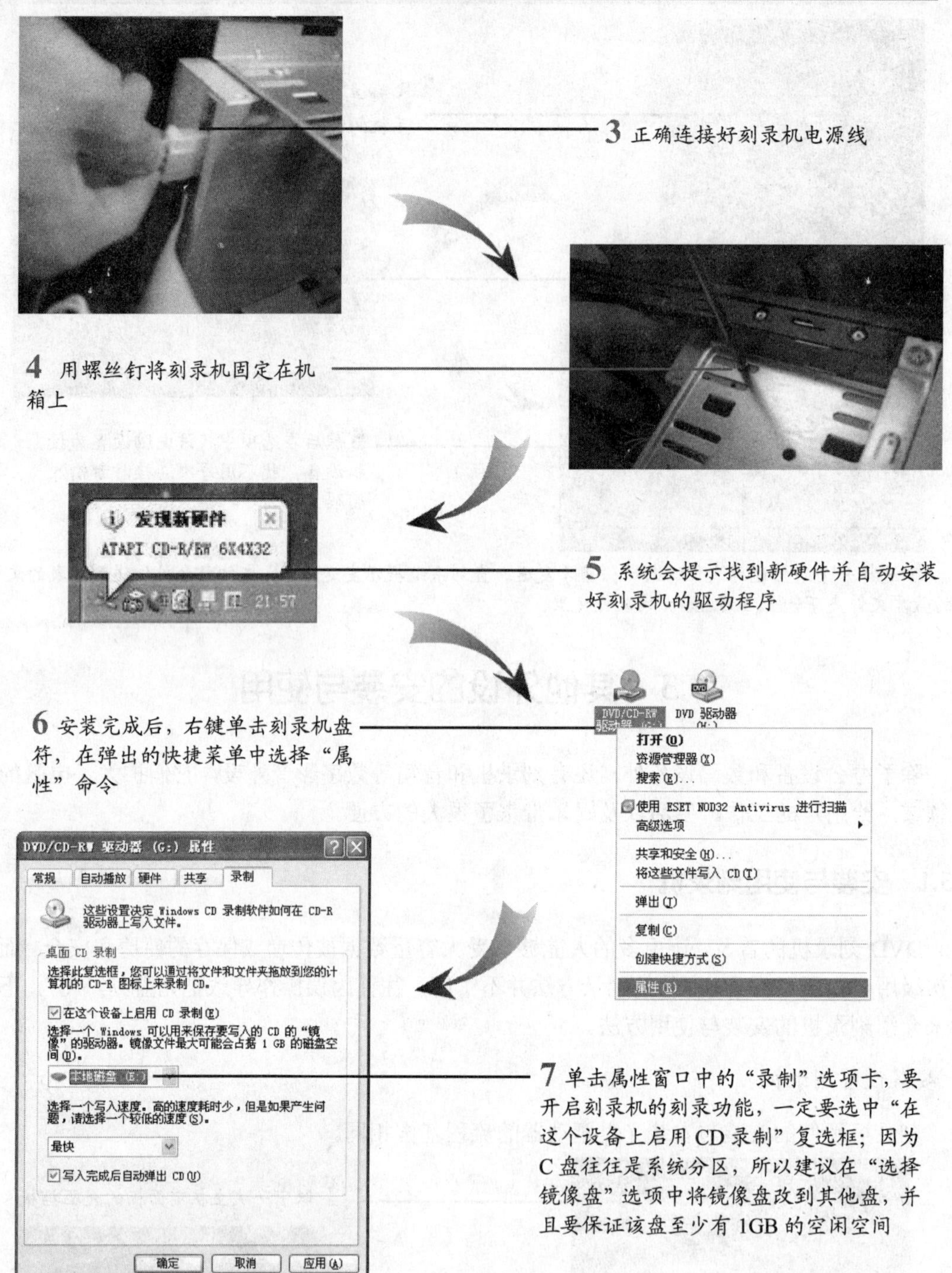

2. 使用 Nero 刻录光盘

Nero 是由德国公司出品的光盘刻录软件，它的功能相当强大且容易操作，能够以轻松快捷的方式制作 CD 和 DVD，适合各种层级的使用者，同时也支持多国语言。下面就来看看如何用其来刻录光盘。

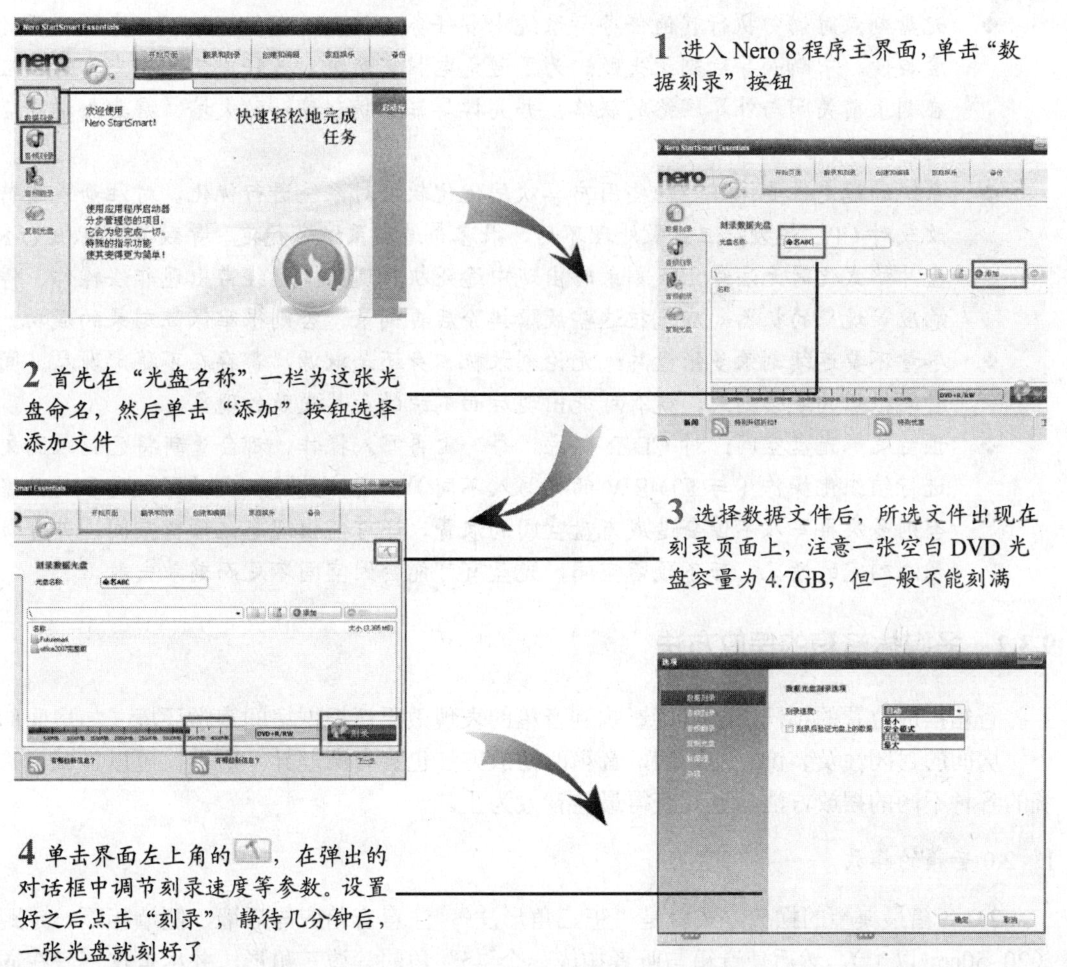

1 进入 Nero 8 程序主界面，单击“数据刻录”按钮

2 首先在“光盘名称”一栏为这张光盘命名，然后单击“添加”按钮选择添加文件

3 选择数据文件后，所选文件出现在刻录页面上，注意一张空白 DVD 光盘容量为 4.7GB，但一般不能刻满

4 单击界面左上角的图标，在弹出的对话框中调节刻录速度等参数。设置好之后点击“刻录”，静待几分钟后，一张光盘就刻好了

3. 刻录光盘的注意事项

- 使用正品：要保证刻录的成功率，应尽量使用正品刻录光盘。切勿贪图便宜购买劣质的 CD-R、CD-RW 盘片，劣质盘片很易碎裂，且反射率指数不达标、质量无保证。
- 电源要有足够的功率：因为光盘刻录时对电源要求很高，使用劣质电源出现故障的机率非常高。
- 保证电源不中断 ：如果在刻录过程中电源中断，那么盘片就会报废。因此刻录时不要打开 BIOS 及 Windows 中的电源管理功能，否则刻录时键盘和鼠标如果长时间无信息输入，系统会自动进入节电模式，停止供电。
- 让刻录机独占一个 IDE 接口：对使用 IDE 接口的内置刻录机而言，应让刻录机独占一个 IDE 接口。如果必须共用 IDE 接口，也要把它设定为主设备，以保证刻录机的稳定工作。
- 加快数据读入的速度：刻录光盘时，先要把刻录的数据读入缓冲区，如果数据读入的速度较慢，容易造成缓冲区的数据不足或中断，导致刻录失败。因此对光盘整盘复制时，最好先把光盘镜像到硬盘中，这样数据传输远比光驱读入快，刻录的成功率也远远高于由光驱读入的方式。

- ❖ 光盘刻录时切勿执行其他任务：系统中多任务工作会造成数据读入光盘缓冲区的速度减慢、中断而导致刻录失败。为了避免电脑突然进入多任务工作状态，用户应该在刻录前关闭与外界网络的联络，并关掉屏幕保护程序和防火墙、病毒扫描等后台运行程序。
- ❖ 系统的稳定性要保证：一些用户喜欢用优化软件对系统进行优化，对注册表进行修改或对 CPU 超频，但如果处理不好，很容易造成系统不稳定，导致 CD-R、CD-RW 盘片格式化时无法终止或刻录时出现中途死机等现象。对经常出现非法操作、停止响应等现象的机器，应先把这些故障排除后再刻录，否则很难保证刻录的成功。
- ❖ 尽量不要连续刻录多张盘片：无论刻录机本身还是电源，都存在不稳定现象。间隔时间很短的连续刻录，就有可能出现后面刻录的盘片失败的现象。
- ❖ 预留足够光盘空间：对 CD-R 刻录，每一次再写入操作，都会重新将已刻录的文件进行组织化操作（与 CD-RW 的再写入不同）。用户最好一次性写入更多的数据，否则多次再写入不但会造成光盘空间的浪费，还可能出现忘记预留空间、部分数据无法刻完的情况。若不预留空间，光盘有可能会因空间不足而刻录失败。

9.3.2 多媒体音箱的摆放方法

音箱摆放位置的不同，会直接影响到音箱的表现效果。根据房间声学环境（如房间的大小、房间的封闭性及装饰）的不同，音箱的摆放方法也会有所差异。所以，可以尝试音箱系统的各种不同的摆放方法，直到获得最佳音效为止。

1. 2.0 音箱的摆放

2.0 音箱最典型的摆放方式就是“正三角形法”，注意音箱应与后墙、侧墙相隔一定距离（20~50cm 以上），然后使音箱与听者构成一个 45° 角的等边三角形，并尽量使三者在同一平面上，即可得到最佳听音位置和回放声效。如下图所示。

除了角度不变外，这个等边三角形可根据房间大小来调整。这种摆放方法的好处是可以减少四面墙反射音对音箱的过度干扰，从而可得到很好的定位感以及宽深的音场，是能够听到最多、最直接、最清楚细节的一种摆法

2. 2.1 音箱的摆放

2.1 音箱可参照上述 2.0 音箱的方式来摆放。低音炮的摆放从理论上来说没有硬性的规定。但为了获得较好的效果，建议将低音炮摆放在电脑桌下、显示器的正下方位置，在听者正前方和前置声道处于同一条线的地面上

3. 5.1音箱的摆放

5.1音箱有一个专门用以播放电影对白和人声等的中置音箱，可摆放在显示器上方或显示器前的桌面上，并与前方的两个主音箱一字排开，且高度尽可能相同；也可将中置音箱稍微后移一些，但其正面仍与前置主音箱正面平行，这样才能达到满意的声音回放效果

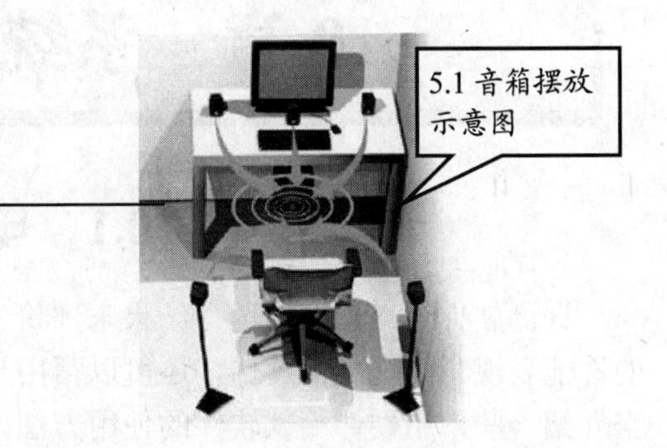

5.1音箱摆放示意图

4. 7.1音箱的摆放

7.1 声道音箱的摆放，重点放在四个环绕音箱上。应将其摆放在聆听者左前、左后、右前、右后的两侧位置（墙上或音箱架上），并保证左边的两个音箱和右边的两个音箱分别处在同一条直线上。另外，左前、右前环绕音箱，除了应处于与聆听者和电脑屏幕垂直的一条直线上，还要与后面的一对环绕音箱同处一个平面内。

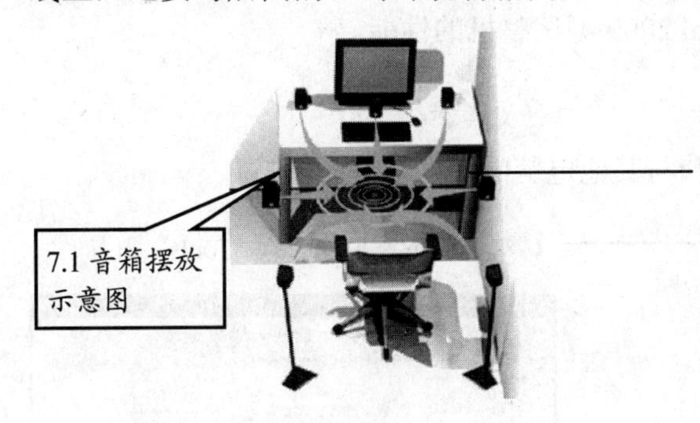

7.1音箱摆放示意图

相对5.1音效系统，7.1音效系统在保留原先后置音箱的同时增加了两个侧中置音箱，主要负责侧面声音的回放，而原先的后置音箱则可以更加专注于后方声音的回放，因此7.1音效系统可以做到四面都有音箱负责声音的回放，环绕效果进一步增强

第 10 章　系统测试、优化与升级

10.1　电脑性能测试

评测软件通过程序的运行结果来评价一台电脑。通过评测数据，能全面了解硬件各方面的性能表现，识别硬件真伪，还可以帮用户找出系统瓶颈，指导用户合理配置电脑。下面就来介绍一些常用硬件测试软件的使用方法。

10.1.1　整体性能测试

进行整体性能测试的软件会测试硬件的各种设备的协调和兼容能力，还会测试网络速度、磁盘传输性能、主板前端总线传输速度等，从而得出整机的综合性能分数。

SiSoftware Sandra Professional 2009 是一套功能非常强大的系统综合分析评测工具，测试项目相当齐全，有整机的性能分析，也有局部的详细测试。其使用也非常容易掌握。下面就来看看如何使用 SiSoftware Sandra Professional 2009 测试整机的性能。

1. 向导模块

利用向导模块，可以轻松对比出受测电脑与其他电脑的性能差异。

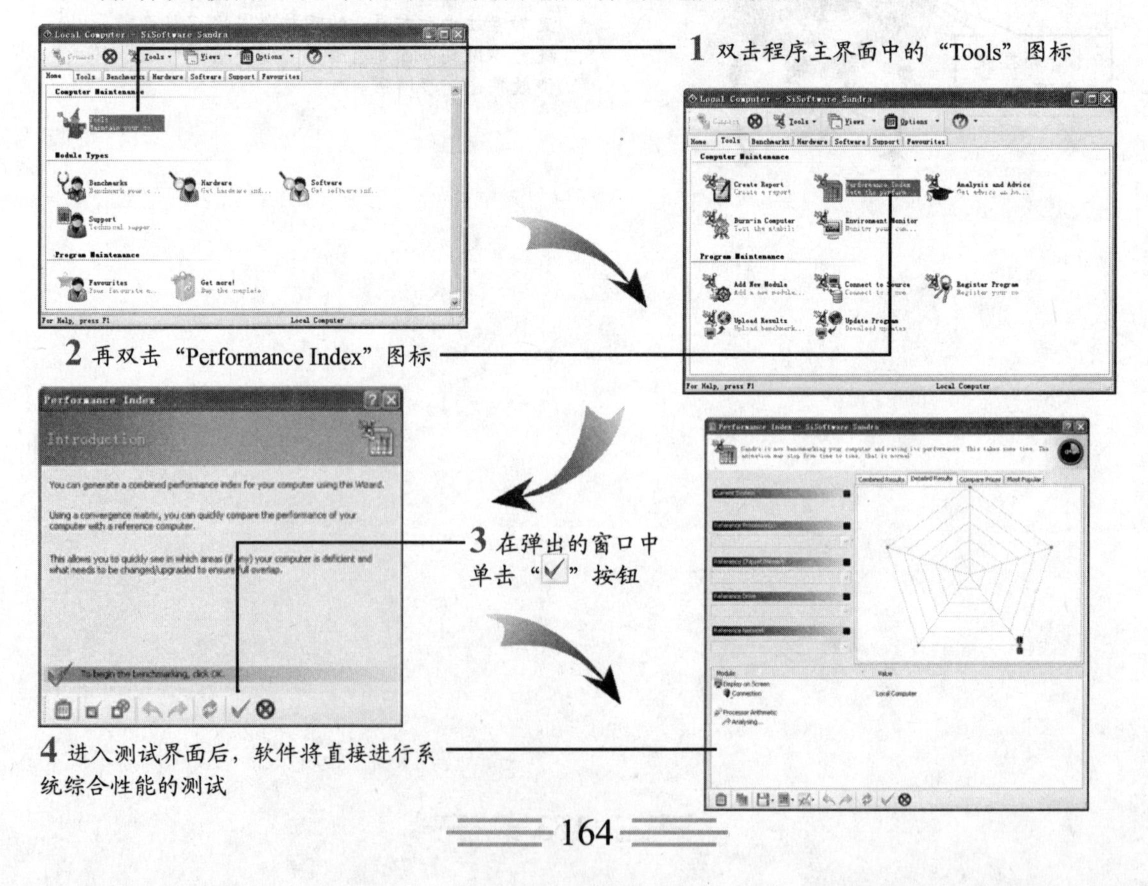

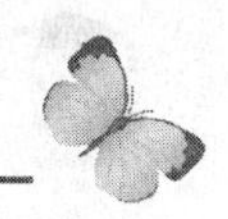

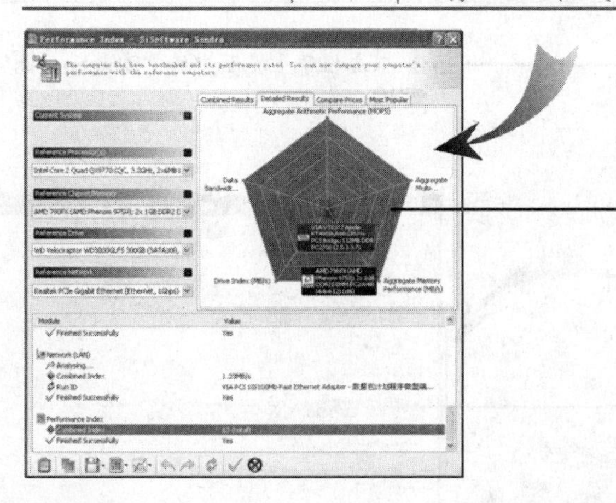

5 经过一系列测试后，就得到最后的测试结果。最后的测试结果直接以图形和文本形式显示出来，让用户对电脑的综合性能有一个直观的了解

2. 信息模块

在信息模块中，双击相应的图标可以查看到有关模块的绝大部分软硬件信息。这里介绍测试磁盘驱动器的步骤和方法。

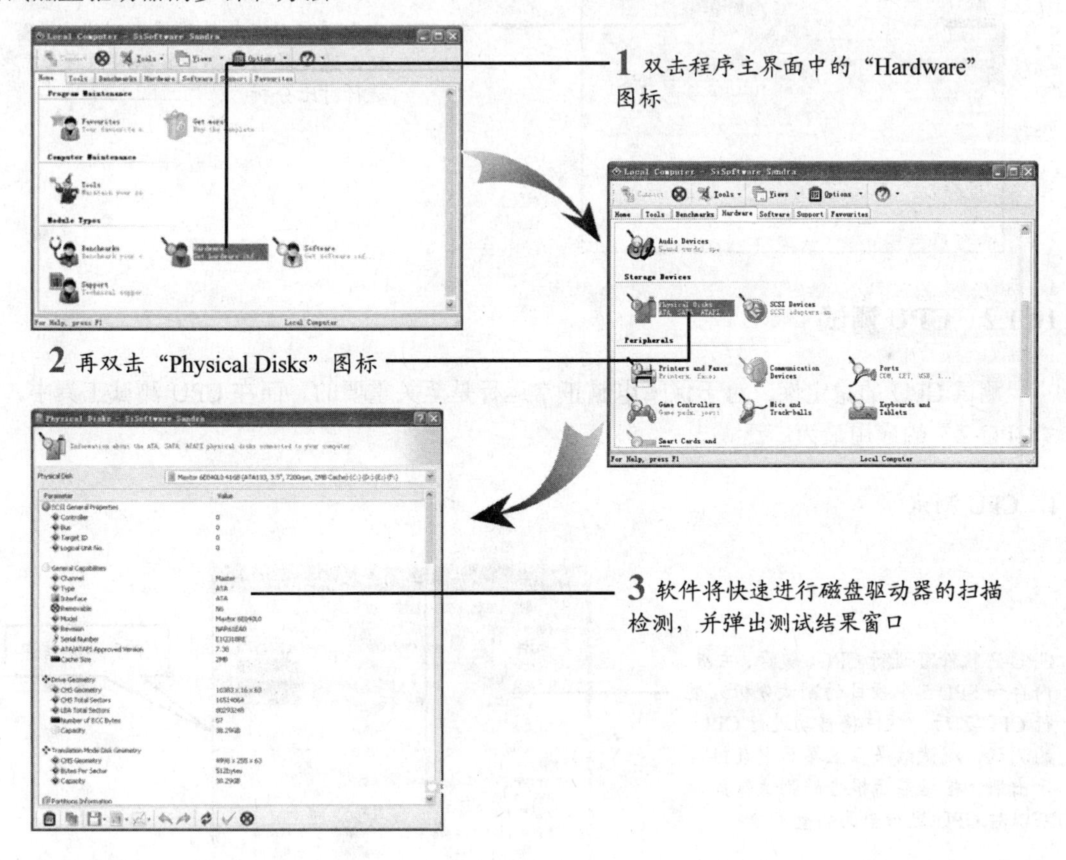

3. 对比模块

在对比模块中，通过具体的电脑部件（如 CPU、内存等）测试，来真实地反映本机受测设备与参考设备的性能差异。下面以测试内存带宽对比为例进行介绍。

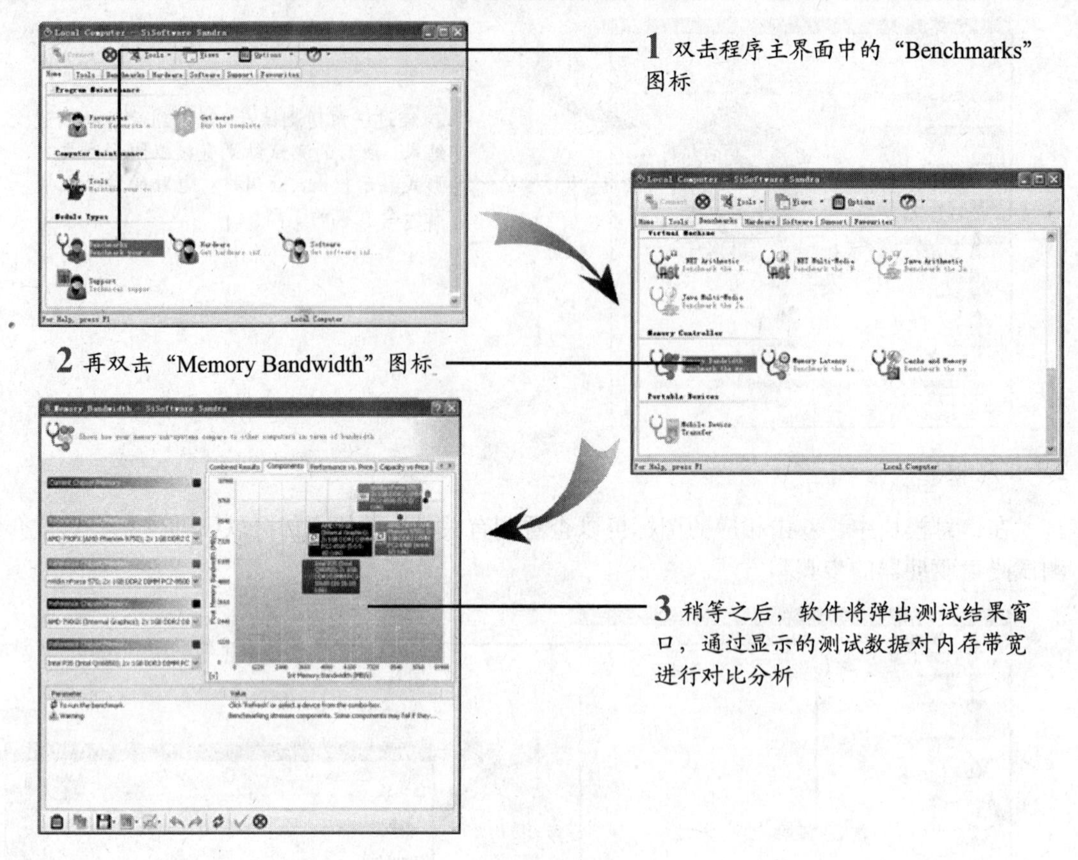

10.1.2 CPU 测试

测试 CPU 的稳定性，对于保障电脑正常运行是至关重要的。而在 CPU 测试工具中，以“CPU-Z”的应用最为广泛。

1. CPU 测试

CPU-Z 软件可进行 CPU、缓存、主板、内存和 SPD 5 个项目的测试分析。运行 CPU-Z 后，软件将自动进行 CPU 的测试，测试结果在主界面中直接显示出来。根据显示报告的测试数据，可以对 CPU 进行全面的查看分析

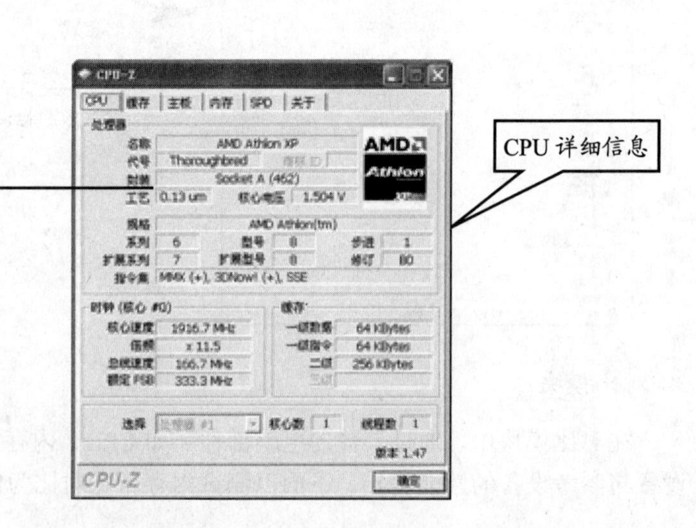

2. 缓存测试

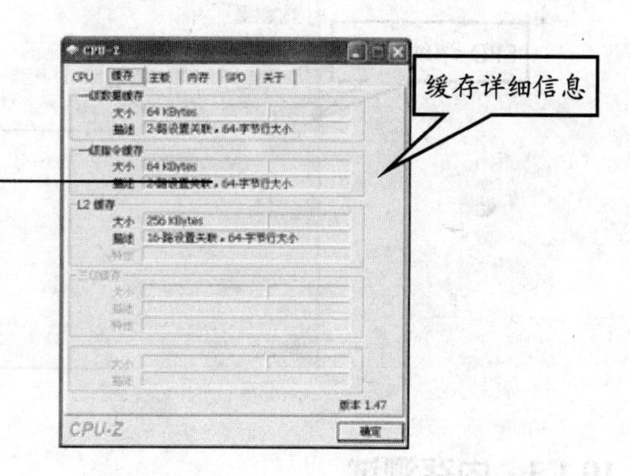

在 CPU-Z 软件主界面中选择“缓存”选项卡，将显示对 CPU 缓存的测试结果，包括一级缓存、二级缓存等项目的测试分析数据

3. 主板测试

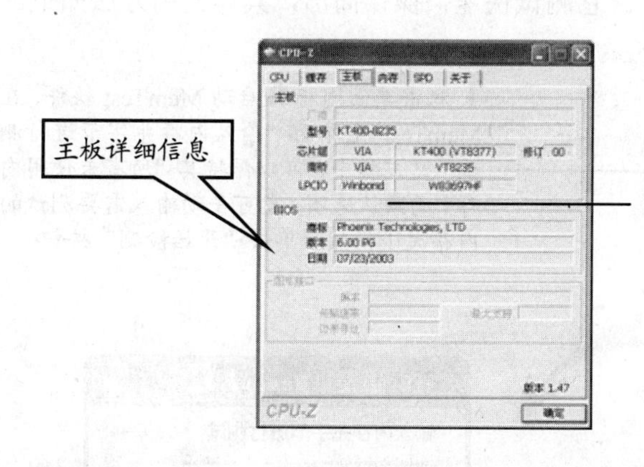

在 CPU-Z 软件主界面中选择“主板”选项卡，将显示对电脑主板的测试结果，包括主板信息、BIOS、图形接口等项目的测试分析数据

4. 内存测试

在 CPU-Z 软件主界面中选择“内存”选项卡，将显示对电脑内存的测试结果，包括内存常规信息和内存时序等项目的测试分析数据

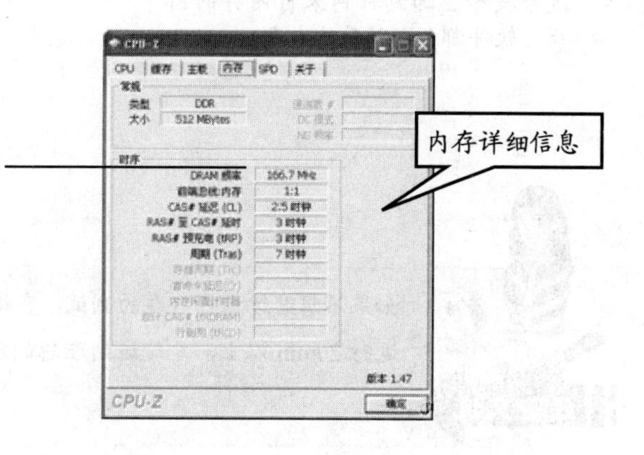

5. SPD 测试

在 CPU-Z 软件主界面中选择“SPD”选项卡，将显示对 SPD 的测试结果，包括 SPD 常规信息和 SPD 时序表等项目的测试分析数据。

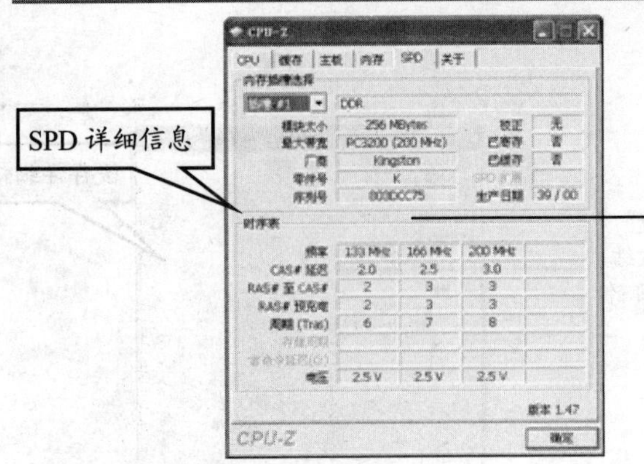

SPD 是一组关于内存模组的配置信息，它们存放在内存上一个容量为 256B 的 EEPROM（电擦除可编程只读存储器）中。对 CPU-Z 软件来说，刷出的 SPD 信息越多，代表内存的兼容性就越好

10.1.3 内存测试

MemTest 是一款小巧的内存测试软件。它测试快速，操作简洁，具体使用方法如下。

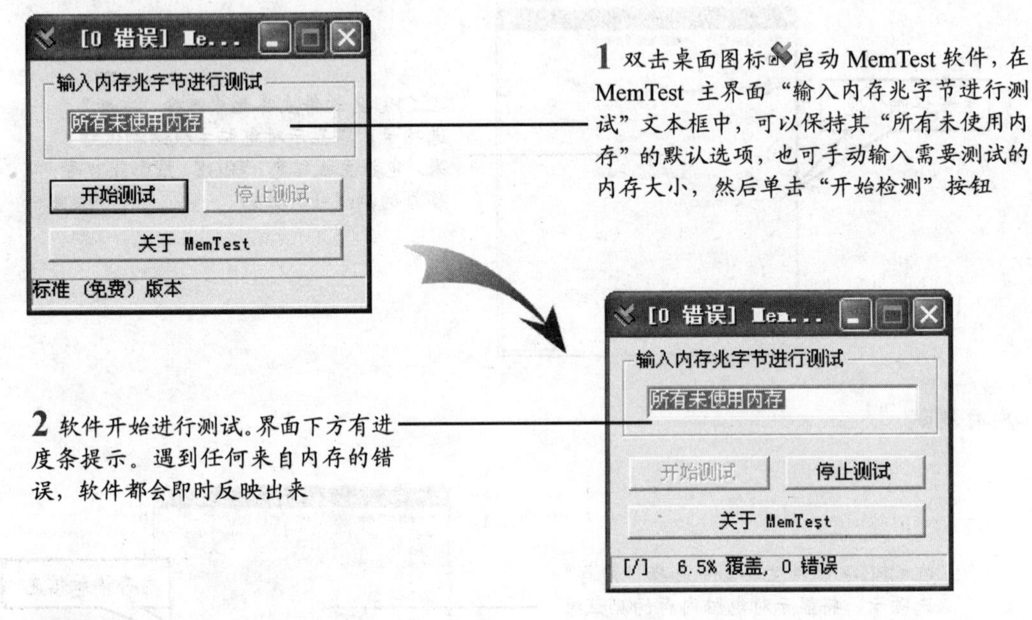

1 双击桌面图标启动 MemTest 软件，在 MemTest 主界面“输入内存兆字节进行测试”文本框中，可以保持其“所有未使用内存”的默认选项，也可手动输入需要测试的内存大小，然后单击“开始检测”按钮

2 软件开始进行测试。界面下方有进度条提示。遇到任何来自内存的错误，软件都会即时反映出来

经验交流

◆ 如果不想继续进行内存的测试，直接单击“停止测试”按钮即可。但至少应让软件运行 20min 以上，才能达到理想的测试效果。

10.1.4 硬盘测试

各大硬盘厂商都有专门的硬盘测试工具软件，下面主要介绍通用硬盘测试软件 HD Tune 的使用方法。

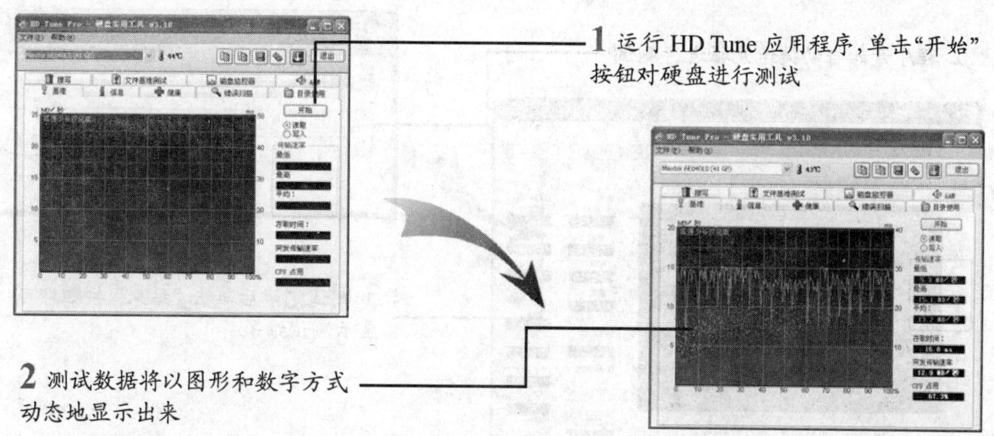

1 运行 HD Tune 应用程序，单击“开始”按钮对硬盘进行测试

2 测试数据将以图形和数字方式动态地显示出来

10.1.5 显卡测试

显卡的性能对于游戏爱好者来说至关重要，3DMark 是目前最权威的显卡测试软件，3DMark 系列大规模的游戏运算可用来检测显卡是否稳定，以便及早地发现产品中的缺陷。

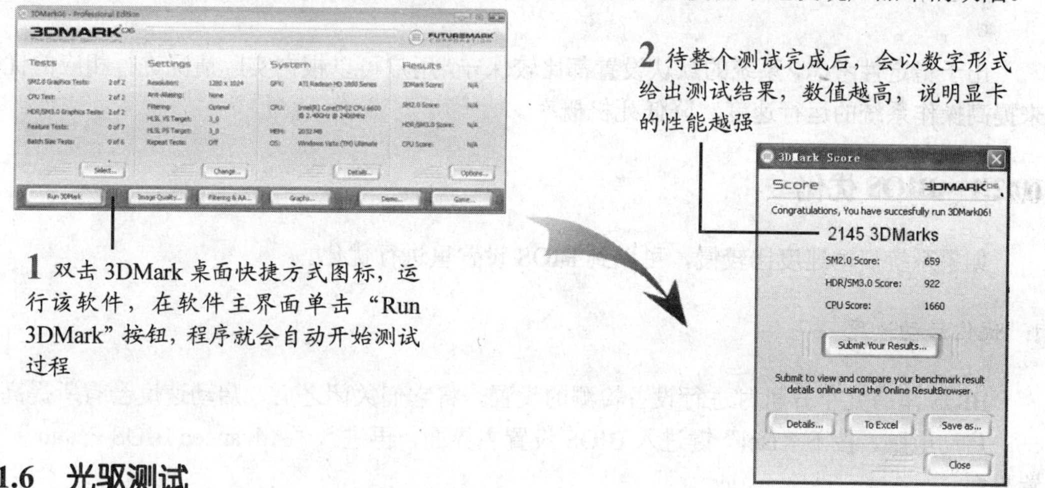

1 双击 3DMark 桌面快捷方式图标，运行该软件，在软件主界面单击“Run 3DMark”按钮，程序就会自动开始测试过程

2 待整个测试完成后，会以数字形式给出测试结果，数值越高，说明显卡的性能越强

10.1.6 光驱测试

Nero CD-DVD Speed 是著名刻录软件 Nero 套装的一部分，也可以单独下载。该软件是目前可以支持最多光盘驱动器的检测软件，绝大部分 CD、DVD 光盘驱动器或刻录机都可以使用该软件进行检测。

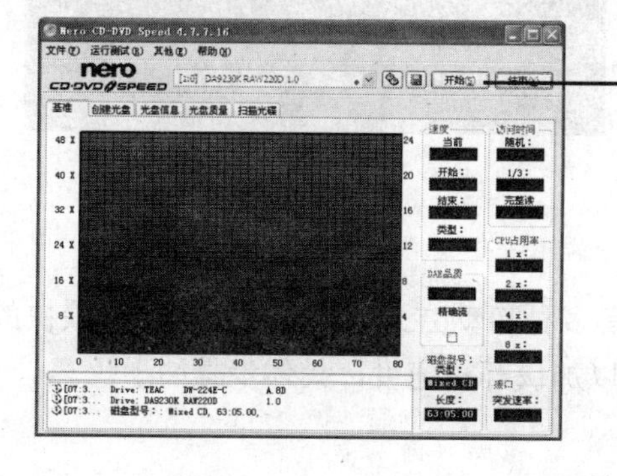

1 单击程序主界面中的“基准”选项卡，然后在光驱中放入一张能够正常读取的光盘，单击“开始”按钮

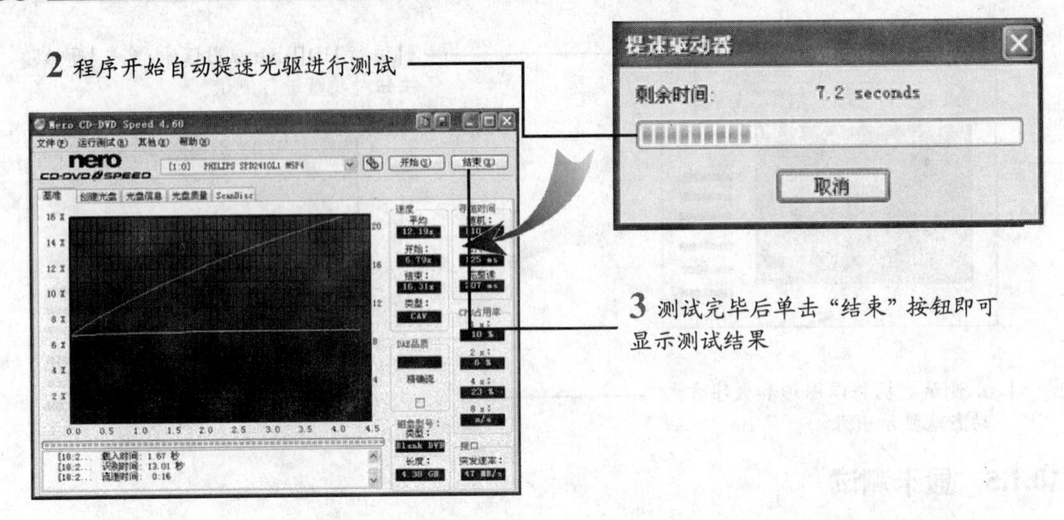

10.2 系统优化

出于稳定性考虑，系统的默认设置都比较保守，用户可以根据实际情况进行相应的优化，来提高操作系统的运行速度，降低死机概率。

10.2.1 BIOS 优化

如果系统启动速度比较慢，可以到 BIOS 设置里进行优化。

1. 优化启动速度

BIOS 里有几个开机时进行设备检测的设置，将它们关闭之后，启动速度会有所提高。

启动电脑，按下“Del”键进入 BIOS 设置主界面，再进入“Advanced BIOS Features”设置界面。

将“Quick Power on Self Test”设为“Enabled”；
将“First Boot Device”设为“IDE0”；
将“Boot up Floppy Seek”设为“Disabled”

高级 BIOS 设置界面

2. 设置硬盘为第一启动盘

在 BIOS 中可以选择软盘、硬盘、光盘、U 盘等多种启动方式，但从硬盘启动是最快的，所以可以在 BIOS 设置中将硬盘设置为第一启动盘以加快开机速度，具体步骤如下。

1 启动电脑，按“Del”键进入 BIOS 设置主界面。

2 选择“Advanced BIOS Features”设置项，按“Enter”键进入。

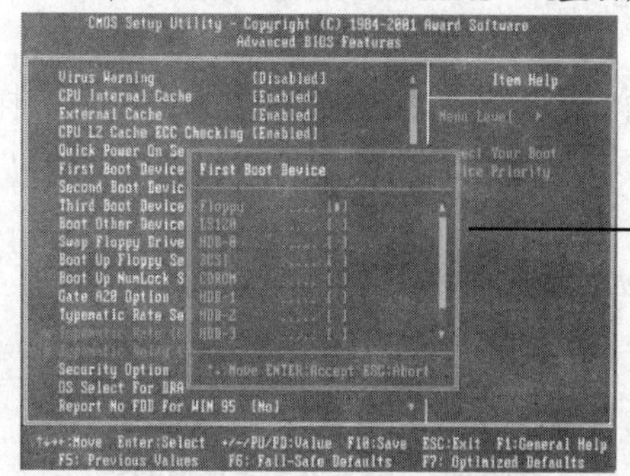

3 将“First Boot Device（第一个优先启动的开机设备）”设置成“HDD-0”，即为从硬盘启动系统，以加快开机速度。当然如果要想通过软盘启动，可以将“First Boot Device”设置为“Floppy”；如果想通过光盘启动，那就将其设置为“CDROM”即可

3. 优化内存速度

内存的速度也可以通过 BIOS 来优化，其具体步骤如下。

开启电脑，按下“Del”键进入 BIOS 设置主界面，再进入“Advanced BIOS Features”设置界面。

- ❖ 将“DRAM Frequency”设为“133MHz”。
- ❖ 将“SDRAM Cycle# Length”设为“3”。
- ❖ 将“Bank Interleave”设为“4 Bank”。
- ❖ 将“DRAM Drive Strength” 设为“Auto”。

4. 打开系统 BIOS 缓存

System BIOS Cacheable（系统 BIOS 缓存），也叫 System BIOS Shadow（系统 BIOS 遮罩），该功能将主要 BIOS 代码复制到随机访问内存（RAM）中。如果打开该功能，系统的性能可以得到很大的提高。

操作步骤如下。

1 启动电脑，按“Del”键进入 BIOS 设置主界面。

2 选择“Advanced Chipset Features”设置项，按“Enter”键进入。

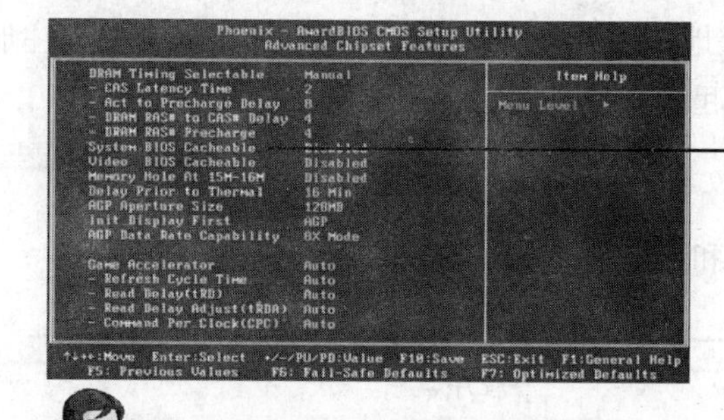

3 将“System BIOS Cacheable”设置为“Enabled”，即可打开系统 BIOS 缓存

◆ 开启该功能会引起与一些特定显卡或内存的冲突，如果在打开该功能的时候没有出现任何问题，那就应该打开它，因为它肯定可以增强系统的性能。

一点就透

5. 打开视频 BIOS 缓存

Video BIOS Cacheable（视频 BIOS 缓存）选项的功能同 System BIOS Cacheable 一样，唯一的区别就是它与显卡的 BIOS 有关，而不与主板 BIOS 有关，操作步骤如下。

1 启动电脑，按“Del”键进入 BIOS 设置主界面。

2 选择“Advanced Chipset Features”设置项，按“Enter”键进入。

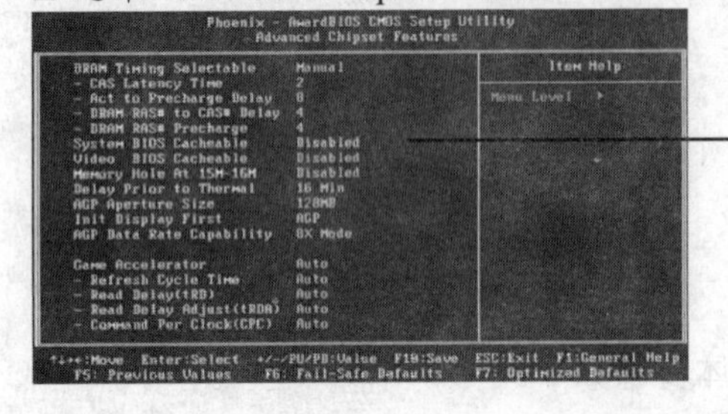

3 将“Video RAM Cacheable”设置为“Enabled”，即可打开系统 BIOS 缓存

6. 打开显卡 RAM 缓存

Video RAM Cacheable（显卡 RAM 缓存）功能将使 CPU 从显卡的 RAM 中读取缓存数据。打开该功能可以改进系统的性能，操作步骤如下。

1 启动电脑，按“Del”键进入 BIOS 设置主界面。

2 选择“Advanced Chipset Features”设置项，按“Enter”键进入。

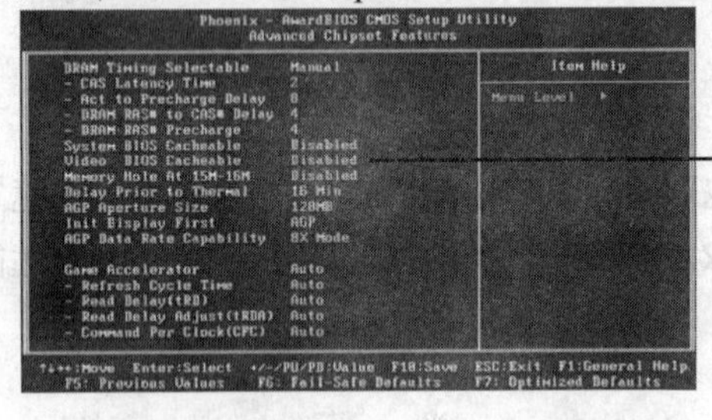

3 将“Video RAM Cacheable”项设置为“Enabled”，即可打开显卡 RAM 缓存

10.2.2 注册表优化

注册表是 Windows 操作系统的数据存储重地，很多重要参数、设置以及数据都要在注册表里读写。因此适当地修改注册表数据，可以起到优化系统、调节性能的作用。

1. 提高光驱的读写性能

通过修改注册表可以提高光驱缓存的大小和预读取性能，加快光驱的运行速度。

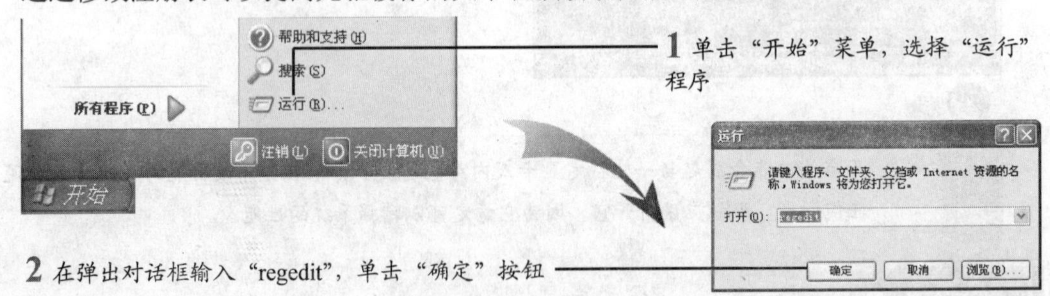

3 在注册表编辑器窗口依次展开“HKEY_LOCAL_MACHINE\SYSTEM\CurrentControlSet\Control\FileSystem\Cdfs”子键。

4 在该项右边窗口中找到“CacheSize”和“Prefetch”键值，参考下表进行修改。

键值（数据类型）	键值（说明）
CACHESIZE（DWORD 值）	0000026b（系统默认） 000004d6（适中） 000009ac（更大）
PREFETCH（DWORD 值）	000000e4（4 倍速（默认值）） 000001c0（8 倍速） 00000380（16 倍速） 00000540（24 倍速） 00000700（32 倍速） 00000750（36 倍速） 00000800（40 倍速） 00000875（48 倍速）

一点就透

◆ CacheSize 表示高速缓存大小；Prefetch 表示预读取值。如果修改了两个项而导致光驱不能正常工作（例如不能正常播放光盘），请降低一个档次。

2. 加快鼠标的反应速度

修改注册表加快鼠标反应速度的具体操作步骤如下。

（1）打开注册表编辑器窗口，依次展开“HKEY_CURRENT_USER\Control Panel\Mouse”子键。

（2）找到“DoubleClickSpeed”键值，该项可改变鼠标的双击速度，最快是“100”，最慢是“900”。找到“MouseSpeed”键值，该项可改变鼠标的移动速度，最快是“2”，最慢是“0”。

3. 加快浏览网络邻居的速度

修改注册表，加快浏览网络邻居速度的具体操作步骤如下。

（1）打开注册表编辑器。展开“HKEY_LOCAL_MACHINE\SOFTWARE\Microsoft\Windows\CurrentVersion\Explorer\Remote Computer\NameSpace”子键。

（2）删除{2227A280-3AEA-1069-A2DE-08002B30309D}（打印机）和{D6277990-4C6A-11CF8D87-00AA-0060F5BF}（计划任务）这两个子键即可。

4. 禁止页面置换功能

在 Windows 下运行多个程序时，系统会把内存中暂时用不到的内容置换到硬盘上，要使用时再调入内存。这样就可以在相对较小的内存中同时执行多个程序。但由于硬盘的速度远

远小于内存，因此置换时系统的性能也会大幅度降低。

如果电脑的内存足够大，那么可以设置 Windows 内核程序不进行页面置换，性能就可以得到提高。

键值（数据类型）	键值（说明）
DisablePagingExecutive（DWORD 值）	0（默认设置（允许进行页面置换）） 1（禁止核心程序进行页面置换）

◆ 一般情况下，电脑要配置了 1GB 以上容量内存才可使用“页面置换”功能。

10.2.3 优化软件优化

优化软件是专门针对操作系统而编写的一种程序，它可以以直观的形式将各种优化选项呈现在用户面前。用优化软件可免去复杂的手工操作，全面系统地对系统进行优化操作。

Windows 优化大师是一个小巧、强大的系统维护工具，可运行于 Windows 98/Me/2000/XP/2003 操作系统，为系统提供全面、有效、简便的优化、维护和清理服务。

1. Windows 优化大师自动优化功能

通过 Windows 优化大师的自动优化功能，可迅速对系统实行全面优化，具体步骤如下。

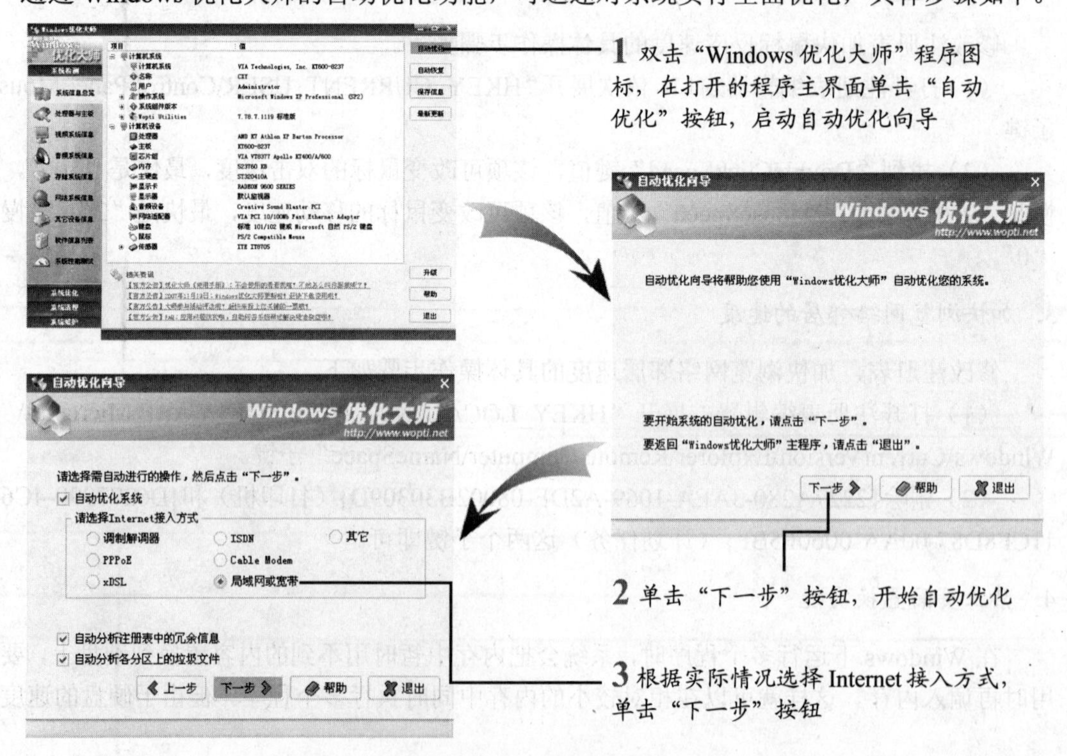

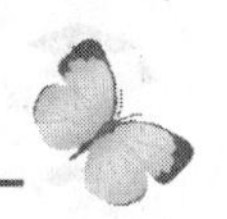

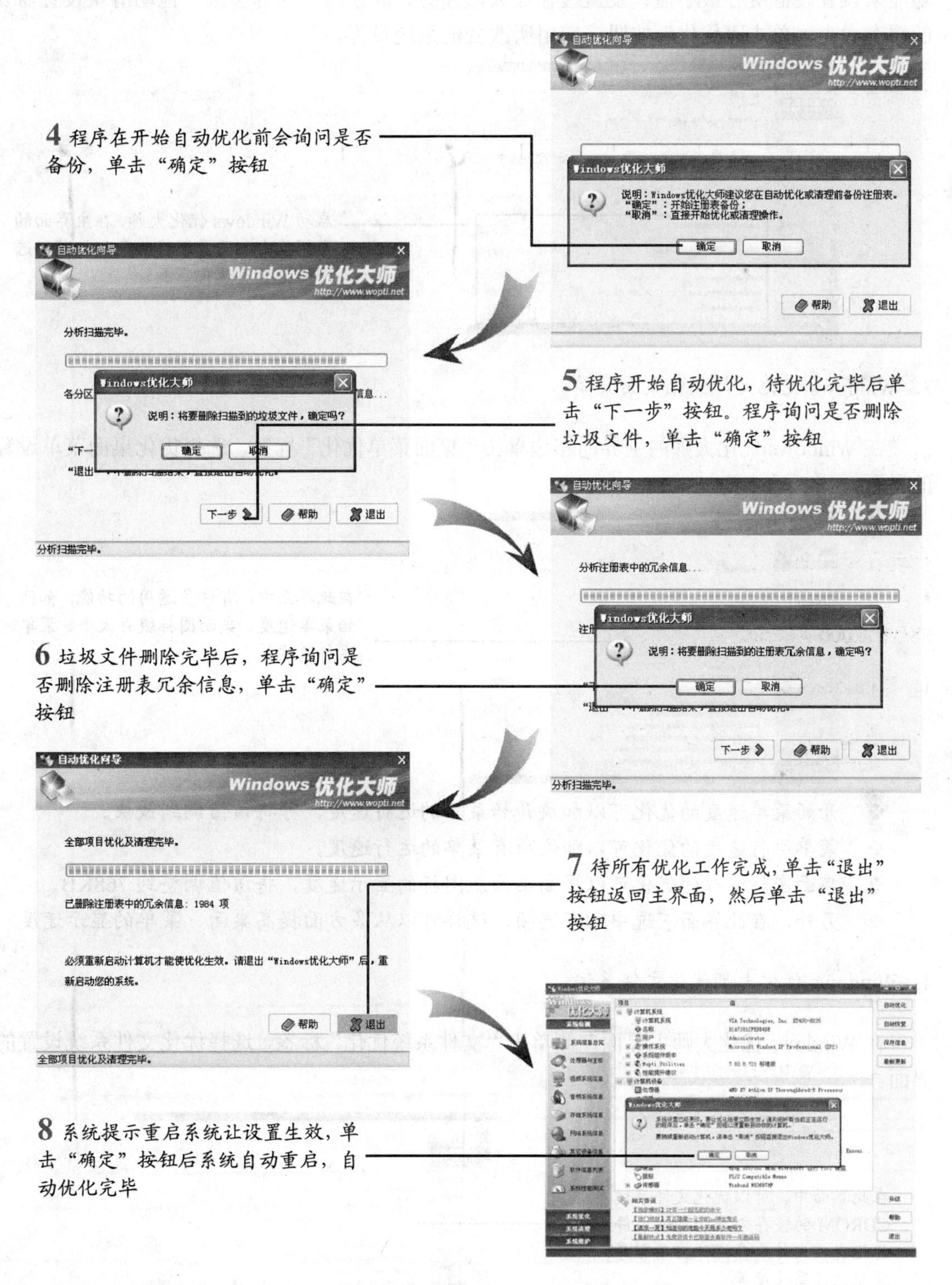

2. Windows 优化大师优化硬盘缓存

硬盘缓存对系统的运行起着至关重要的作用，Windows 优化大师提供了一个“自动设置”

功能来设置硬盘缓存最小值、硬盘缓存最大值和缓存区读写单元等参数，拖动滑块设置需要的缓存大小，单击“优化”按钮，应用所改变的系统设置。

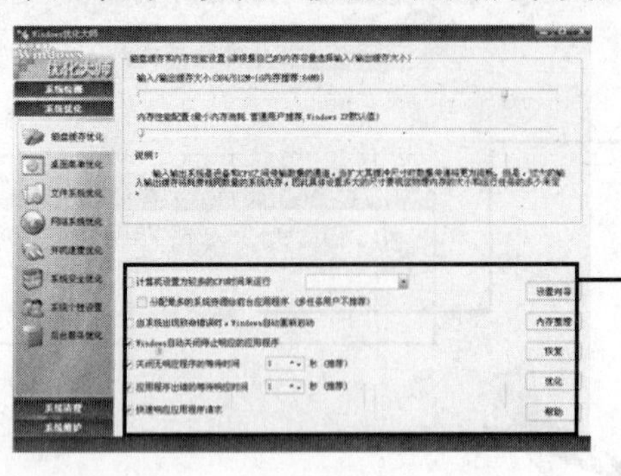

启动 Windows 优化大师，在主界面的左侧单击“硬盘缓存优化”标签，选择硬盘缓存优化界面

3. Windows 优化大师优化桌面菜单

在 Windows 优化大师的主界面左边单击“桌面菜单优化”标签，选择优化桌面菜单设置的界面。

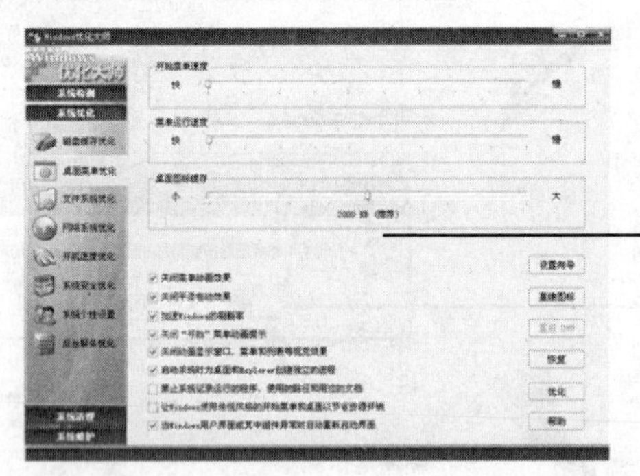

在此界面中，有许多适用的功能，如开始菜单速度、桌面图标缓存大小、菜单运行速度等

❖ 开始菜单速度的优化可以加快开始菜单的运行速度，可将该值调到最快。
❖ 菜单运行速度的优化可以加快所有菜单的运行速度。
❖ 桌面图标缓存的优化可以提高桌面上图标的显示速度，将该值调整到 768KB。
❖ 另外，在此界面下选中所有选项，这样可以从多方面提高桌面、菜单的显示速度。

4. Windows 优化大师优化文件系统

在 Windows 优化大师主界面左侧单击“文件系统优化”标签，选择优化文件系统设置的界面。

在此界面中，可以优化文件系统类型；CDROM 的缓存文件和预读文件优化；优化交换文件和多媒体应用程序；加速软驱的读写速度等

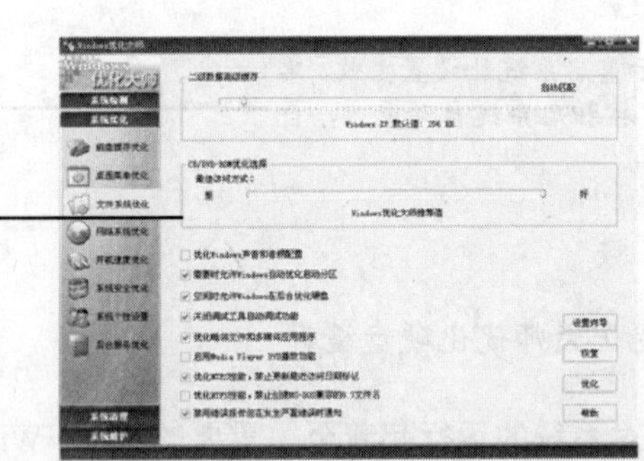

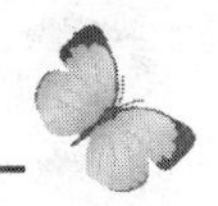

- ❖ 如果电脑采用的是 FAT 文件系统，将设置由“台式机”改为“网络服务器”可以大幅度提高 FAT 存储能力，从而加快访问速度。
- ❖ 通过调整光驱缓存的预读文件大小可以调整 CD-ROM 的性能，没有使用虚拟光驱可将“最佳访问方式”滑动条调到“Windows 优化大师推荐值”。
- ❖ 如果所有硬盘支持 UDMA66 传输模式，选取“打开 IDE 硬盘的 UDMA66 传输模式”复选框，这将提高硬盘读写速度。

5. Windows 优化大师优化系统安全

为了弥补 Windows 系统安全性的不足，Windows 优化大师为用户提供了系统安全的一些增强措施。

在 Windows 优化大师主界面的左边单击“系统安全优化”标签，选择优化系统安全的界面，在此可以对系统的安全选项进行设置。

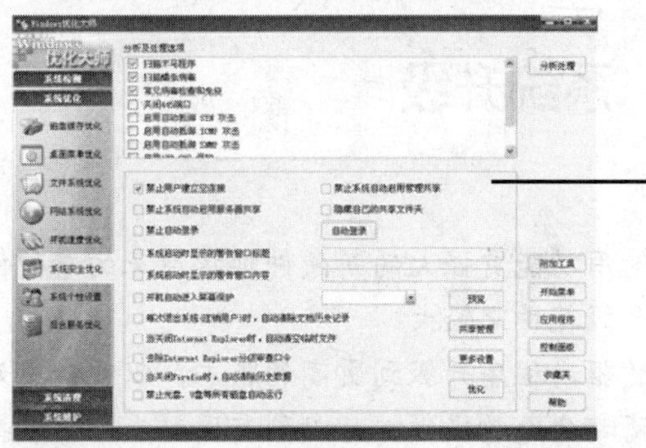

选择“每次退出系统（注销用户）时，自动清除文档历史记录”复选框，每次进入 Windows 将自动清除“运行”、“文档”、“历史记录”中的历史记录，可以清除上次打开文档留下的痕迹

单击“开始菜单”按钮，弹出“开始菜单设置”对话框。

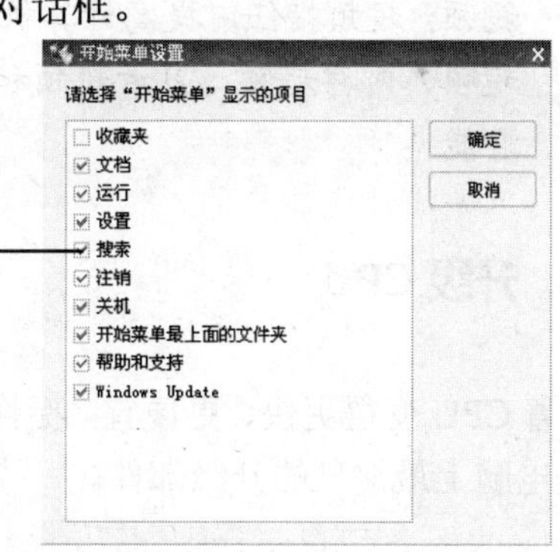

列表框中列出了一些可以屏蔽的开始菜单选项，取消选项的选中标记，单击“确定”按钮，退出 Windows 优化大师后重新启动系统，即可隐藏“开始”菜单中的这些选项

单击“更多设置”按钮，弹出“更多的系统安全设置”对话框。

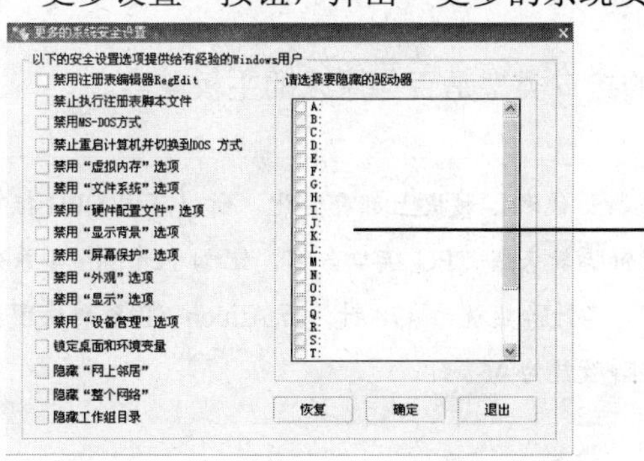

在此为有一定使用经验的 Windows 读者提供了一些高级选项，包括隐藏控制面板中的一些选项、锁定桌面、隐藏桌面图标、禁止运行注册表编辑器 RegEdit、禁止运行任何程序等

6. Windows 优化大师优化开机速度

Windows 优化大师对于开机速度的优化主要通过减少引导信息停留时间和取消不必要的开机自运行程序来提高电脑的启动速度。

用户在设置开机自启动程序时，选中每一项开机自启动项目，在 Windows 优化大师的状态栏中会显示与该程序相关的说明

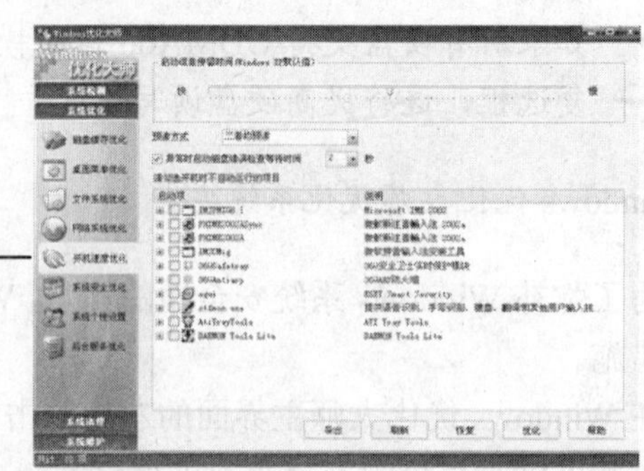

10.3 系统升级

系统升级包含以下 3 个方面。

❖ 系统硬件设备的升级，一般是指选用功能更强大的新硬件换掉原来的老硬件或者是在老机上直接加上新硬件，这类升级花费比较大。

❖ 系统驱动程序的升级，即将硬件的驱动程序升级到更高的版本，以便能更好的驱动硬件设备，驱动程序一般硬件厂商都会免费提供，可以到其网站上去下载。

❖ 超频：超频指任何提高计算机某一部件工作频率的行为，其中包括 CPU 超频、主板超频、内存超频、显卡超频和硬盘超频等很多部分，目的是为了发挥出硬件的最大潜能。

10.3.1 升级 CPU

随着 CPU 变得更快、更便宜，更换一块新的 CPU 会让老机器性能得到显著提升。因此，CPU 是电脑上最常见的升级部件。

1. 了解 CPU 接口类型

在升级 CPU 之前，首先要确定 CPU 的接口类型是否与原来的主板兼容。

◆ CPU 接口类型不同，在插孔数、体积、形状上都有变化，所以不同 CPU 接口就对应了不同主板类型。通常用针脚数来给 CPU 接口命名，比如 Pentium 4 系列处理器所采用的 Socket 478 接口，其针脚数就为 478 针；而 Athlon XP 系列处理器所采用的 Socket 462 接口，其针脚数就为 462 针。

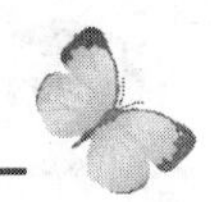

☞ 主流的 CPU 接口。

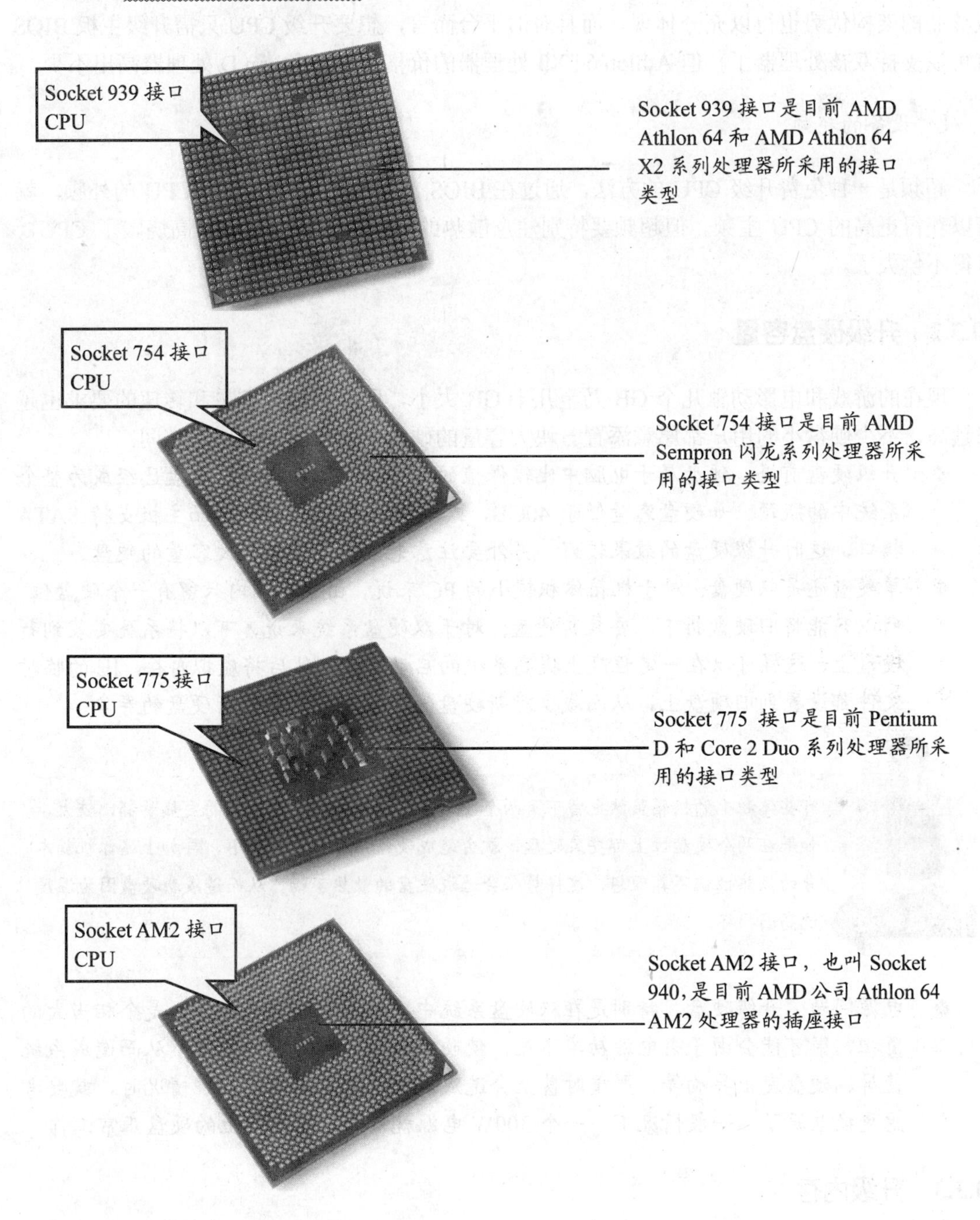

2. 怎样选择双核 CPU

Intel 的双核技术是将两个完全独立的 CPU 核心做在同一枚芯片上，通过同一条前端总线与芯片组相连。由于两个核心缺乏必要的协同和资源共享能力，而且还必须频繁地对二级缓存作同步化刷新动作，以避免两个核心的工作步调出问题，所以 Pentium D 系列从某种意义上来说还算不上是一套完美的双核架构。

比起 Intel 的双核技术而言，AMD 的双核技术能使两枚 CPU 核心实现任务的实时共享，双核心的架构优势也得以充分体现。而且对旧平台而言，想要升级 CPU 只需升级主板 BIOS 就可以支持双核处理器了。但 Athlon 64 X2 处理器的价格要比 Pentium D 处理器高出不少。

3. 硬件设备的超频

超频是一种免费升级 CPU 的方法，通过在 BIOS 或者超频软件中调整 CPU 的外频，就可以获得更高的 CPU 主频。但超频要特别注意散热的问题，如果因温度过高烧毁了 CPU，就得不偿失了。

10.3.2 升级硬盘容量

现在的游戏和电影动辄几个 GB 乃至几十 GB 大小，所以对硬盘容量和转速的要求也越来越高，不少硬盘小的用户都愿意添置一块大容量的硬盘来缓解紧张的磁盘空间。

- ❖ 升级硬盘前提：硬盘属于电脑中比较保值的硬件，升级的前提是硬盘已经成为整个系统中的瓶颈。如硬盘容量低于 40GB，或者硬盘是 IDE 接口，而主板支持 SATA 接口，这时升级硬盘的效果较好。另外要注意老主板是否支持大容量的硬盘。
- ❖ 单硬盘还是双硬盘：对于机箱体积较小的 PC 来说，由于机箱内只留有一个硬盘位，所以只能将旧硬盘拆下，安装新硬盘；对于双硬盘系统来说，可以将系统安装到新硬盘上，这样可以在一定程度上提高系统的启动速度，然后将虚拟内存、IE 的临时文件都设置到旧硬盘上，从而减少对新硬盘的读写次数，延长新硬盘的寿命。

◆ 有些体积小的机箱虽然也留下了两个硬盘位，但是由于现在硬盘的发热量都比较大，如果在两个硬盘位上都安装硬盘，就会造成硬盘的散热空间过小，再加上迷你机箱本身的散热性就不算理想，这样势必会造成硬盘的散热不畅，从而造成新硬盘因为温度过高而损坏。

- ❖ 电源问题：升级硬盘，特别是在双硬盘系统中，对原来的老电源来说是个相当大的负担，很可能会由于老电源功率不足，使硬盘出现读写错误的故障，从而造成系统蓝屏、硬盘发出异响等，严重时甚至会造成硬盘损坏。当遇到这种情况时，就要考虑更换电源了。一般情况下，一个 300W 电源就可以让两个以上的硬盘正常工作。

10.3.3 升级内存

大容量的内存可以减少系统在运行过程中对硬盘的读取次数，从而提高系统的运行效率，所以 PC 主机内的内存容量越大越好。

- ❖ 是否与主板插槽兼容：在升级内存的时候要注意主板上的内存插槽是否支持新内存，特别是一些型号较老的主板千万要注意。
- ❖ 双通道还是大容量：如果使用的是赛扬系列、闪龙系列的中低档 CPU，由于这些

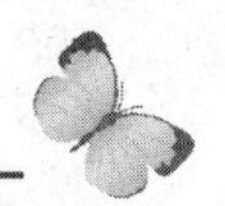

CPU 的前端总线频率较低，所以即使配置双通道内存，对于性能的提高也几乎不会有明显的效果，并且双通道内存还会占用一条内存槽，这样再想继续增加内存就不太方便了，所以这类用户最好是选择单条的内存；而对于使用支持 800FSB 以上前端总线频率 CPU 的用户来说，使用双通道内存能够提高系统性能，所以在资金允许的情况下最好购买两条相同的内存，享受一下大容量双通道内存的快感。

❖ 盒装内存还是散装内存：散装内存的价格较低，但有不少产品都采用了打磨颗粒以及残次颗粒，所以工作稳定性非常差，可能会引起系统的不稳定，从而成为死机的隐患；而且现在盒装内存的价格已经相当低了，盒装内存不仅性能稳定，并且有完善的售后服务，所以盒装内存应该成为我们购买内存的首选。

❖ 兼容性：内存的升级必须要注意老内存和新内存是否兼容，除了要考虑二者之间的频率差异外，还要注意二者的品牌差异，因为品牌和频率都可能造成内存之间的不兼容。

10.3.4 其他升级要点

升级前首先要了解自己机器的配置，同时结合自身需求以及经济能力，从与处理器搭配和升级成本两方面来考虑。

考虑到主板以及内存的瓶颈，不建议对主频过低（1GHz 以下）的 CPU 投入资金进行升级。低端用户在升级时需要注意的是避免购买那些过老的产品。

如果低端用户打算让整机性能有一个质的提升，可考虑卖掉旧的配件再购买一套新平台。因为新的平台无论在功能还是性能发挥上都要好于老的配置，并且如果老设备能卖一个好价格的话，会大大降低升级的花费。

第 11 章　系统的备份与还原

11.1　备份与还原操作系统

操作系统往往会由于病毒感染、黑客攻击和硬件故障等种种原因，运行得越来越慢，甚至崩溃。在这种情况下，操作系统的备份与还原就成为了必不可少的安全保护措施。

11.1.1　创建 Windows XP 系统还原点

创建系统还原点之后，当系统出现问题时可以使用系统还原程序将系统还原到创建还原点时的状态，具体操作步骤如下。

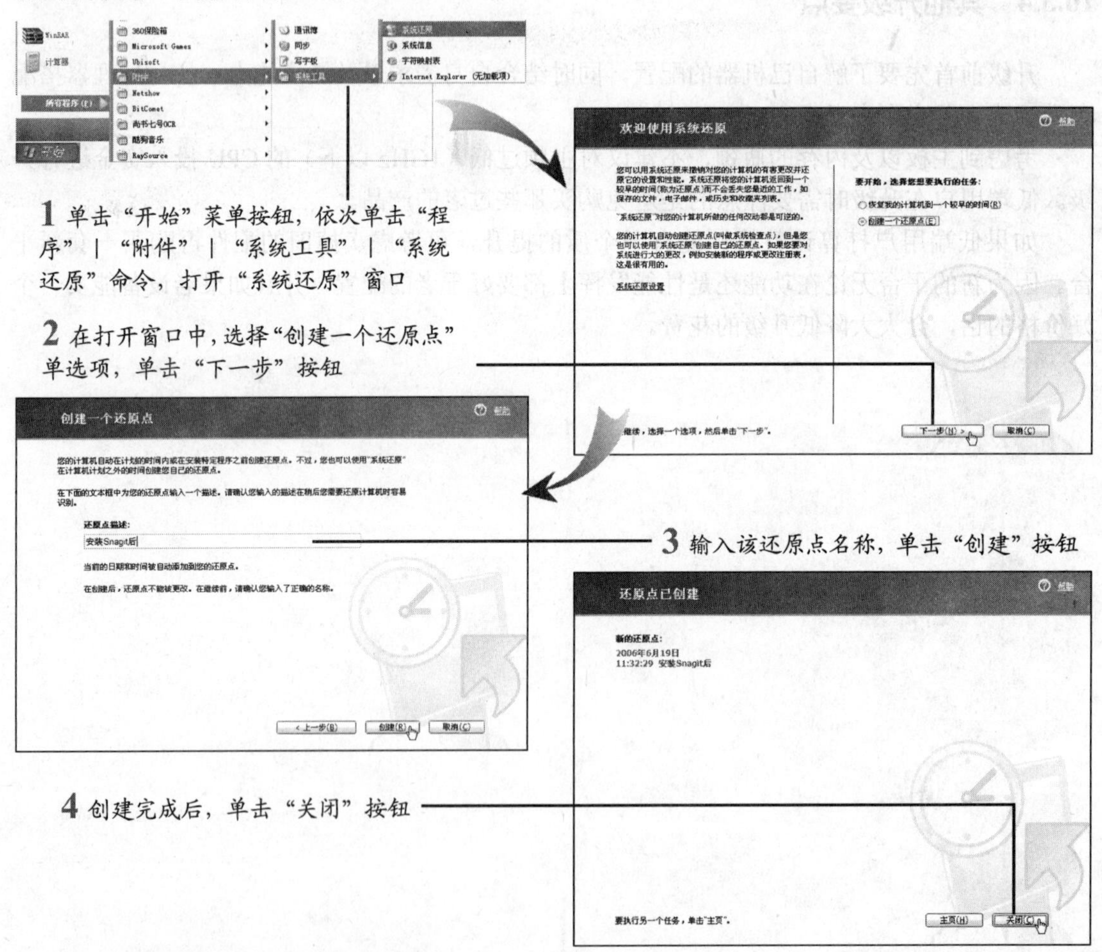

11.1.2　还原 Windows XP 系统

创建还原点后，还原 Windows XP 系统就变得很轻松，具体操作步骤如下。

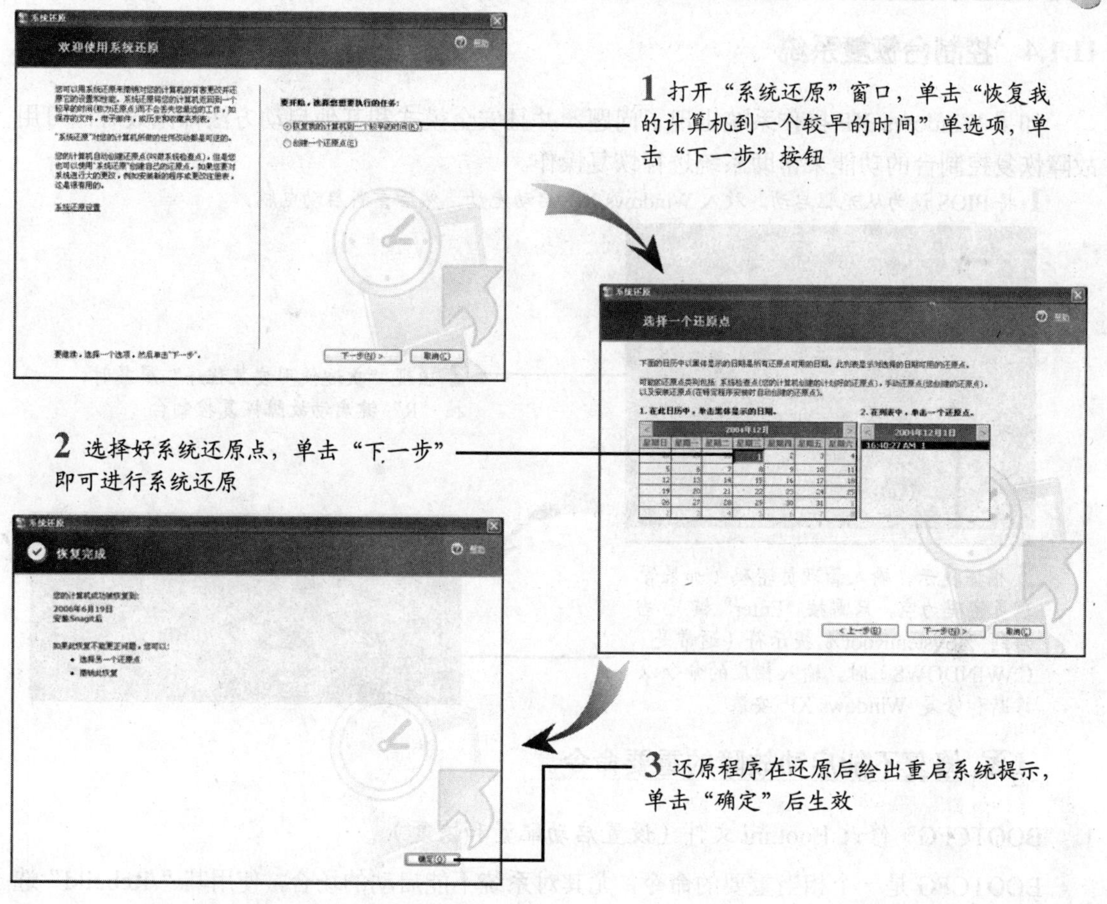

11.1.3 还原 Windows XP 驱动程序

如果安装或者更新了驱动程序后，发现硬件不能正常工作，可以使用驱动程序的还原功能，恢复到以前的驱动程序。

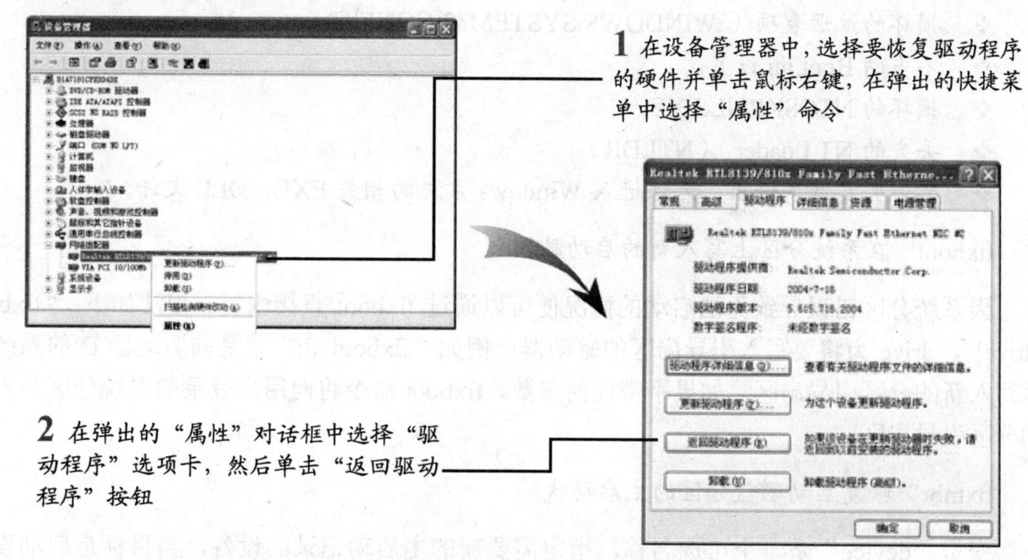

11.1.4 控制台恢复系统

如果 Windows XP 操作系统出现了问题，并且安全模式和其他启动方法都无效时，可用故障恢复控制台的功能来帮助系统进行恢复操作。

1 将 BIOS 设为从光驱启动。放入 Windows XP 启动光盘，然后重新启动电脑。

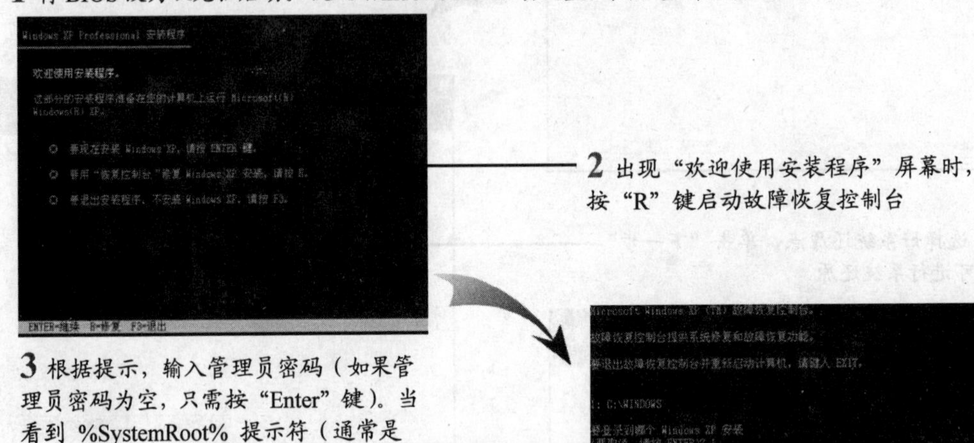

2 出现“欢迎使用安装程序”屏幕时，按“R”键启动故障恢复控制台

3 根据提示，输入管理员密码（如果管理员密码为空，只需按“Enter”键）。当看到 %SystemRoot% 提示符（通常是 C:\WINDOWS）时，输入相应的命令以诊断和修复 Windows XP 安装

☞ 修复不能启动故障的重要命令。

1. “BOOTCFG”修改 Boot.ini 文件（设置启动配置和恢复）

BOOTCFG 是一个相当重要的命令，尤其对系统不能启动的场合，使用其“/Rebuild”选项（这是个隐含选项）即运行“BOOTCFG /REBUILD”将在故障恢复控制台中对系统启动设置进行全面地检查并排错，移除、替换或修复导致 Windows 不能启动的系统文件，包括如下方面。

- ❖ Windows Hardware Abstraction Layer（HAL，硬件抽象层）。
- ❖ 损坏的注册表项（\WINDOWS\SYSTEM32\CONFIG\xxxxxx）。
- ❖ 不当的 Boot.ini 设置。
- ❖ 损坏的 NTOSKRNL.EXE。
- ❖ 丢失的 NT Loader （NTLDR）。
- ❖ 其他引发蓝屏停止，无法进入 Windows 系统的相关 EXE、DLL 文件。

2. “fixboot”在系统分区上写入新的启动扇区

因系统分区错误导致无法启动的情况便可以通过 fixboot 直接恢复。用法如下：“fixboot [drive]”，drive 为将要写入引导扇区的驱动器。例如“fixboot d:”就是向驱动器 D:的系统分区写入新的分区引导扇区。如果不带任何参数，fixboot 命令将向用户登录的系统分区写入新的分区引导扇区。

3. “fixmbr”修复启动磁盘分区的主启动代码

变量“device”是一个可选名称，指定需要新的主启动记录的设备，当目标是启动设备

时可省略该变量。

通过以下方法，只需简单的 8 条命令，即可修复绝大多数 Windows 系统不能正常启动的故障。

1 进入系统控制台后，默认工作目录为系统目录，如果 Windows 安装在 C:盘，即“c:\windows”，而 Boot.ini 文件在根目录上，此时需要输入“cd..”命令进入上一级目录。

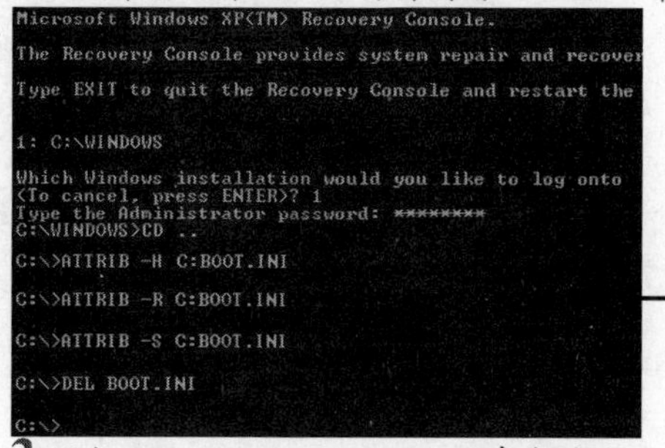

2 Boot.ini 是一个相当重要的系统文件，因此，在未解除系统对其的保护状态前，我们是不能对其进行删除操作的。要做到这一点，需要运行 3 条命令，依次解除其隐藏、只读和系统属性，这样才能最终将其删除

3 运行“BOOTCFG /REBUILD”命令将遍历系统的安装设置，修复其中的故障部分，纠正导致 Windows 不能正常启动的一系列错误，并重建 Boot.ini 文件。

4 在 Boot.ini 重建结束后，将出现“Enter OS Load Options:”输入栏，这时，对 Windows XP 用户而言，为保证系统的正常启动，直接按下“Enter”键即可

```
C:\>BOOTCFG /REBUILD
Scanning all disks for Windows installations.
Please wait, since this may take a while...
The Windows installation scan was successful.
Note: The results are stored statically for this session.
      If the disk configuration changes during this session,
      in order to get an updated scan, you must first reboot
      the machine and then rescan the disks.
Total identified Windows installs: 1
[1]: C:\Windows
Add installation to boot list? (Yes/No/All): Y
Enter Load Identifier: Windows XP Home Edition
Enter OS Load Options: /fastdetect /noexecute=optin
C:\>
```

一点就透

- 如果系统的 CPU 支持 Intel 的 XD 或 AMD 的 NX 功能，必须添加“/NOEXECUTE=OPTIN”选项。
- 如果 CPU 不支持相应的功能，千万不要添加 NOEXECUTE 选项，不然，会造成系统启动的故障。

5 运行“CHKDSK /R /F”命令，这一步骤将检查系统分区的完整性，确保系统硬盘能够运转正常，没有坏扇区，也是保证 Windows 系统长期安全的必要手段。

6 运行“FIXBOOT”命令，此命令将清除修复过程可能造成的影响系统运行的因素，重写硬盘的引导扇区。当出现 “Sure you want to write a new bootsector to the partition C: ?” 输入“Y”确认即可。

7 在故障恢复控制台中输入“EXIT”命令以重启系统， Windows 系统修复过程即宣告完成。

11.1.5 使用 Ghost 备份与还原操作系统

重新安装操作系统（以 Windows XP 系统为例）通常要花 30min 到 2h。但如果用 Ghost 将备份好的系统恢复，只需 10min 左右。下面就来讲解使用 Ghost 备份与恢复系统的方法。

Ghost 是一款在 DOS 环境下运行的软件，运行 Ghost 前要将其复制到启动盘上或硬盘上除需要被克隆的磁盘分区外的分区中。

1. 用 Ghost 备份系统

使用 Ghost 备份系统的方法如下。

1 首先根据需要为电脑分区，并安装好需要的操作系统、硬件驱动程序及系统补丁程序（如 SP3）。接着再安装工具软件、应用软件等，最后对电脑做好优化。

安装好系统和软件后，如果要将备份制作成光盘，那么 C 盘的容量要控制在 4.7GB 内，因为一张 DVD 光盘的容量为 4.7GB。

2 用 DOS 启动盘或 Windows 98 启动盘启动电脑到 DOS 环境，在提示符“A:\>”下输入“ghost”后按下“Enter”键，即可运行 ghost 程序。直接按“Enter”键后，显示主程序界面。

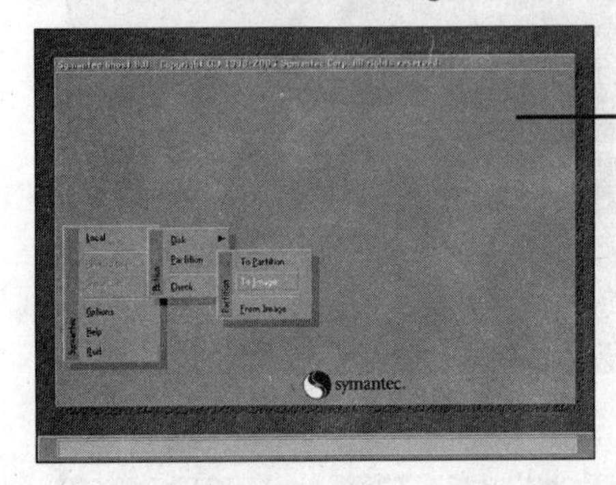

3 默认选中“Local”（字体变白色），按“向右方向键展开子菜单，用向上或向下方向键选择，依次选择“Local（本地）|Partition（分区）|To Image（产生镜像）”然后回车

4 弹出备份硬盘选择窗口，如果只有一个硬盘，就直接按“Enter”键

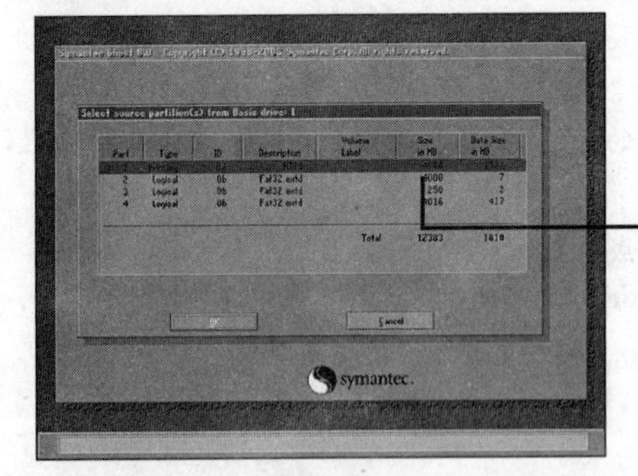

5 用方向键选择第一个分区（即 C 盘）后回车，按“TAB”键切换到“OK”键（字体变白色），按“Enter”键进行确认

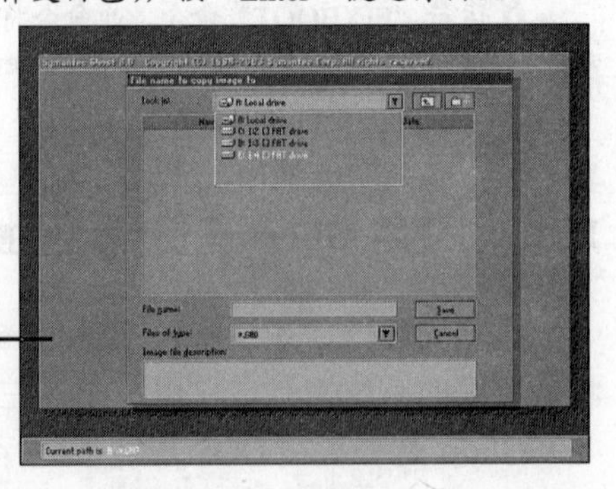

6 选择存放影像文件的分区：按“Tab”键约 8 次切换到最上边框（Look in），使它被白色线条显示，按“Enter”键弹出分区列表，选好分区后按“Enter”键确认选择

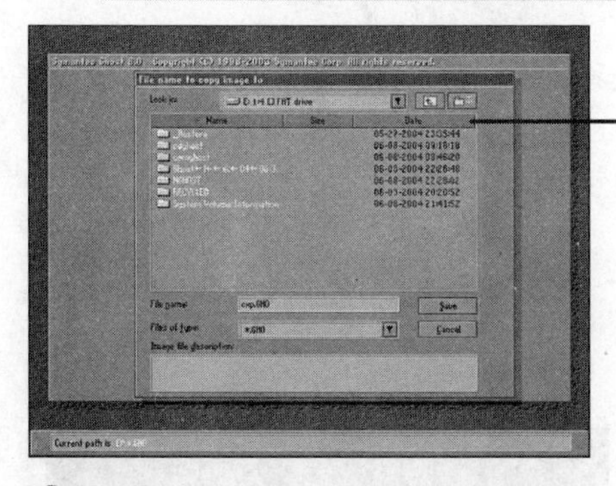

7 确认选择分区后，输入影像文件名称（注意影像文件的名称带有 GHO 的后缀名），按“Enter”键后准备开始备份

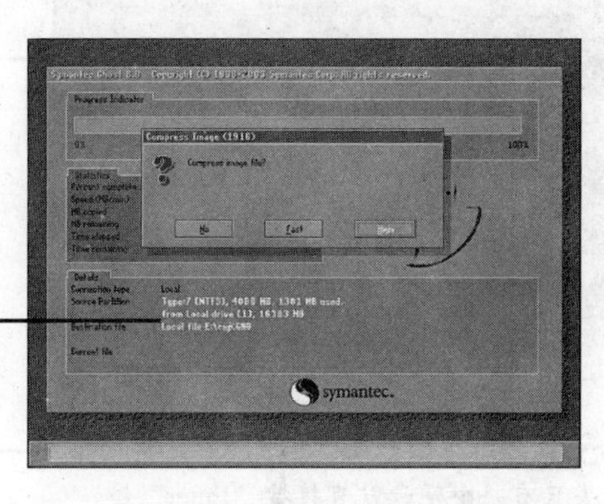

8 接下来，程序询问是否压缩备份数据，并给出 3 个选择：No（不压缩）、Fast（压缩比例小而执行备份速度较快）、High（压缩比例高但执行备份速度相当慢）

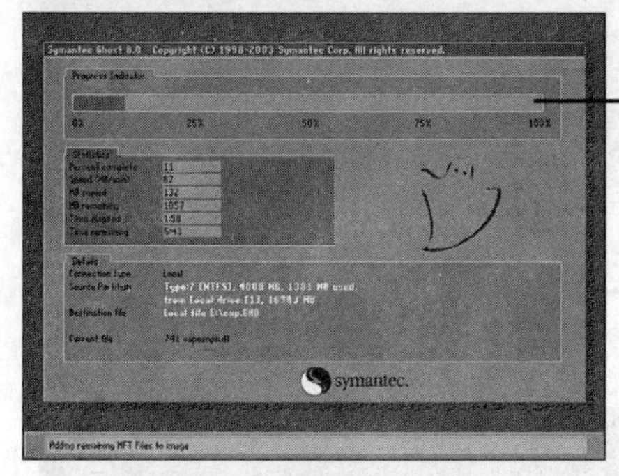

9 选择好压缩比后，按“Enter”键即开始进行备份

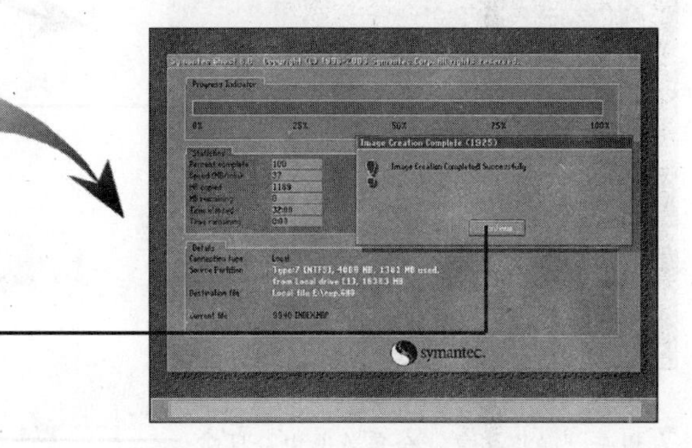

10 整个备份过程一般需要五至十几分钟（时间长短与 C 盘数据多少、硬件速度等因素有关），完成后会有提示。按“Enter”键后，退回到程序主画面

2. 用 Ghost 还原系统

如果硬盘中已经备份的分区数据受到损坏，用一般数据修复方法不能修复，或者系统被破坏后不能启动，都可以用备份的数据进行完全的复原而无须重新安装程序或系统。

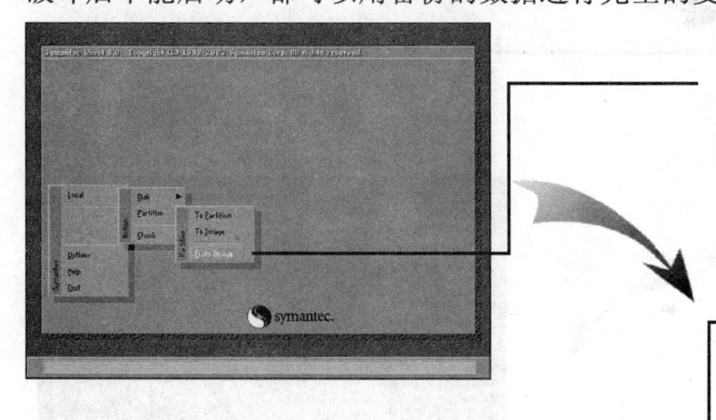

1 进入 DOS 环境下，运行“ghost.exe”进入主程序画面，依次选择“Local（本地）”|“Partition（分区）”→|“From Image（恢复镜像）”（一定不能选错），按“Enter”键确认

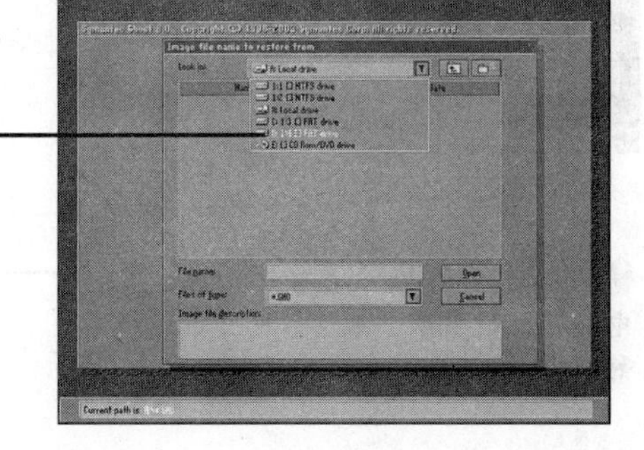

2 接着选择镜像文件所在的分区，按“Enter”键确认

3 确认选择分区后，即会显示该分区的目录，用方向键选择镜像文件后，按“Enter”键确认。

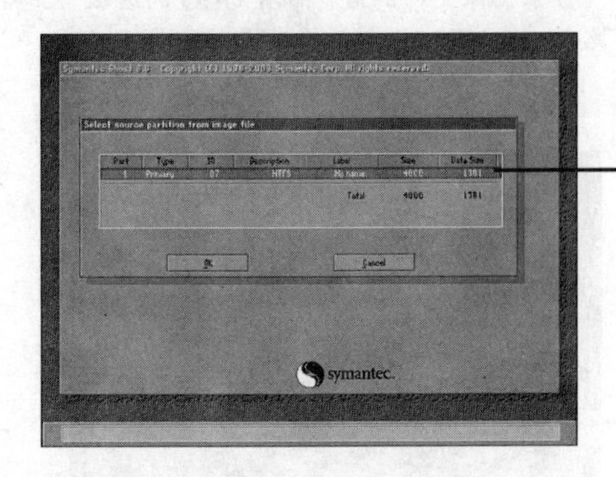

4 显示出选中的镜像文件备份时的备份信息，确认无误后，按“Enter”键

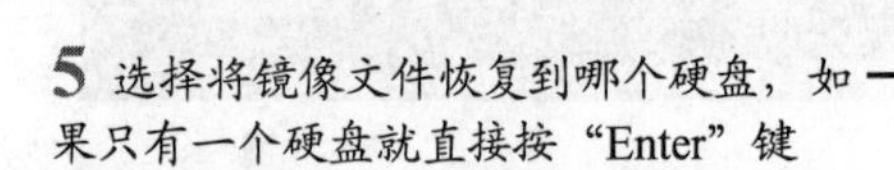

5 选择将镜像文件恢复到哪个硬盘，如果只有一个硬盘就直接按“Enter”键

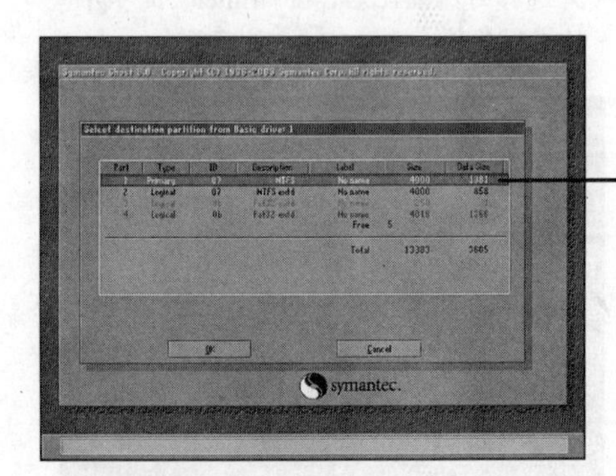

6 选择要恢复到的分区，按“Enter”键

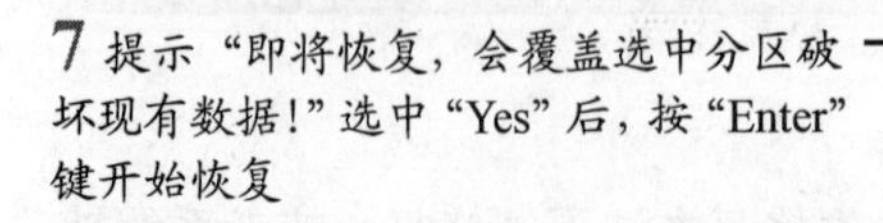

7 提示“即将恢复，会覆盖选中分区破坏现有数据！”选中“Yes”后，按“Enter”键开始恢复

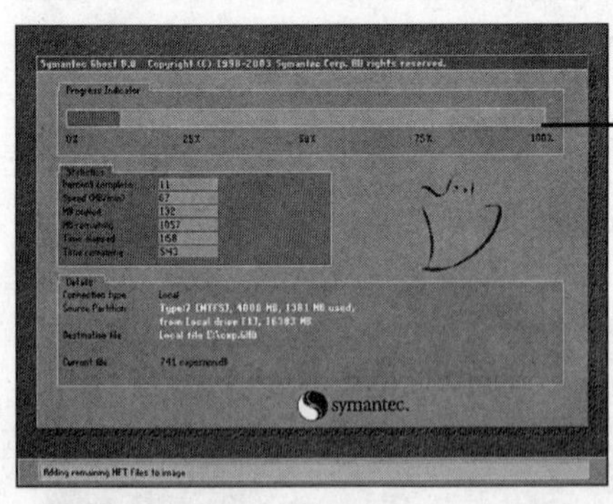

8 正在将备份的镜像恢复

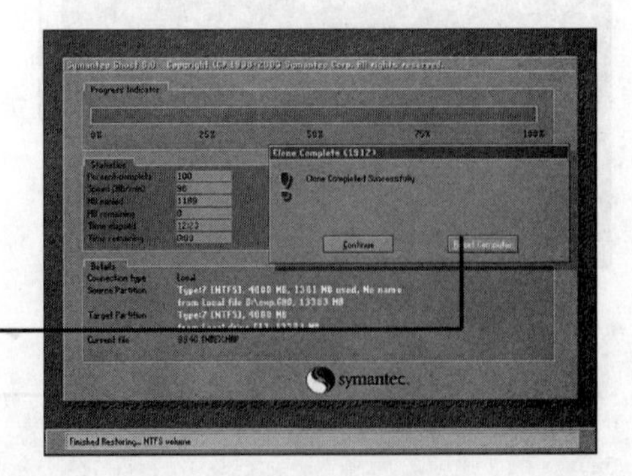

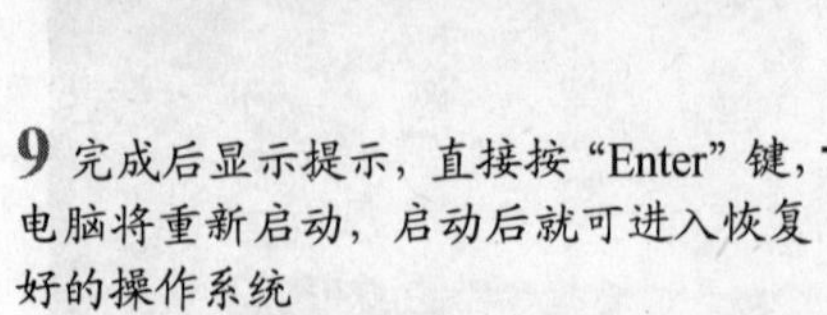

9 完成后显示提示，直接按“Enter”键，电脑将重新启动，启动后就可进入恢复好的操作系统

3. 制作Ghost系统备份光盘

Ghost 6.5 企业版以后的版本能够直接向光盘（CDR/RW）刻录镜像文件。要制作自动恢复系统光盘，应利用这一功能。当Ghost在刻录镜像文件的进程中询问是否生成启动光盘时，将存有光驱DOS驱动程序的启动盘插入软驱，并选择“是”。如果不想用Ghost将镜像文件直接刻录到光盘，可先准备镜像文件和其他相关文件，再将这些文件用其他刻录工具软件复制到光盘上，生成启动光盘。具体步骤如下。

（1）按照上述方法制作镜像文件。

（2）安装光驱DOS驱动程序。

（3）制作 Config.sys 和 Autoexec.bat 文件，将以下文件刻录到第一张光盘上。

- ❖ IO.sys。
- ❖ MSDOS.sys。
- ❖ Command.com。
- ❖ Himem.sys。
- ❖ Config.sys。
- ❖ Autoexec.bat。
- ❖ Mscdex.exe。
- ❖ Ghost.exe。

用制作的光盘恢复系统，具体步骤如下。

（1）将电脑设置成可用光盘启动。

（2）关闭电脑。

（3）将制作的光盘插入光驱。

（4）打开电脑。制作的光盘将自动用镜像文件覆盖硬盘。恢复系统过程完成后，电脑将显示DOS提示符，如“Q: \>”。

（5）从光驱中取出光盘。

（6）重新启动电脑。

☞ Config.sys文件内容。

Config.sys 文件为电脑加载 Himem.sys、配备光驱驱动并配置 DOS 内存和环境空间。Config.sys文件可用记事本编辑，应当包含以下命令行。

```
device=himem.sys
device=
files=50
bitscn_com
buffers=30
dos=high，umb
stacks=9，256
lastdrive=z
```

其中，命令行device=的确切内容取决于所用光驱。如对某些Adaptec光驱，内容如下。

❖ device=oakcdrom.sys /D：mscd001。

❖ /D：mscd001 是为驱动文件命名的命令。注意，这个命令要在 Config.sys 和 Autoexec.bat 两个文件中使用，对驱动文件的命名（见下面的 Autoexec.bat 文件内容）必须一致。

☞ Autoexec.bat 文件内容。

Autoexec.bat 为电脑加载光驱驱动，自动运行 Ghost 并用光盘中的镜像文件覆盖电脑硬盘。Autoexec.bat 文件可用记事本编辑，应当包含以下命令行。

mscdex.exe /D: /L:

ghost -clone，mode=load，src=，dst= -sure -fx

◆ Ghost 语句中只允许命令行的极少数位置有空格。除以下情况外，不得有空格。
◆ 在 Ghost 和-clone 之间。
◆ 在 number>和-sure 之间。
◆ 在-sure 和-fx 之间。

以下例子假设光驱盘符是 Q，镜像文件名是 Myimage.gho，镜像文件路径是"Q：\Myimage.gho"。

mscdex.exe /D：mscd001 /L：Q

ghost -clone，mode=load，src=q：myimage.gho，dst=1 -sure -fx

❖ 其中，/D：mscd001 将驱动文件命名为 mscdex.exe，必须与 Config.sys 文件中的命名相一致。

❖ /L：指定光驱盘符是 Q。虽然可以用 C 以上的任何字母作为光驱盘符，但是建议用高于电脑最后一块硬盘盘符的字母作为光驱盘符。例如，如果电脑上有两块硬盘 C：和 D：，最好用 F 或更高字母作为光驱盘符。

❖ 第二命令行中的-clone 命令通过其后的参数指定 Ghost 如何运行。

❖ 其中，mode=load 指定 Ghost 用镜像文件覆盖硬盘。

❖ src= 为 Ghost 指定镜像文件路径，盘符必须与 Autoexec.bat 命令行中/L：指定的盘符一致。本例中镜像文件 Myimage.gho 存储在光盘根目录。

❖ dst= 指示 Ghost 覆盖哪个硬盘，Disk 1 是指电脑中的第一块硬盘；本例是覆盖整个硬盘，而不是某个分区；覆盖某个分区的命令行会有差别。

❖ -sure 指示 Ghost 在覆盖硬盘的过程中不再请求任何外来指令。

❖ -fx 指示 Ghost 完成覆盖后退出，使电脑显示 DOS 提示符。

在命令行中也可以不加入这一参数，此时 Ghost 完成覆盖后将显示"Load completed"或"Process successful"。

11.1.6 用"一键恢复"功能还原操作系统

为了电脑数据的安全，不少品牌机都具有一键恢复功能，用户利用这一功能不仅能备份

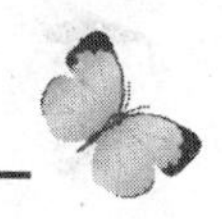

系统数据，还可以在电脑感染病毒或系统出现故障后立即恢复系统。

一键还原精灵是基于 Ghost 8.0 开发制作的。与 Ghost 不同的是，该软件在进行数据备份和还原的过程中，完全不需要用 DOS 引导，而且不会破坏硬盘数据，只需在开机时按“F11”键即可。

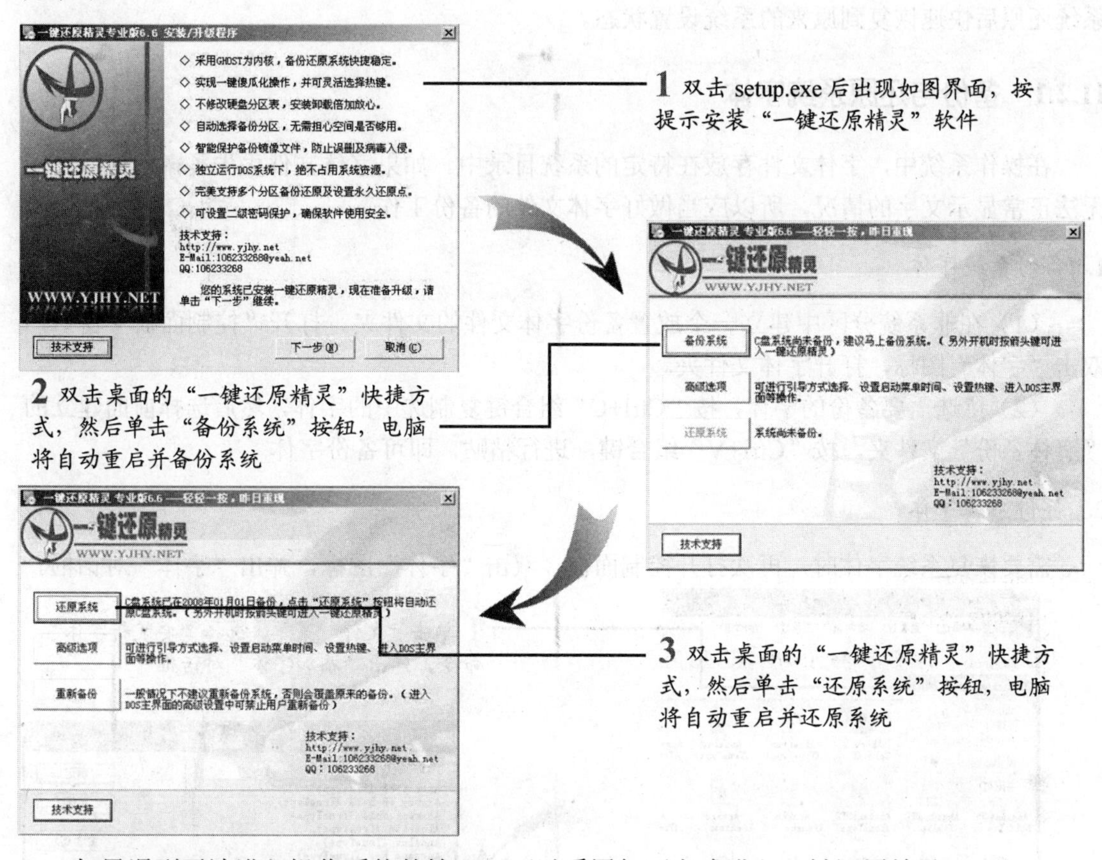

1 双击 setup.exe 后出现如图界面，按提示安装“一键还原精灵”软件

2 双击桌面的“一键还原精灵”快捷方式，然后单击“备份系统”按钮，电脑将自动重启并备份系统

3 双击桌面的“一键还原精灵”快捷方式，然后单击“还原系统”按钮，电脑将自动重启并还原系统

如果遇到无法进入操作系统的情况，可以采用如下方式进入一键还原精灵。

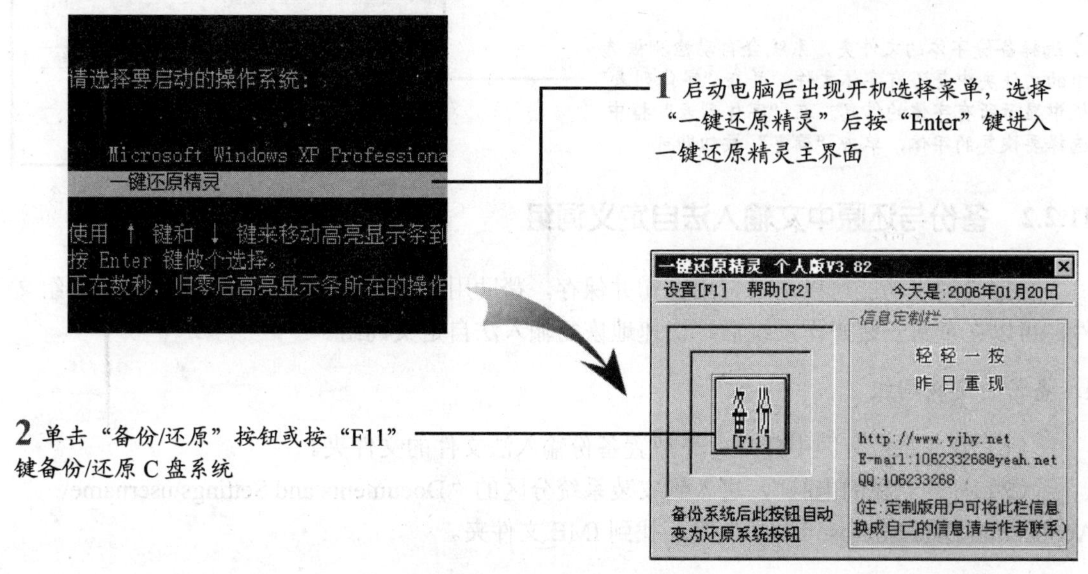

1 启动电脑后出现开机选择菜单，选择“一键还原精灵”后按“Enter”键进入一键还原精灵主界面

2 单击“备份/还原”按钮或按“F11”键备份/还原 C 盘系统

11.2 备份与还原系统设置

由于还原操作系统后，所有的系统设置都会被覆盖，所以要提前做好备份工作，才能在系统还原后快速恢复到原来的系统设置状态。

11.2.1 备份与还原系统字体

在操作系统中，字体文件存放在特定的系统目录中。如果字体文件丢失了，就可能出现无法正常显示文字的情况，所以应当做好字体文件的备份工作。

1. 备份系统字体

（1）在非系统分区中建立一个放置备份字体文件的文件夹。打开“控制面板”窗口，双击“字体”图标，打开字体文件夹。

（2）挑选需要备份的字体，按“Ctrl+C”组合键复制选中的字体，然后选择前面建立的“字体备份”文件夹，按“Ctrl+V”组合键，进行粘贴，即可备份字体。

2. 备份系统字体

需要恢复系统字体时，再次打开控制面板，双击“字体”图标，弹出“字体”对话框。

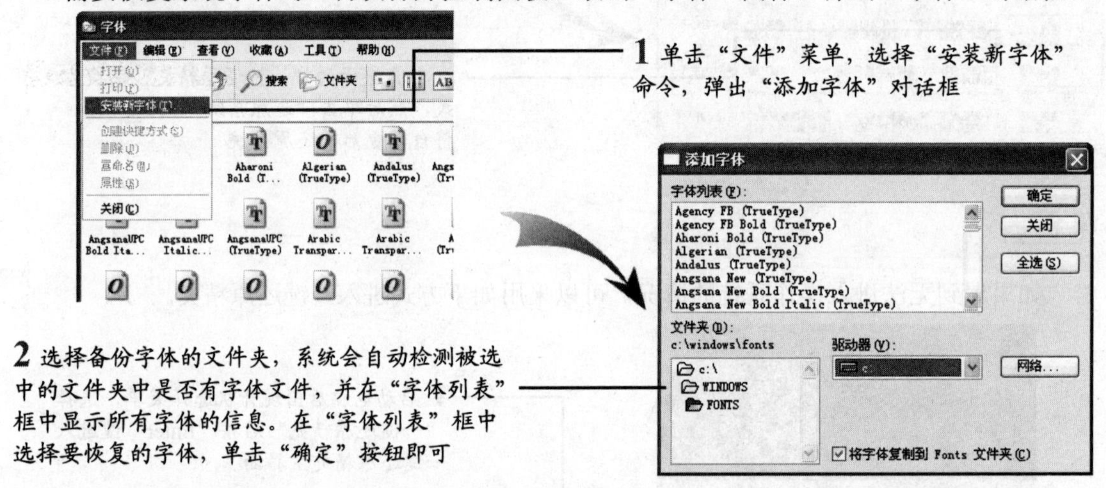

11.2.2 备份与还原中文输入法自定义词组

自定义词组功能可以记忆常用词句并保存，帮助用户提高输入速度。备份输入法词组文件，可以在重新安装操作系统后，快速地恢复输入法自定义词组。

1. 备份自定义词组

（1）到非系统分区中建立一个放置备份输入法文件的文件夹。

（2）打开“我的电脑”，进入到安装系统分区的“Documents and Settings\username\Application Data\Microsoft”文件夹，找到 IME 文件夹。

（3）将 IME 文件夹复制到前面建立的“输入法备份”文件夹中，即可备份输入法的自定义词组。

2. 还原自定义词组

系统崩溃或重装后，可以从输入法备份中恢复自定义词组文件。

（1）打开“输入法备份”文件夹，选中 IME 文件夹后右击，在弹出的快捷菜单中选择“复制”命令。

（2）接着打开“我的电脑”，进入系统盘，进入“Documents and Settings | Application Data | Microsoft”文件夹，选择“编辑”|“粘贴”命令，系统询问是否要覆盖时，单击“是”按钮即可。

11.2.3　备份与还原收藏夹

IE 5.0 以上的版本都已经提供了收藏夹的导出/导入功能，可以方便地把收藏夹导出到电脑其他应用程序或文件中，然后存放到一个安全的目录即可。

1. 备份收藏夹

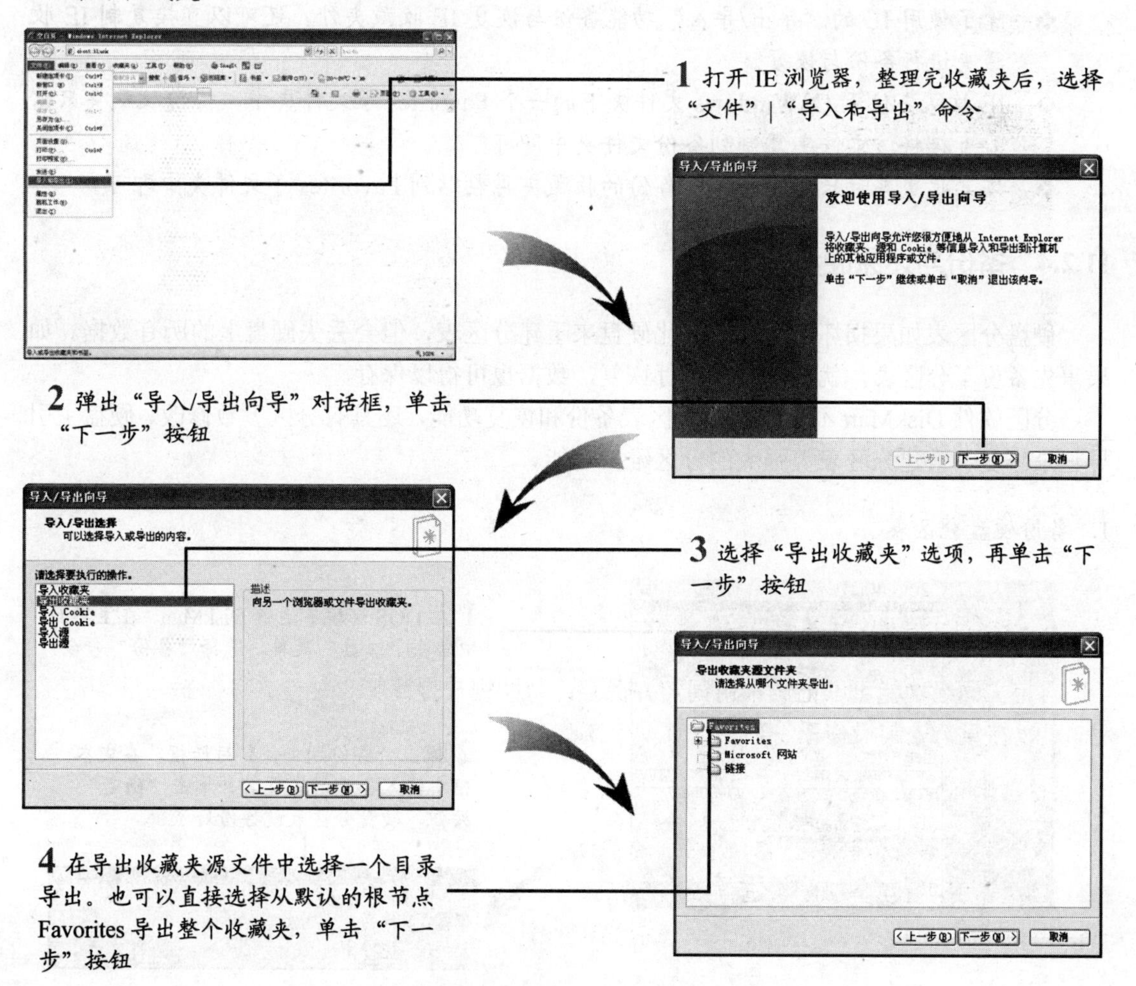

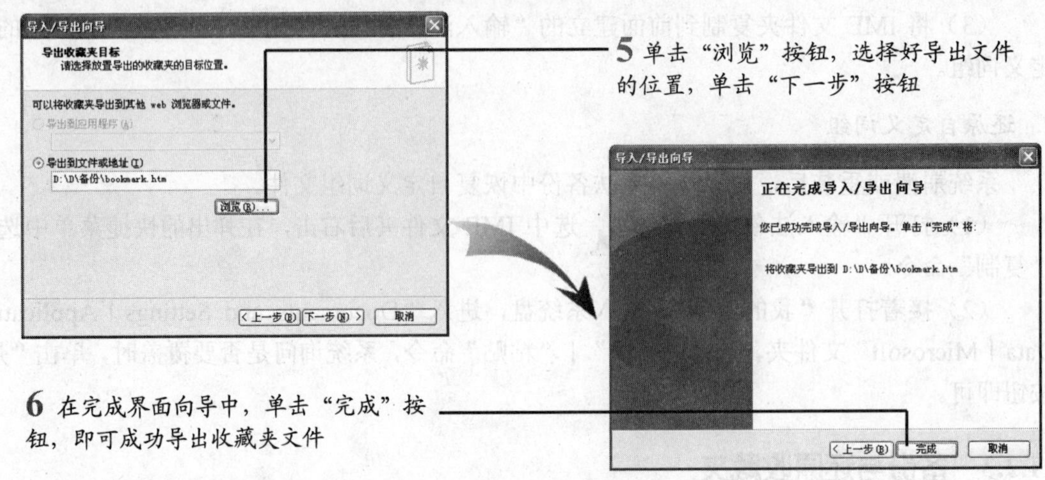

2. 恢复收藏夹

要恢复 IE 收藏夹只需使用 IE 的导入功能将备份的收藏夹导入即可，步骤与导出收藏夹类似。

❖ 除了使用 IE 的“导出/导入”功能备份与恢复 IE 收藏夹外，还可以直接复制 IE 收藏夹进行备份与恢复。

❖ IE 收藏夹位于 C:\Windows 文件夹下的一个 Favorites 子文件夹中，备份收藏夹只需要直接将该文件夹复制到备份文件夹中即可。

❖ 恢复收藏夹时只需要将复制备份的收藏夹再粘贴到 Favorites 子文件夹中即可。

11.2.4 备份与还原硬盘分区表

硬盘分区表如果损坏，只能格式化硬盘来重建分区表，但会丢失硬盘上的所有数据。如果事先备份了分区表，就可以对其进行恢复，数据也可得以保存。

分区软件 DiskMan 不仅提供了分区表备份和恢复功能，还具有分区参数修改、硬盘主引导记录修复、重建分区表等强大的分区维护功能。

1. 备份硬盘分区表

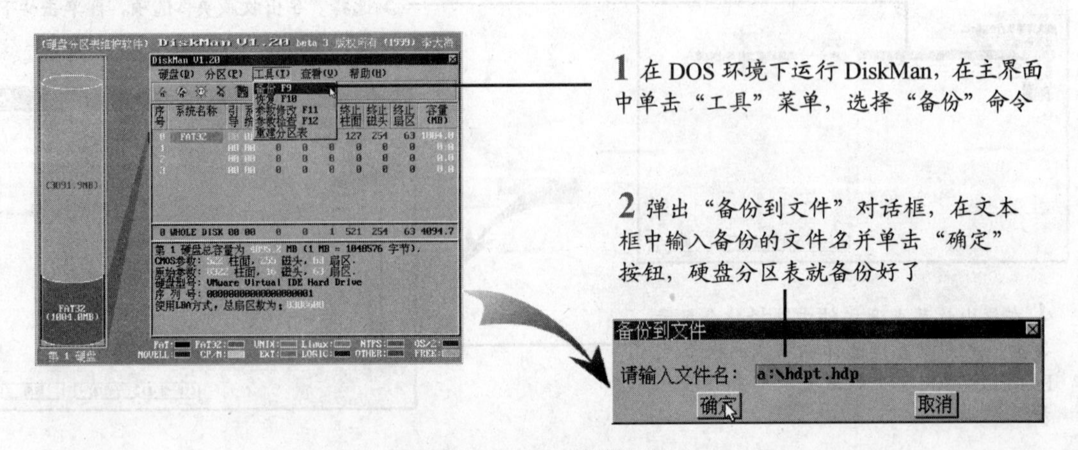

◆ 硬盘的分区表不能保存在该硬盘本身。因为一旦该硬盘分区表出了问题，很可能整个硬盘的文件都访问不了，保存的分区表文件也就读取不出来。因此一般都将硬盘分区表的备份文件存放在移动存储设备或者其他硬盘中。

2. 恢复硬盘分区表

当硬盘分区表出现故障时，在 DiskMan 主界面中选择“工具”|“恢复”命令，即可还原硬盘分区表。

11.2.5 备份与还原注册表

注册表中存放着有关电脑所有设置和各种软硬件的注册信息，是操作系统的重要组成部分。做好注册表的备份工作，可以在系统出现由注册表引起的种种故障后，进行快速恢复。

1. 在 DOS 下备份与还原注册表

Windows 为了提高注册表的安全性，每次启动电脑时都会把注册表文件备份为 system.dat 和 user.dat 文件。一旦发生注册表出错的情况，可在 DOS 下进入 Windows 目录，将之前备份的注册表文件恢复即可。

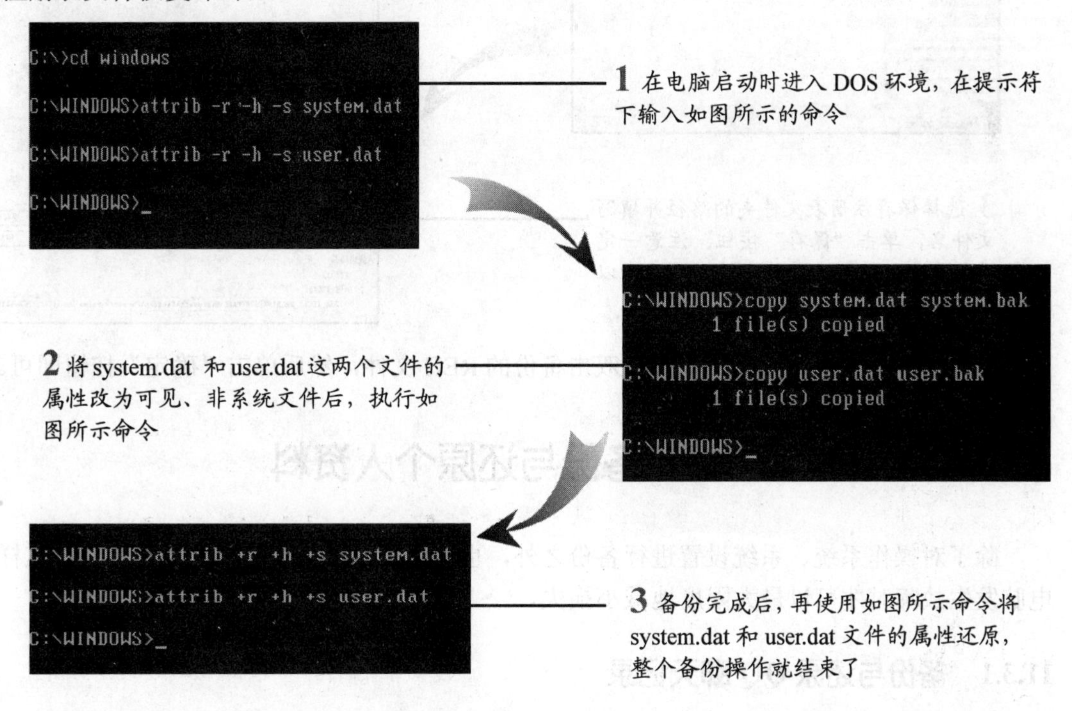

如果注册表出现故障，可用如下方法还原。

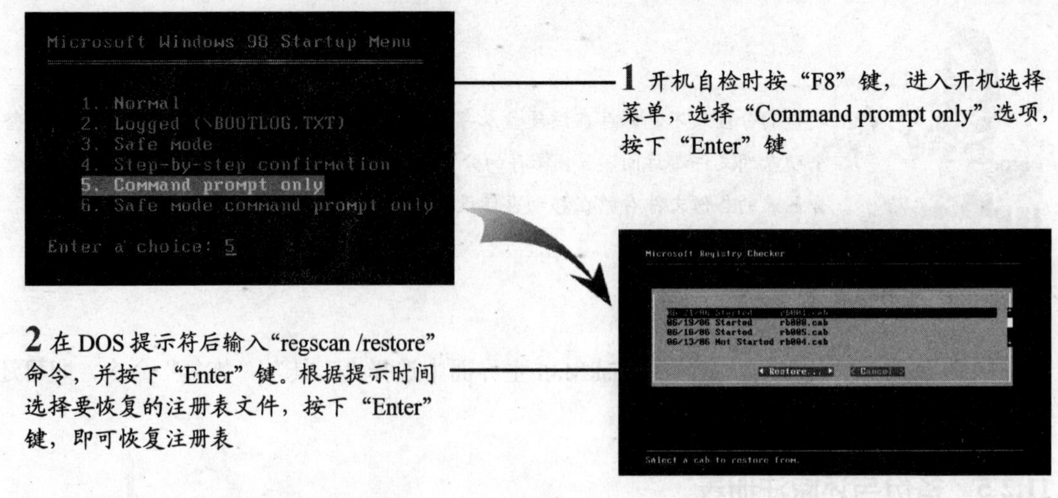

2. 在Windows下备份与还原注册表

在Windows下备份注册表的方法很简单，具体步骤如下。

1 选择“开始”|“运行”命令，输入“Regedit”命令后回车，打开注册表编辑器。

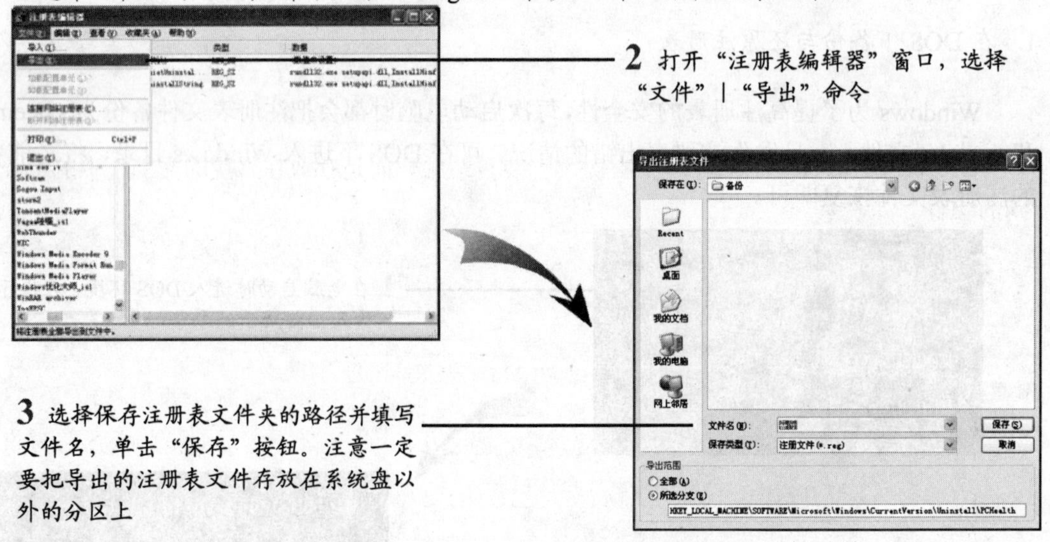

恢复注册表的操作很简单，直接双击备份的REG文件，然后单击“确定”按钮即可。

11.3 备份与还原个人资料

除了对操作系统、系统设置进行备份之外，也要重视个人数据资料的及时备份，这样在电脑发生故障时才可以最大限度地减小损失。

11.3.1 备份与还原QQ聊天记录

使用QQ自带的消息管理器可以备份和还原聊天记录。

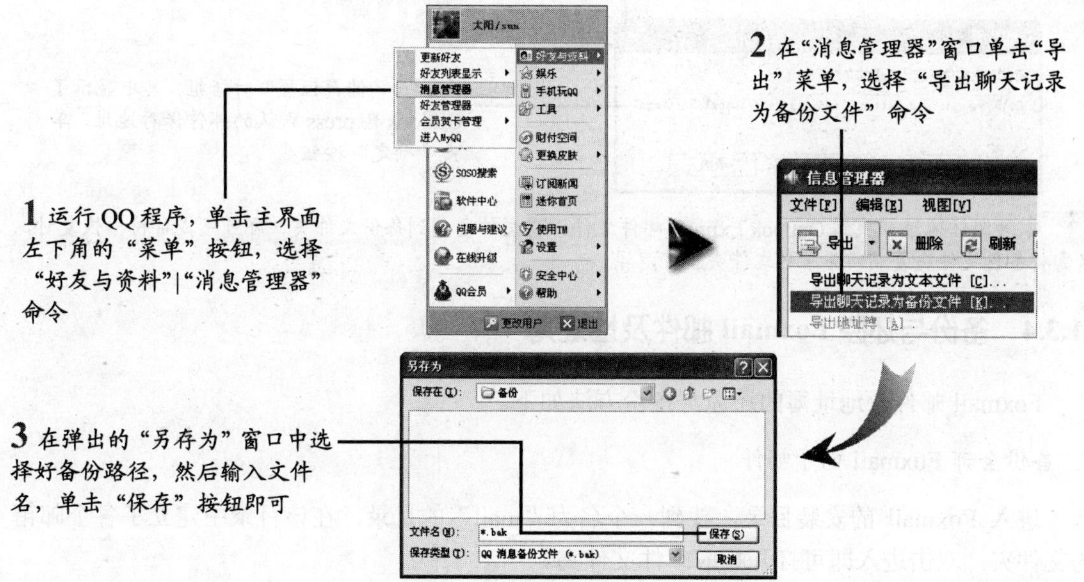

要导入 QQ 聊天记录，只需要在“消息管理器”窗口单击“导入”菜单，选择“导入聊天记录为备份文件”命令，再导入备份的聊天记录文件即可。

11.3.2 备份与还原 MSN 聊天记录

MSN 的聊天记录并没有存放在软件安装目录中，而是存放在“我的文档”中的“我接收到的文件”文件夹下。

备份时只要将该文件夹直接复制到备份文件夹中。需要还原时，再将备份文件夹复制到“我的文档”即可。

11.3.3 备份与还原 Outlook Express 邮件及通讯簿

Outlook Express 的邮件和账户信息都保存于 C 盘中，如果不进行备份，那么所有收取的邮件都会随着格式化操作而被清除掉。

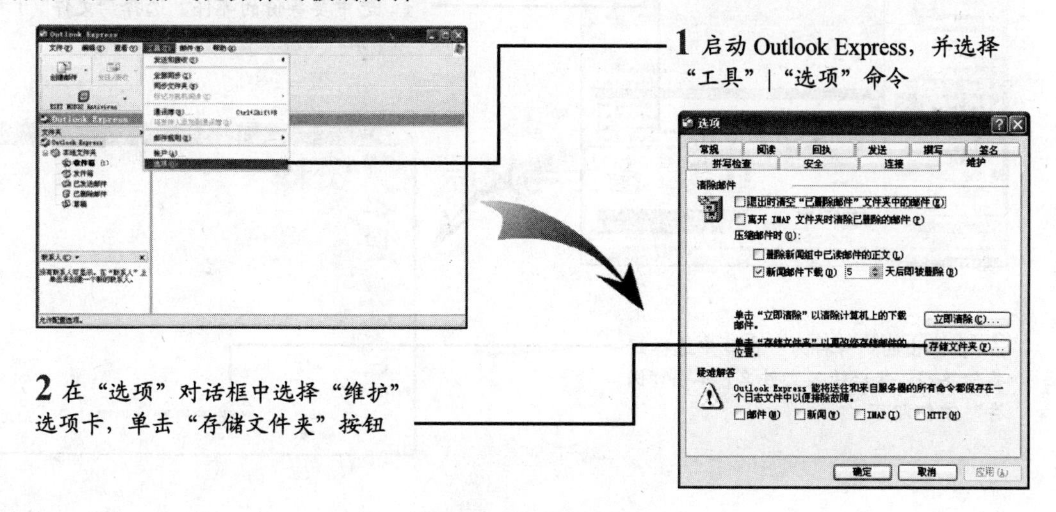

3 弹出"储存位置"对话框，其中显示了Outlook Express默认的邮件保存地址，单击"确定"按钮

4 按照该地址可找到Outlook Express邮件文件，将文件复制到备份文件夹，即可完成备份。恢复时，只需将备份文件夹复制回原来的文件夹就可以了。

11.3.4 备份与还原Foxmail邮件及地址簿

Foxmail邮件及地址簿的还原与备份方法如下。

1. 备份全部Foxmail电子邮件

进入Foxmail的安装目录，找到一个名为"mail"的目录，在该目录中建立了各个邮箱的文件夹，双击进入即可打开相应邮件文件夹。

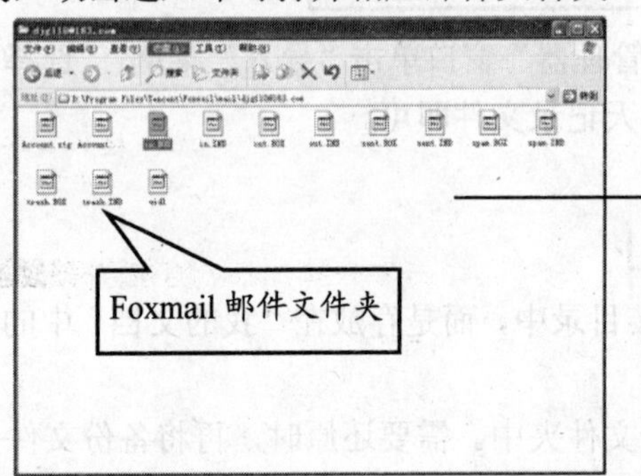

在邮箱的目录下有很多文件，这些文件都是成对出现的，每一对文件的主文件名相同，但扩展名不同，即扩展名分别为BOX、IND。其中"in"表示收件箱；"out"表示发件箱；"sent"表示已发送邮件箱；"trash"表示废件箱

要备份哪个文件夹，把相应的两个文件复制到别处即可。

2. 备份单个Foxmail电子邮件

要备份单封邮件，可以借助Foxmail本身的导出/导入功能来完成。

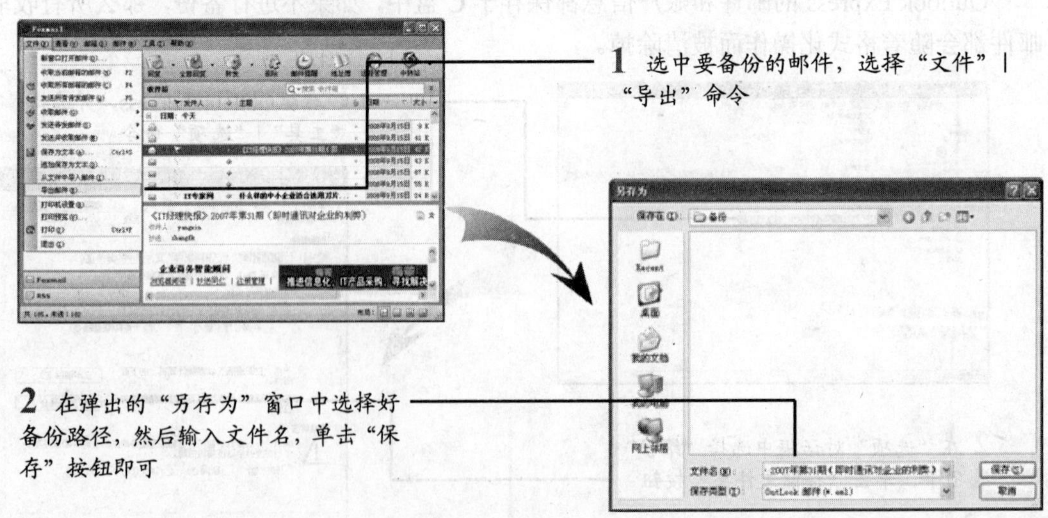

1 选中要备份的邮件，选择"文件"|"导出"命令

2 在弹出的"另存为"窗口中选择好备份路径，然后输入文件名，单击"保存"按钮即可

3. 备份与还原 Foxmail 地址簿

利用 Foxmail 的“导出”与“导入”功能可实现地址簿的备份与恢复。

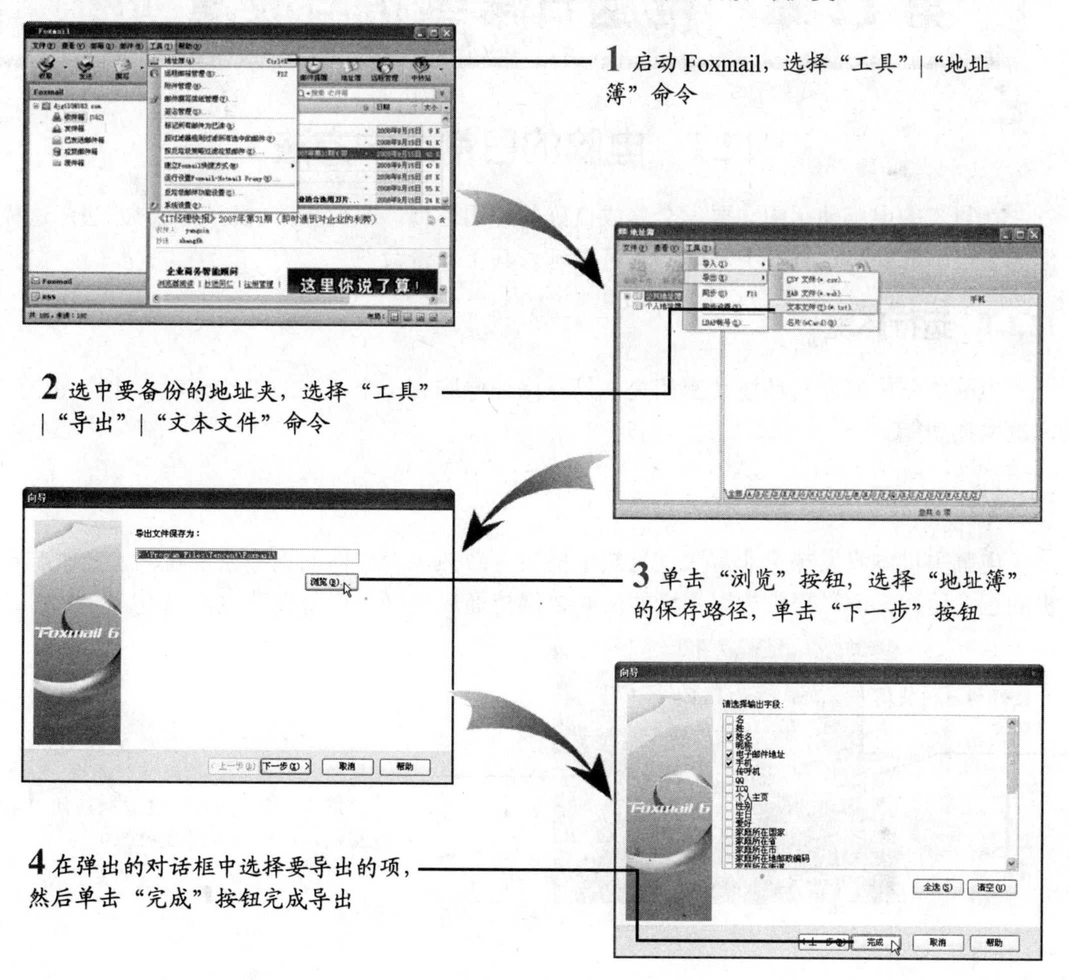

第 12 章　电脑日常维护与故障判断

12.1　电脑的日常维护方法

在日常的电脑使用中，要学会养成良好的使用习惯，掌握正确的日常维护方法，这样不但能为电脑的稳定运行打下基础，还可以延长其工作寿命。

12.1.1　运行环境

电脑的使用寿命与环境紧密相关，只有保证电脑有一个良好的工作环境，才能使电脑正常地发挥功能。

1. 温度

电脑主机本身发热量非常大，虽然主机内有散热风扇，但如果室温过高，就会影响到主机的正常运行。所以平常放置主机的房间要保持通风良好，以便调节室内温度。

良好的电脑使用环境

电脑理想的工作温度应在 10~35℃，太高或太低都会影响配件的寿命。如果条件许可，可以在摆放电脑的房间内安装空调，以保证其温度的恒定

2. 湿度

如果湿度太高，就会影响配件的性能发挥，甚至引起一些配件短路，所以在天气较为潮湿的时候，最好每天都能够使用电脑，或者让电脑通电一段时间。电脑理想的相对湿度应为 30%~80%。

3. 洁净度

电脑硬件上如果堆积过多的灰尘，时间一长就会腐蚀各配件的电路板，同时也容易产生静电。所以，对电脑定期的清洁打扫很重要。

一点就透

◆ 电脑最好放置在平稳的桌上，最好不要在电脑旁放置零食、饮料等物品，且不能与其他电器靠得太近，以避免电器之间的相互干扰，同时也有利于主机散热。

4. 电磁干扰

电脑存储设备的主要介质是磁性材料，如果电脑周边存在较强的磁场，不仅会造成存储设备中的数据损坏甚至丢失，还会造成显示器出现异常的抖动或者偏色。

所以电脑周围应尽量避免摆放一些容易产生较强磁场的设备（如大功率的音箱等），以避免电脑受到强磁场干扰。

5. 电源

电脑电源要求的交流电正常的范围应为（220±22）V，频率范围是（50±2.5）Hz，并且电源要具有良好的接地系统。在可能的情况下，最好使用 UPS 电源来保护电脑，使电脑在断电时能继续运行一段时间。如下图所示。

UPS 是不间断电源(uninterruptible power system)的英文缩写，是能够提供持续、稳定、不间断的电源供应的重要外部设备。UPS 可以在市电出现异常时，有效地净化市电；还可以在市电突然中断时持续一定时间给电脑等设备供电，使用户能有充裕的时间应付

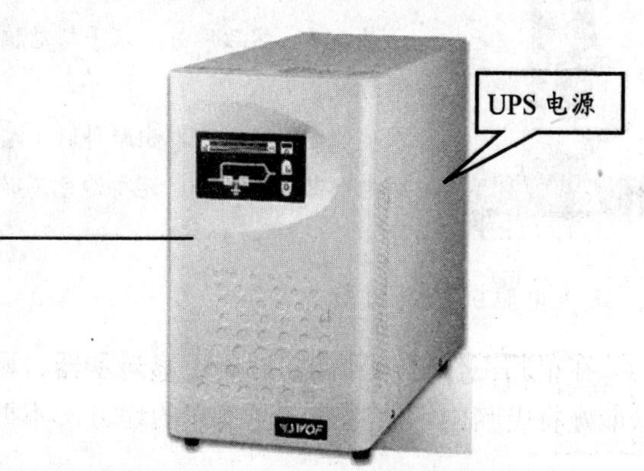

12.1.2 良好的使用习惯

养成良好的使用习惯也是对电脑的一种维护。

1. 按正确顺序开关机

正确的开机顺序是：“打开外设（如打印机、扫描仪等）电源”→“打开显示器电源”→“打开主机电源”。而关机的顺序则正好相反。

2. 不要频繁开关机

电脑正在读写数据时不要突然关机，因为这样做很可能会损坏驱动器（如硬盘），所以应尽量避免频繁地开机关机。

◆ 一般关机后距离下一次开机的时间至少应有 10s。特别要注意当电脑正在运行程序时，应避免关机操作。

3. 及时扫描硬盘

当意外关闭电脑时，应尽快进行硬盘扫描，及时修复错误。

因为在这种情况下，硬盘的某些簇链接会丢失，给系统造成潜在的危险。如果不及时修复，会导致某些程序紊乱，甚至危及系统的稳定运行。

4. 杜绝静电

电脑配件对静电放电（ESD）极其敏感，在用手接触前要释放身上的静电，避免损坏硬件上的电气元件。

- 装配电脑前最好事先洗手，并用棉布擦干。操作时先用一只手接触电脑机箱裸露的金属表面，然后用另一只手与电脑配件的静电防护袋接触，至少保持2s以使静电尽量释放。
- 在从静电防护袋中取出配件时（尤其是板卡），只拿住边缘部分，避免触及电路和集成电路芯片。另外，还要避免不必要的走动，尤其是在铺了地毯的地面上。

5. 减少电脑的搬动次数

在电脑工作时一旦被剧烈碰撞，显示器、硬盘、显卡等电脑设备都有被撞坏的可能。所以最好将电脑固定放置在方便工作的地方，不要经常移动，特别是在电脑正在运行时。

12.1.3 主要部件的日常维护

平时使用电脑如果注意对一些主要配件的呵护，会有效延长电脑的使用寿命。

1. 机箱日常维护

应经常清理机箱上的积尘、积垢，清洁时务必要将电脑关机并断开电源。

清洁主机时，用一块干净的抹布沾水，拧干后，轻轻擦拭机壳，直到干净为止。切忌抹布沾水过多，以免让水渗入破坏主机内部配件。

如果想减少主机上的积尘，可以在上面放一张纸，一方面可以让灰尘都积在纸上，另一方面纸张是通风的材质，不会有主机过热的情形发生。

2. 主板的日常维护

如果主板不太脏，就用油画笔刷过后，再用电吹风连主板带机箱内壁吹一吹即可。

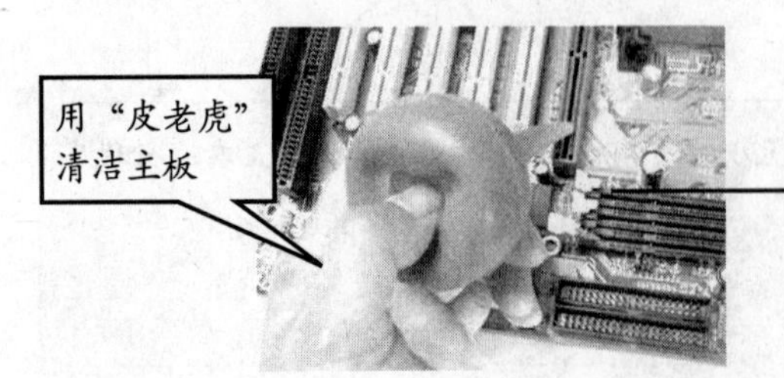

如果主板很脏，就需将主板从机箱中拆出，用油画笔把正反两面都刷一刷，再用皮老虎把各个插槽和没有刷干净的角落吹一吹

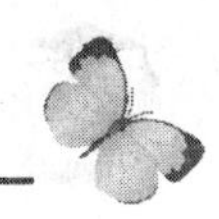

3. 扩展卡日常维护

扩展卡的日常维护方法如下。

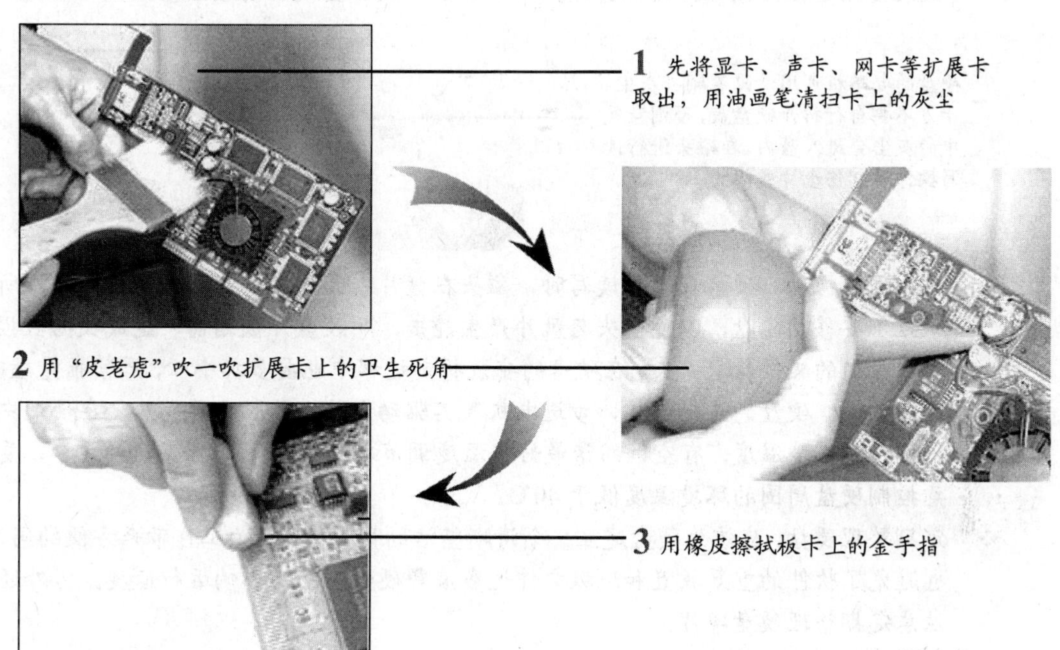

4. CPU风扇及散热片日常维护

首先拆下CPU风扇，将小风扇和散热片分开。

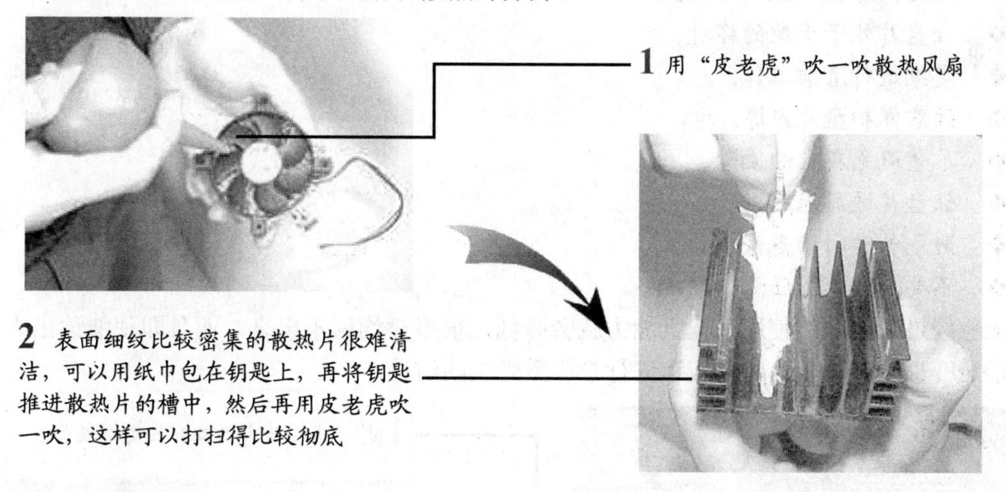

5. 硬盘日常维护

日常使用硬盘时应注意如下几点。

❖ 硬盘读写时不能关掉电源：现在的硬盘转速一般都高达7200r/min，在硬盘如此高速旋转时忽然关掉电源，会导致磁头与盘片猛烈摩擦从而损坏硬盘。关机时，一定要注意主机面板上的硬盘指示灯，确保硬盘完成读写之后才关机。

❖ 注意防尘、防潮：环境中灰尘过多就会吸附到硬盘印制电路板的表面和主轴电机的内部。硬盘在较潮湿的环境中工作会使绝缘电阻下降，轻则引起工作不稳定，重则使某些电子器件损坏。因此要保持环境卫生，减少空气中的含尘量。

硬盘的电路板可用油画笔刷去灰尘。千万不要自行拆开硬盘盖，否则空气中的灰尘会进入盘内，在磁头进行读写操作时划伤盘片或磁头

用油画笔清洁硬盘电路

❖ 防止硬盘振动：硬盘在进行读写时，磁头在盘片表面的浮动高度只有几微米，所以千万不要移动硬盘，以免磁头与盘片产生撞击，导致盘片被划伤，造成数据区损坏和硬盘内的文件信息丢失。在硬盘的安装拆卸过程中也要多加小心，严禁摇晃磕碰。
❖ 防止高温：硬盘的主轴电机、步进电机及其驱动电路工作时都要发热，在使用中要严格控制环境温度。有空调的话最好将温度调节在 20～25℃。在炎热的夏季，要注意控制硬盘周围的环境温度低于 40℃。
❖ 定期整理硬盘：应该为硬盘建立一个清晰整洁的目录结构，为工作带来方便的同时，也避免了软件的重复放置和垃圾文件过多浪费硬盘空间，影响运行速度。另外还要注意定期整理硬盘碎片。

6. 光盘与光驱的日常维护

光盘的日常维护要做到以下几点。

❖ 及时擦除盘片上的污点。
❖ 让盘片处于干燥的环境。
❖ 定期进行清洁工作。
❖ 注意保护盘片内缘。
❖ 尽量避免灰尘的侵袭。
❖ 让盘片远离光照。
❖ 避免长时间读光盘。
❖ 不要在盘片上任意粘贴标签。

光驱经过长时间的使用，读盘能力就会降低，很多盘均读不出来，而且即使能读出来，读盘的速度也慢得可怜。此时应该进行光驱激光头的清洗。

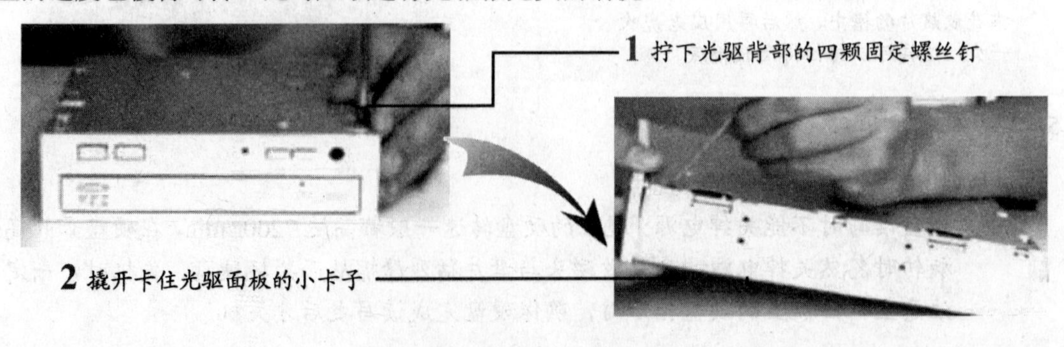

1 拧下光驱背部的四颗固定螺丝钉

2 撬开卡住光驱面板的小卡子

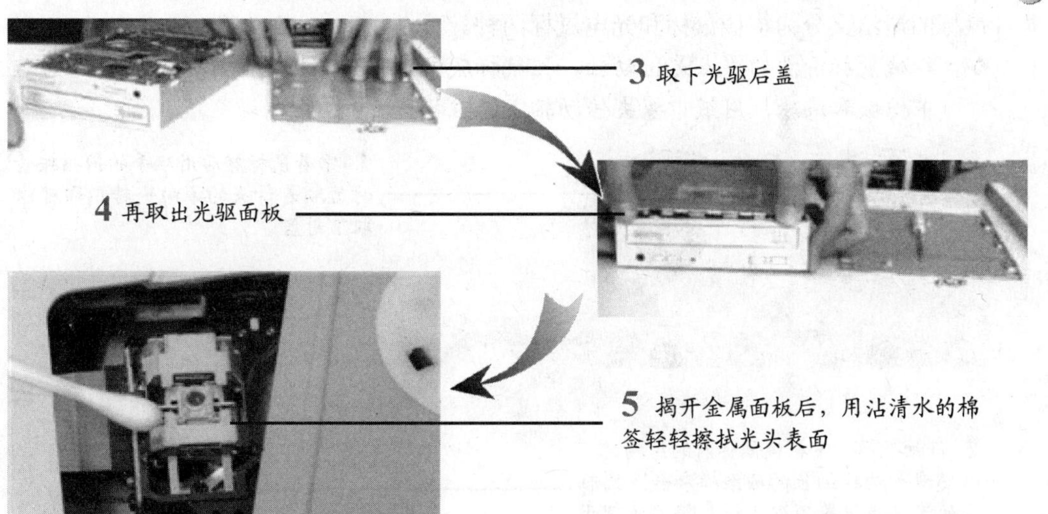

- 建议使用棉球或专用相机擦镜纸清洁光驱光头，至多再加一些纯净水。最好不要使用诸如酒精等溶解性的清洗剂，因为现在不少光驱、刻录机的光头采用了有机玻璃，有的还在光头表面加上了增透涂层，可能会跟这些清洗剂发生化学反应。
- 更不可轻信街头那些带小刷子的清理盘，目前各类光盘驱动器的转速都极高，高速运动中肯定会刮花光头。

7. 电源的日常维护

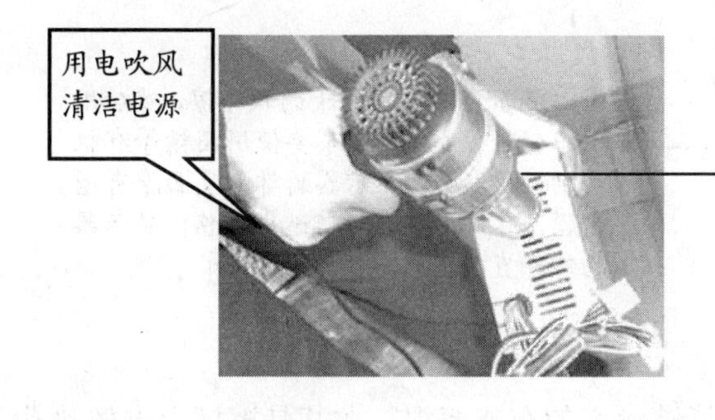

清洁电源时，先用油画笔刷去风扇的叶片和其他通风口的尘土，然后用电吹风对着与风扇相对的通风口吹几下

8. 键盘、鼠标日常维护

用一块干净的抹布沾水，拧干后，轻轻擦拭键盘和鼠标积尘、积垢的地方。

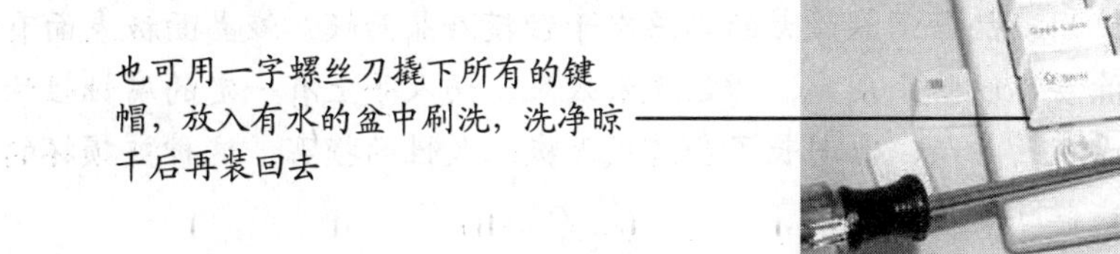

鼠标的清洁又分为机械鼠标和光电鼠标两种。

❖ 机械鼠标清洁的要点是传动轴，把鼠标底朝上，按挡板上指示的方向旋开封盖，取下挡板和滚球，用纸巾擦去传动轴上的脏物。

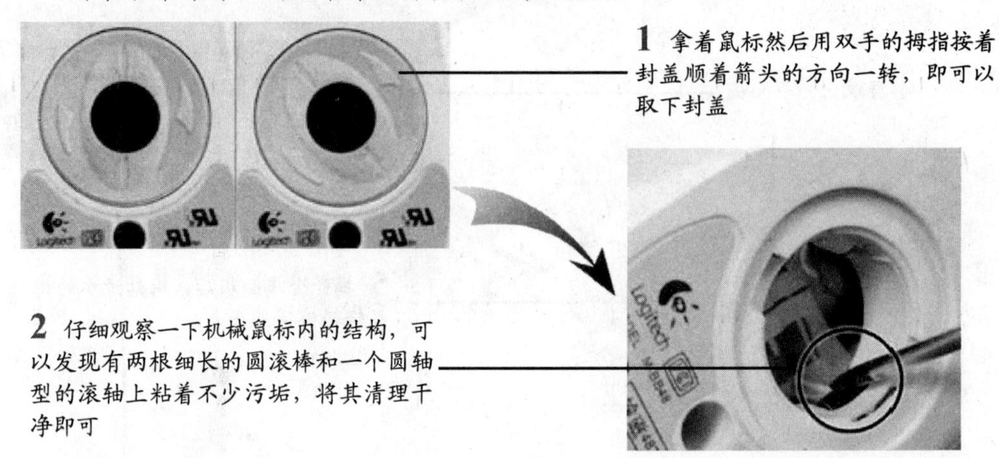

1 拿着鼠标然后用双手的拇指按着封盖顺着箭头的方向一转，即可以取下封盖

2 仔细观察一下机械鼠标内的结构，可以发现有两根细长的圆滚棒和一个圆轴型的滚轴上粘着不少污垢，将其清理干净即可

❖ 光电鼠标的清洁更加简单，用棉花沾上少许酒精仔细地擦拭底部的电路板后，放置晾干即可。

❖ 鼠标的清洁应当经常性的进行，鼠标垫也要保持清洁，减少鼠标藏污纳垢的现象出现。

9. 显示器日常维护

显示器的清洁分为两个部分：清洁显示器外壳和清洁显示屏。

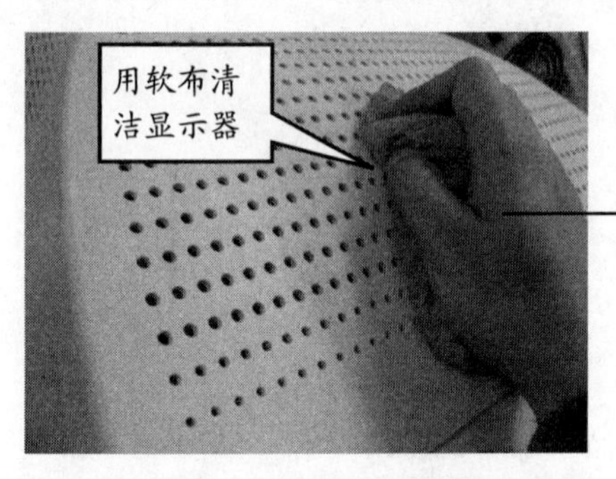

清洁显示屏时先用拧干的软布擦，然后用纸巾轻轻擦拭。千万不要使用酒精等有机溶剂，因为许多显示器的屏幕表面涂有增透膜，有机溶剂会对其造成损伤；显示器的外壳直接用软布擦拭即可

清洁显示器时要确保切断电源，切忌使用能够滴水的布或海绵，尤其是擦拭上方散热孔时，最好使用干布，以防意外。

☞ 维护液晶显示器。

❖ 禁止触摸液晶面板：用液晶显示器最大的禁忌在于触摸液晶面板。液晶面板表面有专门的涂层，这层涂层可以防止反光，增强观看效果。而人手上有一定的腐蚀性油脂，会轻微的腐蚀面板的涂层，时间长了会造成面板永久性的损害。这种被损坏的面板在使用中会有斑驳陆离的感觉。

❖ 禁止带电插拔数据线：带电插拔数据线很容易烧毁显示器的主板。

❖ 合理安排自动关闭显示器的时间：单纯的屏幕保护对 CRT 显示器还有些作用，但对液晶显示器来说意义不大，正确的方法是设置自动关闭显示器的时间。

12.1.4 电脑软件维护

电脑日常软件维护主要包括清理系统垃圾、整理磁盘碎片、备份及查杀病毒四个方面，下面主要介绍清理系统垃圾的方法。

清理系统垃圾主要有如下几个方面的工作要做。

1. 删除系统产生的临时文件

Windows 在安装和使用过程中产生的临时文件包括如下几种。

❖ 临时文件（如*.tmp、*._mp 等）。
❖ 临时备份文件（如*.bak、*.old、*.syd 等）。
❖ 临时帮助文件（*.gid）。
❖ 磁盘检查数据文件（*.chk）及*.dir、*.dmp、*.nch 等其他临时文件。

通过系统的“查找”功能，可以将这些“垃圾”从硬盘中找出来删除掉。

2. 删除“系统还原”文件夹

Windows Me/XP 的“系统还原”虽然提高了系统的安全性，但随着不断安装软件和创建“还原点”，其还原备份文件夹（_Restor）会越来越大，浪费了大量硬盘空间。还原备份文件夹的删除方法如下。

（1）在控制面板中双击“系统”图标，单击“系统还原”选项卡，选中“在所有驱动器上关闭系统还原”复选框。

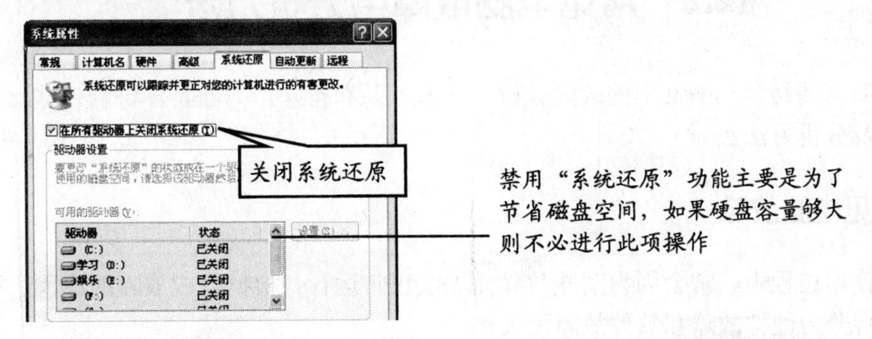

（2）打开注册表编辑器，依次展开“HKEY_LOCAL_MACHINE/SYSTEM/Current ControlSet/Services/Vxd”键值，找到 VXDMON 主键并将其删除，重启后即可删除“_Restor”文件夹。

3. 清除一些运行记录的垃圾信息

清除“运行”列表中的程序名：使用 Windows 操作系统的“开始/运行”命令时，在“打开”框的下拉菜单中有许多命令，删除这些信息的方法如下。

（1）在注册表编辑器中，依次展开“HKEY_CURRENT_USER/SOFTWARE/Microsoft/Windows/CurrentVersion/Explorer/RunMRU”。

（2）在注册表的右侧会显示出“运行”下拉列表中的信息，要删除某个项目，用鼠标右键单击名称，选择“删除”即可。

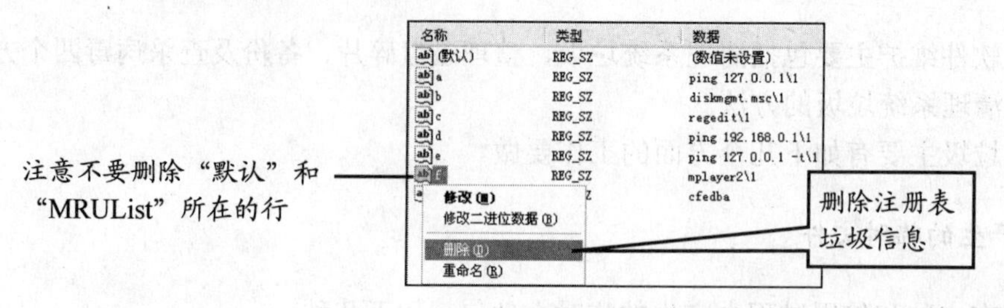

4. 删除不常用的文件

在“控制面板”中进入“添加或删除程序”窗口，删除“添加/删除 Windows 组件”的选项里不需要的程序组件。

Windows 系统的“C：\WINDOWS\Driver Cache\i386”目录下，有一个名为“driver.cab”的压缩文件，这是系统内置的硬件设备驱动程序包。其中名为“user.dmp”的文件用处不大，也可以将其删除。

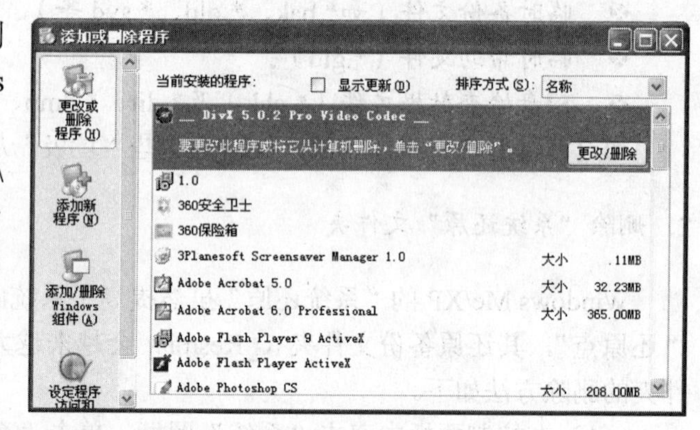

12.2 常见电脑故障与分析方法

电脑故障需要结合一些常用的故障分析方法来判断和排除，下面具体讲解一些比较常见的电脑故障及分析方法。

12.2.1 常见电脑故障

电脑在使用过程中，常会因为某些故障而无法正常运行。根据造成故障的原因，可以初步将电脑故障分为硬件故障和软件故障两大类。

1. 电脑硬件故障

电脑硬件故障是指电脑中的板卡部件及外围设备等硬件发生接触不良、性能下降、电路元件损坏或机械方面问题引起的故障。

电脑硬件故障通常导致电脑无法开机、系统无法启动、某个设备无法正常运行、死机、蓝屏等现象，严重时常常还伴随着发烫、鸣响、电火花等现象。

2. 电脑软件故障

电脑软件故障是指由于软件不兼容、软件本身有问题、操作使用不当、感染病毒或电脑系统配置不当等因素引起的电脑不能正常工作的现象。

电脑软件故障通常导致系统无法正常启动、软件无法正常运行、死机、蓝屏等现象。

12.2.2 常见故障产生原因

引起电脑故障的原因非常多，主要包括以下几个方面。

1. 操作不当

操作不当是指误删除文件或非法关机等，这会造成电脑程序无法运行或电脑无法启动。修复此类故障只要将删除或损坏的文件恢复即可。

2. 感染病毒

感染病毒通常会造成电脑运行速度慢、死机、蓝屏、无法启动系统、系统文件丢失或损坏等，修复此类故障需要先杀毒，再将被破坏的文件恢复。

3. 电源工作异常

电源工作异常是指电源供电电压不足或电源功率较低甚至不供电，通常会造成无法开机、电脑不断重启等故障，修复此类故障一般需要更换电源。

4. 应用程序损坏或文件丢失

应用程序损坏，或应用程序文件丢失通常会造成应用程序无法正常运行。修复此类故障只要卸载应用程序，然后重新安装应用程序即可。

5. 应用软件与操作系统不兼容

应用软件与操作系统不兼容将造成应用软件无法正常运行或系统无法正常运行，修复此类故障通常需要将不兼容的软件卸载。

6. 连线与接口接触不良

连线与接口接触不良通常会造成电脑无法开机或设备无法正常工作，修复此类故障通常将连线与接口重新连接好即可。

7. 系统配置错误

系统配置错误是指由于修改操作系统中的系统设置选项而导致系统无法正常运行，修复此类故障只要将修改过的系统参数恢复即可。

8. 跳线设置错误

路线设置错误是指由于调整了设备的跳线开关改变了设备的工作参数，从而使设备无法正常工作的故障。如在接两块硬盘的电脑中，如果硬盘的跳线设置错误，将造成两块硬盘冲突而使系统无法正常启动。

9. 硬件不兼容

硬件不兼容是指电脑中两个或两个以上部件之间不能配合工作。硬件不兼容一般会造成电脑无法启动、死机或蓝屏等故障，修复此类故障通常需要更换配件。

10. 配件质量问题

配件质量有问题通常会造成电脑无法开机、无法启动或某个配件不工作等故障，修复此类故障一般需要更换出故障的配件。

11. 外部电磁波干扰

外部电磁波干扰会引起显示器、主板、调制解调器等配件无法正常工作，修复此类故障通常需要消除电磁波干扰。

12.3 电脑故障维修的基本原则

要识别电脑故障，一定要清楚故障的具体现象，以更有效地进行判断。

12.3.1 先易后难

“先易后难”是指处理故障时需要先从最简单的事情做起，通过认真的观察后，再进行判断与维修。这样有利于集中精力进行故障的判断与定位。

☞ 在电脑出现故障时应进行以下几点检查。

❖ 检查主机的外部环境情况（故障现象、电源、连接、温度等）。
❖ 检查主机的内部环境（灰尘、连接、器件的颜色、部件的形状、指示灯的状态等）。
❖ 观察电脑的软硬件配置（安装了何种硬件）。
❖ 资源的使用情况（使用何种操作系统，安装了什么应用软件）。
❖ 硬件设备的驱动程序版本等。

12.3.2 先想后做

“先想后做”是指维修时要根据故障现象，先想好从何处入手，怎样维修，再实际动手。尽可能事先查阅相关的资料，然后根据查阅到的资料，结合自身的知识经验做出分析判断，再着手维修。

12.3.3 先软后硬

一般情况下，电脑的软件故障比硬件故障相对容易处理，所以排除故障应遵循“先软后硬”的原则。首先通过检测软件或工具软件排除软件故障的可能，然后再检查硬件的故障。

12.3.4 维修基本流程

电脑故障具体处理流程为：先了解故障情况→再判断定位故障→最后维修故障。

1. 弄清故障状况

在维修前，要充分了解故障发生前后的情况，这不仅能初步判断故障部位，对准备相应的维修工具也有帮助。

2. 确定故障所在

确认故障现象确实存在后，再对所见现象进行进一步的判断、定位，并确认是否还有其他故障存在，找出产生故障的原因。

3. 维修故障

在找到故障原因后，就要开始着手排除电脑故障了。排除电脑故障时可以按照下一节“电脑故障的常用分析方法”来进行。

◆ 在进行维修分析的过程中，如有可能影响到所存储的数据，一定要做好备份或保护措施，才可继续进行。

一点就透

12.4 电脑故障的常用分析方法

维修电脑需要结合一些常用的分析方法来判断和排除故障，下面具体讲解一些比较常用的电脑故障分析方法。

12.4.1 直接观察法

直接观察法包括听、看、闻、摸四种故障检测方法。

1. 听

监听可以及时发现一些故障隐患并有助于在故障发生时及时采取措施。通常要监听电源、风扇、软盘、硬盘、显示器等设备的工作声音是否正常。另外，系统发生短路故障时常常伴随着异样的声响。

2. 看

观察系统板卡的插头、插座是否歪斜，电阻、电容引脚是否相碰；还要查看是否有异物掉进主板的元器件之间（造成短路）；也可以检查板上是否有烧焦变色的地方，印制电路板上的走线（铜箔）是否断裂等

3. 闻

闻主机、板卡是否有烧焦的气味，以便于发现故障和确定短路所在。

4. 摸

用手按压管座的活动芯片，看芯片是否松动或接触不良。另外，在系统运行时用手触摸或靠近 CPU、显示器、硬盘等设备的外壳，根据其温度可以判断设备运行是否正常。如果设备温度过高，则有损坏的可能。

12.4.2 清洁法

对于使用环境较差或使用时间较长的电脑，应注意对一些主要配件进行维护，从而有效延长电脑的使用寿命。具体方法参见本章 12.1 小节。

12.4.3 最小系统法

最小系统法是指保留系统能运行的最基本配置。把其他适配器和输入/输出接口（包括光驱、硬盘）从主板上临时取下来，再接通电源观察最小系统能否运行。如下图所示。

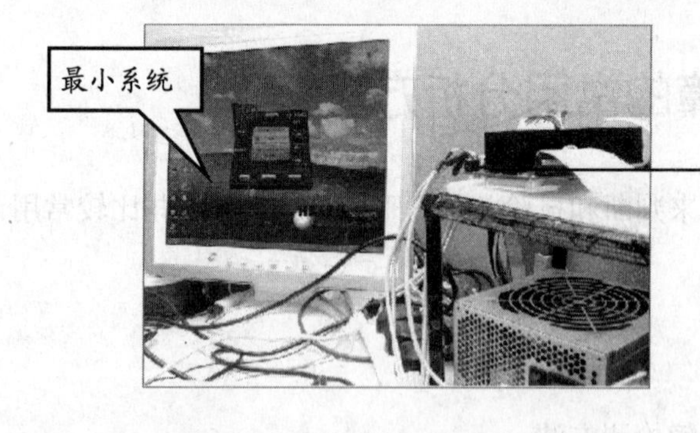

对电脑来说，最小系统是由主板、CPU、内存、显卡和开关电源组成的

12.4.4 插拔法

插拔法就是关机以后将配件逐块拔出，每拔出一块配件就开机观察电脑的运行状态。一旦拔出某块配件后主板运行正常，那么故障原因就是该配件故障或相应 I/O 总线插槽和负载电路故障。

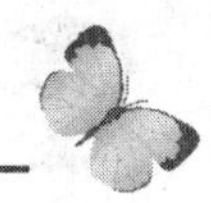

如果拔出所有配件后系统启动仍不能正常运行，则故障很可能出在主板上。

- 插拔法可以解决因安装接触不良而引起的电脑部件故障，将故障配件拔出后再重新正确插入即可排除故障。

一点就透

12.4.5　交换法

交换法是将同型号、功能相同的配件或同型号芯片相互交换，根据故障现象的变化情况判断电脑故障所在。

此法多用于易插拔的维修环境，如果能找到同型号的电脑部件或外设，使用交换法可以快速地判定配件本身是否存在质量问题。

交换法也可以用于以下情况：没有相同型号的电脑部件或外设，但有相同类型的电脑主机，也可以把电脑部件或外设插接到同型号的主机上判断其是否正常。

12.4.6　比较法

运行两台或多台相同的电脑，根据正常电脑与故障电脑在执行相同操作时的不同表现，可初步判断故障产生的相应部位。

12.4.7　振动敲击法

用手指轻轻敲击机箱外壳，有可能解决因接触不良或虚焊造成的故障问题，然后再进一步检查故障点的位置。

12.4.8　升温降温法

升温降温法采用的是故障促发原理，以制造故障出现的条件来促使故障频繁出现从而观察和判断故障所在的位置。

通过人为升高电脑运行环境的温度，可以检验电脑各部件（尤其是 CPU）的耐高温情况，从而及早发现故障隐患。

人为降低电脑运行环境的温度后，如果电脑的故障出现率大为减少，说明故障出在高温或不耐高温的部件中。此法可以帮助缩小故障诊断范围。

12.4.9　程序测试法

针对电脑运行不稳定等故障，可用专门的工具软件（如 3D Mark 系列、WinBench 等）对电脑的软、硬件进行测试。根据生成的报告文件，可以比较轻松地找到一些由于运行不稳定引起的电脑故障。

12.4.10 逐步增减法

逐步增加法是以最小系统为基础，每次只向系统添加一个配件设备或软件，来检查故障现象是否消失或发生变化，以此来判断故障部位。逐步减少法正好与逐步增加法操作相反。逐步增减法一般要与交换法配合，才能较为准确地定位故障部位。

12.4.11 安全模式法

安全模式法是指以 Windows 操作系统中的安全模式启动电脑，对电脑软件系统进行诊断的方法。安全模式法通常用来排除注册表故障、驱动程序损坏故障、系统故障等。

第 13 章　硬件常见故障诊断与处理

13.1　BIOS 和主板故障处理

BIOS 和主板故障往往表现为系统启动失败、屏幕无显示等难以直观判断的现象，下面就介绍一些常见的故障及解决办法。

13.1.1　BIOS 故障处理

主板 BIOS 出现故障，通常会造成电脑无法开机，或在 BIOS 自检时出现错误提示，或出现操作系统不支持新硬件等故障。

1. BIOS 自检报警声及含义

当开机后屏幕无任何显示时，BIOS 会进行自检并通过报警声响次数的方式来指出检测到的故障。根据目前主板的 BIOS 类型，可分为以下两种类别。

表 13.1　　Award BIOS 自检报警声及含义

自检报警声	具体含义
1 短	系统正常启动
2 短	常规错误，进入 CMOS SETUP 重新设置不正确的选项
1 长 2 短	显示错误（显示器或显卡）
1 长 3 短	键盘控制器错误
1 长 9 短	主板 FlashRAM 或 EPROM 错误（BIOS 损坏）
不断地响（长声）	内存没插稳或损坏
不停响	电源、显示器未和显卡连接好
重复短响	电源问题
无声音无显示	电源问题

表 13.2　　AMI BIOS 自检报警声及含义

自检报警声	具体含义
1 短	内存刷新失败

续表

自检报警声	具体含义
2 短	内存 ECC 校验错误
3 短	系统基本内存（第 1 个 64KB）检查失败
4 短	系统时钟出错
5 短	中央处理器（CPU）错误
6 短	键盘控制器错误
7 短	系统实模式错误，不能切换到保护模式
8 短	显存错误（显存可能损坏）
9 短	ROM BIOS 检验和错误
1 长 3 短	内存错误（可能需要更换内存）
1 长 8 短	显示测试错误（显示器数据线松动或显卡没有插稳）

2. BIOS 常见故障

BIOS 常见的故障现象主要包括以下几点。

- ❖ 电脑启动时，出现“CMOS checksum error-Defaults loaded”提示。
- ❖ 开机后提示“CMOS Battery State Low”。
- ❖ 主板能够显示 BIOS 信息，但 CMOS 设置不能保存。
- ❖ 主板不能开机。
- ❖ 系统不能保存时间。
- ❖ 主板安上电池不能开机，取下电池能开机。

3. BIOS 常见故障的原因

造成 BIOS 故障的原因主要包括以下几点。

- ❖ 电池没电或插座引脚与主板接触不良。
- ❖ BIOS 程序损坏。
- ❖ BIOS 版本太低。
- ❖ CMOS 跳线设置错误。
- ❖ 电池旁边的滤波电容漏电。
- ❖ 实时时钟电路中的谐振电容损坏。
- ❖ 晶振连接的电阻损坏。
- ❖ 南桥芯片损坏。

4. BIOS 故障解决方法

BIOS 出现故障后，可以按如下方法进行维修。

（1）首先检查电脑是否能开机，如果不能开机转至第 5 步；如果能开机，接着检查电脑的具体故障现象。

（2）如果电脑CMOS参数无法保存，可能是CMOS电池没电，更换CMOS电池即可。

（3）如果电脑系统时间不正常，调整后下次开机依然不正确，则可能是电池没电或实时晶振有问题。

（4）首先更换CMOS电池，如果故障消失，则是电池的问题，如果故障依旧，接着检测实时晶振是否正常，如果不正常，更换即可。

（5）如果电脑开机出现错误提示"CMOS checksum error-Defaults loaded"或"CMOS Battery State LOW"，表明CMOS电池没电或CMOS电路中的电容漏电。首先更换电池，如果不行，检测CMOS电路中的电容，并更换损坏的电容即可。

（6）如果电脑无法开机。首先检测BIOS芯片的供电是否正常，测量Vcc脚和Vpp脚的电压，如果电压不正常，检测主板电源插座到BIOS芯片的Vcc脚或Vpp脚之间的电路中的元器件是否存在故障。

（7）如果BIOS芯片不正常，则可能是BIOS内部的程序损坏或BIOS芯片损坏，可以先刷新BIOS的程序，如果故障没有排除，接着更换BIOS芯片。

13.1.2 主板故障处理

主板结构比较复杂，故障也较难判断，所以维修时要借助工具的帮助，同时要对电路基础知识有所了解。

1. 主板故障诊断卡

主板故障诊断卡常在电脑不能引导操作系统或出现黑屏等故障时使用，其工作原理是将主板中BIOS内部自检程序的检测结果，通过代码显示出来，从而帮助判断电脑故障所在。

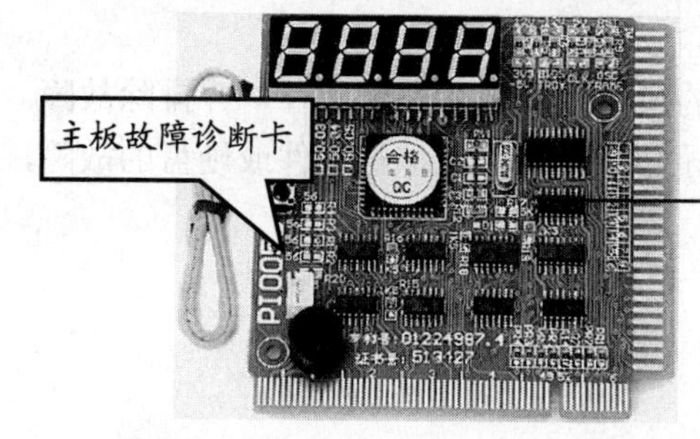

主板故障诊断卡的作用就是读取80H地址内的POST CODE，经译码器译码，最后由数码管显示出来。这样就可以通过主板故障诊断卡上显示的十六进制代码判断问题出在硬件的哪一部分，而不用仅依靠电脑主板单调的警告声来粗略判断硬件错误。通过它可以知道硬件检测时没有通过检测的设备（如内存、CPU等）

主板故障诊断卡指示灯含义。

通过观察主板故障诊断卡指示灯可以判断故障位置，指示灯的具体含义如下表所示。

表13.3 主板故障诊断卡指示灯含义

指示灯类型	指示灯含义	说明
CLK	总线时钟	不论ISA还是PCI，只要一块空板（无CPU等）接通电源就应常亮，否则CLK信号坏
BIOS	基本输入/输出	主板运行时对BIOS有读操作时就闪亮
IRDY	主设备准备好	有IRDY信号时才闪亮，否则不亮
OSC	振荡	ISA槽的主振信号，空板上电则应常亮，否则停振

续表

指示灯类型	指示灯含义	说明
FRAME	帧周期	PCI 槽有循环帧信号时灯才闪亮，平时常亮
RST	复位	开机或按了 RESET 开关后亮半秒钟熄灭属正常，若不灭则可能因主板上的复位插针接上了加速开关或复位电路坏
12V	电源	空板上电即应常亮，否则无此电压或主板有短路
-12V	电源	空板上电即应常亮，否则无此电压或主板有短路
5V	电源	空板上电即应常亮，否则无此电压或主板有短路
–5V	电源	空板上电即应常亮，否则无此电压或主板有短路（只有 ISA 槽才有此电压）
3.3V	电源	这是 PCI 槽特有的 3.3V 电压，空板上电即应常亮，有些有 PCI 槽的主板本身无此电压，则不亮

☞ 主板故障诊断卡的使用流程及方法。

主板故障诊断卡的使用流程如下。

（1）首先关闭电源，然后取出电脑中所有的扩展卡。

（2）将诊断卡插入 PCI 插槽中，接着打开电源，观察各个发光二极管指示是否正常。如果不正常，关闭电源，根据显示的结果判断故障发生的部件，并排除故障。

（3）如果二极管指示正常，查看诊断卡代码指示是否有错。如果有错，关闭电源，然后根据代码指示的错误检查故障发生的部件，并排除故障。

（4）如果代码指示无错，接着关闭电源，然后插上显卡、键盘、硬盘、内存等设备，打开电源，再用诊断卡检测，看代码指示是否有错。

（5）如果有错，关闭电源，然后根据代码指示的错误检查故障发生部件，并排除故障。

（6）如果无错，并且检测结果正常，但不能引导操作系统，应该是软件或硬盘的故障，检查硬盘和软件并排除故障。

☞ 主板故障诊断卡的常见错误代码。

使用主板故障诊断卡时，常见的错误代码如下。

- “Cl、C3、C6、D2、D3”：内存读写测试。如果内存没有插上，或者频率太高，会被 BIOS 认为没有内存，那么 POST 就会停留在“C1”处。
- “0D”：显卡没有插好或者没有显卡，此时，蜂鸣器也会发出“嘟嘟”声。
- “2B”：测试磁盘驱动器，软驱或硬盘控制器出现问题，都会显示“2B”。
- “FF”：对所有配件的一切检测都通过了。但如果一开机就显示“FF”，则表示主板的 BIOS 出现了故障。导致的原因可能是 CPU 没插好、CPU 核心电压没调好、CPU 频率过高、主板有问题等。

2. 主板的故障分类

电脑主板结构比较复杂，故障率比较高，故障现象较复杂，分布也较分散。根据故障产生源，主板故障可分为电源故障、总线故障、元件故障等。

- ❖ 电源故障包括主板上+12V、+5V 及+3.3V 电源和 PG（Power Good）信号故障。
- ❖ 总线故障包括总线本身故障和总线控制权产生的故障。
- ❖ 元件故障则包括电阻、电容、集成电路芯片及其他元件的故障。

具体来说主板常见故障主要有以下几种。

- ❖ 各种连接线短路、断路故障：各种连接线不应该通的地方短路，该通的地方断开不通；IC 芯片、电阻、电容、三极管、电感等元器件引脚断、短路、击穿；连线引脚与电源、地线短路导通；印刷板线断开、短路以及焊盘脱落等。
- ❖ DMA 控制器和辅助电路故障：DMA 控制器功能较强，故障率较高，另外辅助电路芯片及输入信号电路也较容易产生故障。
- ❖ RS-232 串行接口控制器故障。
- ❖ 时钟控制器、总线控制器故障。
- ❖ 内存芯片 RAM 故障。
- ❖ 数据总线故障：主板中的 CPU、存储器、I/O 设备的数据传输总线、总线缓冲寄存器/驱动器等发生故障。
- ❖ 地址总线故障：地址总线故障表现在主板中 CPU 传送地址的地址总线、地址锁存器及地址缓冲寄存器/驱动器等发生故障。
- ❖ 内存控制信号与地址产生电路故障：内存控制信号与地址产生电路故障指 RAS/RAS 行/列地址选通信号、行/列地址延时控制信号及行/列地址的电路出错。
- ❖ 个别插座、引脚松脱等接触不良故障：指芯片与插座因锈蚀、氧化、弹性减弱、引脚脱焊、折断以及开关接触不良而产生的故障。
- ❖ I/O 通道插槽故障：指 I/O 通道插槽中的铜片脱落、弹性减弱、折断短接、插脚虚焊、脱焊、灰尘过多或掉入异物而产生的故障。
- ❖ 特殊情况引起的故障：指因冲击、强震、电击、电压突然升高、负载不匹配或设计不合理而产生的故障，以及因安装、设置及使用不当而造成的人为故障，还包括定时器、计数器、中断控制器、并行接口控制器的芯片产生的故障。
- ❖ 电源控制器的故障：一般电源控制器输出电流较大，发热量大，如果控制芯片或集成块的质量不佳或散热不良，故障率就较高。电源控制器周围的电源滤波电容因长期工作在高温环境下，也会因为电解液干涸造成失效，从而引起电源输出的纹波增大导致主板工作不稳定。

3. 主板故障产生原因

引起主板故障的原因有如下几种。

- ❖ 人为故障：带电插拔 I/O 卡，以及在装板卡及插头时用力不当造成对接口、芯片等的损害。
- ❖ 环境不良：静电常造成主板上的芯片（特别是 CMOS 芯片）被击穿。另外，主板遇到电源损坏或电网电压瞬间产生的尖峰脉冲时，往往会损坏系统板供电插头附近的芯片。如果主板上布满了灰尘，也会造成信号短路等。
- ❖ 元器件质量问题：由于芯片和其他器件质量不良导致的损坏。

4. 主板故障排除实例

☞ 主板驱动故障。

主板驱动丢失、破损、重复安装会导致操作系统引导失败或不稳定现象。

可在“安全模式”下进入“设备管理器”，将打黄色“！”号或问号的项目全部删除，再重新安装主板自带的驱动。

☞ 主板接触不良或短路。

主板上灰尘聚集较多的地方很可能导致插槽与板卡接触不良的现象。

另外，用于检测CPU温度或监控机箱内温度的热敏电阻如果附上了灰尘，或拆装机箱时不小心掉入小螺丝钉之类的导电物，以及机箱变形使主板与机箱直接接触等，都容易引发主板保护性故障。

☞ 主板电池电量不足。

当开机时出现不能找到硬盘、系统时间不正确、CMOS设置不能保存等现象时，检查主板CMOS跳线是否设为“CLEAR”选项，如果是，将其改为“NORMAL”选项。

如果通过以上方式仍无法解决问题，说明主板电池可能已经损坏导致电压不足，需要更换一块新的电池。

☞ 主板兼容性问题。

主板设计上的BUG或升级新硬件时遇到的兼容性问题，一般可通过下载主板最新BIOS程序来解决。

☞ 主板散热不良。

首先检查主板上CPU的频率设定情况，发现CPU工作正常，但用手接触CPU感觉很烫，可能是因为CPU超频造成的，将CPU频率降回原频率，恢复正常。

对CPU超频的同时，应注意CPU的电压设定和CPU风扇的连接。

☞ Windows与主板防毒冲突。

进入BIOS设置，发现BIOS Features Setup（BIOS功能设置）中的“Virus Warning”（病毒警告）选项的默认值为“Enabled”（允许），将其改为“Disabled”（禁止）后重新安装Windows成功。

☞ 刷新主板BIOS时出现“No Update”。

这是正常现象，出现“No Update”提示是由于这8个格子里保存着BIOS的自举块（BootBlock）。在升级BIOS失败后，可以用这块BIOS进行引导电脑（只支持ISA显卡）。

☞ 刷新主板BIOS造成部分I/O接口无法使用。

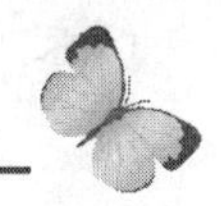

刷新完主板 BIOS 后，COM 口都无法使用，而且软驱也无法使用，系统提示软驱正在使用 MS-DOS 兼容模式。

这是由于升级所用的 BIOS 文件不是该主板所适用的 BIOS 文件，或是该 BIOS 存在 Bug 造成的。有些使用者以为主板使用的芯片组一样就可以替代刷新，实际上这样很容易造成键盘不能用或找不到串行口或并行口，严重的话会使电脑不能正常开机。其原因就在于不同厂家的同芯片组主板采用了不同的 I/O 芯片。

建议将 BIOS 刷回原来的版本，看看是否可以恢复正常。

☞ CMOS 设置失效。

根据屏幕的提示得知 CMOS 设置有问题。一般在开机后 BIOS 自检时，发现设置值与实际的设置不符便会出现此提示。这时应进入 CMOS 设置，然后选择“Loaded Defaults”进行恢复。

如果还是不能解决问题，可能是主板上的钮扣电池失效，需要更换主板上的纽扣电池。

☞ 主板 USB 端口不能正常工作。

很有可能 USB 信号被主板上的 Super I/O 芯片封锁住了。典型的症状还包括，当并行口打印机工作时，USB 鼠标不能工作。

如果遇到了这种情况，将 BIOS 中的并行口工作模式设置为“ECP”或“ECP+EPP”，看看问题是否依然存在。

☞ 连接电源后电脑自动启动。

连接电源线，打开机箱后方的电源供应器开关后便会激活电源。而正常情形下，电源供应器应在激活前方 Power 按钮后才激活。

查看主板上的 Soft Power On 接脚是否短路，导致激活后方电源供应器开关就直接激活电源。开机后按“Del”键，进入 CMOS 设置，进入“Power Management Setup”，将“Soft-off by PWR-BTTN“设为“Instant- off”。也有的主板可能是“System After AC Back”项目，只要将它设为“Soft-off”即可。

☞ 主板的警报声误报。

这可能是因为不小心打开了 CMOS 设置中有关 CPU 温度检测的设置项目。也可能是查看 CPU 时，不小心碰到主板上的纽扣电池或 CMOS 跳线，造成 BIOS 中的信息初始化（BIOS 的默认值一般都会打开 CPU 温度检测项目）。

只要参照说明书，将 CMOS 设备中有关 CPU 温度检测的项目关闭即可。

☞ BIOS 不识别主板的 Flash ROM。

每次开机时都会出现“Unknown Flash Type”的提示，升级主板 BIOS 后，还是出现这种错误提示。

Flash ROM 并没有损坏，只是因为 BIOS 不能识别主板上的 Flash ROM，所以无法正常

操作。请与主板制造商联系，换一块主板的 BIOS 芯片来解决问题。

☞ CMOS 参数不能保存。

每次开机都显示“CMOS checksum error default loaded press F1 to continue，or press Del to enter setup”，按“F1”键可以启动系统，但是每次修改 CMOS 设置后都不能保存。

更换 CMOS 电池后，重新更新一次 BIOS，或者更换 BIOS 芯片。如果还不行，则可能是主板上的 CMOS 电路出了问题，需要维修主板。

☞ 开机后进入 CMOS 则提示错误并死机。

开机后进入 CMOS 设置界面，总是先显示“Unknown flash type,system halt”，然后死机。

这种现象一般是 CMOS 芯片局部短路造成的，可以打开机箱，找到主板上的 CMOS 芯片，看看正面和背面的管脚上是否灰尘太多，如果是，请用毛刷或“皮老虎”清理。

其次是观察 CMOS 芯片管脚是否与其他金属物体有接触的地方，还有就是主板有没有受挤压变形的地方，这也是造成设备短路的重要原因。

☞ 主板 BIOS 自检不显示硬盘参数。

启动电脑按“Del”键进入 CMOS 设置，选择“HDD IDE AUTO DETECTION”项，观察 BIOS 能否检测到硬盘。

如果检测不到硬盘，可以将硬盘拆下来，挂到无故障的其他电脑上。直接开机进入 Windows 环境，如果不能在其中看到新增的硬盘，就可以确定是硬盘本身有问题。

如果硬盘在别的电脑可以正常读写，则可能是主板或硬盘数据线故障。换一条数据线试试，如果仍然不行，可能是某个 IDE 接口甚至主板有故障。换一个 IDE 接口试试，再不行就只有更换主板了。

☞ 开机出现硬件检测错误提示。

开机自检时出现提示“Hardware Monitor found an error，enter POWER MANAGEMENT SETUP for details. Press F1 to continue，DEL to enter SETUP”，按“F1”键能够正常启动进入操作系统。

这是主板的硬件监控程序提示监测到某些参数出现了问题，需要进入 CMOS 的“POWER MANAGEMENT SETUP”查看关于出现问题的详细资料。一般问题会出现在主板电压、CPU 温度、主板温度、CPU 风扇转速等方面。

检查电脑是否进行过加电压、跳频等超频操作，散热是否有问题，CPU 风扇的电源插针是否松脱，机箱内灰尘是否太多等。

在电脑启动后按下“Del”键进入 CMOS 设置，选择其中的“POWER MANAGEMENT SETUP”选项，查看各参数项的详细信息。

☞ 电脑进入休眠状态后就死机。

这种情况一般出现在 BIOS 支持硬件电源管理功能的主板上，并且是既在 BIOS 中开启

了硬件控制系统休眠功能，又在 Windows 中开启了软件控制系统休眠功能，从而造成电源管理冲突。

可以采用如下方法解决这个问题。

开机后按“Del”键进入 CMOS 设置，将主板 BIOS 里面的“POWER MANAGEMENT SETUP”参数项中值为“ON”的参数全部设置为“OFF”。

保存退出，这样只让 Windows 本身进行电源管理就可以了。

☞ 拷贝大文件时出现重启现象。

当备份一些较大的文件时，电脑总是自动重新启动，多次重试甚至重新安装系统都不行。两个硬盘分别连接到 IDE 0 和 IDE 1 接口，都设定为主盘。将硬盘拿到其他电脑上试过，有的可以，有的也不行。

先升级主板 BIOS，再进入 BIOS 设置，将“PCI Latency Time”和“PCI Master READ Caching”设置为“Default”，最后安装最新的 VIA Bus Master PCIIDE Driver 程序。

安装非官方开发的 PCI Latency Adjust 软件也能解决大部分此类问题。

将两个硬盘连接到同一个 IDE 接口，分别设定为主盘和从盘，这样可以解决拷贝大文件重启的问题。

☞ 主板北桥芯片散热效果不佳。

省略北桥芯片的主板可能会因为散热效果不佳而导致系统运行过程中死机，可以自己为其加上散热片或者使用散热效果更佳的机箱风扇。

☞ 主板电容失效。

主板上的铝电解电容由于时间、温度、质量等方面的原因会发生“老化”，从而降低主板抗电磁干扰的性能，此时只需将“老化”的电容替换即可。

☞ 主板接口损坏。

有时带电插拔鼠标键盘接口会损坏主板上的相应接口，此时只有用多功能卡来替代，替代前必须先禁止主板自带的 COM 和并行接口。

13.2　CPU 常见故障与处理

CPU 是电脑的核心硬件，下面将介绍在 CPU 出现故障时所应采取的解决方法。

13.2.1　CPU 散热类故障与处理

CPU 散热类故障是指由 CPU 散热片或散热风扇问题引起的 CPU 工作不良故障。由于目前的双核 CPU 集成度非常高，因此发热量也非常大，散热风扇对于 CPU 的稳定运行便起到了至关重要的作用。

目前CPU都加入了过热保护功能，超过规定温度以后便会自行关机，以免CPU因过热而烧毁。温度过高会使CPU工作不正常，导致电脑频繁死机、重新启动或黑屏等故障现象，严重影响用户的正常使用。

当出现CPU散热类故障时，可以采用下面的方法进行解决。

（1）首先检查CPU散热风扇运转是否正常，如果不正常，更换CPU散热风扇。

（2）如果CPU风扇运转正常，检查CPU的风扇安装是否到位，如果没有安装好，重新安装CPU风扇。

（3）接下来检查散热片是否与CPU接触良好，如果接触不良，重新安装CPU散热片，并在散热片上涂上硅脂。

13.2.2 CPU超频类故障与处理

很多用户为了追求更高的工作频率，喜欢将CPU超频使用。虽然CPU超频后的确在性能上有所提升，但这样做对系统的稳定性和CPU的使用寿命是非常有害的。

超频后的CPU对散热的要求比较高，如果散热不良将出现无法开机、开机自检时死机、能够正常开机却进入不了操作系统或在运行过程中经常发生死机蓝屏等故障现象。

当出现CPU超频类故障时，可以按照下面的方法进行解决。

（1）首先改善CPU的散热条件（如更换更大的散热片和散热风扇），看故障是否消失。

（2）如果故障没有排除，接着在BIOS中或通过主板跳线将CPU的工作电压调高0.05V，看故障是否消失。

（3）如果依然没有消失，接着恢复CPU的频率，使CPU工作在正常的频率下即可排除故障。

13.2.3 CPU供电类故障与处理

CPU供电类故障是指CPU没有供电或CPU供电电压设置（通常在BIOS中进行设置）不正确等引起的CPU无法正常工作的故障。

CPU供电电压设置不正确，一般表现为CPU不工作现象，而如果主板没有CPU供电，则通常无法开机。

当电脑出现CPU供电类故障时，可以按照下面的方法进行检修。

（1）先将CMOS放电，将BIOS设置恢复到出厂时的初始设置，然后开机，如果是由于CPU电压设置不正常引起的故障，一般可以解决。

（2）如果故障发生前没有进行CPU电压的设置，则可能是CPU供电电路有故障，接着开始检测CPU供电电路，具体请参考13.1.2小节。

13.2.4 CPU安装类故障与处理

CPU安装类故障是指由于CPU安装不到位或CPU散热片安装不到位引起的故障。

CPU安装基本都采用了针脚对针脚的防呆式设计，方向不正确是无法将CPU正确装入插座中的，所以在检查时应把重点放在安装是否到位上。

当电脑发生 CPU 安装类故障时，可以按照如下的方法进行检修。

（1）首先检查 CPU 风扇运转是否正常，如果正常，接着检查 CPU 风扇是否安装到位。如果不到位，重新安装 CPU 风扇。

（2）如果 CPU 风扇安装正确，接着用手摇摆 CPU 散热片并观察，检查 CPU 散热片是否安装牢固，是否与 CPU 接触良好。

（3）如果没有发现异常，接着卸掉 CPU 风扇，拿出 CPU，然后用肉眼观察 CPU 是否有烧焦、挤压的痕迹。

（4）如果有异常，再将 CPU 安装到另一台能够正常运行的电脑中进行检测，如果 CPU 依然无法工作，则 CPU 损坏，更换 CPU。

（5）如果 CPU 没有异常，将 CPU 重新安装好，再在 CPU 散热片上涂上硅脂，然后重新安装好即可。

13.2.5 CPU 故障排除实例

1. CPU 温度过高导致经常死机

如果 CPU 散热风扇效果不好就会导致其温度过高，从而造成死机。这时应为其更换一个优质的风扇。

2. CPU 频率自动降低

如果用测试工具检测 CPU 的主频无误，则应检查主板是否能稳定提供所需的外频和倍频。如果仍无法解决问题，则要检查主板电池是否电量不足或者是否为打磨过的 CPU。

3. 硅脂过多造成 CPU 温度升高

硅脂可以提升热量的传导效果，只要在 CPU 芯片表面薄薄地涂上一层即可。涂抹过多的硅脂不但起不到散热的作用，而且容易吸附灰尘，大大影响散热效果。

4. 超频后显示器黑屏

先检查显示器的电源是否接好，电源开关是否开启，显卡与显示器的数据线是否连接好。

确认无误后，关闭电源，打开机箱，检查显卡和内存是否接好，或干脆重新安装显卡和内存。

再启动电脑，屏幕仍无显示，说明故障不在此。因为 CPU 是超频使用，且是硬超，怀疑是超频不稳定引起的故障。

开机后，触摸 CPU，发现非常烫，于是找到 CPU 的外频与倍频跳线，逐步降频后，启动电脑，系统恢复正常，显示器也有了显示。

将 CPU 的外频与倍频调到合适的状态后，应检测一段时间看是否稳定，如果系统运行基本正常，仅是偶尔出点小毛病（如非法操作、程序要单击几次才打开），此时如果不想降频，为了系统的稳定，可适当调高 CPU 核心电压。

5. CPU 超频造成运行死机

首先应该打开机箱，然后启动电脑，观察 CPU 散热风扇是否转速过慢甚至停转，或者是否存在短时间内散热片升温过快现象。

建议更换一款功率更大的散热风扇，如果效果不明显，就只好降低频率使用了。

6. 超频后不能恢复原来的频率

在BIOS中设置启动顺序为“IDE0/ FLOOPY /CDROM”，然后将“BOOT OTHER DEVICE”设置为“Enabled”。

再重新启动看能不能从硬盘启动。如果不能，那很可能是超频引起的。如果找不到主板的说明书，那么请直接查阅主板 PCB 上的印刷说明文字，主板厂商都会将超频跳线的使用方法印制在主板上。

按主板上的说明将外频恢复至“Default”或者“Normal”即可。

7. 超频后不能恢复原来的频率

CPU 运行时间稍长时系统出现崩溃死机的现象，目前已知的有效解决方法是增加 CPU 核心电压，以此提高 CPU 功率使之稳定工作。

8. BIOS 误报 CPU 高温

一些主板的测温装置由于设计上的问题，有时会出现误报现象，可以在开机运行一段时间后打开机箱用手摸一下 CPU 散热器，感觉其温度是否有那么高。

如果 CPU 散热器不烫手，很可能是主板测温功能不准。

9. 无法用硬跳线恢复 CPU 频率

按下机箱上的“Power”键开启电脑的同时，按住控制键盘区上的“Insert”键，大多数主板都将这个键设置为让 CPU 以最低频率启动并进入 CMOS 设置。如果不奏效，可以按“Home”键代替“Insert”键试试。成功进入 CMOS 后，可以重新设置 CPU 的频率。

如果第一种方法无法实现，可以按照主板说明书的提示，打开机箱，找到主板上控制 CMOS 芯片供电的 3 针跳线，将跳线改插为清除状态。清除 CMOS 参数同样可以达到让 CPU 以最低频率启动的目的。启动电脑后可以进入 CMOS，重新设置 CPU、硬盘驱动器、软盘驱动器参数即可解决问题。

10. 超频后经常断电

主机自动断电不是超频失败的表现，问题应该不在主板或 CPU 上，建议更换一个功率较大的电源。

11. CPU 风扇经常导致死机

这个问题是由于 CPU 风扇转速降低或不稳定所致。

大部分 CPU 风扇的滚珠与轴承之间都会使用润滑油，随着润滑油的老化，其润滑效果就越来越差，导致滚珠与轴承之间摩擦力变大。转动缓慢时，CPU 就会因散热不足而自动停机，这就是用户所说的不定时死机。

更换质量较好的风扇，或卸下原来的风扇并拆开，将里面已经老化的润滑油擦除，然后再加入新的润滑油即可解决问题。

13.3 存储设备常见故障与处理

电脑存储硬件的故障主要表现在兼容性方面，如果处理不当往往会导致系统无法启动和数据丢失，所以要谨慎对待。

13.3.1 内存故障处理

内存发生故障，通常会导致无法开机、突然重启、死机蓝屏、出现“内存不足”错误提示、内存容量减少等现象。

1. 内存常见故障诊断方法

当怀疑内存出现故障时，可以按照下面的步骤进行检修。

（1）首先将 BIOS 恢复到出厂默认设置，然后开机测试。

（2）如果故障依旧，接着将内存拆下，然后清洁内存及主板内存插槽上的灰尘。

（3）如果清洁后故障依旧，用橡皮擦拭内存的金手指，擦拭后，安装好并开机测试。

（4）如果还是没解决问题，可以将内存安装到另一插槽中，然后开机测试。如果故障消失，重新检查原内存插槽的弹簧片是否变形。如果变形了，调整好即可。

（5）如果更换内存插槽后，故障依旧，再用替换法检测内存。如果用一条好的内存安装到主板后，故障消失，则可能是原内存的故障；如果故障依旧，则是主板内存插槽问题。

（6）将故障内存安装到另一块正常的主板上测试，如果没有故障，则内存与主板不兼容；如果在另一块主板上出现相同的故障，则是内存质量问题。

2. 内存设置故障解决方法

内存设置故障是指由于 BIOS 中内存设置不正确引起的内存故障。如果内存参数设置不正确，电脑将出现无法开机、死机或无故重启等故障现象。

电脑出现内存设置故障时，可以按照如下方法进行检修。

（1）首先开机，然后进入 BIOS 设置程序，接着使用“Load BIOS Defaults”选项将 BIOS 恢复到出厂默认设置即可。

（2）如果电脑无法开机，则打开电脑机箱，然后利用 CMOS 跳线将主板放电，接着再开机重新设置即可。

3. 内存接触不良故障解决方法

内存接触不良故障是指内存与内存插槽接触不良引起的故障，通常会导致电脑死机、无法开机、开机报警等现象。

引起内存与内存插槽接触不良的原因主要包括内存金手指被氧化、主板内存插槽上蓄积尘土过多、内存插槽内掉入异物、内存安装时松动不牢固、内存插槽中簧片变形失效等。

电脑出现内存接触不良故障时，可以按照如下方法进行检修。

（1）首先拆下内存，然后清洁内存和主板内存插槽中的灰尘，接着重新将内存安装好，并开机测试，看故障是否消失。

（2）如果故障依旧，接着用橡皮擦拭内存的金手指，清除内存金手指上的氧化层，然后安装好并开机测试。

（3）如果故障没有消失，可以将内存插在另一个内存插槽，开机测试。如果故障消失，则是内存插槽中簧片变形失效引起的故障，重新检查原内存插槽的弹簧片是否变形。如果变形了，调整好即可。

4. 内存兼容性故障解决方法

内存兼容性故障是指内存与主板不兼容引起的故障，通常会导致电脑死机、内存容量减少、电脑无法正常启动、无法开机等故障现象。

出现内存兼容性故障时，可以按照如下方法进行检修。

（1）首先拆下内存，然后清洁内存和主板内存插槽中的灰尘，清洁后重新安装好内存。如果是灰尘导致的兼容性故障，即可排除。

（2）如果故障依旧，再用替换法检测内存。如果内存安装到其他电脑后可以正常使用，同时其他内存安装到故障电脑也可以正常使用，则是内存与主板不兼容引起的故障，需要更换内存。

5. 内存质量不佳或损坏故障解决方法

内存质量不佳或损坏故障是指内存芯片质量不佳引起的故障或内存损坏引起的故障，通常会导致电脑经常进入安全模式或死机。而内存损坏通常会导致电脑无法开机或开机后有报警声。

当电脑出现内存质量不佳或损坏故障时，可以按照如下方法进行检修。

对于内存芯片质量不佳或损坏引起的故障需要用替换法来检测。一般芯片质量不佳的内存在安装到其他电脑时也会出现同样的故障现象。测试后，如果的确是内存质量不佳引起的故障，更换内存即可。

6. 内存故障排除实例

☞ 电脑开机无显示。

内存与主板内存插槽接触不良、内存损坏或主板内存插槽有问题都会造成电脑开机无显

示。

若是内存金手指部分被氧化，只需用橡皮擦来回擦拭其金手指部位即可解决问题。

☞ Windows 注册表经常无故损坏，会出现提示要求用户恢复。

此类故障一般都是因为内存质量不佳引起的，一般都需要更换。

☞ Windows 经常自动进入安全模式。

此类故障一般是由主板与内存不兼容或内存质量不佳引起，常见于高频率的内存用于某些不支持此频率内存的主板上。

尝试在 CMOS 设置内降低内存读取速，如若不能解决问题，就只有更换内存了。

☞ 随机性死机。

此类故障一般是由于采用了几种不同芯片的内存，由于各内存速度不同产生一个时间差从而导致死机。

可在 CMOS 设置内降低内存速度予以解决，否则就只能使用同型号内存。

还有一种可能就是内存与主板不兼容，此类现象一般少见，另外也有可能是内存与主板接触不良引起的电脑随机性死机。

☞ 内存加大后系统资源反而降低。

此类现象一般是由主板与内存不兼容引起的，常见于高频率的内存用于某些不支持此频率内存的主板上，出现这样的故障后可以试着在 COMS 中降低内存的速度以解决问题。

☞ 运行某些软件时经常出现内存不足提示。

此现象一般是由系统盘剩余空间不足造成，可以删除一些无用文件，或者多留一些磁盘空间。

☞ 从硬盘引导安装 Windows 进行到检测磁盘空间时，系统提示内存不足。

此类故障一般是由于用户在 config.sys 文件中加入了 emm386.exe 文件所致，只要将其屏蔽掉即可解决问题。

☞ 内存接触不良引起显示器无显示。

由于内存原因造成开机无显示故障，主机扬声器一般都会长时间蜂鸣（Award BIOS 的主板）。

此类故障一般是内存与主板内存插槽接触不良造成的。

只要用橡皮擦来回擦拭金手指部位即可解决问题，注意不要用酒精等液体进行清洗。

另外内存损坏或主板内存槽有问题也会造成此类故障。

☞ 增加内存后死机。

增加内存后，开机自检到内存就死机，将两条内存换到其他电脑上无论单独插哪一条或是一起插都没问题。

将两条内存调换一下位置或者换其他几个插槽试一试。

启动电脑时按“Delete”键进入CMOS，选择“CHIPSET FEATURES SETUP\RAM Cycle Length”（或类似选项）。如果参数值是“2”，按“PageUp”或“PageDown”键将参数值改为“3”，按“Esc”键退到上一级菜单，再按“F10”键，在弹出“SAVE to CMOS and EXIT（Y/N）？”后，按“Y”键保存退出即可。

☞ 只能识别一半内存容量。

内存容量减少的故障，一般由两种情况引起，一种是内存与主板不兼容，另一种是主板不支持，这类问题一般通过升级主板BIOS来解决。

还有一种原因可能是内存的内存颗粒有问题，导致一面的内存容量不能正确识别。

☞ 电脑总是提示没有足够的可用内存。

当打开一个应用软件、一个文件或文件夹时，总是出现提示“没有足够的可用内存来运行此程序，请退出部分程序”，然后再试一次，点“确定”后又出现提示“内存不足，无法启动，请退出部分程序然后再试一次”。

这是系统交换文件所在分区的自由空间不足造成的。

Windows系统在运行过程中，如果物理内存不够，会从硬盘中移出一部分自由空间来作为虚拟内存。

当用来转化为虚拟内存的磁盘剩余空间不足时，就会出现内存不足的提示，这类问题可以通过增加虚拟内存容量来解决，具体步骤如下。

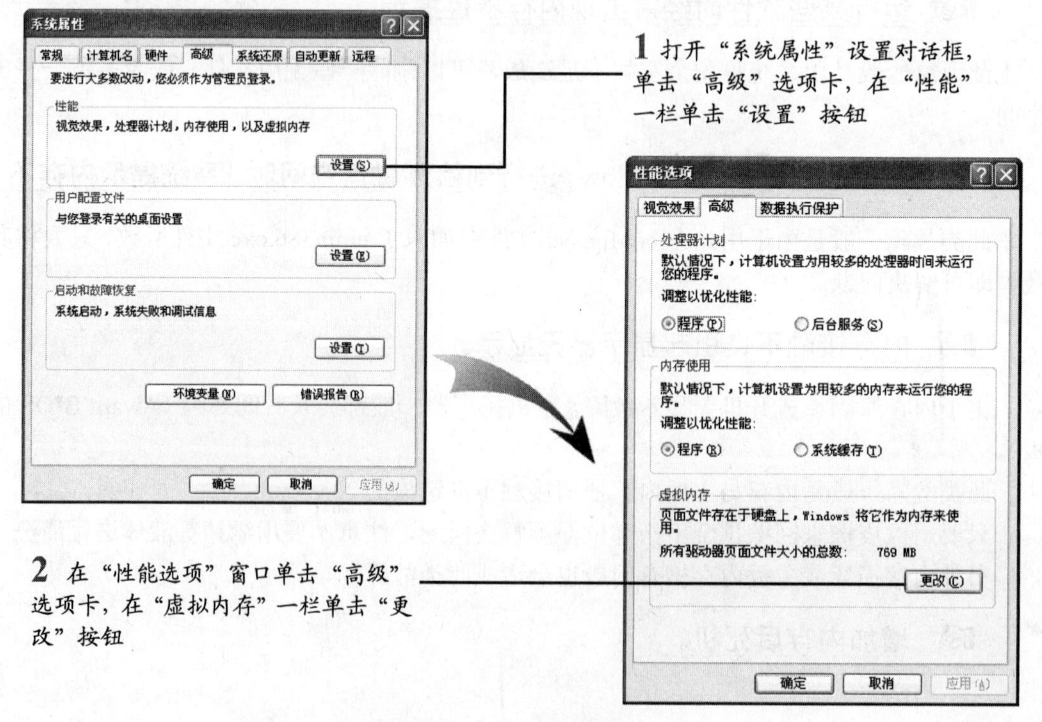

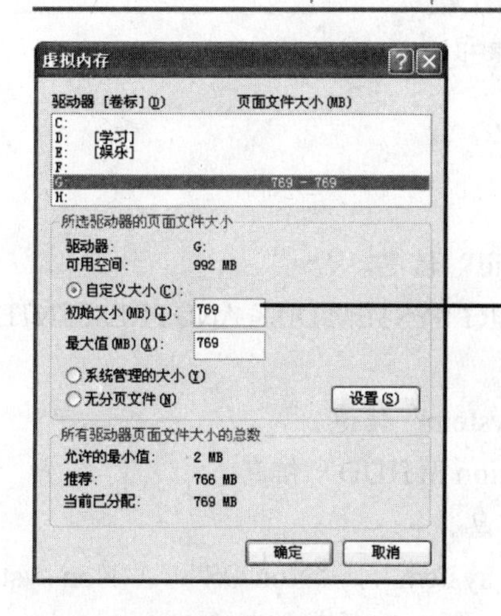

3 在“虚拟内存”对话框选择虚拟内存存放的分区，然后单击“自定义大小”单选项，在“初始大小”和“最大值”文本框输入虚拟内存容量数字（最好将初始大小和最大值设置成相同数值，一般为物理内存容量的 1.5 倍），设置完毕后单击“确定”按钮

13.3.2 硬盘故障处理

由于硬盘上存储着用户的所有数据，而出现故障往往会导致系统的无法启动和数据的丢失，所以处理起来有很大难度。

1. 硬盘出现故障前的征兆

硬盘故障最好尽早发现并及时采取正确的措施，否则可能导致无法恢复硬盘中的重要数据。一般来说，硬盘出现故障前会有以下几种表现。

- 出现 S.M.A.R.T 故障提示。这是硬盘厂家本身内置在硬盘里的自动检测功能在起作用，出现这种提示说明您的硬盘有潜在的物理故障，很快就会出现不定期地不能正常运行的情况。
- 在 Windows 初始化时死机。这种情况应该先排除其他部件出问题的可能性，比如内存质量不好、风扇停转导致系统过热或者是病毒破坏等，最后如果确定是硬盘故障的话，再另行处理。
- 运行程序出错，同时运行磁盘扫描也不能通过，经常在扫描时缓慢停滞甚至死机。这种现象可能是硬盘的问题，也可能是软故障，如果排除了软件方面设置问题的可能性，就可以肯定是硬盘有物理故障了。
- 运行磁盘扫描程序直接发现错误甚至是坏道。
- 比较严重的硬盘故障应该是在 BIOS 里无法识别硬盘，或是即使能识别，也无法找到硬盘。
- 硬盘在运行时，发出“当当”或“嘎嘎”等异响。

2. 硬盘常见故障及原因

硬盘常见的故障现象主要有。

- 在读取某一文件或运行某一程序时，硬盘反复读盘且出错，或者要经过很长时间才能成功，同时硬盘会发出异样的杂音。
- format 硬盘时，到某一进度停止不前，最后报错，无法完成。

- ❖ 对硬盘执行 fdisk 时，到某一进度会反复进进退退。
- ❖ 硬盘不启动，黑屏。
- ❖ 正常使用电脑时频繁无故出现蓝屏。
- ❖ 硬盘不启动，无提示信息。
- ❖ 硬盘不启动，显示"Primary master hard disk fail"信息。
- ❖ 硬盘不启动，显示"DISK BOOT FAILURE,INSERT SYSTEM DISK AND PRESSENTER"信息。
- ❖ 硬盘不启动，显示"Error Loading Operating System"信息。
- ❖ 硬盘不启动，显示"Not Found any active partition in HDD"信息。
- ❖ 硬盘不启动，显示"Invalid Partition Table"信息。
- ❖ 开机自检过程中，屏幕提示"Missing operating system"、"Non OS"、"Non system disk or disk error，replace disk and press a key to reboot"等类似信息。
- ❖ 开机自检过程中，屏幕提示"Hard disk not present"或类似信息。
- ❖ 开机自检过程中，屏幕提示"Hard disk drive failure"或类似信息。

3. 硬盘一般故障解决方法

硬盘故障是指由磁道伺服信息出错、系统信息区出错和扇区逻辑错误（一般称为逻辑坏道）等引起的故障。当硬盘出现了软故障时，可以采用如下方法进行检修。

（1）检查 BIOS 中硬盘能否被检测到。如果 BIOS 中检测到硬盘信息，则可能是软故障。

（2）用相应操作系统的启动盘启动电脑，看是否有各个硬盘分区盘符。

（3）检查硬盘分区结束标志（最后两个字节）是否为 55 AA；活动分区引导标志是否为 80。（可以借助一些工具来查看，如 KV3000 等。）

（4）用杀毒软件杀病毒。

（5）如果硬盘无法启动，可用系统启动盘启动，然后输入命令"SYS C:"回车。

（6）运行"scandisk"命令以检查并修复 FAT 表或 DIR 区的错误。

（7）如果软件运行出错，可重新安装操作系统及应用程序。

（8）如果还出错，可对硬盘重新分区、高级格式化，并重新安装操作系统及应用程序。

（9）如果还没有效果的话，那么只能对硬盘进行低级格式化。

4. 硬盘坏道解决方法

硬盘的坏道共分两种：逻辑坏道和物理坏道。逻辑坏道为软坏道，大多是软件的操作和使用不当造成的，可以用软件进行修复；物理坏道为真正的物理性坏道，它表明硬盘的表面磁道上产生了物理损伤，大都无法用软件进行修复，只能通过改变硬盘分区或扇区的使用情况来解决。

硬盘出现坏道后有如下表现。

- ❖ 打开、运行或拷贝某个文件时硬盘操作速度变慢，甚至等待很长时间操作也不能完成。
- ❖ 长时间一直读取某一区域的数据，同时出现硬盘读盘异响。
- ❖ Windows 系统提示"无法读取或写入该文件"。

- ❖ 每次开机时 scandisk 磁盘程序自动运行，肯定表明硬盘上有需要修复的重要错误，比如坏道。运行该程序时如不能顺利通过，表明硬盘肯定有坏道。如果扫描通过，但出现红色的“B”标记，也表明其有坏道。
- ❖ 电脑启动时硬盘无法引导，用软盘或光盘启动后可看见硬盘盘符，但无法对该区进行操作或操作有误，甚至干脆就看不见盘符，这些现象都表明硬盘上可能出现了坏道。
- ❖ 开机自检过程中，屏幕提示“Hard disk drive failure”、“Hard drive controller failure”或类似信息，则可以判断为硬盘驱动器或硬盘控制器硬件故障；读写硬盘时提示“Sector not found”、“General error in reading drive C”等类似错误信息，则表明硬盘磁道出现了物理损伤。

电脑在正常运行中出现死机或“该文件损坏”等问题，也可能和硬盘坏道有关，硬盘坏道的常用维修方法如下。

- ❖ 用 FBDISK（坏盘分区器），它可将有坏磁道的硬盘自动重新分区，将坏磁道设为隐藏分区。
- ❖ 用 Partition Magic 对硬盘进行处理。先用 Partition Magic 中的“Check”命令来扫描磁盘，大概找出坏簇所在的硬盘分区。然后在“Operations”菜单下选择“Advanced/bad Sector Retest”。再通过“Hide Partition”菜单把坏簇所在的分区隐藏起来，这样就可以避免对这个区域进行读写。
- ❖ 用“fdisk”命令重新分区将坏道隐藏。如果硬盘存在物理坏道，先通过“scandisk”和“Norton Disk Doctor”检测出坏道大致所处位置，然后分区时为这些坏道分别单独划出逻辑分区，待所有分区步骤都完成后，再把这些含有坏道的逻辑分区删除掉即可。
- ❖ 使用硬盘低级格式化程序对硬盘全盘进行低级格式化，从而重新整理并排除硬盘坏道。

☞ 零磁道损坏修复方法。

零磁道损坏属于硬盘坏道之一，零磁道一旦遭到破坏，就会产生严重的后果。通常的维修方法是使用 Pctools 的 DE（磁盘编辑器）来修复，具体步骤如下。

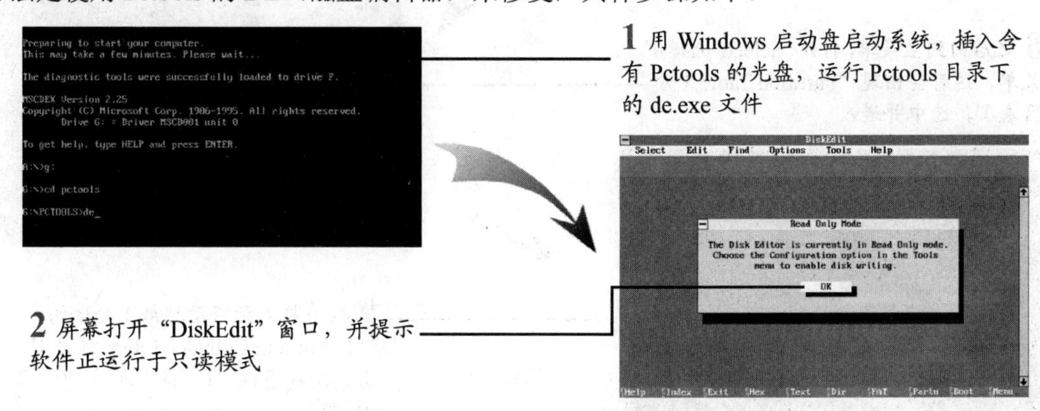

1 用 Windows 启动盘启动系统，插入含有 Pctools 的光盘，运行 Pctools 目录下的 de.exe 文件

2 屏幕打开“DiskEdit”窗口，并提示软件正运行于只读模式

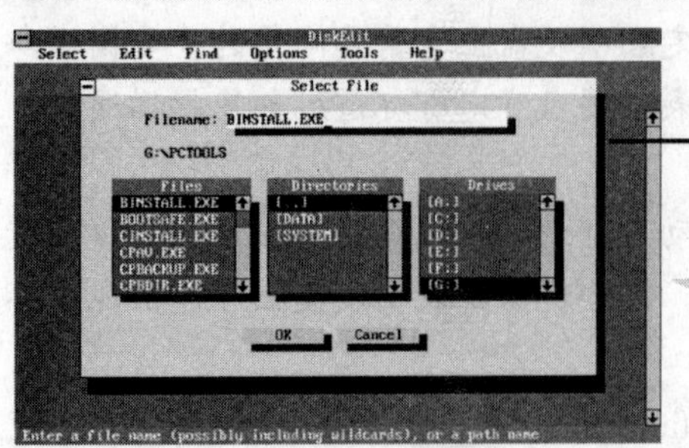

3 单击“OK”按钮之后，软件会要求你选择一个文件打开，随便选择一个文件确定打开即可

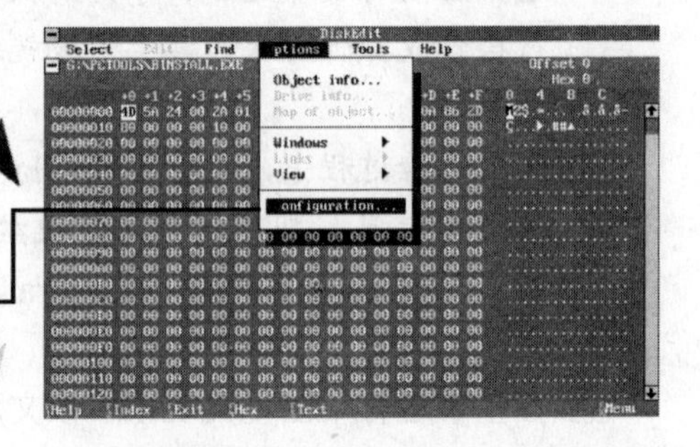

4 接着按“Alt”键，用方向键选择菜单“Options（选项）”中的“Configuration（配置）”

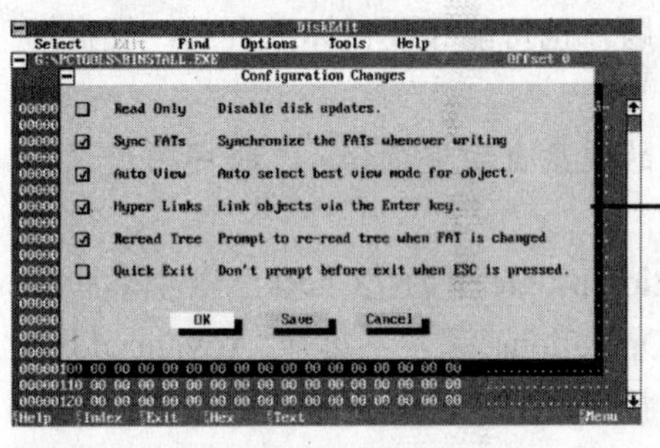

5 接着在打开的画面中，通过“Tab”键切换到“ReadOnly（只读）”选项，按空格键取消选中“ReadOnly（只读）”复选框，然后通过“Tab”键切换到“OK”按钮，按“Enter”键

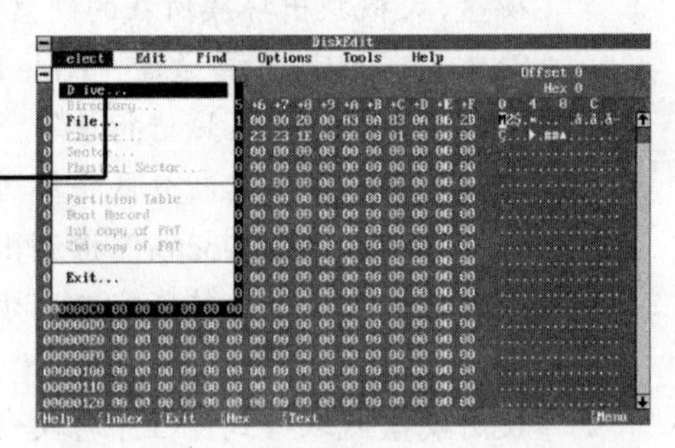

6 按“Alt”键并选择菜单“Select”中的“Drive（驱动器）”

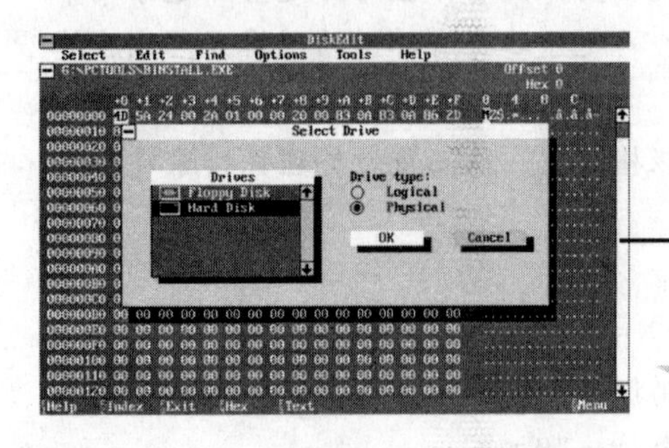

7 在“Drive type（驱动器类型）”选项里选择“Physical（物理的）”，用“Tab”键切换到“Drives（驱动器）”并选择里面的“Hard Disk（硬盘）”然后选“OK”并按“Enter”键

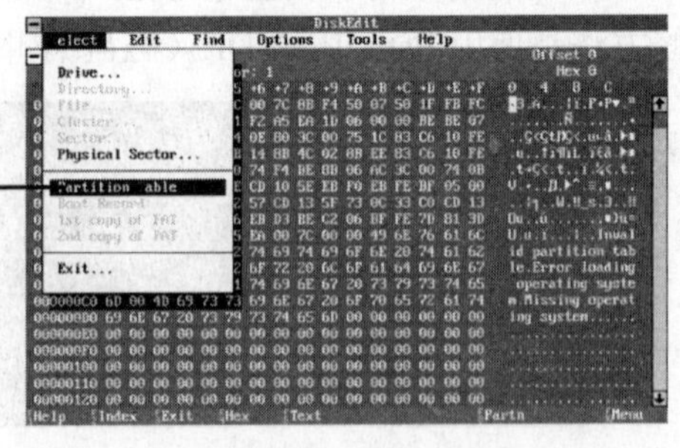

8 之后回到主菜单，打开“Select(选择)”菜单，这时会出现“Partition Table（分区表）”，选中并进入

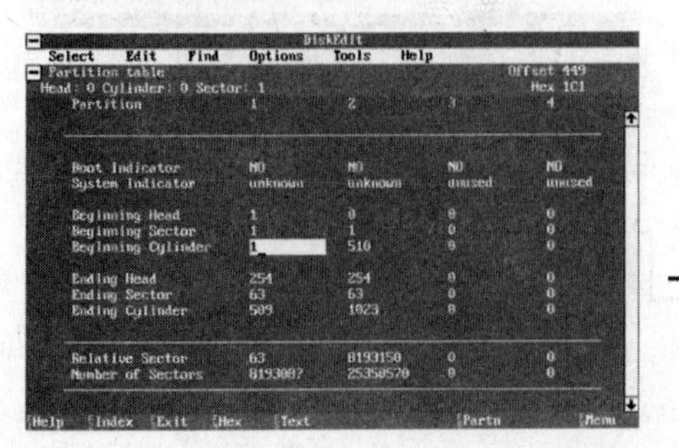

9 接着将光标移动到第1分区的“Beginning Cylinder（起始柱面）”上，按数字键“1”将原来的“0”变为“1”

10 修改完起始柱面之后，按“Enter”键，这时软件会询问是否保存更改，选择“Save（保存）”按钮按“Enter”键即可。

11 接着按“Esc”键退出 Pctools 软件，软件询问是否真的退出，选择“OK”按钮按“Enter”键退出即可。修复之后接着在 BIOS 里面重新检测一次硬盘，再重新分区和格式化硬盘即可使用。

5. 硬盘故障排除实例

☞ 系统不认硬盘。

系统从硬盘无法启动，从 A 盘启动也无法进入 C 盘，使用 CMOS 中的自动监测功能也无法发现硬盘的存在。

这种故障大都出现在连接电缆或连接端口上，可通过重新插接硬盘电缆或者改换主板硬盘插槽及电缆等进行解决。

另一个常见的原因在于硬盘上的主从跳线，如果一台电脑上连接两个硬盘设备，就要分清楚主从关系。

☞ 系统无法启动。

系统无法启动的故障通常源于以下 4 种原因。

- ❖ 主引导程序损坏。
- ❖ 分区有效位错误。
- ❖ 主引导程序损坏与分区有效位均损坏。
- ❖ DOS 引导文件损坏。

DOS 引导文件损坏，用启动盘引导后，向系统传输一个引导文件就可解决问题。

由于 Windows 2000 的硬盘扫描程序 CHKDSK 对于因各种原因损坏的硬盘都有很好的修复能力，所以当硬盘分区表损坏时，找个装有 Windows 2000 的系统，把受损的硬盘挂上去，开机后 Windows 2000 为了保证系统硬件的稳定性会对新接上去的硬盘进行扫描，扫描完成之后基本上也修复了硬盘。

☞ 整个硬盘上的数据丢失。

如果采用 FAT 文件系统，有可能是硬盘的文件目录表或/和文件分配表出了问题；如果采用的是 NTFS 系统，则是主控文件表（Master File Table）出了问题。这些表中记录着卷中所有文件的信息，如果这些信息丢失，就无法查找文件了。比如说正在读盘时突然掉电，就可能出现这种情况。

可以用 Norton 磁盘工具软件尝试找回原来的文件。

☞ 硬盘格式化无法完成。

格式化一块硬盘花费很长时间都没有完成，屏幕上出现“Checking existing disk format. Recording current bad clusters. Complete Verifying 19921.8MB.Trying to recover allocation unit xxxxxx”（xxxxxx 为一些数字组合，类似 795、009、795、010）的信息。

在 CMOS 设置中将硬盘相关的速度调整到最低的状态试一试。

如果还不能解决问题，则很可能是硬盘出现坏道，造成格式化无法通过。建议将这块硬盘安装在其他的电脑上，并在 Windows 环境下格式化。

如果上述方法都不奏效，就只有更换一块新硬盘了。

☞ 硬盘格式化完成到 100%时喇叭响个不停。

格式化硬盘到 100%时，PC 喇叭一直响个不停，并在屏幕上显示："!!! WARNING !!! Disk Boot sector is to be modified Type "Y" to accept any key to abort Award Software，Inc"的信息。

进入 CMOS 设置后，把"Virus Warning"设置成"Disabled"，就应该可以排除问题。

☞ 无法找到 C 盘。

开机时，电脑显示"disk I/O error"提示信息，无法启动系统。用软盘启动后，发现 C 盘里什么都看不到了，而其他盘却正常。

从现象看很可能是主引导记录 MBR 或系统文件意外损坏或被病毒破坏了。

如果只是主引导记录和系统文件损坏，可以从软盘启动，首先查一下有无病毒，执行"A:\FDISK/MBR"，再执行 "SYS A:"，C 盘上的数据或许还能挽救。

如果是 FAT 表或数据区本身被破坏就几乎没有修复的可能了，所以最好不要把重要的个人数据文件放在 C 盘。也可将 C 盘做成 Ghost 镜像文件，一旦被破坏，恢复起来也方便。

☞ 硬盘无故停转后自动启动。

硬盘常常无缘无故就"嘟"一声停了，当打开某个程序的时候又启动了。

这是使用了 BIOS 的硬盘电源管理，检查 BIOS 的"Power Management"中的"HDD PowerDown"选项。

将其参数选为"Disabled"就可以解决。

☞ 解决盘符交错问题。

双硬盘盘符的排序规则是：第一硬盘的主分区、第二硬盘的主分区、第一硬盘的逻辑分区、第二硬盘的逻辑分区。

盘符交错的问题不仅仅查看起来不方便，最主要的是会给涉及路径操作的软件带来运行不正常、图标不能正常显示、快捷方式无效等许多问题。

方法一如下。

如果两块硬盘上都有主分区，可在 CMOS 中只设置第一硬盘，而将第二硬盘设为 None。即将 CMOS 菜单中的"Standard CMOS Setup"一项中第二硬盘设置为"None"，然后选"Save & Exit Setup"退出 CMOS 即可。

这样，在 Windows 中就会按接口的先后顺序依次分配盘符，从而避免"盘符交错"，而且不会破坏硬盘数据。

这样做的优点是如果在两块硬盘的主 DOS 分区分别装有不同的操作系统，可以通过改变 CMOS 设置激活其中的一个硬盘，屏蔽另一个硬盘，从而启动相应的操作系统，而且硬盘

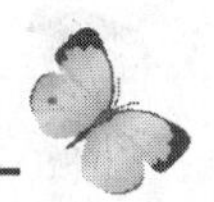

无需重新跳线；缺点就是在纯 DOS 下无法看到被 CMOS 屏蔽的硬盘。

方法二如下。

如果第一块硬盘（一般是新硬盘）上已经设置了主分区，那么就可以使用 fdisk 命令在第二块硬盘（一般是老硬盘）上进行分区操作。可以先建立一个 1MB 的主分区，将余下的空间划为扩展分区，根据需要再将扩展分区分成若干个逻辑分区，然后删除刚才建立的主分区。根据提示重新启动电脑，接着进行格式化即可。采用此法，不用对 BIOS 进行设置，简单有效。

还有很多软件（如 Sfdisk、Spfdisk 和 Diskman 等）都可以直接创建扩展分区甚至逻辑分区，不必先建立主分区。

在对第二硬盘进行分区前，一定要备份好数据！建议对新硬盘分区之前，先拔下旧硬盘的数据线和电源，以免对这块硬盘进行误操作。

☞ 如何处理物理损坏的硬盘。

先用替换法将内存替换，如果内存没有故障，则说明硬盘可能出现严重物理损坏，可以通过下列方法进行修复。

方法一如下。

用 Scandisk 程序检测磁盘，如果真的有坏道，可先通过 DM 低级格式化并记下坏道的区域，再用硬盘分区大师 Partition Magic 等功能比较强大的分区软件避开坏道重新进行分区和高级格式化。

方法二如下。

借一个硬盘装在电脑上（借来的硬盘设为主盘，自己的硬盘设为从盘），在主盘上安装完操作系统及应用软件后，将自己的硬盘进行快速格式化，最后用 Ghost 进行硬盘对拷。

如果对 Ghost 不熟悉，还有一个简单的方法。将主盘下除了 Windows 目录外的所有文件和目录复制到从盘后，然后在根目录下建立一个 Windows 目录，再将主盘 Windows 中的所有文件和目录。（注意：主盘 Windows 目录中的 Windows 386.swp 文件不要复制，因为此文件是 Windows 的交换文件。）一般通过这样处理后，硬盘勉强可以使用。

☞ 出现“Disk I/O error .Replace the disk”错误提示。

开机后无法进入 Windows，却出现提示“Disk I/O error.Replace the disk，and then press any key”，按任意键还是出现此条信息。

- ❖ 检查一下硬盘是否可以修复，如果不行就只有换一块新的硬盘了。
- ❖ 可能是 CMOS 设置中的硬盘设置值错误。
- ❖ 可能是硬盘的数据线有问题，可更换一条试试看。
- ❖ 硬盘可能有病毒，导致硬盘的分区表被破坏。
- ❖ 可能是硬盘没有设置开机的磁盘。请用启动盘启动电脑，运行 Fdisk.exe，选择 2，再设置 C 盘为引导盘。

☞ 硬盘引导失败，Command.com 文件丢失。

硬盘引导失败，屏幕显示“BAD OR MISSING COMMAND INTERPRETER”信息。

此故障为 Command.com 文件损坏或丢失。其原因可能是 Command.com 文件被误删除或被其他 DOS 版本的 Command.com 文件所覆盖。

找到与硬盘具有相同 DOS 版本的 A 盘引导系统，然后再将 A 盘上的 Command.com 文件复制到硬盘根目录上即可。

13.4 显示设备故障与处理

电脑显示设备包括显卡和显示器，其故障集中在兼容性与驱动程序的安装上，主要表现为起花屏、黑屏、死机等现象。

13.4.1 显卡故障处理

显卡的故障主要有以下几种。

1. 显卡接触不良故障解决方法

显卡接触不良故障是指由于显卡与主板接触不良导致的故障，具体表现为电脑无法开机且有报警声，或系统不稳定死机等现象。该故障一般是由于显卡金手指被氧化、灰尘、显卡品质差或机箱挡板问题等引起的。

电脑出现显卡接触不良故障时，可以按照下面的方法进行检修。

（1）首先打开机箱检查显卡是否完全插好，如果没有，将显卡拆下，然后重新安装。

（2）如果还是没有安装好，接着检查机箱的挡板，调整挡板位置使显卡安装正常。

（3）如果显卡已经完全插好，接着拆下显卡，然后清洁显卡和主板显卡插槽中的灰尘，并用橡皮擦拭显卡金手指中被氧化的部分。之后将显卡安装好，再次进行测试。如果故障排除，则是灰尘引起的接触不良故障。

（4）如果故障依旧，接着用替换法检查显卡是否有兼容性问题，如果有则更换显卡即可解决问题。

2. 显卡驱动程序故障解决方法

显卡驱动程序故障是指由显卡驱动程序引起的无法正常显示的故障，一般表现为系统不稳定死机、花屏、文字图像显示不完全等现象。该故障主要包括显卡驱动程序丢失、显卡驱动程序与系统不兼容、显卡驱动程序损坏、无法安装显卡驱动程序等。

电脑出现显卡驱动程序故障时，可以按照下面的方法进行检修。

（1）首先查看显卡的驱动程序是否安装正确。打开“设备管理器”窗口查看是否有显卡的驱动程序。

（2）如果没有发现显卡驱动程序项，说明没有安装显卡的驱动程序，重新安装即可。如果有，但显卡驱动程序上有黄色的“!”，说明显卡驱动程序没有安装好、驱动程序版本不对或驱动程序与系统不兼容等。

（3）接着删除有问题的显卡驱动程序，然后再重新安装显卡驱动程序。

（4）如果还不正常，则可能是驱动程序与操作系统不兼容，下载新版的驱动程序然后重新安装。

（5）如果安装后故障依旧，则可能是显卡有兼容性问题，或操作系统有问题。接着重新安装操作系统，然后检查故障是否消失。

（6）如果故障依旧，再用替换法检查显卡，看显卡是否有兼容性问题。如果有问题则更换显卡即可。如果没有，则可能是主板问题，需更换主板。

（7）再用安全模式启动电脑，对于一般的注册表损坏故障，安全模式可以进行修复。

（8）如果用安全模式启动电脑后，注册表故障没有消失，接着用“最后一次正确的配置”启动电脑。这样可以用系统自动备份的注册表恢复系统注册表。

（9）如果还不行，可使用手动备份的注册表文件恢复损坏的注册表，一般恢复后故障即可消除。

（10）如果恢复后故障依旧。则可能故障还有其他方面的原因（如系统有损坏的文件等），就只有使用重新安装操作系统的方法来解决故障问题了。

3. 显卡兼容性故障解决方法

显卡兼容性故障是指显卡与其他设备冲突或显卡与主板不兼容导致无法正常工作的故障。通常表现为电脑无法开机且有报警声、系统不稳定经常死机或屏幕出现异常杂点等现象。显卡兼容性故障一般发生在电脑刚装机或进行升级后，多见于主板与显卡的不兼容或主板插槽与显卡金手指不能完全接触。

电脑出现显卡兼容性问题时，可以采用下面的方法进行检修。

（1）首先关闭电脑，然后打开机箱，拆下显卡，清洁显卡及主板显卡插槽的灰尘，特别是显卡金手指。清洁后测试电脑是否正常。

（2）如果故障依旧，接着用替换法检查显卡，如果显卡与主板不兼容，更换显卡即可。

4. 显卡故障排除实例

☞ 开机无显示。

开机无显示一般是由显卡与主板接触不良或主板插槽有问题造成的。清除显卡插槽的灰尘或显卡金手指上的氧化物，问题就可以解决。

另外，对于一些集成显卡主板，需注意第 1 个内存插槽上应插有内存。

☞ 显示颜色不正常。

出现该故障一般应从以下几个方面来考虑。

- 显卡与显示器信号线接触不良。对于这种情况，只需重新将信号线插头插好即可。
- 显示器自身故障。将该电脑主机连接到其他显示器后，如果故障消失，则可以肯定是显示器的问题。

☞ 驱动程序引起的显卡故障。

显卡驱动程序选择不合适，常常会出现花屏、黑屏、不能调整显示器分辨率和刷新率等情况，所以在选择显卡驱动程序时要注意一些问题。

选用公版驱动或者厂商提供驱动。理论上来说，不管用户购买的是哪种品牌的显卡，只要知道其图形芯片的类型，就能通过公版驱动来使用它。

不过也有某些显卡厂商会针对自己显卡的实际情况，依照公版驱动来开发一套自己的“专用驱动”，其在性能上往往有更好的表现。

Beta 版、正式版、WHQL 版的区别如下。

❖ Beta 版的驱动是厂商用来测试的驱动，虽然都是最新版本，但厂商不保证它的安全性，存在的错误也不少。一般不推荐普通用户安装。
❖ 正式版也就是通过测试之后，被证明已经非常成熟的驱动版本，能够保证系统的安全以及显卡的稳定运行。
❖ WHQL 版是微软为了保护系统的安全所提出的驱动程序安全认证制度。通过微软认证的驱动程序非常稳定，能绝对保证与 Windows 操作系统的兼容性。因此对于普通用户而言，最安全的驱动就是 WHQL 版驱动。

☞ 屏幕出现异常杂点或图案。

一般是由于显卡的显存出现问题或显卡与主板接触不良造成的，需清洁显卡金手指部位或更换显卡。

☞ 更换显卡后经常死机。

出现此类故障一般是因为主板与显卡不兼容或主板与显卡接触不良。

显卡与其他扩展卡不兼容也会造成死机。建议更换主板或显卡。

☞ 显卡驱动程序自动丢失。

此类故障一般是由于显卡质量不佳或显卡与主板不兼容，使得显卡温度太高，从而导致系统运行不稳定或出现死机现象。

此外，还有一类特殊情况：以前能载入显卡驱动程序，但在显卡驱动程序载入后，进入 Windows 时出现死机。

前一种故障只有更换显卡。后一种故障可更换其他型号的显卡，在载入驱动程序后，插入旧显卡就可以解决。

如果还不能解决此类故障，则说明是注册表问题，对注册表进行恢复或重新安装操作系统即可。

☞ 显示器只能显示 16 色。

显示器只能显示 16 色。如果重新调整显示器的颜色，系统就会要求重新启动电脑。待重新进入 Windows 后，又提示监视器或显示适配器的设置有问题。

无法调整屏幕显示分辨率通常应该是显卡的驱动程序没有正确安装。解决方法如下。

（1）重新启动电脑，进入 Windows 的安全模式。

（2）然后到“控制面板”|“系统”|“设备管理器”，将显卡驱动程序删除。

（3）重新启动电脑，让 Windows 重新安装驱动程序。

（4）如果还是无法解决问题，建议用原配驱动程序进行安装。

☞ 显卡造成显示异常竖线。

运行 Windows 时经常出现一些异常的竖线或不规则的小图案。

此类故障一般是由显卡的显存出现问题或显卡与主板接触不良造成的。

打开机箱，清洁显卡与插槽相接触的金手指部位。如果问题依然存在，则可将显卡插接到其他电脑上观察是否仍然有此现象，如果有，则很可能是显存出现损坏，应更换显存。

☞ 电脑关机时间一长就不能正确识别显卡。

关机很长一段时间后再开机，就不能正确识别显卡；但安装好显卡后反复启动却一切正常，直到关机一段时间后，又出现上述故障。

把该显卡插在其他电脑上测试，看它是否需要预热。

如果没问题，更新显卡驱动程序或刷新显卡 BIOS。

☞ 开机提示显存太少。

根据故障现象分析，此故障应该是显卡的显存少引起的。首先检查显卡设置，然后检查其他方面的原因。具体步骤如下。

（1）首先开机检查，发现电脑中显卡的显存只有 64MB，和实际显存大小明显不符。

（2）接着再检查显卡，发现显卡是主板集成显卡，而集成显卡的显存由内存提供，通过设置可以增加显存。

（3）接着进入电脑 BIOS，选中设置显卡的选项，将显卡的显存设置为 256MB 后，检查显卡的显存容量，已经变成了 256MB。再运行游戏进行测试，游戏运行正常，故障排除。

一点就透

- 集成显卡的显存，一般都是由内存提供的，如果显存较少可以通过设置来调整，一般集成主板可以调整的最大显存为 256MB。

13.4.2 显示器故障处理

显示器常见故障的解决方法如下。

1. 显示器开机无电源故障

显示器开机无电源故障表现为显示器打开电源开关后，电源指示灯不亮，该故障一般是由电源线接触不良或电源电路中有元器件损坏所引起的。

当电脑出现显示器开机无电源故障时，可以按照下面的方法进行检修。

（1）首先检查显示器的电源线是否插紧，并检查电源插板是否有电等。

（2）如果电源插板中有电，接着打开显示器的外壳，检查显示器中有无明显烧坏的元器件和接触不良等情况，如果有，先更换烧坏的元器件和排除接触不良故障。

（3）如果没有明显烧坏的元器件和接触不良故障，接着测试电源电路的故障（先检测主要元器件是否正常，再逐个检测电源电路中的其他元器件）。

（4）如果发现电源电路中某个部件不正常，一般将其更换后，显示器就会恢复正常。

2. 显示器显示内容紊乱不稳定故障

显示器显示内容紊乱一般是由外界磁场干扰引起的。此故障的检修方法如下。

（1）首先检查显示器周围有无磁场源，如音箱、电机等，如果有则将产生磁场的设备关闭或搬走。

（2）如果没有发现磁场源，可以移动显示器的位置，直到排除故障。

3. 无法调高显示器的刷新率

显示器的刷新频率越高，越有利于用户的眼睛健康，但是在许多非品牌的显示器的显示器属性里无法调节其刷新频率，而只有“60Hz”和“优化”可用。

（1）单击显示器的“属性”窗口中的“更改”钮，然后选择一个品牌显示器，如 Cirrus Logic 系列等。

（2）重新启动 Windows 后，就会发现在显示器属性窗口中有 75Hz、85Hz 选项了。此时只要选择 85Hz 选项即可将显示器的刷新频率调整至 85Hz。注意不要将刷新率调得过高，长期将显示器调至较高刷新频率会让显示器超负荷工作，并有可能会损坏显示器。

4. 液晶显示屏上有黑点故障

液晶显示屏上有黑点的原因主要是液晶显示屏有坏点。

由于坏点是无法修复的，所以如果坏点不影响使用，可以继续使用；如果坏点影响正常使用，就只能更换液晶显示屏。

5. 液晶显示器出现水波纹问题

先仔细检查一下电脑周边是否存在电磁干扰源，确认显卡本身没有问题，再调整一下刷新频率。

如果排除以上原因，很可能就是该液晶显示器的质量问题了，比如存在热稳定性不好的问题，建议尽快更换或送修。

6. 液晶显示器花屏现象

有些液晶显示器在启动时会出现花屏现象，屏幕上的字迹非常模糊且呈锯齿状。这种现象一般是由于显卡上没有数字接口，而只能通过内部的数字/模拟转换电路与显卡的 VGA 接

口相连接造成的。

如果在模拟同步信号频率不断变化时，液晶显示器的同步电路，或者是与显卡同步信号连接的传输线路出现了短路、接触不良等问题，而不能及时调整跟进以保持必要的同步关系的话，就会出现花屏的问题。

7. *液晶显示器分辨率设定不当*

液晶显示器的显示原理与 CRT 显示器完全不同，只能支持所谓的“真实分辨率”，而且只有在真实分辨率下，才能显现最佳影像。当设置为真实分辨率以外的分辨率时，一般会通过扩大或缩小屏幕显示范围，保持显示效果不变，而超过部分则黑屏处理。

此外液晶显示器的刷新率设置与画面质量也有一定的关系，用户可根据实际情况设置合适的刷新率，一般情况下设置为 60Hz 最好。

13.5 电源常见故障

符合质量标准的电脑电源一般不会出现大的故障，比较常见的都是由灰尘、使用不当或老化等原因引起的小毛病。

13.5.1 电脑反复重启

此种情况是典型的电源损坏故障，需要更换新的电源。当供电电压没有达到 220V 标准电压时，也会出现电脑反复重启的现象。

13.5.2 电脑启动后自行关机

通过短接主板跳线的方法可以确定是否是电源本身的问题。如果电源本身没有问题，应该检查机箱电源按键的弹簧是否失灵。

13.5.3 电脑屏幕上出现水波纹

当供电环境不稳定时，屏蔽性较差的电源会干扰显示器，将电脑机箱接地后可排除故障。

13.5.4 电源风扇发出噪声

这是电源风扇缺少润滑油造成的。

拆下电源的风扇，先清除灰尘，然后再把风扇的背面封纸揭开，有些风扇上还有一个小圆形塑料盖，用尖锐的东西把它挑开，然后往里面滴几滴润滑油，再盖上盖就可以了。

13.5.5 电脑休眠之后无法正常启动，总是蓝屏或死机

主要是打开了电脑 CMOS 里面的休眠（Suspend）选项，并且把当系统休眠时 CPU 风扇

停转这个选项也打开了，这样只要系统休眠 CPU 风扇就不转了，使 CPU 温度过高（特别是发热量大的 CPU）导致系统死机。

可以在 CMOS 设置里把系统休眠后 CPU 风扇转速状态设置为打开，或者干脆不用系统休眠这个选项。

13.5.6 电源开关损坏引起的死机故障

电脑启动时自检到键盘就死机，重试几次也是如此。

（1）根据故障现象判断可能是键盘或主板有问题，换了一个键盘检查，故障依旧。

（2）仔细观察主板表面没有什么明显的问题，只有使用替换法检查。

（3）把其他板卡、硬盘等配件接到新主板上装好，开机检查故障依旧，把原主板换到其他机器上发现使用正常，主板也没问题。

（4）对其他配件采用替换法检查无结果。换了个机箱一试，故障消失。

（5）经测量，电源各负载接口电压都没问题。单独把电源交换使用后，发现电源功率也没问题。将主板上的开关连线拔下，用螺丝刀短接试了一次后，启动正常了，确认是开关损坏（估计是内部接触不良）导致启动失败。更换开关，问题即可解决。

13.5.7 电源故障引起的黑屏

电脑主板开机自检时，BIOS 发出一声长鸣后，电脑便黑屏。

这是由于主板集成了显示芯片，显存共用系统内存，首先认为问题可能出在内存上。检查内存是否插紧，又更换内存，仍无法启动。

因为主板、CPU 和内存这个最小系统采用的部件均为质量可靠的品牌产品，只有电源是杂牌的，出问题的可能性较大。

更换电源，问题即可解决。

13.6 鼠标与键盘故障与处理

鼠标和键盘故障大部分都为接口或按键接触不良、断线、机械系统脏污等。

13.6.1 光电鼠标常见故障解决方法

光电鼠标出现故障时，可以按照如下的方法进行检修。

（1）首先检查光电鼠标的按键是否正常，如果鼠标某个按键失灵，多为微动开关中的簧片断裂或内部接触不良所致。为鼠标更换一个按键。（如果有中键，则将鼠标的中键和损坏的按键调换即可。）

（2）如果光电鼠标按键正常，检查光电鼠标使用时是否反应迟钝。如果光电鼠标反应正常，转至第 6 步。

（3）如果反应迟钝，不听指挥，可以首先打开鼠标，然后检查透镜通路是否有污染。

如果有污染使光线不能顺利到达，可以用棉球沾无水酒精擦洗发光管、透镜及反光镜、光敏管的表面。

（4）如果透镜通路没有被污染，接着检查是否有外界光源影响鼠标，如果有，想办法屏蔽即可。如果没有外界光源干扰，接着检查鼠标的光电接收系统的焦距是否对准。

（5）如果光电接收系统的焦距没有对准，调节发光管的位置，使之恢复原位，直到向水平与垂直方向移动时，指针最灵敏为止。

（6）如果光电接收系统的焦距正好对准，则可能是发光管或光敏元件老化造成的故障，更换型号相同的发光管或光敏管即可。

（7）如果光电鼠标反应正常，接着检查鼠标是否发生漂移。如果鼠标没有发生漂移故障，接着检查鼠标光标是否正常（是否时好时坏或不动）。如果鼠标的光标不正常，则可能是鼠标发生了断线故障。

（8）接着检查断线的位置，然后拆开鼠标，将电缆排线插头从电路板上拔下，并按芯线的颜色与插针的对应关系做好标记后，把芯线按断线的位置剪去 5～6cm，再将鼠标芯线重新接好即可。

13.6.2 电脑检测不到鼠标故障解决方法

电脑检测不到鼠标故障是指电脑开机启动后，鼠标无法使用的故障。电脑检测不到鼠标故障一般是由鼠标损坏、鼠标与主机接触不良、主板上的鼠标接口损坏、鼠标线路接触不良或鼠标驱动程序损坏等引起的。

当电脑出现检测不到鼠标故障时，可以按照如下方法进行检修。

（1）首先关闭电脑将鼠标拔下重新插好，然后测试故障是否消失。如果故障消失，则是鼠标接触不良引起的故障。

（2）如果故障依旧，接着用替换法检测鼠标是否损坏。如果鼠标损坏，更换鼠标即可。

（3）如果鼠标正常，接着用安全模式启动电脑，看故障是否消失。如果故障消失，则是鼠标的驱动程序损坏引起的故障。

（4）如果故障依旧没有消失，接着重新启动电脑，并按“F8”键，选择用“最后一次正确的配置”启动电脑，一般故障可以消失。

（5）如果故障依旧，则可能是系统中与鼠标有关的文件严重损坏，重新安装操作系统即可解决问题。

13.6.3 电脑检测不到键盘故障解决方法

电脑检测不到键盘故障是指电脑开机后，键盘无法使用的故障。电脑检测不到键盘故障一般是由键盘接触不良、键盘的连接线有断线、键盘的保险烧毁、键盘不小心渗入水或主板键盘接口损坏等引起的。

电脑发生开机后检测不到键盘的故障时，可以按照下面的方法进行检修。

（1）首先关闭电脑，将键盘拔下重新插好，然后开机测试看故障是否消失。如果故障消失，则是键盘接触不良引起的故障。

（2）如果故障依旧，接着使用万用表测量主板上的键盘接口，如果开机时测量到第 1、2、5 芯的某个电压相对于第 4 芯为 0，说明连接线断了，找到断点重新接好即可。

（3）如果主板上的接口正常，接着拆开键盘检查键盘的保险是否正常，如果不正常则更换。

（4）如果正常则用万用表测量键盘线缆接头的电压是否正常，如果主板上键盘接口的电压正常而此处不正常，则说明键盘线中间有断线，更换键盘电缆即可。

13.6.4　键盘按键故障一般解决方法

键盘按键故障是指键盘中的某个键按下后无法弹起或按下某个键后屏幕上没有反应的故障。键盘按键故障一般是由键盘质量问题、键盘老化、键盘内部电路板有污垢或键盘的键帽损坏等引起的。

当键盘出现按键故障后，可以按照如下的方法进行检修。

（1）如果键盘的某个键按下后无法弹起，可能是由于一些低档键盘键帽下的弹簧老化使弹力减弱，引起弹簧变形，导致该触点不能及时分离，从而无法弹起。

（2）将有故障的键帽撬起，更换键帽盖片下的弹簧或将弹簧稍微拉伸以恢复其弹力，再重新装好键帽即可。

（3）如果在按下键盘某个键时，屏幕上没有反应，则可能是键盘内部的电路板上有污垢，导致键盘的触点与触片之间接触不良，使按键失灵或该按键内部的弹簧片因老化而变形，导致接触不良所致。

（4）拆开键盘的外壳，清除电路板上的污垢，同时使用无水酒精清洗键盘按键下面与键帽接触的部分，清洁后进行测试。如果故障依旧，再次拆开键盘外壳，更换有问题的按键即可。

13.6.5　无线鼠标、键盘之间的干扰问题

无线产品在近距离内互相干扰的几率比较低。如果它们使用了同一组无线电波波段，就可能导致其中之一发生无法工作。

通常只要按下其中一只产品上的频道切换按钮，将其无线电波频道跳开即可。

13.7　光驱与刻录机故障与处理

光驱与刻录机是集机械、微电子、光学部件于一体的高度精密的设备，由于受零部件质量、使用环境等因素的影响，其故障率比较高。下面就来看看其不同类型故障的解决方法。

13.7.1　光驱与刻录机不读盘故障解决方法

光驱、刻录机不读盘故障是指在光驱或刻录机中放入光盘，光盘的内容无法被读出的故障。光驱不读盘故障是电脑中常见的故障之一，一般是由光驱激光头脏或老化、光盘划伤厉

害、光驱或刻录机无法识别光盘的格式等引起的。

当光驱或刻录机出现不读盘故障时，可以按照如下的方法进行检修。

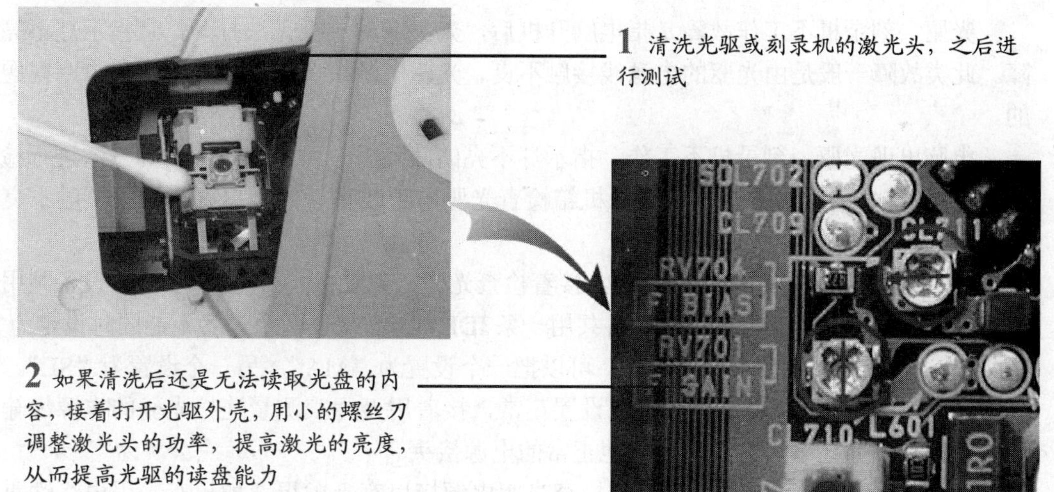

3 调整后再进行测试，看是否可以读盘。如果还是不行，再继续调整激光头的功率，直到可以读取为止。

4 如果多次调整激光头的功率后，还是不能读盘，则可能是激光头老化或损坏，只能更换激光头或更换光驱、刻录机了。

13.7.2 开机检测不到光驱故障解决方法

开机检测不到光驱故障是指电脑启动后在“我的电脑”窗口中没有光驱的图标，无法使用光驱的故障。

开机检测不到光驱故障一般是由光驱驱动程序丢失或损坏、光驱接口接触不良、光驱数据线损坏、光驱跳线错误等引起的。

电脑出现开机检测不到光驱故障时，可以按照下面的方法进行检修。

（1）首先检查光驱的数据线或电源线是否接触不良。如果是接触不良，将数据线和电源线重新连接好即可。

（2）接着启动电脑进入 BIOS 程序，查看 BIOS 中是否有光驱的参数。

（3）如果有，则说明光驱连接正常。如果 BIOS 中没有光驱参数，则说明光驱接触不良或损坏。接着打开机箱重新连接光驱的数据线和电源线，如果故障依旧，再更换 IDE 接口及数据线测试，最后用替换法检测光驱。

（4）如果 BIOS 中可以检测到光驱的参数，可用安全模式启动电脑，之后重启到正常模式，看故障是否消失。一般死机或非法关机等容易造成光驱驱动程序损坏或丢失，用安全模式启动可以修复损坏的程序。

（5）如果用安全模式启动后，故障依旧，则可能是注册表中光驱的驱动程序损坏比较严重，需要恢复注册表来修复光驱驱动程序。

（6）如果故障依旧，最后重新安装操作系统即可解决问题。

13.7.3 光驱与刻录机不工作解决方法

光驱、刻录机不工作故障是指电脑开机后，光驱或刻录机无法打开，且指示灯不亮的故障。此类故障一般是由光驱的电源线接触不良、光驱电源接口问题或光驱内部电路问题造成的。

电脑出现光驱、刻录机不工作，指示灯不亮的故障时，可以按照下面的方法进行检修。

（1）首先关闭电脑，然后打开机箱检查光驱电源线是否接触良好。如果接触不良，重新连接好。

（2）如果光驱电源线接触良好，接着检查光驱、刻录机是否与其他 IDE 设备共用一条数据线。如果刻录机与其他 IDE 设备共用一条 IDE 线，需保证两个设备不能同时设定为“MA（Master）”或“SL（Slave）”方式，可以把一个设置为“MA”，另一个设置为“SL”。

（3）如果光驱、刻录机的跳线设置正常，接着用万用表测量连接光驱的电源线输出电压是否正常。如果不正常，更换其他正常的电源接头。

（4）如果正常，接着打开光驱检查光驱电源接口有无虚焊。如果有，用电烙铁重新焊接好即可；如果没有，则是光驱电路板中的电源电路损坏，需返回厂家维修。

13.7.4 刻录软件故障解决方法

刻录软件故障是指由于电脑安装的刻录软件运行不正常，无法完成刻录工作，或刻录软件无法识别刻录机的故障。

刻录软件故障一般是由于刻录软件与刻录机不兼容、刻录软件版本太低、刻录软件损坏或刻录机驱动程序有问题等引起的。

当电脑发生刻录软件故障时，可以按照下面的解决方法进行检修。

（1）首先将刻录软件卸载，然后重新安装刻录软件，看故障是否消失。如果消失，则是刻录软件在安装过程中因为系统等方面的原因（如在检测硬件时没有检测到相应的刻录机信息），发生意外错误。

（2）如果重新安装后故障依旧，再试着升级刻录软件的版本。如果升级刻录软件的版本后，故障消失，则是刻录软件版本过于陈旧的缘故。

（3）如果升级后，故障依旧，可以安装其他的刻录软件进行测试。如果故障还是无法排除，则可能是刻录机驱动程序不全，导致找不到刻录机，或刻录不稳定报错。接着根据使用的操作系统下载相应版本的 ASPI 驱动程序进行安装即可。

13.7.5 光驱与刻录机激光头维修方法

光驱、刻录机的激光头是光驱、刻录机中最重要的部件之一。激光头被污染，将导致光驱读盘能力下降，刻录机刻盘成功率下降；激光头老化，将导致光驱挑盘或无法读盘，刻录机无法刻盘；如果激光头损坏，光驱、刻录机基本上就宣告报废。

光驱、刻录机开始挑盘或读盘、刻盘能力下降时，可以按照下面的方法进行检修。

1 首先用光驱、刻录机清洗盘，清洗光驱、刻录机，然后检查读盘、刻盘能力是否增强。如果故障消失，则说明故障是由光驱、刻录机激光头被污染造成的。

2 如果故障依旧，则可能是激光头老化，需要调整激光头的功率。

3 首先拆开光驱外部上下挡板，把光驱架反转过来，让激光头向下，这时就可以看到光头组件背部的形状。在下方靠近柔性电缆的位置就是激光头。

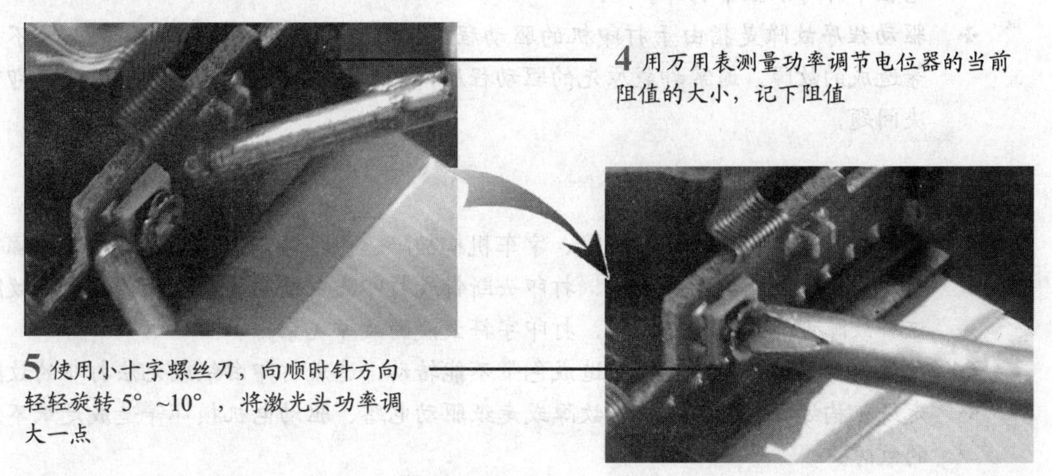

6 再用万用表测试电位器的电阻值，读其数值，应为原值的 2/3 最好，如果过大或过小，再调再测，直到符合要求为止。

◆ 调整光驱激光头附件的电位调节器时，用小螺丝刀顺时针调节（顺时针加大功率，逆时针减小功率）以 5° 为步进进行调整，边调边试直到满意为止。切记不可调节过度，否则可能出现激光头功率过大而烧毁的情况。

13.8 打印机故障处理

打印机现已被广泛用于家庭用户以及中小型企业的日常工作和应用中。在使用打印机的过程中，经常会遇到各种各样的故障，导致打印效果变差甚至无法正常打印。下面就来介绍常见的打印机故障及解决方法。

13.8.1 打印机故障分类

打印机故障按打印机类型可分为针式打印机故障、喷墨打印机故障、激光打印机故障，这三类故障根据各自不同的故障原因又可以再加以划分。

1. 针式打印机故障分类

针式打印机的故障主要包括软件故障、机械系统故障、控制电路故障、驱动电路故障、辅助电路故障等。

☞ 软件故障。

软件故障主要包括病毒故障和驱动程序故障。

❖ 病毒故障是指由于感染病毒造成打印机不能打印的故障，一般将打印机换接到其他电脑中即可以正常打印。

❖ 驱动程序故障是指由于打印机的驱动程序没有安装或损坏或与打印机型号不匹配等造成的故障。通常卸载原先的驱动程序，然后用正确的驱动程序重新安装即可解决问题。

☞ 机械系统故障。

机械系统故障主要包括打印头故障、字车机构故障、色带机构故障、走纸机构故障等。

❖ 打印头故障是指打印头太脏、打印头断针或打印头中电磁线圈烧坏等造成的故障，这种故障可能导致打印缺点、打印字符太淡的故障现象。

❖ 色带机构故障是指压轮磨损造成色带不能转动，造成打印白纸或无法打印的故障。

❖ 走纸机构故障是指走纸机械故障或走纸驱动电路、驱动电机损坏等造成走纸不正常的故障。

☞ 控制电路故障。

控制电路主要包括复位电路、CPU 电路和存储器电路，这些电路中的线路板的某一部分线路断路或短路，或者某些电子元器件损坏，将导致打印机在通电后不能正常工作且指示灯不亮或指示灯亮，字车不返回初始位置，或打印字符点阵错误无法辨认字符等故障。

☞ 驱动电路故障。

驱动电路故障主要包括字车控制与驱动电路故障、走纸控制与驱动电路故障和打印头控制与驱动电路故障。驱动电路故障是指这些电路中的字车电机损坏、字车电路故障、走纸电机损坏或电路元器件损坏等导致的字车不归位、打印头不出针或走纸不正常等故障。

☞ 其他故障。

其他故障主要有接口故障、电源电路故障、各种传感器故障和检测电路故障等。

❖ 接口故障主要由接口电缆故障和逻辑控制电路板故障造成。

❖ 电源故障主要由直流电源单元故障和电源负载短路造成。

这些模块的故障将造成打印机联机不正常、打印字符混乱、打印机无电源输出或字车不能回到初始位置等故障现象。

2. 喷墨打印机故障分类

喷墨打印机的故障主要包括软件故障、机械系统故障、控制电路故障、清洗系统故障、驱动电路故障、辅助电路故障等。这些故障与针式打印机故障的不同点如下。

❖ 喷头故障：喷头故障主要是喷墨打印机的喷头被堵塞、损坏或墨盒安装不正确造成的故障，通常表现为打印机有打印动作，但打印不出字符。

❖ 墨水系统故障：墨水系统故障是指墨盒中产生气泡、管路堵塞、墨盒芯片损坏、自

流现象、墨盒漏气等导致无法给打印机供墨的故障。

❖ 清洗系统故障：清洗系统故障是指由清洗系统部件损坏、逻辑控制电路故障、走纸电机故障、字车驱动故障等造成的故障。

3. 激光打印机故障分类

激光打印机的故障主要包括软件故障、机械系统故障、激光扫描系统故障、控制电路故障、接口电路故障、电源系统故障、高压发生电路故障等。

☞ 软件故障。

软件故障主要是指由病毒和驱动程序等造成的故障。

☞ 机械系统故障。

机械系统故障主要包括感光鼓故障、走纸机构故障、定影加热器故障等。

❖ 感光鼓故障是指感光鼓消电极接触不良、感光鼓刮板剪切力过大、感光鼓主齿轮转动时发生抖动或感光鼓有缺陷及安装不正确等造成的输出有黑道故障。

❖ 走纸机构故障是指走纸机械故障或走纸驱动电路、驱动电机损坏等造成走纸不正常的故障。

❖ 定影加热器故障是指加热器损坏、加热器温度传感器损坏或定影膜损坏等造成的纸上图像定影不牢、一摸就掉、打印图像过深或过浅等故障。

☞ 激光扫描系统故障。

激光扫描系统故障是指由激光二极管损坏、激光扫描电机损坏、激光束传输通道发生故障等造成的打印页面全白、分辨率下降、打印机不打印、打印页面出现纵向白条等故障。

☞ 电源系统故障。

电源系统故障是指电源控制电路故障致使电源无电压输出，造成打印机无任何反应或只有指示灯亮，不能打印等故障。

☞ 高压发生电路故障。

高压发生电路故障是指高压发生电路的振荡电路模块损坏、高压脉冲变压器的高压绕组开路或触点接触不良等造成的打印页面全白的故障。

13.8.2 打印机故障处理步骤

打印机出现故障后，要逐步分析检测故障的原因，然后着手排除故障，具体处理步骤如下。

1. 了解情况

在维修前要了解故障发生前后的情况，以便对故障进行初步的判断。要尽量详细地了解打印机的使用情况，弄清打印机的购买时间、打印工作量的大小、经常使用什么样的打印介质等。这些信息不仅有助于初步判断故障部位，也方便准备相应的维修工具。

2. 检查故障

在确认故障现象后，观察打印机的使用环境、打印介质是否符合标准。

（1）打开机盖观察有无部件松动、损坏，查看机器内部的污染情况是否严重。

（2）凡是能观察到的部位都进行检查，并用手触摸部件看有无松动、温度过高或烧焦现象。

（3）如果是打印结果出现问题，可通过观察打印样张分析判断故障原因。然后合上机盖接通电源，观察面板指示灯的状态，看打印机能否顺利通过自检，“准备好”指示灯是否正常。

（4）如果面板“错误灯”亮及闪烁，或机内有异味散发出来，应立即关闭电源以防故障扩大，并进行下一步的全面检查。

3. 检测维修

对打印机进行全面检查后，接着用仪表进行测量。要根据不同机型的技术指标，测量各检测点的电阻、电压、电流的数值，判断引起故障的原因。

查找到故障原因后，接着开始维修故障，具体维修时应注意以下几点。

- ❖ 先易后难：处理故障需从最简单的事情做起，即先检查主机外部的环境情况，后检查主机内部的环境。从简单的事情做起，有利于精力的集中，有利于进行故障的判断与定位。一定要注意，必须通过认真的观察后，才可进行判断与维修。
- ❖ 先想后做：根据故障现象，先想好怎样做、从何处入手，再实际动手。尽可能地先查阅相关的资料，看有无相应的技术要求、使用特点等，然后根据查阅到的资料，结合相关的知识经验进行分析判断，再着手维修。
- ❖ 先软后硬：判断故障时，先检查软件问题后检查硬件问题。

13.8.3 打印机故障维修常用方法

1. 自检打印法

自检打印法是在打印机不接电脑的情况下执行自检打印操作。此方法可以检验打印机的内部功能，如打印头工作状况、打印质量、字库、机械部分的功能等。自检操作方法具体步骤可以参考用户手册。

2. 观察法

观察法是通过眼看、耳听、手摸、鼻闻来观察打印机，再通过观察到的现象，大致判断打印机的故障部位，用观察法主要观察打印机的以下几个方面。

☞ 观察打印机加电启动。

观察打印机加电启动主要留意以下几个方面。

- ❖ 启动后观察打印机操作面板上的指示灯是否显示正常。
- ❖ 字车是否归位（返回左界），字车有无抖动，左、右运行是否正常；有无明显的异常噪声、报警。
- ❖ 走纸是否正常、均匀，行间距是否一致。
- ❖ 打印字符有无残缺不全现象，字符有无数行重叠现象；联机打印是否正常。

☞ 关掉电源停机观察。

关掉电源停机主要观察以下几个方面。

- ❖ 断开打印机的电源后观察输入电源电压是否正常。
- ❖ 电源插头、打印机与主机的线缆连接是否可靠无误。
- ❖ 电缆有无断线现象。
- ❖ 进纸方式拨杆和纸厚调节杆的位置是否合适。
- ❖ 用手推字车查看能否正常左右移动，阻力是否明显过大；转动手柄（旋钮）是否走纸，是否阻力均匀。
- ❖ 机械部分的螺丝钉有无松动。
- ❖ 打印头是否太脏，打印头是否断针。
- ❖ 色带是否装好，带芯是否起毛破损。

☞ 打开机壳观察。

打开机壳主要观察以下几个方面。

- ❖ 打开机壳观察机内是否有异物。
- ❖ 电路中有无过热、烧焦现象，保险管是否熔断。
- ❖ 有无脱焊、断线、短路现象；接插件有无松动。
- ❖ 元件有无明显损坏等现象。

3. 替代法

替代法是用新的元件或其他相近的元件代替打印机中的某个元件。如果一时难以准确判定出现故障的元件是否损坏，又没有专用的检测仪器时，可以将怀疑出故障的部位用好的替代元件暂时替换，如果故障消失，则表明替换的元件有问题。

4. 十六进制打印法

十六进制打印法用来检查打印机在与主机联机的状态下，主机的数据能否正确地传送给打印机。在十六进制打印方式下，打印机将从主机接收到的所有数据包括控制命令都按十六进制数字打印出来。

此种方法常用于自检正常而不能正常联机打印的情况，以及检查主机系统发送的控制命令。各种型号的打印机执行十六进制打印方式的操作方法不尽相同，具体操作参考用户手册。

（1）打开打印机电源的同时按住“换行/换页”和“进纸/退纸”按键。

（2）然后打开 Word 等软件程序，向打印机发送一项打印任务。这时打印机将以十六进制形式打印其接收到的所有代码。

（3）通过比较打印出的字符与十六进制代码的打印输出，可以检查打印机接收到的代码。如果字符是可以打印的，它们则以 ASCII 码的形式出现在打印数字的右边。不可打印的代码，例如控制码，则用点代替。

（4）打印完成后，按下“暂停”键，并退出打印页面，然后关闭打印机电源即可。

5. 面板法

面板法是利用打印机面板指示灯的状态，或显示窗中显示出的代码信息，采取相应的方法排除故障，这是一种比较直观的维修方法。

6. 振动法

用震动法来检修比较旧，但无明显大故障的打印机比较有效。具体方法是用手轻轻拍打机器或用绝缘的物体敲打、轻拨电路元件，当触碰某个元件时故障现象消失，即可直观地判定故障部位。

7. 分割法

分割法是指首先分析引起故障发生的原因是在哪一部分，排除其他干扰，集中精力检查故障发生的部分。

8. 插拔更换法

插拔更换法是在判定故障出现在某一个局部范围内后，用插拔更换相同的插件、部件、器件来观察故障变化的一种方法。

适用于插拔更换法的部件可以是主机、线缆、电路板、芯片等。对于输入、输出逻辑关系比较复杂的芯片尤为适用。

13.9 数码设备故障处理

与电脑相比，人们对数码外设故障所知甚少。解决起来也更加棘手，下面就来介绍数码

设备的一些常见故障和解决方法。

13.9.1 数码设备故障分类

常见的数码设备故障主要包括硬件故障和软件故障两大类。

1. 硬件故障

数码设备硬件故障又分为 MP3/MP4/U 盘硬件故障和数码相机/数码摄像机硬件故障。

MP3/MP4/U 盘硬件故障是由硬件电路损坏或性能不良引起的故障，常见的原因如下。

- ❖ 电源电路故障。
- ❖ 电池故障。
- ❖ 接口故障。
- ❖ 声音故障。
- ❖ 接插件故障。
- ❖ 显示故障。
- ❖ 耳机故障。
- ❖ FM 收音故障。

数码相机/数码摄像机硬件故障是由组成数码相机/数码摄像机的硬件电路损坏或性能不良引起的，常见的原因如下。

- ❖ 电源电路故障。
- ❖ 电池故障。
- ❖ 接口故障。
- ❖ 镜头组件故障。
- ❖ 接插件故障。
- ❖ LED 显示屏故障。
- ❖ 时钟电路故障。
- ❖ 磁带。
- ❖ 磁头故障。
- ❖ 存储介质故障。

2. 软件故障

数码设备软件故障也分为 MP3/MP4/U 盘软件故障和数码相机/数码摄像机软件故障。

MP3/MP4/U 盘软件故障常见的原因如下。

- ❖ MP3/MP4 文件格式故障。
- ❖ 固件故障。
- ❖ 死机故障。

数码相机/数码摄像机软件故障常见的原因如下。

- ❖ 固件故障。

❖ 死机故障。

13.9.2 数码设备故障维修思路

数码设备出现故障后，要冷静地逐步分析检测故障的原因，然后将故障排除，具体思路如下。

1. 了解情况

维修前要了解故障发生前后的情况，进行初步的判断。了解情况越详细，判断的准确性及维修效率也会越高。

在维修前仔细观察故障数码设备的外观，看数码设备是否有磨损及磨损的位置，如何造成的磨损（磕碰还是挤压等）；是否进水，如果进水，进水后做过哪些操作；在什么情况下造成的故障问题，现在的故障现象是什么。

2. 判断故障原因

对数码设备进行开机、关机、连接电脑等测试，确认故障现象是否存在，并对所见现象进行初步的定位，然后分析问题可能的原因。

3. 检查并维修

在对故障进行基本的判断以后，接着检查并维修故障。检查的过程中，如需要拆机，要先仔细观察数码设备的结构(连接点、卡扣点、螺丝钉、粘和点等)，小心拆卸。在拆的时候要注意每个部件的位置、状态、形态。认真观察是否有直观的问题(如脱焊、烧毁等)。

具体维修时应注意以下几点。

❖ 先外后内：处理故障需先检查外部的环境情况(故障现象、电源、连接等)；后检查数码设备内部的环境情况（连接状态、器件的颜色、部件的形状、指示灯的状态等）；检查数码设备文件的格式、是否升级过固件、固件的版本等。这样有利于进行故障的判断与定位，必须通过认真的观察后，才可进行判断与维修。

❖ 先想后做：根据故障现象，先想好怎样做，从何处入手，再开始行动。尽可能先查阅相关的资料，看有无相应的技术要求、使用特点等，然后根据查阅到的资料，结合相关知识经验进行分析判断，再着手维修。

❖ 选软后硬：判断故障时，先检查软件问题后检查硬件问题。先检查电池、连接线等外部问题，后检查数码设备内部问题。

13.9.3 数码设备故障维修方法

数码设备故障产生的原因是多种多样的，所以检测的方法也是多种多样的，下面先来了解一下一般诊断故障的几种方法。

1. 观察法

观察法就是通过眼看、耳听、手摸、鼻闻等方式检查数码设备比较明显的故障，通常观察的内容如下。

❖ 周围环境（包括电源环境，其他高功率电器，电、磁场状况，温湿度环境，环境的洁净程度等）。
❖ 数码设备内部是否存在变形、变色、异味等异常现象。

2. 升级固件法

运行不稳定等故障，用升级固件的方法可以轻松解决。

3. 替换法

替换法是用好的元器件去替换可能有故障的元器件，以判断故障现象是否消失的一种维修方法。

替换法应按先简单后复杂的顺序进行：首先应检查与怀疑有故障的元器件相连接的连接线是否有问题，然后检查其供电是否正常，接着替换怀疑有故障的元器件，最后替换与之相关的其他元器件。

ISBN 978-7-115-19492-3/TP
定价：22.00 元

分类建议：计算机/硬件技术
人民邮电出版社网址：www.ptpress.com.cn

封面设计：董志桢

中国之路
ZHONGGUO
ZHI LU
嶺南美術出版社